江蘇城市實踐案例集

A Collection of Urban Practice Cases of Jiangsu Province

江苏省住房和城乡建设厅 编著

中国建筑工业出版社

图书在版编目(CIP)数据

江苏城市实践案例集 / 江苏省住房和城乡建设厅编著 . — 北京：中国建筑工业出版社，2016.9

ISBN 978-7-112-19793-4

Ⅰ.①江… Ⅱ.①江… Ⅲ.①城市建设—案例—汇编—江苏②城市规划—案例—汇编—江苏 Ⅳ.①TU984.253

中国版本图书馆CIP数据核字(2016)第207369号

责任编辑：王晓迪　郑淮兵

江苏城市实践案例集

江苏省住房和城乡建设厅 编著

*

中国建筑工业出版社出版、发行（北京西郊百万庄）

各地新华书店、建筑书店经销

北京顺诚彩色印刷有限公司印刷

*

开本：965×1270 毫米　1/16　印张：25½　字数：700 千字

2016 年 9 月第一版　2016 年 9 月第一次印刷

定价：168.00 元

ISBN 978-7-112-19793-4

(29340)

A Collection of
Urban Practice Cases
of Jiangsu Province

编 委 会

Preface 序一

中国的城镇化是一场史无前例的人类伟大实践。在经历了三十多年的快速城镇化进程后，中国进入了“城市时代”。80%以上的国民收入、财政税收、就业岗位和科技创新成果均产生于城市，这在人类进步史和中国现代化发展史上，都是具有重大影响和里程碑意义的事件。

但正如习近平总书记在中央城市工作会议上指出的，传统的城镇化发展面临着很多新的挑战和问题。要解决这些问题，就要按照“一个尊重、五个统筹”的发展要求，通过不断探索和实践，从城市优先发展的城镇化转向城乡互补协调发展的城镇化，从高能耗的城镇化转向低能耗的城镇化，从数量增长型的城镇化转向质量提高型的城镇化，从高环境冲击型的城镇化转向低环境冲击型的城镇化，从放任式机动化相结合的城镇化转向集约式机动化相结合的城镇化，从少数人先富的城镇化转向社会和谐的城镇化。

江苏的经济社会发展一直走在全国前列，是改革开放后中国城镇化进程的生动反映。改革开放以来，江苏先后经历了1980年代以苏南乡镇工业驱动的小城镇快速发展阶段，1990年代以开发区建设和外向型经济驱动的大中城市加快发展阶段，和21世纪以来以城乡发展一体化为引领、全面提升城乡建设水平的发展阶段，城镇化率从低于全国平均水平四个百分点跃升为高出全国平均水平十多个百分点。相应地，江苏快速城镇化进程中的城市发展问题面临得也早，在省域人口密度全国最高、资源环境约束大的省情背景下，江苏各地在省委省政府的有力领导下，结合自身发展条件，因地制宜地进行了各具特色的探索和实践，在城乡发展一体化、人居环境改善、可持续发展和节约型城乡建设、城乡空间特色塑造、智慧城市管理运营等方面开展了大量的工作，取得了令人欣喜的成效。《江苏城市实践案例集》正是对近年来江苏在城市规划建设管理领域探索实践的梳理和凝练。本书围绕中央城市工作会议上提出的重要议题，针对城镇化进程中的热点和难点问题，系统、全面、翔实地展现了江苏城市的积极应对和探索创新，是生动鲜活的中国特色城镇化模式的基层实践。

未来五到十年，是中国城镇化发展的关键阶段，这一阶段对于能否避开先行国家城镇化弯路、超越“中等收入陷阱”至关重要。在经济发展新常态下、在推进供给侧结构性改革的宏观背景中，中国城市发展面临的问题与前一阶段不同。在中国城镇化推进的后半程，江苏有责任继续率先探索推进城市发展的转型，围绕习总书记提出的“建设强富美高新江苏”的目标，不断创新实践，走出一条具有中国特色、江苏特点的城市发展道路。

国务院参事
中国城市科学研究会理事长
住房和城乡建设部原副部长

Preface 序二

改革开放 30 多年来的经济持续快速增长，使得中国已经成为全球城市化速率最快、建设工程量最大、城市“变新”“变大”“变高”最明显、建筑市场最为繁荣的国度。2011 年中国城镇化率达到 51.3%，在历史上第一次改变了“以农立国”的人口格局，预计 2020 年城镇化率将达到 60% 左右。

然而，在城市发展和建设取得令人瞩目成就的同时，我们也要清楚地看到令人担忧的问题：进城务工人员难以融入社会，城市拉开框架但产业缺乏，公共产品和服务供给不足，环境污染、交通拥堵等“城市病”蔓延加重，一场大暴雨则凸显出过去“重地上、轻地下”的后患影响。仅从城市空间形态和建筑文化角度，也存在城市风貌雷同，开发强度过高，建筑形态紊乱，建设规模和尺度失控，文化失范、原创缺位，“快餐”建筑和“山寨”建筑盛行等问题，动用公共财政资金的“奇奇怪怪的建筑”在混淆并挑战着公众的审美。事实上，上述问题在江苏城市发展和建设中也不同程度地存在。

2015 年 12 月 20-21 日，时隔 37 年后，国家再次召开中央城市工作会议。习近平总书记在会议上深刻分析了当前我国城市发展中存在的十大突出问题。会议第一次在国家顶层设计层面科学论述了要尊重城市发展规律的极端重要性，论述了城市规划及对于城市发展建设的重要性，强调城市规划的前瞻性、严肃性、强制性和公开性。中央《关于进一步加强城市规划建设管理工作的意见》则对经济新常态下城市规划建设管理进行了工作部署。

江苏是中国经济社会先发地区，城镇化水平比全国高出十多个百分点，因此快速城镇化进程中的问题面临得也早。在省委省政府有力的领导下，江苏结合人口密集、城镇密集、经济密集的省情，致力探索高密度地区的城镇化路径和人居环境改善之道。全省各地根据自身实际积极探索，因地制宜形成了丰富的城市实践。我个人曾先后参与过《江苏建筑文化研究》、《江苏城市文化的空间表达——空间特色·建筑品质·园林艺术》、《集约型发展——江苏城乡规划建设的新选择》、《低碳时代的生态城市规划与建设》等省重点课题研究。在全省城市工作筹备专家会上，我建议围绕中央城市工作会议上提出的重要议题、尤其是习总书记提出的十大问题，有针对性地寻找地方实践，汇集成册，以便城市决策者相互启发，未来共同探索解决城市问题的现实之道。今天我很高兴地看到了这本厚厚的《江苏城市实践案例集》，以及省建设厅和东南大学、南京大学合作编著的《国际城市创新案例集》。

《江苏城市实践案例集》共分八个部分，分别从山水历史资源保护、城市特色塑造、生态城市、住房保障、交通和基础设施现代化、城市安全、城市管理、城乡区域规划统筹等方面，通过案例展示、图照实景、绩效分析等方式，比较系统地梳理了江苏在快速城镇化进程中遇到的城市问题和各地有针对性的探索。这些实践努力体现“创新、协调、绿色、开放、共享”的发展理念，并分别在思路创新、举措创新和机制创新等方面做出了积极探索，正面反映和回应了社会需求和民生关切，聚焦了城市发展尤其是城乡规划建设管理中的难点、热点问题。

这本案例集既是对以往城市实践的系统梳理和凝练总结，更是对今后一段时间如何贯彻落实好中央城市工作会议精神、解决城市发展问题的思想启迪。通过“十三五”时期城市探索实践的不断发展完善，相信在中国城镇化的后半程，江苏会有越来越多、越来越成熟、越来越具综合示范效应的城市创新实践，为中国特色的城镇化模式提供鲜活生动的地方案例。

中国工程院院士、东南大学教授

江苏
城市实践
案例集

A Collection of
Urban Practice Cases
of Jiangsu Province

Contents 目录

序一 Preface1

序二 Preface2

01
先底后图 保护山水环境和历史资源
Background followed by Blueprints，Protection of Landscape and Historical Resources | 002

02
品质提升 塑造城市特色和宜居环境
Quality Improvement，Creating Urban Characteristics and Livable Environment | 064

03
绿色发展 建设生态城市和海绵城市
Green Development，Construction of Eco-city and Sponge City | 122

04
民生导向 推进住房保障和住有所居
People’s Livelihood-orientation, Promoting Public Housing Security and Home to Live-in | 174

05
地上地下 完善交通和基础设施建设
Aboveground and Underground，Improvement of Transportation and Infrastructure Construction | 222

06
科技建造 提高城市安全和可持续性
Technical Construction，Improvement of Urban Safety and Sustainability | 256

07
改革创新 提升城市管理和治理水平
Reform and Innovation，Improvement of Urban Management and Treatment Level | 302

08
统筹协调 规划推动美好城乡建设
Planning Domination，Overall Development of Region and Urban-Rural Area | 342

跋 Inscriptive writing | 398

后记 Postscript | 400

江苏城市实践案例集

A Collection of Urban Practice Cases of Jiangsu Province

01

先底后图

保护山水环境和历史资源

Background followed by Blueprints，Protection of Landscape and Historical Resources

城市是在大地上雕琢的人工画作，镶嵌于大地上的山水人文资源则是我们凝练的过去与倚仗的未来。保护山水环境与人文资源，是践行“美丽中国”发展目标的必然要求，也是提升人居环境、建设宜居城市、塑造和谐家园的基础性工作。中央城市工作会议要求，既要“把好山好水好风光融入城市”，还要“延续城市历史文脉，保护好前人留下的文化遗产”。习近平总书记指出，“城市是一个民族文化和情感记忆的载体，历史文化是城市魅力之关键。‘记得住乡愁’，就要保护弘扬中华优秀传统文化，延续城市历史文脉，保留中华文化基因。要保护好前人留下的文化遗产，包括文物古迹、历史文化名城、名镇、名村，历史街区、历史建筑、工业遗产，以及非物质文化遗产。”《中共中央国务院关于进一步加强城市规划建设管理工作的若干意见》也将“营造城市宜居环境”、“加强文化遗产保护传承和合理利用”进一步明确为新时期的工作重点。这些都说明，当今城市发展需要遵循宜居与可持续原则，要凸显山水人文资源保护在城市发展中的“战略性”高度和“图底式”作用。

跨江滨海、水网密布的地理格局，遗存星斗、人文荟萃的历史底蕴，共同赋予了江苏独具特色的山水人文资源。这些资源禀赋有力地支撑了江苏在历史上及过去三十余年的飞速发展，但同时也承受了工业化和城镇化进程带来的巨大压力。如何在推动经济发展与城镇建设的同时，切实保护好这些自然与文化瑰宝，成为江苏迫切需要解决的现实命题。

为破解资源保护与快速发展间的矛盾，实现保护与发展的统一，近年来江苏积极探索，形成了具有自身特色的资源保护与利用体系。快速发展的江苏难能可贵地保有了全国数量最多的国家级历史文化名城、历史文化名镇，在全省城乡发展与建设过程中，将自然山水、历史文化资源和风景名胜区等的保护作为基础性工作；在城乡规划编制与实施中，重视强化大地景观特色与城市总体设计，明确要将各类自然山水资源、历史文化资源与特色景观资源“找出来，保下来，亮出来，织起来，连起来，活起来”，通过区域绿廊、城市绿道、滨水蓝道、文化步道等进行整合，形成结构性、网络化的绿色开放空间体系；着力编织充满自然与人文特色的地域空间网络，构筑让居民“望得见山，看得见水，记得住乡愁”的“图底”脉络；通过生态治理与修复、景观设施建设，历史文化遗产的保护与创新利用，既实现对资源环境的有效保护，又为城乡可持续发展奠定坚实基础。

1-1 ◎ 保护山水和人文资源集合体——江苏风景名胜区实践 | 004
1-2 ◎ 江苏历史文化名城名镇保护实践 | 008
1-3 ◎ 江苏传统村落保护实践 | 012
1-4 ◎ 世界历史文化遗产大运河的保护和利用 | 016
1-5 ◎ 世界文化遗产苏州古典园林的保护和传承 | 020
1-6 ◎ 世界记忆遗产——南京大屠杀档案和死难者公祭遗址保护 | 022
1-7 ◎ 苏州历史古城的全面保护和有机更新 | 026
1-8 ◎ 苏州历史镇村的保护和发展 | 028
1-9 ◎ 扬州历史城区风貌保护与当代塑造 | 032
1-10 ◎ 南通“近代第一城”的保护和利用 | 034
1-11 ◎ 无锡工业遗产的保护和利用 | 036
1-12 ◎ 南京民国建筑立法保护实践 | 038
1-13 ◎ 南京明城墙保护和风光带塑造 | 040
1-14 ◎ 镇江西津渡历史文化街区保护和更新 | 042
1-15 ◎ 镇江城市山水保护和特色彰显 | 044
1-16 ◎ 从“靠山吃山”到“绿水青山”——无锡宜兴市案例 | 046
1-17 ◎ 从采石场到城市公园——徐州金龙湖珠山宕口生态修复 | 048
1-18 ◎ 南京牛首山废弃铁矿利用和文化景观塑造 | 050
1-19 ◎ 荒岛变身城市郊野湿地公园——连云港月牙岛案例 | 052
1-20 ◎ 南京中山陵景区的拓展和绿道建设 | 054
1-21 ◎ 宿迁古黄河景观带和滨水绿道建设 | 056
1-22 ◎ 环太湖生态修复和风景路规划建设 | 058
1-23 ◎ 淮安永久性绿地的立法保护实践 | 062

>> >

保护山水和人文资源集合体
——江苏风景名胜区实践

Protecting the Aggregation of Significant Landscape and Cultural Resources -Practice of Scenic Areas in Jiangsu

江苏省风景名胜区分布图（示意）

案例要点：

风景名胜区是山水资源和历史文化资源的集合体，是珍贵的、不可再生的自然文化景观遗产，也是城乡生态空间、文化空间的重要基底。江苏历史文化悠久，人文底蕴深厚，风景名胜素以“青山衬秀水、名园依古城”而驰名中外，自然景观和人文历史的相互依托与结缘，形成了江苏风景名胜的独特魅力和鲜明特色。在快速城镇化发展进程中，江苏努力妥善处理发展与保护的关系，坚持资源保护，通过法规制度体系建设，以环境综合整治为抓手，以惠民便民服务为导向，重点推进生态修复、环境改善、文化传承、品质提升，坚持低影响建设，不断完善景区景点、基础设施和公共服务设施，使风景名胜区正在逐步成为保持城市可持续发展的自然系统、丰富市民游憩活动的生活系统和塑造公共空间特色的艺术系统。

案例简介：

自 1982 年国家建立风景名胜区制度以来，江苏相应建立了比较完善的风景名胜区体系，基本涵盖了全省重要的风景名胜资源和文化遗产地，形成了集保护、建设、管理于一体的制度体系，有效发挥了风景名胜区在生态保护、文化传承与社会服务等方面的综合效益，打造了一批深受广大市民和游客喜爱的风景名胜游览地。目前，全省风景名胜区总面积约 1800km^2，占省域面积的 1.77%；拥有国家级风景名胜区 5 处，省级风景名胜区 17 处，其中，明孝陵、蜀冈 - 瘦西湖和虎丘山风景名胜区被列入世界文化遗产名录。据统计，2015 年全省风景名胜区共接待游客 2 亿人次。

建立完善法规制度体系

《江苏省风景名胜区管理条例》自 1988 年颁布实施以来，历经 3 次修改完善，为全省风景名胜区保护管理提供了法律依据和有效支撑。太湖、钟山、云台山、三山、雨花台、夫子庙 - 秦淮风光带、云龙湖、南山等风景名胜区也通过地方人大立法相继出台了地方性法规。

马陵山风景名胜区

持续开展景区环境整治

有序清理风景名胜区规划范围内的违章建筑、工厂以及与景区功能环境不相容的建设项目，加强生态修复、植被抚育和景观营造，不断改善风景名胜区的生态环境和景观面貌，修复新增了一大批景区景点。南京中山陵外缘景区、苏州石湖、无锡蠡湖风光带、扬州瘦西湖拓展、徐州云龙湖等一批新增景区景点丰富完善了风景名胜区的内容和内涵。据不完全统计，“十二五”期间全省投入资金 150 多亿，拆除违规建筑 119 万 m^2，搬迁居民 18456 户，拆除违规宾馆、酒店、度假村等楼堂馆所 103 家；修建、改建、拓宽景区道路 397km，修建截污管网 220km；完成退田还湖、退渔还湖 4643hm^2，恢复林草植被 2551hm^2。

虎丘山风景名胜区

扬州瘦西湖景区拓展

坚持景区低影响建设

有序推进风景名胜区总体规划制定，下发《江苏省风景名胜区控制性详细规划编制导则》，指导各地依规划、按程序进行风景名胜区内项目选址建设。严格按照规划要求恢复、新建、改造景区景点，对重大建设项目选址进行充分论证和环境景观影响评估，最大限度减少对地形地貌、植被和景区风貌的影响，避免风景名胜区人工化、公园化倾向。坚持保护优先、利用服从保护的原则，有序适度建设景区道路、照明、排水、公共安全和游览休憩等基础设施和公共服务设施。

持续提升公共服务质量

坚持风景名胜资源的公共属性和全民共享、惠民便民的基本原则，在全国率先制定实施《江苏省风景名胜区服务质量标准》，推动全省风景名胜区服务公众的规范性和标准水平的提高。近年来，各风景名胜区加大投入，完善基础设施、公共服务设施和游览设施，在有效保护资源的同时，持续推进景区景点免费开放，不断提升景区公共服务质量。

南山风景名胜区

国家级风景名胜区

· 太湖风景名胜区

1982 年由国务院首批批准的国家级风景名胜区，是江南意象的核心所在。总面积 3190km^2（含太湖水面），外围控制保护地带 2288km^2。太湖风景名胜区拥有独特的自然山水形态、丰富的吴越文化古迹、典型的江南水乡特征和珍贵的明清建筑景观资源，是一个自然山水和人文景观并举的天然湖泊型国家重点风景名胜区。

· 钟山风景名胜区

1982 年建立的首批国家级风景名胜区，总面积 35.04km^2，包括中山陵、明孝陵、玄武湖等核心景区。风景名胜区内名胜古迹众多，有东吴孙权的陵墓、世界文化遗产明孝陵、民主革命先行者孙逸仙的中山陵以及众多六朝遗址遗迹。风景名胜区内湖光山色，城林（陵）交融，自然人文共生，是享誉海内外的著名游览胜地。

· 云台山风景名胜区

1988 年建立的国家级风景名胜区，总面积 167.38km^2，其中海域面积 22.65km^2，由花果山、锦屏山、云台和海滨四大景区组成，是以“海、古、神、幽”四大景观为核心资源，明清名著文化、三元宗教文化、东夷史前文化等多元历史文化相交融，雄峰、岛屿、洞穴、奇石、溪涧、花木等自然景观为特色的风景名胜区。

· 蜀冈 - 瘦西湖风景名胜区

1988 年建立的国家级风景名胜区，总面积 7.43km^2，含外围保护面积 12.23km^2，由瘦西湖、蜀冈、唐子城、宋夹城、绿杨村五大景区组成，是以古城文化为基础，自然冈阜、古城墙与护城河水系为骨架，历代古城遗址、瘦西湖湖上园林为特色的城市型风景名胜区。

· 三山风景名胜区 · 镇江

2004 年建立的国家级风景名胜区，总面积 17.23km^2，由金山、焦山、北固山、征润州、云台山和江心岛六大景区组成，是以“大江风貌、江中浮玉”为特色，历史胜迹、风物传说为底蕴，自然景观、人文景观交融的滨江城市型风景名胜区。

各方声音：

江苏风景名胜中有很多属于城市景观类型，比如南京钟山、扬州瘦西湖蜀岗、镇江三山、徐州云龙湖等。城市的发展客观推动了风景名胜区的保护与建设，而风景名胜区的建设也完善了城市的大生态格局，充实了城市的休闲空间，提升了城市特色空间的景观品质。

——江苏省设计大师、东南大学教授 杜顺宝

“十二五”以来，江苏风景名胜区事业取得长足进步。风景名胜区保护体系不断完善；规划管控更加有效，基础设施、公共服务设施和游览设施不断完善；管理能力进一步提升，逐步建立资源保护与利用发展相适应的体制机制，为江苏生态文明建设作出了重要贡献。

——《中国建设报》

撰写：朱东风、张　成、何培根
编辑：于　春 / 审核：刘大威

江苏历史文化名城名镇保护实践

Practice of the Protection of Provincial Historical and Cultural Cities and Towns in Jiangsu

案例要点：

富有特色的历史文化名城、名镇及历史文化街区作为重要的文化遗产，是承载历史记忆、表达文化特色的直观显现。中央城市工作会议指出，“要保护弘扬中华优秀传统文化，延续城市历史文脉，保护好前人留下的文化遗产”。习近平总书记更是要求，“要像爱惜自己的生命一样保护好城市历史文化遗产”。历史的变迁赋予了江苏丰厚的文化积淀，在经济社会快速发展和城镇化、工业化快速推进的进程中，江苏高度重视保护、传承和弘扬历史文化，构建了历史文化名城、名镇保护体系，颁布实施了系列法规规定和标准规范，保护和修缮了大批历史文化街区。城镇的历史文脉和地域特色得到彰显延续。多年持之以恒的保护产生了积极的成效，江苏至今保有全国最多的国家级历史文化名城和国家级历史文化名镇，并拥有三项世界文化遗产，多个项目和城市先后获得联合国教科文组织亚太文化遗产保护奖、联合国人居环境奖、中国人居环境范例奖等国际国内奖项。

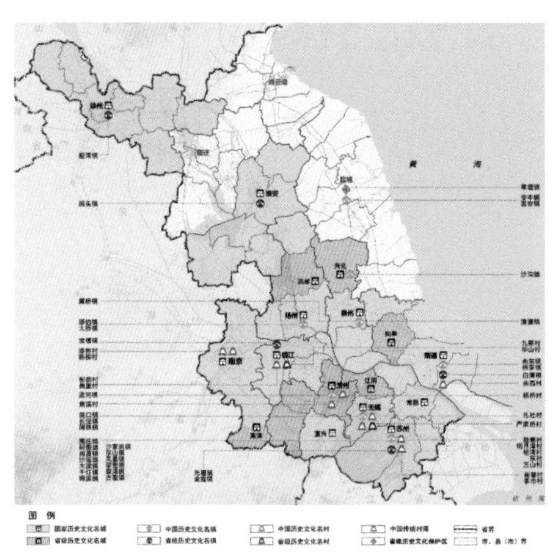

江苏历史文化名城、名镇分布图

类型	名称	批次(全国数量)	公布时间
国家历史文化名城（12座）	南京、苏州、扬州	第一批（24）	1982
	镇江、常熟、徐州、淮安	第二批（38）	1986
	无锡（2007）、南通（2009）、宜兴（2011）、泰州（2013）、常州（2015）		
省级历史文化名城（5座）	高邮		1995
	江阴、兴化		2001
	高淳（2009）、如皋（2012）		
中国历史文化名镇（26个）	周庄（昆山）、同里（苏州）、甪直（苏州）	第一批（10）	2003
	沙溪（太仓）、木渎（苏州）、溱潼（姜堰）、黄桥（泰兴）	第二批（34）	2005
	千灯（昆山）、安丰（东台）	第三批（41）	2007
	余东（海门）、锦溪（昆山）、邵伯（扬州）、沙家浜（常熟）	第四批（58）	2008
	东山（苏州）、荡口（无锡）、沙沟（兴化）、长泾（江阴）、凤凰（张家港）	第五批（38）	2010
	黎里（苏州）、震泽（苏州）、富安（东台）、大桥（扬州）、孟河（常州）、周铁（宜兴）、栟茶（如东）、古里（常熟）	第六批（71）	2014
省级历史文化名镇（6个）	光福（苏州）、金庭（苏州）		2001
	窑湾（新沂）		2009
	宝堰（镇江）、白蒲（如皋）、码头（淮安）		2013

江苏的国家级、省级历史文化名城名镇

案例简介：

江苏保有国家级和省级历史文化名城17座，国家级和省级历史文化名镇32座，中国历史文化街区5处，拥有的国家历史文化名城、中国历史文化名镇和中国历史文化街区的数量均列全国首位。

国家历史名城镇江

国家历史名城淮安

国家历史文化名城扬州

江苏重要历史文化遗产名录与荣誉

年份	项目名称	荣誉名称
1997	苏州古典园林	世界文化遗产
2003	明清皇家陵寝：明孝陵	世界文化遗产
2014	中国大运河	世界文化遗产
2001	西津渡历史文化街区	联合国教科文组织亚太地区文化遗产保护奖
2001	江南水乡六镇（周庄、同里、甪直、千灯、锦溪、沙溪）	联合国教科文组织亚太文化遗产保护杰出成就奖
2004	南京明城墙风光带	中国人居环境范例奖
2005	平江历史文化街区	联合国教科文组织亚太地区文化遗产保护奖
2006	扬州	联合国人居环境奖
2008	南京外秦淮河环境	联合国人居奖特别荣誉奖

构建保护体系

江苏历史文化保护工作开展始于20世纪80年代初，南京、苏州等城市以专项规划的形式，率先探索适合各自特点的历史文化名城保护方式。2002年，江苏率先出台《江苏省历史文化名城名镇保护条例》，奠定了历史文化名城、名镇保护的法制基础。随后南京、苏州、扬州、常州等地制定了地方性法规，出台系列配套政策举措。经过三十余年的努力，至今已形成了较为完整的历史文化名城—名镇—名村（保护区）—街区保护体系和制度体系。

江苏省及地方主要历史文化保护相关法规文件

江苏省	《江苏省历史文化名城名镇保护条例》2002 《江苏省城市规划公示制度》2005 《关于加强历史文化街区保护工作的意见》2007 《江苏省历史文化街区保护规划编制导则》2008 《关于进一步规范省级历史文化名城名镇名村申报认定工作的意见》2009 《江苏省历史文化名村（保护）规划编制导则》2014
南京	《南京城墙保护管理办法》1995年通过，2004年修正 《南京市重要近现代建筑和近现代建筑风貌区保护条例》2006 《南京市历史文化名城保护条例》2010
苏州	《苏州市古建筑保护条例》 2002 《苏州市历史文化名城名镇保护办法》 2003 《关于进一步加强历史文化名城名镇和文物保护工作的意见》 2003 《苏州市城市紫线管理办法（试行）》2003 《苏州市古建筑抢修保护实施细则》 2003
常州	《常州市区历史建筑认定办法》2008 《常州市区历史文化名城名镇名村保护实施办法》2009 《关于加快国家历史文化名城建设的意见》2013 《常州市区历史文化名城名镇名村保护办法》2013 《常州市区历史文化街区保护办法》2013
扬州	《扬州市老城区民房规划建设管理办法》2009 《扬州市古城保护管理办法》2010 《扬州市历史建筑保护办法》2011 《扬州古城传统民居修缮实施意见》2011 《扬州市古城消防安全管理办法》2014

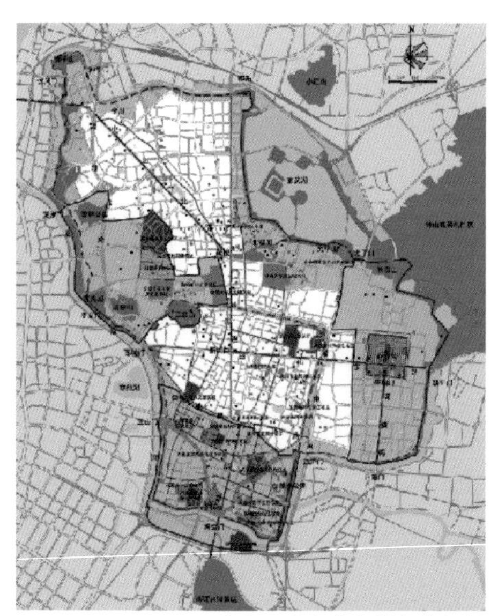
南京历史文化名城保护规划

· 推进保护规划全覆盖

江苏构建了从专项规划到详细规划的保护规划框架，依法组织推进了历史文化名城、名镇、名村、历史文化街区的各类保护规划编制。目前，全省所有历史文化名城、名镇、名村已完成保护规划，90多处历史文化街区已有一半以上编制完成保护规划。

· 指导保护规划科学编制

率先出台了《江苏省历史文化街区保护规划编制导则》，指导各地以保护真实载体、统筹历史环境、合理利用、永续利用为原则，加强对遗存整体格局和风貌的保护、人居环境的改善和物质遗存的创新利用。

· 妥善处理新旧关系

建新城、保老城，拉开城市格局，减轻旧城压力，是妥善处理古城保护发展关系的重要举措。苏州是这种保护方式的优秀范例。作为第一批国家历史文化名城，苏州早在1986年就提出“全面保护古城风貌”，多年来始终坚持“保护老城，发展新区”的空间战略，古城的历史风貌得以完整保护和呈现。

江苏省历史文化街区保护规划编制导则

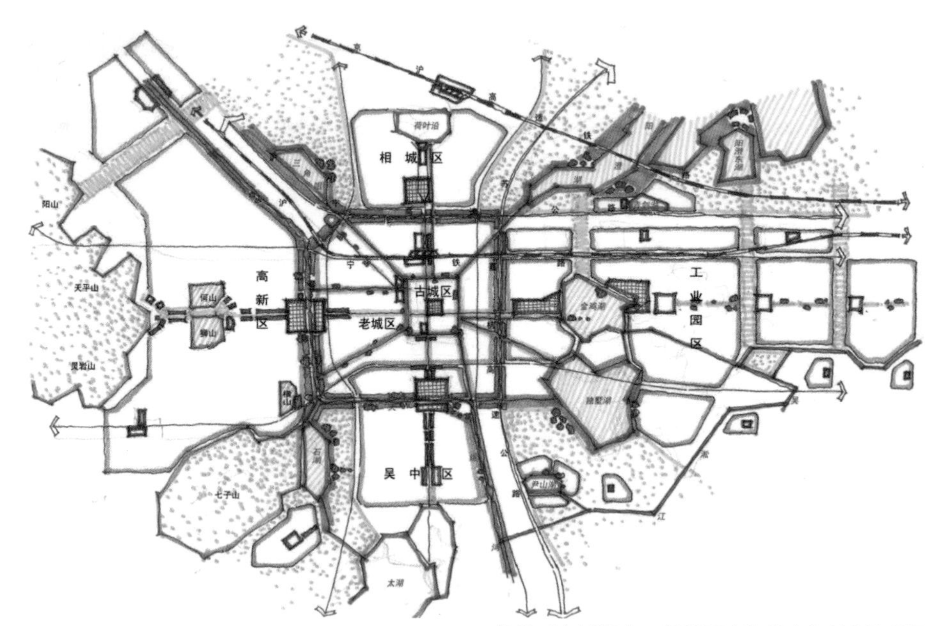

苏州“古城居中，新城环布”的空间控制与引导

· 构建彰显历史资源的特色空间体系

江苏重视历史文化资源的挖掘、保护和彰显。南京市提出对历史资源“找出来、保下来、亮出来、用起来、串起来”的积极保护与整体创造思路，通过历史轴线、河湖水系、传统街巷、绿地系统、文化廊道等将分散的历史资源等组织成网络空间结构，以凸显南京历史文化名城的空间特色及环境风貌。

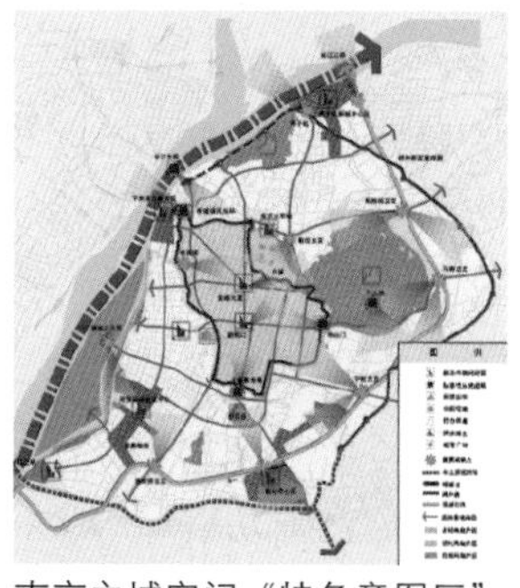
南京主城空间“特色意图区”规划布局图

南京“山、水、城、林”融为一体的城市格局和空间特色

· 小规模渐进式的有机更新

历史文化街区、历史地段、老城是历史文化名城保护的重点和难点，为避免大拆大建破坏历史遗存，江苏明确提出了小规模、渐进式的有机更新模式，重视在保护前提下改善基础设施，提高生活质量，保护居民利益，保持社区活力，促进可持续发展。扬州东关街、镇江西津渡等历史文化街区按照小规模、渐进式的有机更新模式，在遗存和风貌保护、设施改善、人居环境提升和功能活力培育等方面成效明显，实现了经济、社会、文化、环境等效益的提升。

扬州东关街

徐州户部山

淮安河下古镇

常州青果巷

无锡工业遗产

泰州过街楼

昆山周庄（中国历史文化名镇）

苏州同里（中国历史文化名镇）

各方声音：

江苏是全国历史文化名城名镇名村资源最为丰富的省份，在省委省政府的高度重视下，名城名镇名村保护工作取得了很大的成绩。积极探索保护和利用的新途径，将名城名镇名村保护成果惠及广大群众，促进社会经济文化的全面发展。

——故宫博物院院长 单霁翔

撰写：施嘉泓、黄毅翎、姚 迪
编辑：于 春 / 审核：张 鑑

江苏传统村落保护实践

Protection of the Traditional Villages in Jiangsu

江苏历史文化名村和传统村落分布图

案例要点：

传统村落，是中华农耕文明的根基，见证了千百年的变迁，承载着无数人的乡愁记忆。习近平总书记多次强调，在促进城乡发展一体化的过程中，要注意保留村庄原始风貌，慎砍树、禁挖山、不填湖、少拆房，尽可能在原有村庄形态上改善居民生活条件。为贯彻落实中央要求，江苏“十二五”期间实施“村庄环境整治行动”，在现状自然村格局和肌理上，区分古村保护型、人文特色型、自然生态型等分类，推进村庄环境改善，结合美丽乡村建设，突出传统村落肌理、形态保护和乡土文化传承，着力塑造乡村特色风貌。同时，通过调查研究、规划推进、立法探索、努力实现传统村落的传承发展。截至目前，全省共有26个村落入选“中国传统村落”名录。“十三五”期间，全省将进一步加大保护力度，力争实现对1000个左右的省级传统村落和传统民居建筑组群的有效保护。

苏州市金庭镇明月湾村（中国历史文化名村、中国传统村落）

苏州市东山镇陆巷村（中国历史文化名村、中国传统村落）

苏州市金庭镇东村（中国历史文化名村、中国传统村落）

常州市郑陆镇焦溪村（中国历史文化名村、中国传统村落）

苏州市吴中区东山镇杨湾村（中国历史文化名村、中国传统村落）

苏州市吴中区东山镇翁巷村（中国传统村落）

常州市前黄镇杨桥村（中国传统村落）

南通二甲镇余西居（中国历史文化名村、中国传统村落）

淮安市洪泽县老子山镇龟山村（中国传统村落）

盐城市大丰区草堰镇草堰村（中国传统村落）

案例简介：

组织调查研究，建立保护名录

2012年起，江苏在全省范围组织开展传统村落调查，将传统建筑风貌完整、选址和格局保持传统特色、非物质文化遗产得到活态传承的村庄作为调查对象。通过对全省村庄的调查，基本掌握了我省传统村落的数量、类型、地理分布特征及现状条件等情况。在此基础上，研究制定省级传统村落认定标准，将具有一定历史沿革、保持传统空间格局、留存公共空间记忆的村落和传统民居纳入省级传统村落和传统民居建筑组群名录加以保护。与此同时，组织开展《江苏村落遗产特色与价值研究》、《江苏传统民居分布及特征分析》、《江苏传统民居建造技艺研究》等专题研究，梳理总结我省传统村落的地域分布、风貌特征、特色价值以及传统民居的特点和建造技艺，提炼江苏村落遗产特色和历史文化价值。

江苏的中国传统村落名录

中国传统村落（26个）	中国历史文化名村（10个）
南京：前杨柳村、漆桥村 无锡：礼社村、严家桥村 常州：杨桥村、焦溪村 苏州：陆巷村、三山村、杨湾村、翁巷村、明月湾村、东村、衙角里村、东蔡村、植里村、舟山村、李市村、歇马桥村 南通：余西居、广济桥社区 淮安：龟山村 盐城：草堰村 镇江：华山村、儒里村、九里村、柳茹村	南京：前杨柳村、漆桥村 无锡：礼社村 常州：焦溪村 苏州：陆巷村、三山村、杨湾村、明月湾村、东村 **江苏省历史文化名村（3个）** 无锡：严家桥村 镇江：华山村、九里村

推进立法工作，建立保护支撑

积极推进传统村落保护的立法工作，研究起草《江苏省传统村落保护办法》，明确我省传统村落保护申报认定、规划管理、保护发展、法律责任等内容，将传统村落保护工作纳入规范化、法制化轨道，确定传统村落保护各方责任，为传统村落提供保护支撑。同时办法明确将省级传统村落优先作为美丽乡村建设重点支持村，旨在保护的前提下，调动各方力量推动实现传统村落的当代发展和复兴。各地也积极探索立法保护，历史文化名村和传统村落相对集中的苏州率先出台了《苏州市古村落保护条例》。

注重规划指导，制定保护规划

编制《江苏省传统村落保护发展规划导则》，为制定村落的保护规划提供技术指导。调查村落传统资源，总结传统文化价值及特色，确定各类保护对象，并提出传统资源保护以及村落人居环境改善、经济文化发展的措施；在历史研究与现状调查分析的基础上，按照“一村一档”要求编制保护规划、建立规划档案。

强化组织保障，建立保护机制

成立省级传统村落保护工作委员会和专家指导委员会，加大政策支持和扶持力度，设立省级专项引导资金，将所有列入省级传统村落名录的村庄优先作为省美丽宜居乡村培育对象。“十三五”期间，力争有效保护1000个左右省级传统村落和传统民居建筑组群。同时，在传统村落保护实施过程中明确“四个1”的组织和人员保障机制，即：明确1名县级领导牵头，在县级层面统筹协调保护工作；明确1名具备一定专业知识和素养的乡镇领导，具体管理实施项目；聘请1名具有建筑、规划或文物保护专业素养的对口指导专家，对项目实施进行技术指导；聘请1名实践经验丰富的带班工匠，指导项目具体实施。

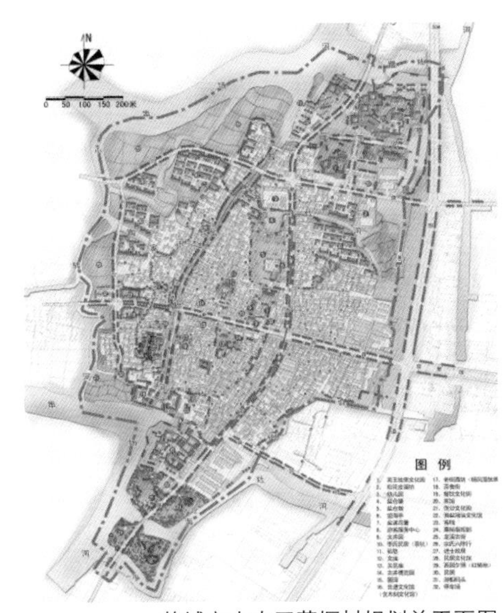

盐城市大丰区草堰村规划总平面图

苏州市东山镇三山村：村落与山水融为一体

明确保护内容，注重整体保护

· 自然景观环境

江苏古村落是不同自然地理环境下农耕模式的典型产物，大多与山水环境融为一体，分布在湖泊岛屿、平原水网、丘陵沼洼或滩涂草荡等不同的山水地貌环境之中，也因此呈现出不同的村落特征和地域文化。注重对村落所依存的自然景观环境的保护，对村落及其相关的山、水、田、林、路等的空间关系与形态进行整体保护。

· 村落传统风貌

对传统村落和周边环境实施整体保护，注重村落传统风貌协调，保持村落传统格局、历史风貌和空间尺度。要求新建建筑在风貌上与原有建筑保持协调一致，尽量不作大规模拆除，不改变与其相互依存的自然景观和环境，形成完整的特色风貌区域。

南京市高淳区漆桥村南街

漆桥村村口

· 村落空间格局

江苏的传统村落遗产尤其是历史文化名村集中的苏南地区，村落的形态十分丰富，不仅和农田相依伴，也和鱼塘、桑林、蚕房、作坊、码头、船坞、商铺 、粮仓、加工场地等相容相依，呈现出不同的村落格局。注重保护传统村落的历史空间格局和传统风貌，保持村落地形地貌、河塘水系、街巷走势、空间尺度等。

无锡市玉祁街道礼社村平面格局

无锡市玉祁街道礼社村：在村落核心保护范围内注重围绕水潭展开“浜—街—公共空间—巷弄—院落”的格局保护，在村域范围主要保护浜汇村、通运河、达江湖的外部空间环境，以及村庄、水系、田野相互交织契合的空间格局

· 历史遗存与建筑风貌

积极保护传统村落内文物古迹、历史建筑、乡土建筑和古路、古桥、古井、老树等历史环境要素。根据历史建筑保存状况，规划进行分类保护，对村落内濒危的文物保护单位、历史建筑等文化遗产优先保护，并按照相关法律、法规进行修缮、修复。传统村落内其他建筑的改建、新建在建筑高度、体量、色彩、风格等方面应与传统风貌相协调，提倡采用地方本土材料。

苏北运河地区土山镇金字梁架

苏北运河地区土山镇基督教堂的豪氏屋架

苏州陆巷明代住宅中的砖博风

苏州市吴中区金庭镇东村经过保护修缮，现存较完整的清朝末年以前建造的成片历史传统建筑群 30 多处，总建筑面积 1 万 m^2，保存着数量众多、装饰精美、富有地方特色的古建筑，包含敬修堂、徐家祠堂、栖贤巷门 3 处省级文保单位，反映了清代江南古村富庶的经济状况和淳朴的民风民俗

砖雕

木雕

石雕

保护与发展并重，实现可持续

中国传统村落保护围绕“传统建筑保护利用、防灾安全保障、历史环境要素修复、基础设施和环境改善、文物和非物质文化遗产保护利用”五方面重点设立了专项支持资金。省财政也设立了专项引导资金，支持省级传统村落保护。在加强保护的同时，努力改善基础设施条件和公共环境，合理挖掘和利用各类文化遗产，发展村落经济，增加村民收入，促进传统村落复兴，增加村民对传统村落保护的认同感，努力实现传统村落传承保护、合理开发的有机统一。

苏州市杨湾村坚持生态零破坏、环境零污染，整合现有闲置农房资源，将优美的田园山水风光、原汁原味的乡村生活和深厚的传统文化有机融合，发展特色民宿产业

撰写：韩秀金、曾　洁 / 编辑：于　春 / 审核：刘大威

世界历史文化遗产大运河的保护和利用

Protection and Utilization of World Historical Heritages along Grand Canal

案例要点：

大运河始建于公元前 5 世纪，历经两千余年的持续发展与演变，直到今天仍发挥着重要的交通与水利功能，是世界上延续使用时间最久、空间跨度最大的运河，是农业文明技术体系下人类非凡创造力的杰出例证。大运河作为人类文明的动力，记载着沿岸城市的变迁和发展，展示着人类历史的辉煌和成就。运河城市的历史，同时也是沿线城市对运河保护、开发和利用的历史。江苏是大运河沿线的重要省份，扬州是隋炀帝最早开凿大运河的地方。江苏高度重视运河沿线历史文化遗存的保护和利用工作，通过编制历史文化名城名镇保护规划、实施沿运河历史文化遗存保护整治行动计划，将大运河保护与发展城镇特色、改善沿河环境、提供市民休闲环境与文化氛围结合起来，使古老的运河焕发出新的生机。因在运河沿线遗产保护中的积极成效，扬州成为大运河申遗牵头城市。在沿线城市的共同努力下，2014 年 6 月 22 日，大运河文化遗产在世界遗产大会上全票通过，入选世界遗产名录。

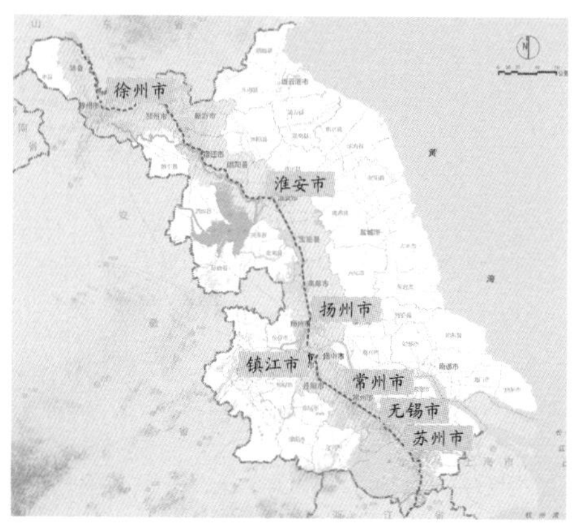

大运河江苏段示意图

案例简介：

大运河全长 1700 多 km，其中江苏段为 690km，是历史文化名城最密集的段落，沿线有 7 座国家历史文化名城、1 座省级历史文化名城，以及 9 座国家历史文化名镇、3 座省级历史文化名镇。

江苏重视沿运河的历史文化名城名镇保护，重视运河的历史研究，挖掘、提炼大运河及相关遗存的历史文化价值，将大运河和重要的水工遗产列为保护对象，明确保护要求和相关措施。同时，合理利用运河遗产，提升城市景观和生态环境，改善居民生产生活条件，促进经济转型和现代服务业、文化产业的发展。

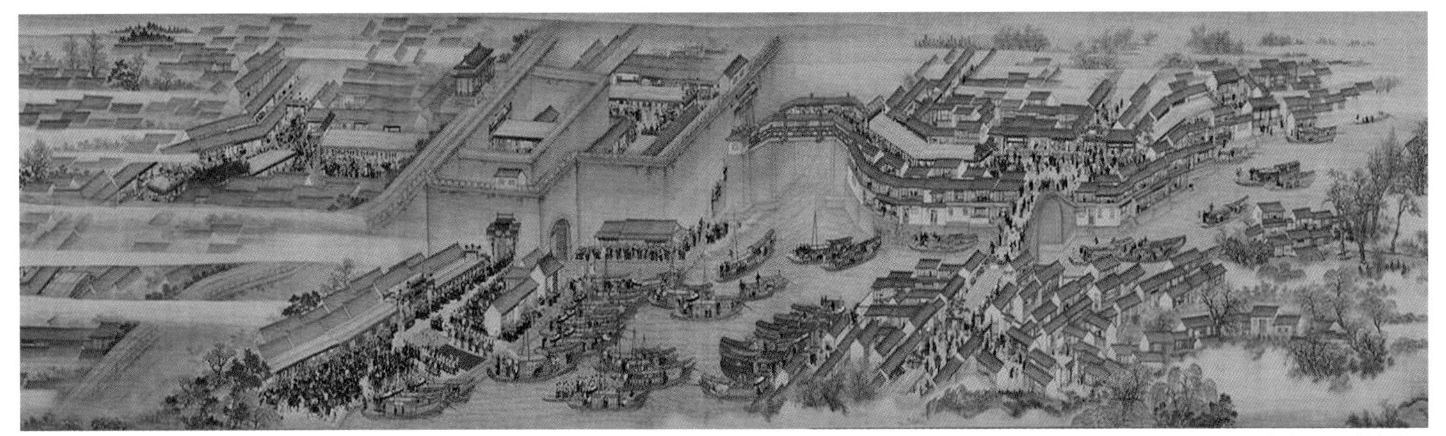

康熙南巡图（局部）：康熙皇帝第二次南巡（1689 年）离开京师，途经苏州阊门、山塘街一带，画卷以鲜明的色彩和工整的手法，真实、细致地表现了运河与城镇、山川与城池，大量遗迹至今仍在。

扬州瘦西湖白塔：相传乾隆皇帝下江南路过扬州时，八大盐商仿北海畅春园，一夜之间用盐包为基础、以纸扎为表面堆砌而成。乾隆感慨："人道扬州盐商富甲天下，果然名不虚传"。乾隆走后，两淮盐总江春，集资仿北京北海白塔建造了今扬州白塔。

扬州江都邵伯镇大马头：在宋代之前，邵伯就沿运河设市里，成为运河古镇之一，人们称为"运河第一渡"、"水上城坊"。随运河兴旺，邵伯逐渐繁荣，大马头成为运河线重要商埠之一，素有"镇江小马头，邵伯大马头"的美称。清乾隆已是万家灯火、商旅如织的重要商埠。

为提升运河沿线空间品质，服务当代百姓生活品质提高后的休闲需求，制定并实施了《江苏大运河风景路规划》，依托慢行道路，串联大运河沿线的各类历史文化资源和特色景观，构筑贯穿江苏南北的绿色文化廊道。同时，组织大运河旅游精品线路，沿运河布局驿站、自行车租赁点等休闲、健身、便民设施，为市民和游客提供公共活动场所。各地也对运河沿线地区专门编制详细规划，保护相关遗址，整治沿线的环境，提高滨水地区的可达性，增加公共服务设施，努力将运河沿线打造成集文化博览、商业休闲、游憩娱乐和居住为一体的活力地区。

· 扬州：

扬州的繁荣与大运河息息相关，隋朝大运河开凿以后，扬州成为江南漕运和淮南盐运中心。盛唐时，扬州成为东南第一大都会，富甲天下，有"扬一益二"之誉，是南北粮、草、盐、钱、铁的运输中心和海内外交通的重要港口。晚唐之后，扬州市是沟通南北交通的咽喉和"海上丝绸之路"的重要口岸，有"淮左名都"之称。清代扬州富盐渔之利，各地商人纷纷建立会馆，达到发展的高峰，号称当时世界上的八大都会之一。进入当代，扬州牵头推动大运河沿线文化遗产保护和滨水环境整治，古城风貌和文化内涵日益彰显，为大运河成为世界文化遗产作出了积极贡献。

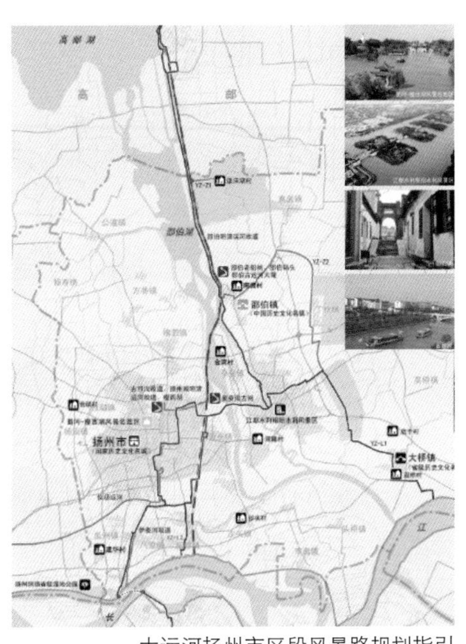

大运河扬州市区段风景路规划指引

东关古渡：昔日运河渡口，已整修为运河水上游览线的重要节点。古运河沿线建成了慢行步道，在运河边散步，成为了沿岸市民喜闻乐见的休闲方式。

天宁寺行宫：始建于东晋，为清代扬州八大名刹之首。现存建筑为清同治年间修复。康熙皇帝和乾隆皇帝曾多次驻跸天宁寺行宫，行宫外即为登陆扬州的御码头。

东关街鸟瞰

东关街和宋东门遗址

扬州老字号谢馥春东关街店

东关街历史上不仅是扬州水陆交通要道，而且是商业、手工业和宗教文化中心。街面上市井繁华、商家林立，行当俱全，生意兴隆。陆陈行、油米坊、鲜鱼行、八鲜行、瓜果行、竹木行近百家之多。附近还集中了众多古迹文物：有逸圃、汪氏小苑个园、广陵书院、安定书院、仪董学堂等。通过十多年的修复和整治，还原了运河古城的历史风貌。

· 淮安：

淮安地扼漕运要冲，有“南船北马，九省通衢”之誉，年漕运量最多时达到800万石，是明清两代的南河河道总督府、漕运总督署所在地。与扬州、苏州、杭州并称为运河沿线“四大都市”。目前，大运河淮安段仍在航运、防洪、排涝、供水等方面发挥重要作用。淮安市对清口枢纽、总督漕运公署遗址、里运河故道、双金闸、洪泽湖大堤等遗址进行了整修和展示，提升彰显了大运河的历史文化价值和风采。

淮扬运河淮安段：淮扬运河故道淮安段呈“U”字型，环境整治后周边呈现田园风光

双金闸：该工程为水工建筑史上使用水泥作为胶结材料的起始

洪泽湖大堤河堤：位于洪泽湖东岸，为长达70多km的防洪蓄水工程，也是清口枢纽引淮措施的重要组成部分

漕运博物馆

明清漕运总督府遗址规模宏大，经整修成为遗址公园

· 常州：

大运河常州段历史悠久，始于公元前五世纪吴王阖闾疏拓中江，沟通太湖和芜湖水域。唐、宋、元代，运河常州段不断疏浚，建粮仓、浚码头，增加储运。明洪武廿六年，常州府实征漕粮五十三万石。清末随着上海港的兴起，江南运河再度繁荣，常州运河两岸百工居肆，商贾云集，成为江南豆类、粮食、竹木、土布的主要集散地。时至当代，常州市加强青果巷历史文化街区等资源保护，整治西瀛门城墙等运河沿线地区的遗存和周边环境，活化利用第五毛纺厂旧址等工业遗产，沿运河地区成为重要的文化和旅游资源。

大运河常州段

西瀛门城墙：为明代城墙的一部分，南依大运河，为常州古城墙的实物见证。周边还有西水关、文亨桥等历史遗存。

东坡公园：曾是苏东坡当年弃舟登岸入城之地。公园内林木蔚秀，水石清奇，大运河绕园东流，使其更富江南特色。

舣舟亭：南宋时期为纪念在常州终老的苏东坡，建舣舟亭以示怀念。乾隆皇帝下江南时曾 4 次赐亲笔题“玉局风流”等匾额。

青果巷历史文化街区：“深宅大院毗邻，流水人家相映”的江南水乡传统民居风貌特色

运河五号：位于大运河南侧，为原恒源畅厂旧址，始建于 1933 年，后改名为常州第五毛纺织厂。常州市对其进行保护修缮和整治利用，投入 6000 万元改造完成“运河五号”创意街区，建成常州工业档案博览中心、常州画派陈列馆、恒源畅厂史陈列馆、多功能创展中心、视觉艺术中心等，带动了运河周边的发展，成为古运河畔一颗熠熠生辉的创意产业明珠。

各方声音：

大运河遗产保护与申遗过程中，江苏的内容最重要，工作量最大，成果最好。

——大运河遗产保护专家 谭徐明

江苏大运河遗产保护和利用工作措施得力，成效良好。江苏省各有关部门紧扣重点，深入思考，提出了一些富有建设性和操作性的意见建议……充分发挥示范带头作用。 ——全国政协调研组

政府投入数千万元对明清运河故道进行环境整治，现在走在邵伯古堤上，古风古韵扑面而来，河水清清，两岸垂柳，我们可以蹲在码头上淘米洗菜。 ——江苏邵伯居民 杨先生

江苏作为牵头城市所在省份，高度重视大运河保护与申遗工作，始终以“率先开展工作、发挥牵头作用”为要求，主动推动各项工作顺利开展。 ——《中国文物报》

撰写：施嘉泓、方 芳 / 编辑：于 春 / 审核：张 鑑

世界文化遗产苏州古典园林的保护和传承

Protection and Inheritance of World Cultural Heritage Suzhou Classic Garden

案例要点：

中国古典园林世界闻名，江南园林又有“甲天下”的美誉，而苏州则是江南古典园林最为集中的地域，鼎盛时期多达250余处，精品荟萃，体现了中国造园艺术的最高成就，在中国乃至世界园林发展史上具有不可替代的地位。苏州市高度重视古典园林的保护、传承和发展，通过建立和完善保护法规，加大科学保护和修复力度，一大批古典园林得到了保护、修复和提升，拙政园、留园、网师园、环秀山庄、沧浪亭、狮子林、耦园、艺圃和退思园等9座古典园林先后于1997年、2000年被联合国教科文组织列入世界文化遗产名录，形成了古典园林保护、修复、利用和管理的“苏州经验”。

拙政园：池广树茂，旷远明瑟

环秀山庄：小中见大，巧夺天工

沧浪亭：外临清池，城市山林

狮子林：怪石林立，洞壑宛转

耦园：住宅居中，置园东西

退思园：布局因地制宜、诸景环池贴水

案例简介：

强化依法保护

在严格执行联合国教科文组织《保护世界文化和自然遗产公约》、国务院《关于加强我国世界文化遗产保护管理工作意见》等公约政策的基础上，制定《苏州园林保护和管理条例》、《苏州市古树名木保护管理条例》等地方性法规，全方位加强对苏州古典园林的依法保护和管理。

运用信息化手段进行全方位、全过程的动态监测

实施保护修复

编制公布《苏州园林名录》，编制《世界文化遗产苏州古典园林保护规划》，结合苏州古城保护，有计划、有步骤地实施古典园林修复工作。设立园林修复委员会、世界遗产暨古典园林保护工作领导小组和世界文化遗产古典园林保护监管中心，形成了政府、主管局、古典园林管理部门三级联动、协作高效的全方位保护管理体系。组建苏州古建筑修复师专家库，加强对古典园林建筑修复保护的技术指导，在保护和修复中传承香山帮精湛的造园技艺。

序号	名称	地址	建造年代	管理主体	开放情况
1	燕园	常熟市辛峰巷8号	清	常熟市旅游局	开放
2	曾园	常熟市翁府前7号	清	常熟市旅游局	开放
3	赵园	常熟市翁府前7号	清	常熟市旅游局	开放
4	兴福禅寺	常熟市寺路街108号	南朝	常熟兴福禅寺	开放
5	松梅小圃	常熟市沙家浜镇 唐市片区王家山	清	常熟市沙家浜镇人民政府	开放
6	方塔园	常熟市环城东路	南宋	常熟市旅游局	开放
7	南园	太仓市城厢镇 南园东路7号	明	太仓市弇山园管理处	开放
8	张厅	昆山市周庄北市街38号	明	江苏水乡周庄旅游发展股份有限公司	开放
9	退思园	吴江区同里镇 新填街234号	清	苏州同里国际旅游开发有限公司	开放
10	师俭堂锄经园	吴江区震泽镇宝塔街12号	清	震泽旅游文化发展有限公司	开放
11	耕乐堂	吴江区同里镇西上元街陆家埭127号	明	苏州同里国际旅游开发有限公司	开放
12	陶氏花园	盛家浜8号	民国	林裕堂文化艺术有限公司	开放
13	雷氏别墅花园	庙堂巷8号	民国	上海外贸疗养所（停业）	不开放
14	墨园	人民路2114号 苏州阀门厂内	民国	苏州市阀门厂	不开放
15	顾氏花园	申庄前4号	清	顾雪岐	不开放
16	双塔影园	官太尉桥15、17号	清	苏州新沧浪房地产有限公司	不开放
17	詹氏花园	闾邱坊4、6号	清	苏州市社会福利院	不开放
18	唐寅故居遗址	西大营门双荷花池13号	明	苏州桃花坞发展建设有限公司	不开放
19	渔庄	石湖渔家村	民国	苏州市园林和绿化管理局	开放
20	严家花园	吴中区木渎镇羡园街98号	清	苏州市木渎旅游发展实业公司	开放
21	启园	吴中区东山镇启园路	民国	吴中太湖旅游集团	开放
22	古松园	吴中区木渎镇山塘街23号	清	苏州市木渎旅游发展实业公司	开放
23	保圣寺	吴中区甪直镇	南朝	吴中区文物保护管理所	开放
24	高义园	天平山南麓天平山风景区内	明	苏州市园林和绿化管理局	开放
25	寒山别业遗址	天平山西北面	明	吴中区林场	开放
26	石佛寺	石湖茶磨山下	宋	苏州市园林和绿化管理局	开放

苏州园林名录

动态监测预警

在全国率先开展世界遗产动态监测管理工作，建立了“世界文化遗产——苏州古典园林信息动态管理和监测预警系统”，实现了对园林建筑、水体水质、假山景石、道路铺装等九个方面的有效监测预警。

保护传承利用

精心策划，在古典园林中展现昆曲、评弹等非物质文化遗产，提升了城市的文化品位，吸引了众多国内外游客。苏州古典园林每年接待国内外游客约五、六百万人，成为苏州城市文化特色和文化遗产的重要展示之地。

采用原材料、原工艺、原法式修缮古典园林

各方声音：

作为江南水乡中的鱼米之乡和园林胜地的苏州，在“湖泊星罗棋布，河流密如蛛网，前河后街，以舟代车”的水乡中，苏州的自然山水园当以水为主、山为辅、建筑布置向水心、深柳疏芦、群芳莳放。水是苏州园林的灵魂。

——中国工程院院士 孟兆桢

苏州园林是中国私家园林的代表，源于自然，高于自然，历来是文人画家雅集的地方，也是我国传统文化的体现，保护好现存的苏州园林是我们这一代人的神圣使命。 ——苏州市民吴元（画家）

苏州园林是优秀传统文化的代表，具有很高的历史、文化和艺术价值，开展苏州园林分类保护管理，公布《苏州园林名录》是提升苏州园林群体性保护和传承的创新举措，具有重要的历史意义。

——《姑苏晚报》

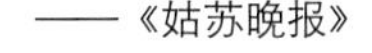

撰写：朱东风、单干兴、陈 婧

编辑：于 春 / 审核：刘大威

世界记忆遗产
——南京大屠杀档案和死难者公祭遗址保护

Memory of the World - Protection for the Files of Nanjing Massacre and National Public Memorial Ceremony Site

“历史不会因时代变迁而改变，事实也不会因巧舌抵赖而消失。为南京大屠杀死难者举行公祭仪式，是要唤起每一个善良的人们对和平的向往和坚守，而不是要延续仇恨。我们要以史为鉴、面向未来，共同为人类和平作出贡献。”

——国家主席习近平在国家公祭日上的讲话

案例要点：

侵华日军南京大屠杀是“二战”史上的“三大惨案”之一。1979 年，中国将南京大屠杀正式写入教科书，而日本却在 1982 年篡改教科书，故意抹杀这一历史事件。鉴于这一重大历史灾难事件的世界影响和国民情感，1983 年，南京市在侵华日军南京大屠杀现场之一的江东门建设遇难同胞纪念馆，后又实施二期、三期扩建工程。现侵华日军南京大屠杀遇难同胞纪念馆（以下简称“纪念馆”）已成为全国爱国主义教育示范基地和国际和平交流的重要场所。2014 年 2 月全国人大常委会通过决定“将每年的 12 月 13 日设立为南京大屠杀死难者国家公祭日”。2014 年 12 月 13 日国家主席习近平亲自出席了国家公祭活动。2015 年《南京大屠杀档案》正式被列入《世界记忆遗产名录》。

侵华日军南京大屠杀遇难同胞纪念馆

南京大屠杀遇难者档案

案例简介：

纪念馆一期工程：“生死浩劫”

1983 年底，纪念馆一期工程启动，由齐康院士主笔设计。纪念馆位于侵华日军南京江东门集体大屠杀原址，设计建造中保留了“万人坑”遗址。设计采用深沉的建筑语言，充分体现场所精神，综合运用组合建筑物、场地、墙、树、坡道、雕塑等要素，紧扣“生”与“死”的主题，配合展品陈列，塑造“劫难”、“悲愤”、“压抑”的环境氛围，再现了沉重的历史灾难。纪念馆一期工程于中国人民抗战胜利 40 周年前夕的 1985 年 8 月落成，2016 年入选首批 20 世纪中国建筑文化遗产目录。

十字碑

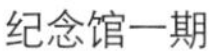

纪念馆一期

纪念馆二期工程：“和平之舟”

2005 年，纪念馆二期扩建工程启动。开展了较为广泛的设计方案国际征集，有设计战争、灾难纪念馆经验的世界知名设计公司和所有国内建筑学院士均参与了这一活动。项目最终由何镜堂院士领衔建筑设计，并与一期工程设计者齐康院士紧密配合。二期工程自东向西表现战争、杀戮、和平三个主题，空间布局寓意“铸剑为犁”，平面布局映现“和平之舟”。建筑空间从东侧的“封闭、与世隔绝”逐渐过渡到西侧的“开敞”，从东部的“哀痛悼念情绪”过渡到西侧的“向往和平”。新展馆结合地形条件将新建的纪念馆主体部分埋在地下，地面上的建筑体量呈刀尖状，向东侧逐渐升高，屋顶作为倾斜的纪念广场，既突出了新馆的特殊风格，又减少了对原有纪念馆的压迫感。新老纪念馆整体协调，表面材质统一，建筑语言和手法一致。纪念馆二期工程先后获得了“中国建筑学会建国 60 周年建筑创作大奖”和“中国建筑工程鲁班奖”。

和平广场

纪念馆二期

纪念广场

纪念馆三期工程：“开放纪念”

随着国家公祭活动的开展和纪念馆参观人数的不断增多，2014 年启动了纪念馆三期工程，整合世界反法西斯战争中国战区胜利纪念馆、胜利纪念广场以及大巴车站、停车场、配套设施等综合功能，形成了一个以开放纪念为主题的复合型公共空间。

纪念馆三期

纪念馆周边：环境的协调

随着城市的发展变化，纪念馆地处今南京河西新城区的中心地带。为维护和营造宁静、肃穆的环境氛围，在纪念馆周边规划设立了“核心区、拓展区、协调区”三个圈层，对周边地区进行高度控制、风貌控制、功能调整、交通流线控制等。同时在遗址的纪念广场周围通过设立清水混凝土墙、草地缓坡等城市设计手法，减少外界的影响和干扰。

协调纪念馆及周边圈层的高度关系，使视线所及建筑界面齐整，营造肃穆凝重的整体氛围

多点保护：构建遗址保护体系

自 1980 年代至今南京市在燕子矶、草鞋峡、中山码头、汉中门等多地屠杀遗址及遇难同胞尸骨丛葬地多处设碑纪念缅怀。此外，拉贝故居被列为首批国家级抗战纪念设施遗址名录，大屠杀时的避难场所，金陵大学北大楼被列为全国重点文物保护单位，江南水泥厂旧址被列为南京重要近现代建筑风貌区。2015 年利济巷慰安所旧址陈列馆作为侵华日军南京大屠杀遇难同胞纪念馆的分馆也正式对公众开放。

汉中门外遇难同胞纪念碑

煤炭港遇难同胞纪念碑

清凉山遇难同胞纪念碑

金陵大学难民收容所及遇难同胞纪念碑

正觉寺遇难同胞纪念碑

五台山丛葬地纪念碑

中山码头遇难同胞纪念碑

挹江门丛葬地纪念碑

国家公祭：在追忆与纪念中教育警醒

二战结束后，主要参战国政府纷纷以国家公祭的形式来祭奠在惨案中死难的国民。2014 年 2 月 27 日，第十二届全国人民代表大会常务委员会第七次会议通过决定，将每年的 12 月 13 日设立为南京大屠杀死难者国家公祭日。同年 12 月 13 日，首次国家公祭在侵华日军南京大屠杀遇难同胞纪念馆隆重举行。2015 年由国家档案局整理提交的《南京大屠杀档案》正式被列入《世界记忆名录》。公祭日的设立和申遗的成功，标志着南京大屠杀成为世界战争灾难的重要记忆，无时无刻不警示世人、唤起对和平的共同守望。

南京大屠杀死难者国家公祭仪式

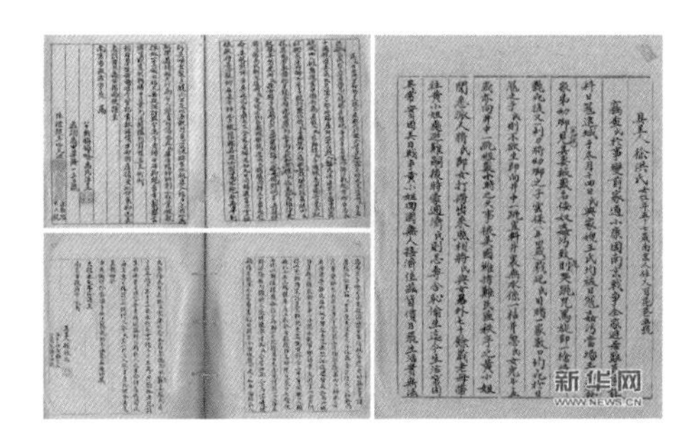

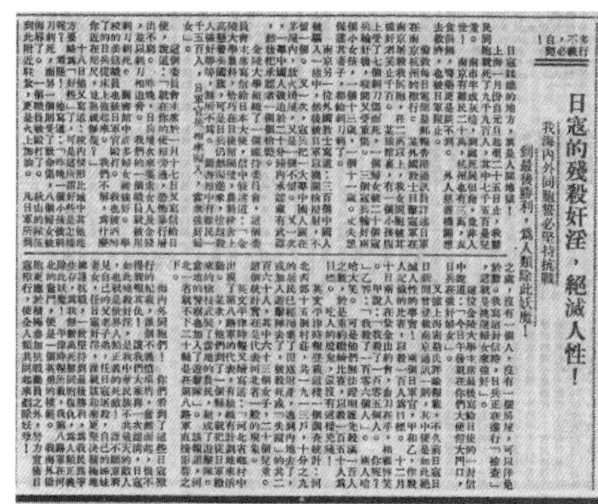

入选《南京大屠杀档案》的资料

各方声音：

类似的建筑如柏林大屠杀馆、华盛顿犹太人纪念馆等我去参观过，各有千秋，但是南京大屠杀纪念馆是成功之作，形式与内容统一，悲怆动人，简洁有力，气宇万千。

——国家最高科技奖获得者、两院院士 吴良镛

日军暴行，罄竹难书，贵馆建立，动人泪下，我们对日军暴行耳闻目睹，记忆犹新，传谕子孙，万不及一。建馆对教育鼓励后人，振奋国家，告诫同胞，避免历史悲剧重演，意义重大，且可告慰死难同胞于九泉之下。

——南京大屠杀幸存者 陈金立

这里是世界各国憎恶战争与渴望和平的最佳诠释。

——美国前总统 卡特

来到侵华日军南京大屠杀遇难同胞纪念馆，对当年人类历史上的黑暗一页有了更直观、更深刻的感受。

——海外媒体采访团

撰写：于 春 / 编辑：赵庆红 / 审核：张 鑑

北寺塔鸟瞰全景

苏州历史古城的全面保护和有机更新

Overall Protection and Organic Renovation-Protection of the Historical City in Suzhou

联合国人居署署长 Joan Clos 称苏州《平江图》是世界上保存至今最早的规划城市图 “The first planned city map”

案例要点：

苏州是中国首批历史文化名城，也是当代中国经济发展最快的大城市之一。在快速城镇化、现代化进程中，苏州始终坚持“保护古城、发展新区”的空间战略，以妥善处理当代发展和历史保护的关系。至今苏州较为完整地保留了古城格局和历史肌理，昔日姑苏的前街后河、河街并行的“水陆棋盘”风采依然，粉墙黛瓦的建筑风貌和传统尺度的城市肌理得到了较好保护。因在古城保护方面的积极探索和卓越成就，苏州于 2012 年成为全国首个“国家历史文化名城保护示范区”，2014 年因“面对经济增长和城镇化压力时兼顾经济发展与历史文化传承”获得“李光耀世界城市奖”。2014 年成功加入联合国教科文组织全球创意城市网络，成为“手工艺与民间艺术之都”。

案例简介：

全面保护

在整体格局上，苏州古城“前街后河、河街并行”的双棋盘格局得到较好保护，河道成网，街道纵横，水网路网交相映衬。在建设控制上，古城内严格控制新建建筑高度，对建筑檐口高度也作出明确规定，自 2003 年起，强制规定在古城内不再新增工业、仓储用地，不再新建大型公共设施和水塔、烟囱、电视塔、微波塔等构筑物。在建筑风貌上，保持“黑、白、灰”，“素、淡、雅”的建筑色彩基调，延续传统尺度和肌理。在环境改善上，拆除与古城风貌格格不入的建筑，保护和修复一批包括传统民居在内的建筑，建设一批与古城风貌相和谐的新景观，在“保”、“拆”、“修”、“建”中使古城传统风貌特色更加凸显。

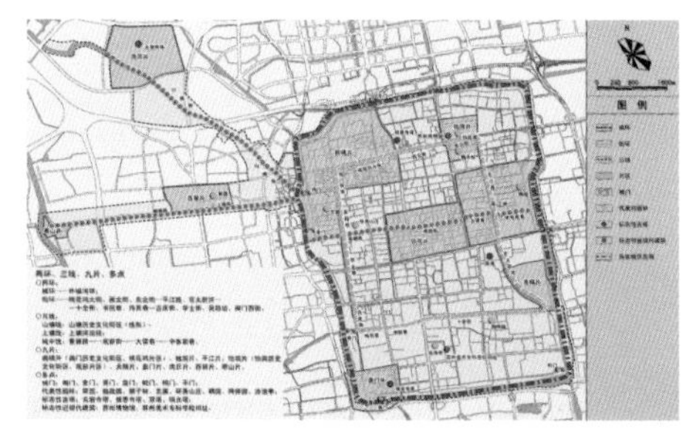

苏州历史城区保护结构图

苏州历史城区

有机更新

平江历史文化街区位于苏州古城东北隅，是苏州历史建筑风貌、生活习俗保存十分完整的一个区域。基于小尺度“有机更新”的原则，在政府主导、专家指导和民众参与的保护、整修和改善下，实施了古迹彰显、河道清淤、码头修整、居民院落改善、环卫设施改造、配套服务设施增加等工程。如今的平江历史街区文化氛围浓郁，居民在此安居乐业，成为“苏式生活”的典型缩影。街区年吸引旅游人口约 200 万人次，为本地居民提供就业岗位 3000 余个。通过保护与整治，街区实现了保护传承和社会民生改善的双赢，被联合国教科文组织亚太理事会授予文化遗产保护奖。

平江历史文化街区

延续肌理

桐芳巷小区为全国第三批住宅试点小区之一。以“再现和延续”古城风貌与建筑肌理的理念进行规划设计，小区建筑和宅院依据街坊环境与尺度“度身定制”，建筑形态上维持传统小开间形式，保持苏州民居体量小巧、千姿百态的特色；建筑细部再现苏州古城民居中的传统建筑构造。道路系统在原有街巷的基础上，适当拓宽，保留原有“街—巷—弄”的传统街区格局。整个小区与古城风貌相协调，发展继承了苏州城市的传统特色。

桐芳巷居住小区

活化利用

原潘祖荫故居现已改造成为探花府 · 苏州文旅花间堂精品酒店。潘宅改造是传统建筑再利用的试点工程，整修改善后的花间堂酒店，完整呈现了建筑原有的三路五进格局，修复了楼厅、船舫、花园。酒店除住宿、餐饮、会议功能外，还特别增加了历史文化展示功能。

苏州博物馆新馆由世界著名建筑大师贝聿铭先生设计，是“中而新，苏而新”设计思想的典型范例

历史建筑的再利用——花间堂

各方声音：

原汁原味的古城呈现出惊人的升值潜力。苏州古城保护的成功，为这个城市保留了应有的文化品位，而文化品位反过来让这个城市升值。经济发展到一定的地步，人们一定会反过来追求文化，这就是经济规律。在迅速发展的二三十年间，多少城市的人文风貌湮灭在这个规律里，而苏州用自己的城市哲学超脱了。

——两院院士 周干峙

生活在古城里蛮惬意的，早上吃吃苏式小吃，下午听个评弹，晚上出门护城河边走一圈，这才是真正的苏式生活啊！

——苏州古城居民

在高速迈向“现代化”的苏州，“古城”的存续是个“奇迹”。且不说它 2500 多年的历史完整性，也不说自宋代延续至今的水陆双棋盘格局，仅以苏州古城区内的古建筑为例，其密集度和保存的完整性在全国数得上名头的古城中都是不多见的：古建筑数量多且门类齐全，明清以来的官署衙门、会馆店铺、义庄祠堂、书院艺斋、园林民居等均有留存，……毫无疑问，这样的“奇迹”只能是精心保护造就的结果。

——《新华日报》

撰写：施嘉泓、黄毅翎 / 编辑：于 春 / 审核：张 鑑

苏州历史镇村的保护和发展

Protection and Development of Suzhou Historical Town and Village

案例要点：

苏州是历史上的江南富庶之地，拥有数量众多的历史文化名镇名村。同时，苏州也是中国经济发展最快的活力城市之一，2015 年全市人均地区生产总值达 13.63 万元、城镇化水平达 74.8%、人口密度达 1251 人 /km^2。面对经济高速发展、城镇化和现代化快速推进、人口高度密集等发展环境，苏州市坚持“保护优先”，多年来持续实施历史镇村保护工程，成功地保护了 13 个中国历史文化名镇、2 个省级历史文化名镇和 5 个中国历史文化名村、12 个中国传统村落，成为保有国家级历史文化名镇名村及传统村落数量最多、密度最高的城市。多个古镇保护工程先后获得“联合国人居署国际改善居住环境最佳范例奖”、“联合国教科文组织亚太地区文化遗产保护杰出贡献奖”、“中国人居环境范例奖”等奖项，9 个历史古镇被列入了《中国世界文化遗产预备名单》，以周庄、同里、甪直为代表的一系列江南水乡古镇享誉海内外。

案例简介：

从 20 世纪 80 年代起，苏州即大力开展历史文化镇村保护工作。经过 30 年的实践探索，构建了较为完整的保护体系，有序推进古镇古村的保护、修复、整治，同时积极发展古镇古村旅游业和文化产业，推动了历史镇村的当代活力提升。

锦溪古镇

周庄古镇

东山陆巷古村

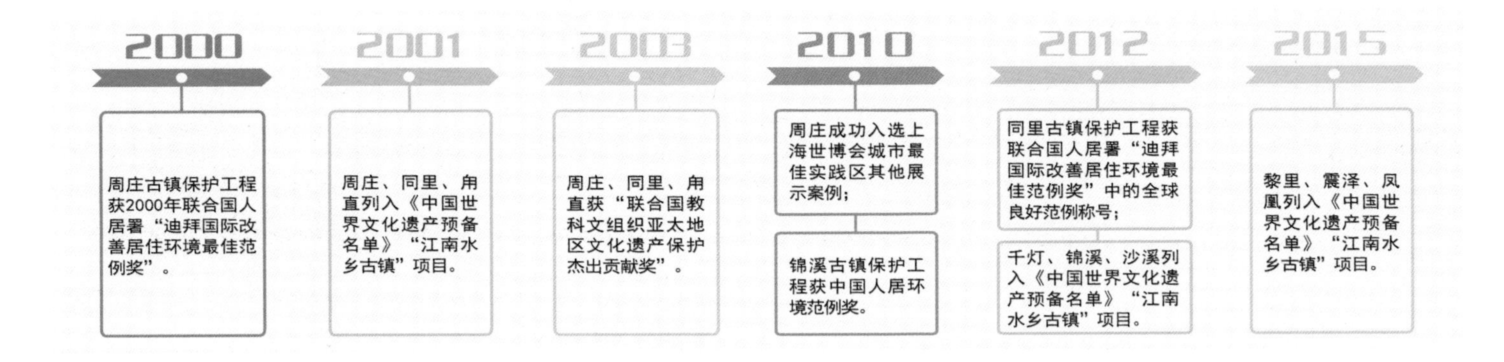

深入调查，全面建立历史镇村保护名录

自20世纪80年代起，以同济大学教授阮仪三为代表的专家学者即开展了对周庄、甪直、同里等典型镇村的深入调查。随后，苏州市开展了系统性的历史镇村调查研究工作。先后开展了《传统聚落（镇村）历史文化资源调查评估研究》《苏州古村落保护研究》《古村落保护利用情况年度评估及动态监测信息系统建设》等研究，建立了完整的古镇古村保护利用评估体系和全面覆盖的保护名录。

中国历史文化名镇（13个）	江苏省历史文化名镇（2个）	市级历史文化名镇（3个）
甪直、木渎、东山、同里、凤凰、沙家浜、周庄、千灯、锦溪、沙溪、古里、震泽、黎里	金庭、光福	梅李、尚湖、浏河

中国历史文化名村（5个）	中国传统村落（12个）	市级控制保护古村落（14个）	市级历史文化名村（3个）
陆巷、明月湾、杨湾、东村、三山岛	陆巷、明月湾、吴中区三山岛、杨湾、翁巷、东村、常熟市古里镇李市、吴中衙甪里、东蔡、植里、舟山、昆山歇马桥	陆巷、明月湾、杨湾、三山岛、东村、堂里、甪里、东西蔡、徐湾、植里、后埠、恬庄、金村、南厍	李市、溪港、龙泉嘴

全面覆盖，高水平制定保护规划

《苏州市城市总体规划》明确了古城、古镇、古村的保护层次、保护框架、保护内容和范围，并将保护要求细化到每一个历史文化名镇和名村。每个古镇古村保护规划编制工作均聘请高水平单位或专家开展编制和咨询工作，在编制完成各级保护规划的同时，及时将保护规划的成果纳入各镇总体规划和相关城乡规划中。

整体保护，妥善处理新与旧关系

历史镇村核心地区均采取了整体保护模式，将保护区内的企事业单位、有污染的企业逐步迁出或关闭，有序引导古镇保护区内的空间优化调整，并在保护区外安排各项新增建设，妥善处理保护和发展的矛盾。

修旧如旧，有序推动镇村修缮与整治

坚持保护历史镇村原真性的原则，遵循修旧如旧原则，保护和修缮了大批古街小巷、河道桥梁、民居建筑等，再现了江南水乡的历史风貌。同时，积极开展保护区内的环境整治、配套设施建设等工程，积极改善居民生活环境。

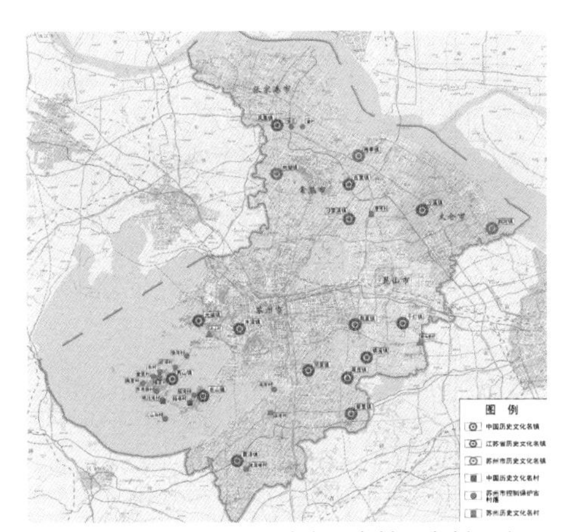
苏州历史文化名镇、名村分布图

震泽师俭堂整治前后对比

明月湾村口整治前后对比

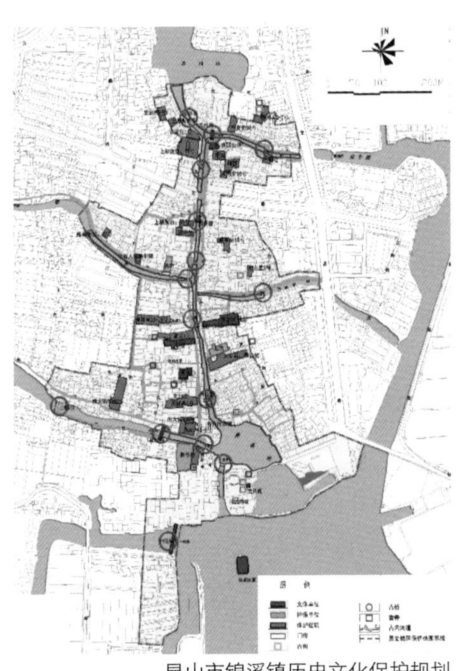
昆山市锦溪镇历史文化保护规划

传承技艺，充分彰显“非遗”文化魅力

苏州通过特色产业扶持和示范基地建设，着力推进非遗生产性保护，以保持非遗的真实性、整体性和传承性为核心，以有效传承传统手工技艺为前提，借助生产、流通、销售等手段，将非遗转化为文化产品。同时鼓励社会力量建立作坊、工作营、传习所、新型创业基地，项目进校园、进社区、进乡镇，利用互联网建立各类在线交易平台等多种行为，从而更好地保护、传承和彰显“非遗”的文化魅力。

苏州积极培养享誉中外的苏州“香山帮”工匠，传承古建筑的传统施工技艺，继承和发展了江南水乡的古建筑营造技艺。

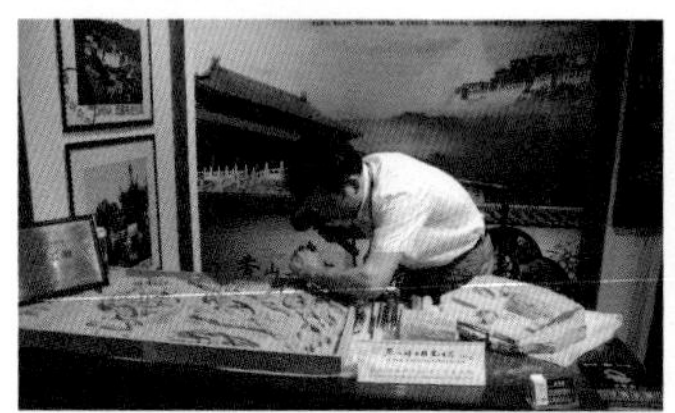

砖雕技艺

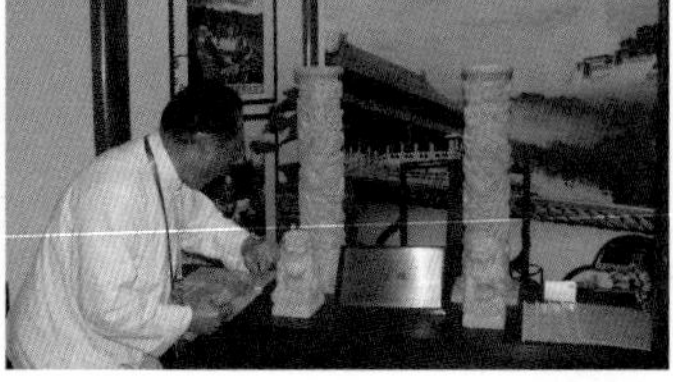

石雕技艺

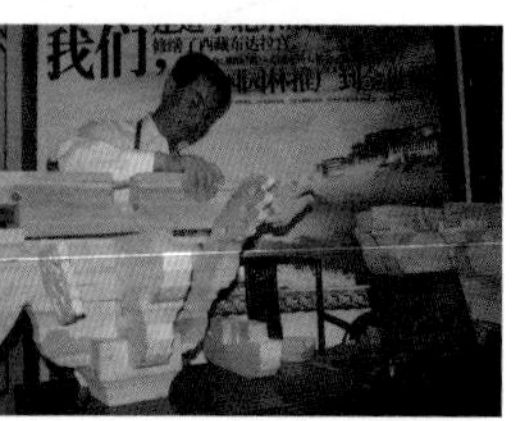

斗拱制作

“祯彩堂”工艺厂在缂丝工艺传承和创新上，取得了令人瞩目的成绩，在海内外名声鹊起，作品在日本、新加坡、台湾等地广受欢迎。

缂丝远山茶席系列

缂丝清雅系列包袋

沈周玉蘭钱包系列

培育产业，着力提升古镇村发展活力

在保护的前提下，积极将物质文化遗产、非物质文化遗产与旅游、文化产业发展相结合，为古镇村注入新的活力，同时也促进居民增收致富。目前有 10 个古镇已达到了国家 4A 级以上景区标准，游客接待量逐年上升。产业的发展，使古镇活力得到进一步增强，居民收入得到了显著提高，越来越多的原住民选择留下来安居乐业。

· 吴中区舟山村大力发展“核雕”这一传统手工业，不但保护和传承了非物质文化遗产，而且解决了 3000 多人（本村 1700 多人）的就业问题，促进了农民致富增收。

· 明月湾古村向村民租赁 4 处古建筑（敦伦堂、礼和堂、瞻瑞堂、裕耕堂），建筑面积 2000m²，每年向村民支付租金 4 万元，并聘请村民作为景点员工。2015 年接待游客总数 6 万人，旅游综合收入增长 50%，节假日期间游客、食客众多，农家乐、民宿生意十分兴盛。

同里古镇

甪直古镇临水民居

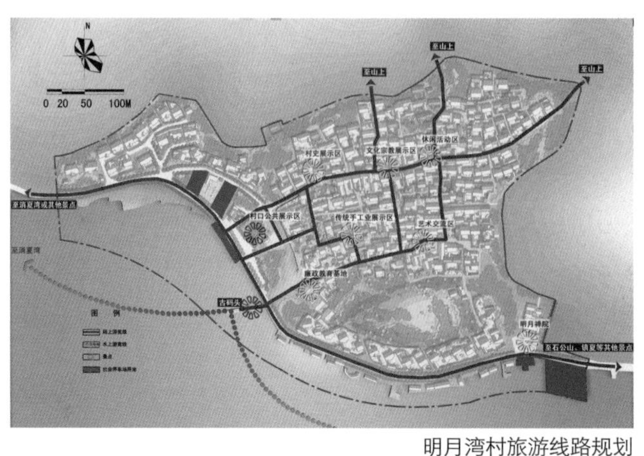

明月湾村旅游线路规划

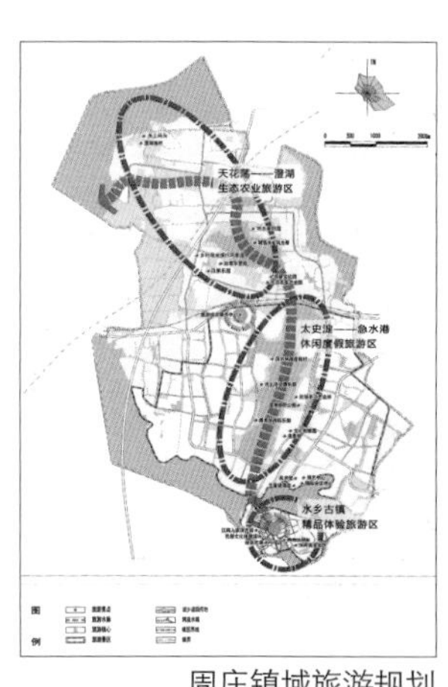

周庄镇域旅游规划

多元筹措，持续投入保护资金

积极探索“政府主导，社会支持，市场运作”的多元化筹措保护资金路径。政府投入以县（市、区）级财政设立的古镇古村保护专项资金为主体，市级财政建立了保护工作奖补机制，并积极向上申请国家、省级相关专项资金；同时，市政府出台相关优惠和奖励政策，鼓励社会资金参与保护工作；各地也通过成立古镇古村保护开发公司、现金补贴传统民居修缮和采取“投、引、融”筹集保护资金等方法，多元化筹措保护资金。

古村保护资金筹措模式：

· 木渎镇采取“投、引、融”筹集资金。“投”就是前期项目开发由政府投入为主；“引”就是通过招商引资，吸引民间资金、外地资金参与古镇开发；“融”就是用建成的景点资产向银行抵押融资，用于再开发。

· 甪直镇规定：修缮传统民居时，凡符合古镇传统风貌和建筑风格、高度、体量等规定要求的予以奖励，核心保护区每平方米补贴50元，建设控制区每平方米补贴20元，较好地调动了单位和个人投入修缮保护的积极性。

古村保护资金筹措模式：

· 东山镇陆巷古村落：分别由政府和社会资金投入修复的惠和堂、宝俭堂、怀德堂等5个明清古建筑一并纳入古村落旅游路线，对外开放实行“一票制”收费。投资者分别按古宅大小、价值的不同等级，参与收益分成。

· 金庭镇明月湾古村落：明月湾村8家农户投资的敦伦堂、礼和堂、裕耕堂3个老宅按照古宅完好率、文物价值等由相关部门进行评估并作价入股，与政府投资修复的黄家祠堂、邓氏宗祠、更楼等一起，以“联票”形式对外开放，参与分红。

千灯古镇

建章立制，有效保障各项工作落实

2003年以来，苏州成立了以市长为主任的历史文化名城名镇保护管理委员会，统筹协调古镇古村保护工作，先后颁布实施了多部与古镇古村落保护有关的地方法规和规章文件。各历史文化名镇名村所在地政府也相继成立机构，配备专职人员具体负责名镇名村日常保护管理工作，制定出台了有关古镇古村保护的管理办法和管理规定。机制的健全和规章的完善，有力地保障了保护工作的有效落实。

· 木渎镇成立了“古镇规划管理保护办公室”，配备了4位专业人员具体负责古镇区规划建设管理工作，并邀请了古建园林专家作为顾问，常驻指导古镇保护工作。

· 千灯镇从村建、城管、文保、公安等部门抽调人员建立了古镇综合管理执法大队，加强古镇区日常管理。

序号	名称	施行时间
1	《苏州市古村落保护办法》	2002.3.12
2	《苏州市历史文化名城名镇保护办法》	2003.6.1
3	《关于进一步加强历史文化名城名镇和文物保护工作的意见》	2003.12.17
4	《苏州市古建筑抢修保护实施细则》	2003.12.18
5	《苏州市历史文化保护区保护性修复整治消防管理办法》	2004.6.1
6	《苏州市文物保护单位和控制保护建筑完好率测评办法（试行）》	2005.6.14
7	《东山古镇保护区保护管理暂行办法》 《东山历史文化名镇保护建设规定》	2007.5.10 2007.8
8	《关于加强苏州市古村落保护和利用的实施意见》	2012.6.7
9	《苏州市古建筑保护条例》	2013.1.1
10	《苏州市古村落保护条例》	2014.1.1

部分法规规章文件一览表

各方声音：

苏南地区的一个个水乡古镇，就像给锦绣大地镶上了一颗颗晶莹的珍珠，她们围绕和拱卫着中心城市。由于这些各有特色的市镇的存在和繁荣，使江南变得更加富饶，更有活力。这些水乡古镇由于得到了较好的保护，留存了优美的市镇风貌和历史建筑，成为人们热衷的旅游胜地。

——同济大学教授 阮仪三

苏州比较早地关注了古村落保护的问题，并出台了地方性的法规条例，不断地加大投入、探索保护模式，也取得了突出的成绩。这些村落具有历史、文化、科学、艺术、社会、经济等等价值，承载着地方文明的进程和历史的记忆，是地方传统文化的标本和基因库。

——苏州市政协委员 侯爱敏

现在的苏州水乡古镇，已成为值得留下品味的情调居。虽然时过境迁，但舒适的品质和丰富的体验始终如一。在同里，暮尚湾休闲街区、明清街，以及《水墨同里》主题表演的推出，让水乡的体验丰富而有味。在黎里，原汁原味的宅院厅堂、弄堂人家，让游人感受到时光的穿越。还有唐风氤氲的沙溪、古琴铜剑的古里等等，越来越多风姿的苏州水乡古镇，吸引更多游客驻足、品味、生活，恋恋不去。

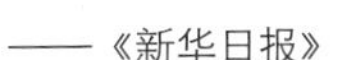——《新华日报》

撰写：闾 海 / 编辑：于 春 / 审核：张 鑑

扬州历史城区风貌保护与当代塑造

Protection and Contemporary Creation of Features and Styles of Historical City in Yangzhou

扬州历史城区风貌

案例要点：

“烟花三月下扬州”，“十里蜀冈钟灵毓秀”。在扬州城近2500年的历史上，众多文人墨客留下了许多著名诗篇。为了展示古城历史风貌，扬州多年来坚持严格控高，精心维护古城历史环境，通过整合各类历史人文资源，实施老城环境整治和有机更新，进一步加强古城风貌保护。今天的扬州，较好地保持了传统格局，老城区和瘦西湖景区交相辉映，“二十四桥明月夜”等历史环境保存完好，老城区历史建筑、传统园林景点众多、尺度宜人，呈现出“外揽城水之秀，内得人文之胜”的独特魅力，成为江苏首个获得联合国人居环境奖的城市。

案例简介：

严格控高，保护古城历史环境

扬州高度重视瘦西湖景区周边视线保护，二十多年来坚持通过“放气球”这一简单而有效方法，较好地保存了历史环境不为现代化建设所扰。早在1993年，市人大常委会就审议通过了“关于调整老城区建筑物高度控制的议案”，2001年编制完成《扬州市老城区控制性详细规划大纲》，并报市人大常委会审议通过，将老城区划分为12个街坊，对区域内的建筑高度作出更加明确的限定。在此基础上，2015年市人大审议通过《瘦西湖及扬州历史城区周边区域建筑高度控制规划》的决议，按照立足保护、兼顾发展，因地制宜、分级管控，刚柔相济、易于操作三个原则提出不同的控制要求。经过多年持续的努力，保证了瘦西湖核心景区的视觉纯粹性、风景名胜区的视觉完整性和历史城区的视觉和谐性。

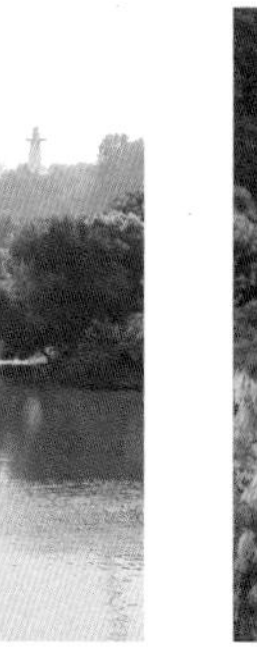

通过放气球控制天际线，避免新建建筑干扰历史环境

瘦西湖景区“纯净”的轮廓线

整合 + 整治，延续古城文脉

扬州古城内至今保有 147 处各级文物保护单位、30 多处私家住宅园林。通过有效整合历史城区、瘦西湖、唐子城、宋夹城、绿杨村等历史人文资源，整体保护历代叠加的城市空间格局、风貌特色和文化景观，系统保护城河水系及城门节点，形成了较为完整的历史文化遗存保护体系。东关街是扬州最具代表性的一条历史老街，除有老字号店铺外，还集中了个园、逸圃、汪氏小苑、广陵书院等众多古迹文物。东关街保护整治项目通过保护明清及近代传统建筑风貌、延续街巷空间肌理、改善环境和设施条件、注入新的功能和活力，使老街巷在享受现代生活便利的同时保持传统街区气息，展示了一幅“十里长街市井连”的传统风情画卷。

东关街街南书屋

汪氏小苑

东关历史文化街区风貌

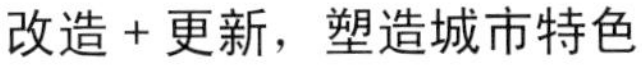

改造 + 更新，塑造城市特色

“十二五”期间，扬州市通过“八老项目”推进历史城市的有机更新，对老城区、老街巷、老小区、老宿舍、老房子、老校舍、老庄台、老厂区有计划地推进更新改造，在保护的前提下，着力解决这些地区普遍存在的基础设施缺失、卫生环境脏乱等问题，提高居民的居住质量和生活品质，让百姓分享城市发展的“红利”。“八老”改造和更新，推动了城市面貌的改善、城市功能的更新和历史文化名城特色的彰显。

老街巷改造前后

各方声音：

扬州给人初恋情人般的感觉，气质内秀，与众不同。

——新加坡规划之父 刘太格

瘦西湖的环境非常幽静，完全看不到外面的高楼大厦，就像世外桃源一样，这在别的城市是根本不敢想象的。所以我一有空就过来看看书，翻翻杂志！

——扬州市民

当人们行走在扬州城中，行走的时间越长，越能体会到这的确是一座耐人寻味的城市。她的魅力不仅限于她表面的秀丽，限于她迷离婉约的旧朝遗风、江南气韵，她是精致而丰富的。

——凤凰网

撰写：施嘉泓、黄毅翎 / 编辑：于 春 / 审核：张 鑑

南通“近代第一城”的保护和利用

Protection and Utilization of “First Modern City” in Nantong

案例要点：

南通是中国传统城市向近代城市转型的典型案例。南通古称“胡逗洲”（今濠河雏形），公元 958 年建城，始称通州。19 世纪末，清末状元民族实业家张謇倡导“实业救国”，在南通开启了中国早期现代化的实验，创工厂、开农垦、发展交通、修水利、办教育、创造性地推进近代城市建设，使南通成为中国近代史上最早按照城市理念规划和建设的范例。在时间上与霍华德所经营的田园城市相若，吴良镛院士称其为“中国近代第一城”。围绕“中国近代第一城”格局保护与传承，南通确立了“一城三镇”的保护框架，并以濠河为纽带，串联整合沿线历史文化资源，较为完整地呈现了“近代第一城”的格局和风采。

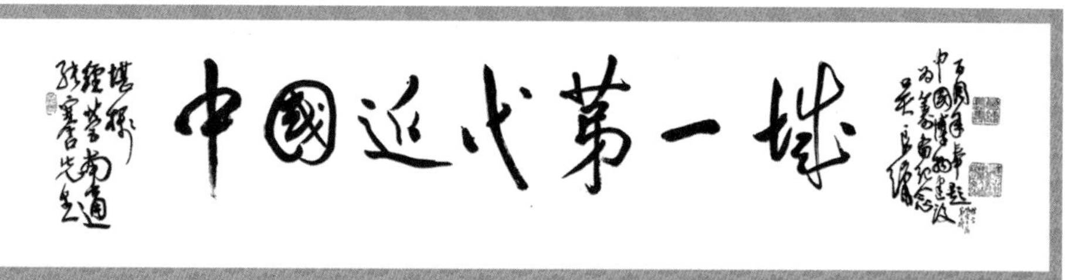

吴良镛院士题写“中国近代第一城”

唐闸红楼

南通博物苑

南通濠河风光带

案例简介：

作为“中国近代第一城”，南通在系统梳理历史文化遗产的基础上，构建“一城三镇”保护框架，对以近代工业遗产为特色的唐闸、濠南历史文化街区、天生港历史地段、大生纱厂、博物苑等各级文保单位（53处）、历史建筑（40处）及历史环境要素进行全面保护，并将城市建设、环境整治与近代遗产保护相结合，有序推进规划实施，不断提升城市文化魅力。

天生港历史地段规划鸟瞰图

狼山风景名胜区

“水抱城、城抱水”的城市空间格局

产业遗产的保护与利用——唐闸

唐闸原名“唐家坝”，形成于明万历年间，为南通北部通扬运河旁的一个小村落，后建闸遂称“唐家闸”，1895年因张謇创办大生纱厂等五大附属企业而闻名，是中国近代轻纺工业的发源地。至今古镇街巷体系井然，运河、码头等环境风貌依旧，拥有大生、复兴面粉等企业及交通、水利、商业、教育、工房等近代工业遗迹，被誉为“近代工业遗存第一镇”。保护工作以唐闸历史文化街区为依托，重点保护“一河两岸”古镇格局、街巷体系及环境要素，修缮钟楼、红楼、大达轮船公司、东工房等一批重要的近代历史建筑，以南通1895创意产业园为载体，注入新的文化元素和功能，使唐闸这座百年老镇散发出新的活力。

港口文化的延续和复兴——天生港

天生港原为南通西北江边的一个小渔港，1904年张謇为解决大生纱厂的产品贸易和南通对外交通问题而兴建。作为百年港口老镇，南通曾从这里走向世界，现存泽生街历史地段、港口、水利、民居宅院等一批近代历史遗存。通过保留老镇港口码头和老街，修缮陈氏花园、大达水利公司等一批重要历史建筑，展现了近代港镇的历史风貌。

山水人文的发展和传承——狼山

狼山因唐宋时期建广教寺而被誉为“八小佛教名山”。1916年张謇在经营南通城市的同时，对狼山老镇及景区进行了建设改造，兴建了西山村庐、东奥山庄等休闲设施，成为南通著名的近代花园小镇，留下了啬园、林溪精舍、望虞楼、赵绘沈绣楼等近代遗存。规划重点保护狼山景区的山水形胜、文物古迹、古街山门及近代遗存，在自然山水之间，形成“青山绿水映古镇”的意境。

城市格局的延续与发展——环濠河景观带

濠河是串联古代、近现代南通城的空间结构框架，也是南通城“水抱城、城抱水”的城市空间特色的重要载体。南通围绕濠河特色景观带的塑造，以治水、活水、生态保护和文化特色彰显为目标，通过精心打造，使濠河成为水清、岸绿、景美的文化长廊，串联南通博物苑、图书馆、艺术馆、女红传习所、五公园等近代重要建筑，并把濠南历史文化街区融入水绿之间，成为展示南通千年历史、百年变迁的文化长卷。

各方声音：

“一城三镇”历史格局在城市功能上却是一个整体，不同于一般近代城市同心圆的发展，避免了生产居住混杂、交通不畅、环境恶化的缺点。至今南通的发展仍然保持传承了这种形态格局，南通的整体保护经验，值得我们在今天的城市建设中借鉴。

——同济大学教授 阮仪三

南通的一大批近代建筑得到了维修，南通博物苑、钟楼、濠河小筑等重量级建筑，使其修旧如旧并对外开放，形成以南通博物苑为龙头的濠河博物馆群，使“中国近代第一城”的历史文化突出彰显了南通城独有的特色风彩和厚重魅力。

——新华网

撰写：施嘉泓、黄毅翎 / 编辑：于 春 / 审核：张 鑑

无锡工业遗产的保护和利用

Protection and Utilization of Industrial Heritage in Wuxi

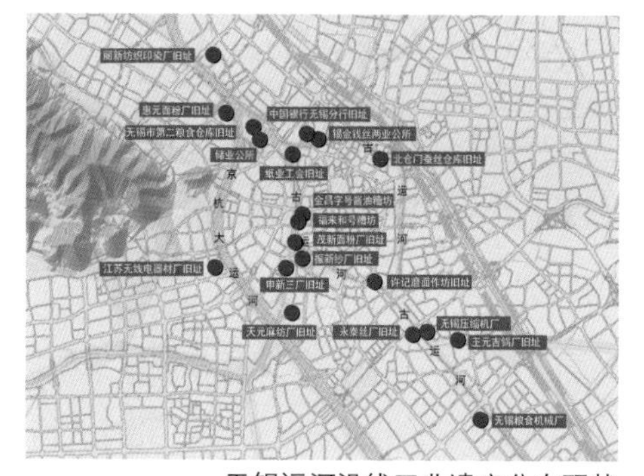

无锡运河沿线工业遗产分布现状

案例要点：

无锡是中国近代工商业的发祥地之一，清“洋务运动”后，一批有识之士在无锡创办了我国最早的一批机器工业，杨氏兄弟创办的业勤纱厂、荣氏兄弟的保兴面粉厂就是当时的代表。自此，无锡工商企业利用便利的水陆交通条件，不断发展壮大，无锡民族工业在半个多世纪里得到了迅猛发展，无锡也迅速从一个小县城发展为区域工商业中心城市。至今，无锡市区仍保有大量近代工业遗存，主要为缫丝、面粉、棉纺三大行业的厂房、仓库等。近年来，伴随城市产业的退二进三和转型升级，无锡以“展现工业遗韵，提升城市品质，弘扬文化特色”为目标，在对工业遗产开展全面普查的基础上，政府出台优惠政策，通过资产置换等手段，抢救保护了一批近代工业遗产，并通过功能重构，实现了工业遗产的创新利用。2006 年，第一届中国工业遗产保护论坛在无锡召开，会上通过了保护中国工业遗产的《无锡建议》，这是我国关于工业遗产保护的首部宪章性文件，标志着我国工业遗产保护迈出了实质性步伐。

建于 1936 年的庆丰纱厂仓库

建于 1962 年的开源机器厂厂房

案例简介：

无锡在全国率先探索保护和利用工业遗产，《无锡历史文化名城保护规划》、《无锡工业遗产保护与再规划》明确了工业遗产的保护思路、保护层次及总体格局；制定了《无锡市工业遗产普查及认定办法》，对数量众多的工业遗存进行全面普查、认定、公布和建档，并确定保护措施和保护级别；制定了《无锡市历史文化遗产保护条例》等法规政策，为工业遗产等历史资源的保护利用提供有效保障。同时，根据工业遗产所处地段的规划定位，将工业遗产保护与周边功能相配套，与城市产业结构升级与转型相融合，与地区功能完善配套相结合，在有效保护的基础上，结合地域特点注入新功能，使其焕发当代活力。

无锡中国民族工商业博物馆——公益展示主题

位于环城河和梁溪河交汇处的原茂新面粉厂，是中国民族工商业先驱荣宗敬、荣德生先生创办的第一个大型工厂。在抗战期间被炸损毁后，聘请当时我国第一代建筑大师童寯先生为厂房设计重建方案。2000 年，无锡市政府出资近亿元对这座具有百年历史的面粉厂进行资产置换、厂房修缮，利用原厂房主体建筑设立“中国民族工商业博物馆”，麦仓、制粉车间、面粉生产线、粉库和办公楼保存完整，成为民族工商业发祥地的重要见证。

无锡中国民族工商业博物馆

茂新面粉厂旧貌

北仓门艺术生活中心——艺术交流主题

位于无锡大运河边上的北仓门蚕丝仓库建于 1938 年，是当时长三角地区规模最大的蚕丝仓库，其设计和修建极具江南特色。仓库为大跨度木结构建筑，接头处有螺栓加固，因此至今保存完好。2004 年，无锡利用民营资本，利用仓库特有的大空间，将原来几近废弃的蚕丝仓库改造成了一个具有创意和品位的“北仓门艺术生活中心”。北仓门的活化再利用，不仅有效保护了工业遗产，也为市民提供了当代艺术生活交流的平台。

北仓门艺术生活中心

无锡国家数字电影产业园——数字公园主题

无锡雪浪轧钢厂三十年前曾是无锡最大的轧钢厂，伴随着城市产业结构的调整，轧钢厂外迁留下了面积 $2450hm^2$ 的土地和 $67000m^2$ 的老厂房。在老厂房的基础上保留原有空间格局，对轧钢车间、仓库等进行改造再利用，重新整合空间、置换场所功能、梳理交通组织，把工业遗产的构成要素与现代影视制作的科技性相融合，建成国家级数字电影产业园区。目前产业园已经成为全球大片重要拍摄制作基地，已承接拍摄制作影视剧项目 300 余部，如《变形金刚 4》《一步之遥》《环太平洋》《美国队长 2》《武则天》等。2015 年，园区集聚影视企业已达 365 家，实现产值 25 亿元，税收近 2.45 亿元，成为无锡新兴文化产业的重要带动力量。

北仓门蚕丝仓库旧貌

雪浪轧钢厂旧貌

无锡国家数字电影产业园

各方声音：

可持续发展才是工业遗产保护的核心，也是其最终目标。保证城市有机更新与保护文化遗产之间需要达成平衡，这是实现可持续发展的关键。无锡已经是这条路上的先行者。

——故宫博物院院长 单霁翔

很多的工业遗存改造以后，重新焕发了生命活力，既保留了过去的记忆，也成为城市当中一种很有特色的文化标志，而且新旧并存，让人有一种“时空穿越”感。

——无锡市民

撰写：施嘉泓、黄毅翎 / 编辑：于 春 / 审核：张 鑑

南京民国建筑立法保护实践

Legislative Protection of ROC Buildings in Nanjing

案例要点：

国民政府国防部大礼堂（现南京军区司令部礼堂）

民国是中国近代史中的一个重要时期，南京作为原民国政府首都，至今留存下的民国建筑多达 1000 余处。南京的民国建筑不仅数量众多，而且类型齐全，既有反映民国政府架构的“五院八部”，也有一大批反映近代生活的居住和商业建筑，还有当时全国乃至东亚之最的中央体育场、中央博物院、中央大学、中山陵等公共建筑。这些民国建筑风格多样，有古典主义、折中主义、传统中国宫殿式、新民族形式、传统民族形式、现代风格等多类型，兼容中西，堪称西风东渐时期中外建筑艺术的缩影。

但是，对于如何看待民国历史、如何对待民国建筑，特别是与负面历史事件和人物相关的历史建筑，社会上曾有不同认识，多次引发过专家、社会公众和媒体的争议。为了做好民国建筑的保护，南京市总结经验教训，深入开展调研讨论，广泛听取专家、公众意见和建议，最终形成了全面保护的社会共识，于 2006 年制定出台《南京重要近现代建筑和近现代建筑风貌区保护条例》，在全国产生了较大的社会影响。

在立法保障的基础上，南京市民国建筑保护力度不断加大。类型丰富的南京民国建筑，成为中国近代史的重要见证，既记载了屈辱，也见证了胜利，二次大战中国战区日军投降签字仪式举行之地——民国国防部大礼堂风采依旧。同时，民国建筑也成为南京城市特色的重要组成，提升了城市的文化吸引力。2014 年，颐和路民国公馆区第十二片区整治工程获联合国教科文组织亚太区历史文化遗产保护荣誉奖。

国民政府外交部（现江苏省人大）

中央大学礼堂（现东南大学礼堂）

英国大使馆（现双门楼宾馆）

案例简介：

深入调查，开展民国建筑研究

早在 1988 年南京市即开展了民国建筑的第一次普查；1998 年编制了《南京近现代优秀建筑保护规划》，明确了 134 处建筑为优秀建筑；其后先后编制了颐和路公馆区、梅园新村地区等一批民国建筑集中片区的保护规划；2002 年开展了《南京近代非文物优秀建筑评估与对策研究》；2003 年编制老城保护与更新规划、老城控制性详细规划，明确老城内的历史文化资源的保护名录和保护图则，将保护与更新的理念落到实处；2005 年开展覆盖全市域的“南京历史文化资源普查建库工作”，整合资源并纳入城市地理信息系统。基于多轮调查研究，对民国建筑保护的认识不断深化，保护思路不断扩展，从建筑到片区、从公建到民居、从辉煌建筑到灾难记忆地等逐步纳入保护范围，为民国建筑的保护、整治、利用奠定了扎实的研究基础。

2006-2009 民国建筑保护与利用三年行动计划示意图

多方研讨，推进社会共识

1990 年代之前，社会普遍认为民国建筑距新中国成立年代近、面广量大，不需要列入重点保护范畴。同时对于不同类型的民国建筑也有多种不同声音，特别是对民族耻辱发生地等、慰安所、汉奸居所等是否应纳入保护持不同观点。为形成社会共识，先后召开几十场专家咨询会、市民座谈会，人大代表、政协委员也多次提案，深度参与讨论，《南京日报》等媒体和网络也广泛开展社会讨论，收集市民建议和意见。随着讨论的不断推进，社会逐渐形成共识，更主张客观看待历史，完整保护民国时期的各类建筑遗存，分级分类加以保护和利用。保护民国建筑的社会认识逐步形成。

颐和路民国公馆区

立法保护，形成保护支撑

经过广泛的调研、讨论和征求意见，2006 年 12 月，《南京重要近现代建筑和近现代建筑风貌区保护条例》正式颁布施行。《条例》基于发展的历史观和历史文化遗产原真保护的价值观，明确了近现代建筑的标准、保护要求、管理程序以及各方的责权利关系等，使保护近现代建筑成为基于社会共识的法定制度。《条例》明确设立多领域专家组成的保护专家委员会，由专家委员会进行重要近现代建筑和风貌区的认定、调整和保护规划审查。

梅园新村民国建筑风貌区

积极保护，保护成效显著

在《条例》的指导下，南京先后分六批公布了 309 处重要近现代建筑和 12 片近现代建筑风貌区，有序实施民国建筑保护利用行动计划，一大批近现代建筑特别是民国建筑得到了有效保护和修缮，并对公众开放，如颐和路、梅园新村为代表的民国建筑风貌区，以拉贝故居、杨廷宝故居为代表的名人故居，还包括颇具争议的汪精卫故居以及利济巷慰安所旧址等，它们都成为了南京历史完整而真实的见证，南京也成为了民国建筑最集中的展示地。

各方声音：

这片 1920 年代末的高级住宅区是一片中国近代建筑，亦可说是民国风格的见证。该项目主要关注对建筑外部的细致修缮和修复，以及对内部空间调整以适应现代化使用。这些素粉砖墙的别墅都带有着很强烈的原始特征感，让我们得以一窥中国历史上的一个重要转折时期。

——联合国教科文组织亚太地区文化遗产保护奖评委会颁奖词

撰写：施嘉泓、方　芳 / 编辑：于　春 / 审核：张　鑑

南京明城墙保护和风光带塑造

Protection of Ming Dynasty Wall and Creation of Scenic Belt in Nanjing

东水关

案例要点：

南京明城墙始建于1366年，依山傍水，既体现了古代都城的恢宏，又展现了“应天时、就地利”的中国传统文化，是中国传统都城建设的杰作，也是保存至今世界最长的城垣。经过600多年的历史更迭，城墙部分段落破败，沿线违章搭建严重，周边环境存在脏乱差现象，难现其特色风貌和历史价值。为了保护和展现明城墙，自1994年起，南京市持续推进城墙相关遗存的维护修复，通过规划和整治明城墙及周边环境、提升沿线绿化景观、打造绿色慢行系统、完善配套服务设施，致力把城墙遗存、古都格局、历史线索和城市公共空间整合形成文化景观网络体系。经过20余年的持续探索和不懈努力，不仅原真地展示了城墙的历史价值，并把城墙风光带还给百姓，让历史城墙可以“看得见、到得了、活起来”。城墙和沿线历史资源融入现代生活，成为市民重要的游憩开放空间，同时也成为南京最具代表性的城市名片，南京因此获得中国人居环境范例奖，并成为“中国明清城墙”联合申遗项目的牵头城市。

案例简介：

整治城墙周边环境

南京明城墙总长约35km，现存较完好的段落长度约25km，有城门13座，其中水关2座。保护规划要求分段对城墙本体进行维修，对重要节点进行修缮。同步开展了城墙沿线地区环境整治，对不符合保护要求的违章建筑和棚户简屋进行搬迁，对不符合高度控制、视线控制要求的建筑进行高度整治，对城墙建设控制地带内风貌较差的建筑进行风貌整治。经过整治和修缮，明城墙沿线面貌焕然一新，整体风貌得到彰显，体现了南京独特的历史文化魅力，提升了城市的空间品质。

南京明城墙风光带规划平面图

石头城旧貌

石头城新颜

提升沿线绿化景观

尽可能展示彰显城墙城河一体的历史环境，因地制宜地设计城墙沿线的绿化景观。充分考虑与城墙的空间关系，疏密有致、合理地搭配植物，展示城墙本身的特点。加强城墙、绿地与城市道路的衔接，使城墙沿线绿化与沿河风光带构成景色优美、文化浓郁、尺度宜人、方便舒适的城市景观带。

打造绿色慢行系统

沿城墙建设绿道和慢行道路，加强城墙与周边环境及开敞空间的联系。尊重不同段落城墙本体及其历史环境的特色，尽量利用原有道路，与周边地形特点、景观资源和城市慢行道路有机结合，形成沿城墙的绿色慢行网络。如果说城墙本体是南京城的“颈项”，那么城墙两侧的慢行绿道就是一条“金线”，串联起各区段景点一颗颗“珍珠”，为市民和游客提供了便利的健身运动和休闲空间。

完善配套服务设施

2014年，明城墙全线开放，登城点增加至33处，新增一批景点和城墙游览线。在每个开放登临点都配套了管理用房、公共厕所、零售小卖部、停车场等设施，城墙沿线的每个节点、路口处都设有标识牌。城墙上还新增了10处游客服务中心，为游客提供地图、饮用水、遮阳帽以及语音讲解等服务。

狮子山阅江楼下的绿化和步道

汉中门广场成为市民休闲活动的好去处

明城墙西水关段游人如织

汉中门至集庆门段慢行道路

玄武门城墙脚下的绿道

台城段是最佳观景点

市民和游客在城墙上观赏城市风光

各方声音：

南京明城墙沿线城市设计是保护历史文化遗产、提高南京城市品质、改善城市人居环境、彰显南京文化底蕴，增强市民归属感的一个针对性很强的技术文件。南京明城墙单纯的防御功能已发生了很大变化，除城墙本体保护的关键因素外，城墙及周边空间已经形成南京老城的“绿色项链”，将此与整个开敞空间系统、慢行系统统筹考虑，将开敞空间系统，慢行系统连起来逐步向老城内延伸连通。

——中国城市规划学会副会长 唐凯

南京城墙修复后，跟我小时候比太不一样了。我上去以后，拍摄的照片特别漂亮，前景是很青春的孩子，后面是历经几百年沧桑的古城墙，再后面是南京林立的高楼大厦。青春、古老和未来，和谐地共生！

——南京籍导演 穆丹

南京城墙通过近年来保护传承的创新实践，探索着城墙保护的新模式，不断彰显着“历史文化名城”品牌，促进了历史文化保护与现代城市的融合发展。现在的南京城墙已经融入每个百姓生活中，成为贯穿城内、城外的交通要道。城门不仅仅再是个封存的文物，而是越来越成为我们生活中不可缺少的一部分，成为南京这个“家”的大门。

——《江南时报》

撰写：施嘉泓、方 芳 / 编辑：于 春 / 审核：张 鑑

镇江西津渡历史文化街区保护和更新

Protection and Renewal of Historic Cultural District of Xijin Ferry, Zhenjiang

西津渡历史文化街区全貌

西津渡历史文化街区保护与整治规划修编（2011）

案例要点：

镇江西津渡原为长江古渡口，后因长江江面南涨北坍，原来的渡口江面逐渐变成了道路、街区。西津渡至今保存着自唐代以来大量的历史遗存和成片的传统民居，可谓“一眼看千年、百步阅五代”，被誉为名城镇江“活着的历史”。镇江自 1998 年起持续推进西津渡历史文化街区保护和更新工程，在街区的保护和利用过程中，不急于求成，坚持街区个性特色的挖掘复兴、传承，努力复兴街区风貌，保存生活风情，挖掘津渡文化，提升街区功能，整合旅游资源。通过规划指导下的渐进保护，尊重民众意愿、政策连贯的持续实施，实现了街区的保护和复兴，激活了街区乃至城市的活力，成为了镇江当代的文化地标。实施过程中，遵循“政府主导，市场运作，社会参与，多元投入”的原则，探索了历史文化街区保护与更新的“西津模式”，先后荣获“联合国教科文组织亚太地区文化遗产优秀保护奖”、“茅以升科学技术土木工程奖”以及“中国人居环境范例奖”。

案例简介：

规划指导下的分期推进实施

针对西津渡街区保护，先后开展了多次不同层面的规划研究，通过连续性实施规划制定，不断深化对街区资源特点和历史文化价值的认识，着眼街区和城市的长期发展，在继承传统文化的基础上营造新时代的“渡口文化”和历史文化特色空间。1998 年，编制西津渡街区的第一个保护规划，提出了街区的保护和控制范围，确定了“分期分批，逐步实施”和“突出重点，以点带面，逐步扩大”的渐进实施策略。按照规划确定的分期实施方案，街区 1998 ～ 2002 年先期启动了重点文物的修缮工作，并同步组织编制了《西津渡历史风貌区保护与整治规划》；2003 年，全面启动街区保护更新工程，整饬传统民居、市政设施改造、码头遗址展示等工程有序实施；2010 年起，更加重视周边环境整治，先后编制《老镇江民俗风情文化街及民国文化街规划设计》、《镇江市玉山码头公园及古渡口博物馆规划设计》。系列规划的制定，确保了街区的保护、建设在保护规划框架的指导下科学、有序地推进。

遵从民意的渐进式保护改造

在对街区传统格局、历史风貌进行修复修缮的同时，保留了街区原有的居住功能，通过完善基础设施配套、提高景观品质，改善街区内的居住环境质量，留住原住民和传统的生活方式，让西津渡这部“活着的历史”代代相传，延续城市的记忆。制订并实施《西津渡街区房屋置换办法》，按照“可走可留、可修可换”的搬迁政策，遵从民意自愿选择去留。对愿意迁出的，由政府按照市场化方式，选择货币安置或实物异地安置。对自愿留下的，由政府出资进行房屋外立面统一改造。目前，街区共维修传统民居约 7.8 万 m^2。同时，注意加强与居民互动，制定《西津渡历史街区综合管理暂行办法》，并与所在社区签订《西津渡历史文化街区保护共建协议》，通过多种扶持政策增进留住居民的保护意识，发动居民参与到街区保护、环境卫生、公共秩序、特色经营、文化活动、公共宣传等各个方面。

“一眼看千年”渡口遗址展示

文化推动的街区品质与活力提升

在街区的保护、修复和利用过程中注重传统文化的保护、呈现和延续。规划团队与建筑公司紧密配合，依据传统样式对建筑进行恢复、整修，沿街建筑界面的修缮注重传统做法和工艺的连续性。小码头街沿街立面改造、老长江路沿街工业建筑改造、工部局巡捕房等民国建筑修缮取得了良好效果。空间节点的保护强调“恢复传统空间意向、突出节点空间环境”，建设了将渡口考古遗址与景点展示有机结合的范例——“一眼看千年”，以及玉山大码头遗址展示馆、大码头公园等。同时，将建筑保护与文化展示、环境改善、经济发展等有机结合。采用“一免两减”等优惠政策，优先引进地方老字号等传统商业业态，加快培育街区人气。目前镇江画院、民间艺术馆、江苏省非物质文化遗产展示馆、酒吧、茶社、动漫工作室等各类商户 110 余户入驻街区，融入了现代生活气息，街区活力不断提升。

昭关石塔

“原住民”房屋外立面统一修缮前后对比

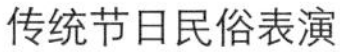
传统节日民俗表演

“HIFI”西津渡国际音乐节

工业遗产改造为酒吧

各方声音：

西津渡历史文化街区保护工程真实再现了城市发展的脉络，工程探索创新历史文化保护的新模式——西津模式。

——住房和城乡建设部城乡规划司司长 孙安军

经过 10 多年的保护建设和利用，西津渡历史文化街区保护和更新工程已初具规模，也逐渐得到了社会各界认可，成为市民文化休闲、游客观光度假的集聚地，镇江城市文化旅游新“名片”。

——镇江市民

西津渡历史文化街区是一处重要的历史遗迹，是古迹保存最多、最集中、最完好的地区，是镇江的文脉所在，如今的西津渡古街在保护中传承，注入了时代的内涵，赋予了全新的活力，焕发出独有的魅力，实现了街区的可持续发展和永续利用。

——《中国国家地理》

撰写：施嘉泓、黄毅翎 / 编辑：于 春 / 审核：张 鑑

镇江城市山水保护和特色彰显

Urban Landscape Protection and Characteristic Creation of Zhenjiang

案例要点：

辛弃疾的著名诗词“何时望神州？满眼风光北固楼”，吟诵了镇江的美景。镇江，浩淼长江与南下的大运河交汇于此，低山丘陵绵延入城，城市在山水间选址建造，形成了“山在城中，城中见山、山环水绕”的山水城市格局。然而在快速发展的年代，却形成了“靠山不见山、临水难亲水”的尴尬。为改变这一状况，镇江实施了山体保护整治行动和“一湖九河”水环境整治行动，致力通过“显山露水、透绿现蓝”，凸显“抱山枕水”的山水城市空间格局和城市意象，让百姓在城市里享受山水之乐。镇江也因此获得了“中国人居环境奖”、“国家园林城市”、“国家生态市”等殊荣。

案例简介：

水绿融城，塑造山水花园城市

以水绿融城为理念，编制《镇江市城市总体规划》和《镇江市城市空间特色规划》，提出强化山水资源保护，塑造山水花园城市。明确城市空间特色定位，构建“三山鼎立俯江城、江河交汇揽西津、半城山水半城绿、水绿融城城似锦”的城市山水格局；划定山水保护空间，强化景观风貌、高度视廊、城市界面和节点控制。通过规划的有序引导，努力实现“让城市望得见山、看得见水”。

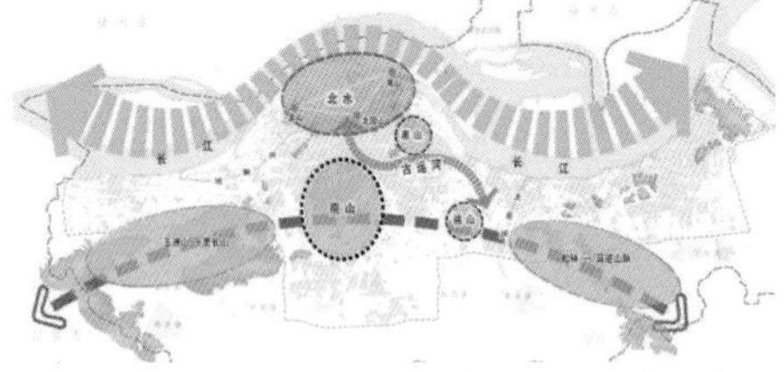

山水城交融的城市空间格局

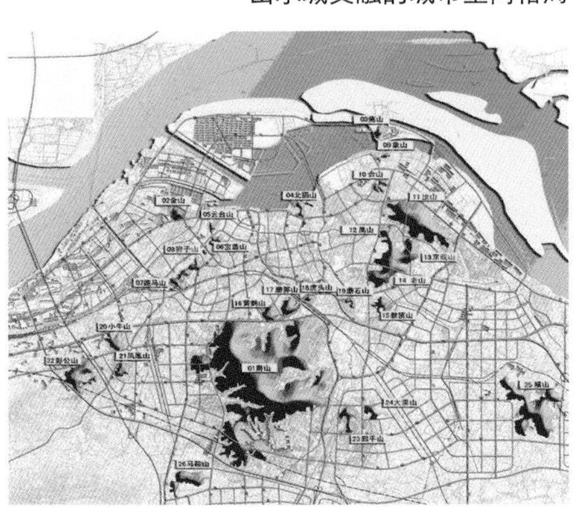

主城区建设 26 座山体公园

修复城区山体，让市民乐享城市山林

对主城区大小 26 座山体实施分级分区保护和利用。按照市政府批准的《镇江市主城区山体保护利用纲要》和市规委会审议通过的《镇江市主城区山体规划设计导则》，明确山体本体界限和保护界限，通过城市设计，明确山体景点和城市观景点，实施山体整治和修复工程，建设开放式山体公园和南山、京江等绿道。“亮山”行动使得镇江主城区 80% 的城市道路沿线都可领略山林美景，“城市山体”触手可及，看得见、走得进、能享受。

南山生态修复前后对比

南山生态绿道

全面整治水环境，还百姓清水绿岸

结合海绵城市建设持续推进金山湖、古运河、运粮河、虹桥港等“一湖九河”水环境综合整治，实施控源截污、环境整治、清淤疏浚、引水活水、生态修复、景观提升等六大工程，致力实现水清岸绿、鱼虾洄游。北部滨水区建设工程，搬迁220家生产企业，建设8km^{2}北湖、40hm^{2}金山湖景区和十里滨江风光带，使主城沿江的景观界面全部敞开，还长江岸线于民，“满眼风光北固楼”的大江风貌得以重现。

“一水”串“三山”

保护历史文化资源，延续历史文脉

将历史文化保护、自然景观彰显与城市特色塑造有机结合。实施西津渡保护更新工程，推进新河街、铁瓮城等历史文化片区的有机更新；修复文宗阁、北固楼，建设龙脉团山遗址公园、断山墩遗址公园，把绿地建设与历史遗迹的保护展示紧密结合，既延续了城市历史文脉，又提升了居民生活品质。

西津渡历史文化街区的保护更新

各方声音：

镇江的实践充分证明，城市采取的行动能够为市民创造更多的利益，如果其他城市都能像镇江一样作出努力，那么我们的未来将会完全不同。
——联合国特使 布隆博格

北部滨水区建设实现“一水”串“三山”，无论是金山、北固山，还是江中浮玉焦山，现在走在江边栈桥上看上去，仿佛都是镶嵌在金山湖边的小小盆景。滨水区整治后，镇江正在重现昔日的大江风情。
——镇江市民

镇江，这座拥有3000多年历史的国家历史文化名城，而今在建设国家生态城市过程中，“城市山林、大江风貌”正被还原为百姓宜居的“最优生态”、市民乐享的“最美风景”。
——人民网

撰写：陈小卉、钟 睿 / 编辑：于 春 / 审核：张 鑑

从“靠山吃山”到“绿水青山”
——无锡宜兴市案例

From “Living on the Mountain, Living off the Mountain” to “Green Mountains and Clear Water”-Practice of Yixing, Wuxi

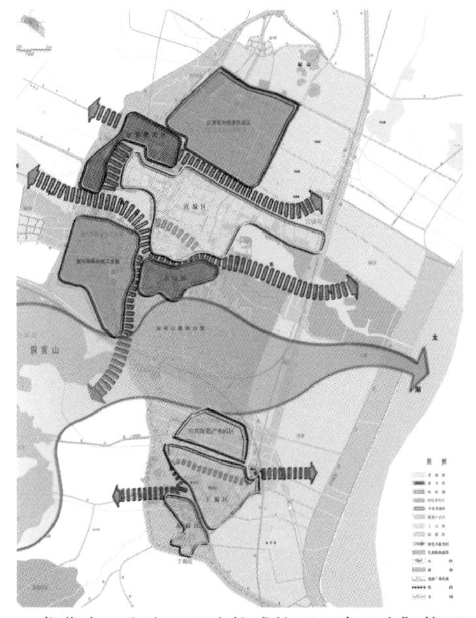
龙背山、东氿、团氿构成的“一山二水”格局

中国宜兴陶瓷博物馆

案例要点：

宜兴地处苏南丘陵山区，宜南地区群山绵延，湖氿河荡景色秀丽，整个城市处在绿色山水中，自然禀赋优越，是著名的“中国陶都”。但历史上形成的“靠山吃山、开山采矿、家家点火、村村冒烟”的生产方式，在解决吃饭问题的同时，既破坏了山体景观又污染了水环境。为改变这一发展模式，宜兴致力推动发展转型，坚持绿色发展思路，重构产业体系，同时着力塑造“绿水青山”的山水城市特征。通过规划引领，将龙背山、东氿、团氿融入城市中，形成“一山二水”空间格局，修复秀美生态本底，提升景观资源特色，把好山好水好风光融入城市，走上了一条“产业转型 + 环境重塑”的转型发展之路，成为丘陵地区绿色发展的示范案例，2013 年获得“中国人居环境奖”。

案例简介：

提升陶文化品牌，实现传统产业升级

近年来，宜兴加快淘汰落后产能，退出所有“三高两低”企业和高危企业，对传统陶瓷产业不断提升技术装备水平。目前，高科技陶瓷材料占据了陶瓷产业年生产总值的半壁江山，全市拥有陶瓷高新技术企业 15 家、市级以上企业研发机构 11 家、省工程技术研究中心 8 家、各种专利 2500 多项。近两年，又着力打造蜀山古南街历史文化街区，对“紫砂文化发源地”、陶瓷工业遗产集聚地进行保护，将产业发展、遗产保护、品牌塑造、文化彰显有机结合。

依托“一山二水”，塑造山水城市特征

自 2003 年起，在城市规划引导控制下，构建龙背山、东氿、团氿“一山二水”的城市格局，优化山清、水秀、城美的宜居形态。以“宜耕则耕、宜林则林、宜工则工、宜游则游”为原则，坚持矿山禁采和山区绿化美化，先后关停矿山宕口 600 多个。统筹实施水源地保护、“清水流域”等十大工程，开展治理太湖、保障水源行动，将超过三分之一的国土面积划为生态红线区域，再现山水旖旎风光。

整治砖瓦窑厂前的丁蜀镇风貌

如今的丁蜀镇风貌

徐家山关闭矿山整治前后对比

利用矿山开采的“残山剩水”改造成的华东百畅生态园

利用丘陵山地资源，彰显生态资源优势

充分挖掘彰显宜南山区的生态自然优势，整合各类景区资源进行联合发展。规划建设环太湖风景路、宜南山区绿道，以“景区 + 农家乐 + 星级酒店”的经营模式推动游览观光、休闲农业与乡村旅游发展。2015 年接待游客数量超过 2 千万人次，旅游总收入超过 200 亿元，荣获“国际休闲示范城市”称号。

宜兴竹海

宜南山区绿道

各方声音：

宜兴的滨水空间分为不同的主题空间，体现宜兴城市特色和滨水风貌，创造自然与人文交融的城市滨水空间，并使建筑、道路、绿地、水体共同构成整体景观。滨水和城市界面的整合使滨水景观引入城市，城市景观投射到滨水地区，形成自然与人工交相辉映的空间特色。

——中国工程院院士、东南大学教授 王建国

这两年，宜兴的水变清了、山变绿了、天变蓝了，平常游玩的地方也多了，生活在这里心情自然舒畅了很多，工作也变得轻松起来。“绿水青山”对我们来说就是一座座“金山银山”，自己作为一个宜兴老百姓，看着这片好山好水好田园，越发感到自豪！

——宜兴市民

身在繁华的长三角都市圈，宜兴并没有被席卷而来的现代化浪潮所淹没，依然保持清水芙蓉般的天然气质。宜兴通透明澈的天空、如诗如画的风景、宁静闲适的意境，像一首绵绵的诗，牵动着人们的情思。

——《光明日报》

撰写：施嘉泓、杨红平、何常清
编辑：于　春　/　审核：张　鑑

从采石场到城市公园
——徐州金龙湖珠山宕口生态修复

From Quarry to Urban Park
-Ecological Restoration of Zhushan Pit of Jinlong Lake, Xuzhou

案例要点：

山体采石废弃地有如城市“肌肤”上的创痕、伤疤，既有碍风貌，又影响环境。徐州金龙湖珠山宕口原为采石场，由于长期无序的爆破和采掘，山上乱石成堆、宕口众多、危崖累累，植被和生态遭到破坏。为适应城市发展和环境改善的需求，徐州以“生态修复、营造景观、完善功能”为目标，在消除其地质灾害隐患的基础上，利用地形地貌精心设计营造景观，运用适生树种花卉改善生态，使之成为人工与自然和谐共生、既可观赏也可游憩的绿色生态山体公园。通过“变废为景”，防止了地质灾害，改善了生态环境，节约了土地资源，生态效应、经济价值、社会效益和推广示范价值显著。

案例简介：

珠山采石宕口区位图

按照城市生态公园定位进行修复规划

金龙湖宕口位于徐州经济技术开发区的东珠山，从所处区位条件、城市功能完善、生态环境改善的需求出发，针对城市新区现有公园绿地偏少的状况，2011年起，组织成立地质勘探、结构、景观、绿化、土建等多专业、多工种攻关小组进行项目论证和技术实验，利用珠山宕口覆绿留景的潜能，对宕口遗址按照城市生态公园定位进行规划和实施修复改造，致力将其建设成为城市新区的绿色生态山体公园。

宕口前的月潭瀑布

利用地形地貌精心设计营造景观

采用清理危石、削坡减载、设置防护网等有针对性的工程措施，解决宕口潜在地质灾害问题。充分利用原有的地形地貌，因地制宜实施宕口资源景观化处理，有针对性地“保”和“留”有观赏价值的山石景观，在节约建设成本的同时，构建宕口公园的独特骨架。通过精心的规划设计，强化宕口石景特征，适当引入水体、植被等自然要素，通过自然与人工要素的融合营造形成新的独特景观，达到生态恢复与景观重建的双重目的。依托直坡陡坎的山势，设计建设落差达60多m的瀑布、叠水。将东西两侧宕底设计成日潭和月潭，结合两潭湖水形状分设朝日岛和半月岛，游路、绿化、廊榭、小品等与之呼应，形成“两潭、两岛”景观。

运用乡土适生树种花卉科学覆绿

在保留护养原有植被的同时，通过挂网喷播、苗木配置，对山体及山坡进行全面生态修复，形成山水一体、植被茂密的山体景观效果。合理配置绿化品种，选用刺槐保土护坡，再引入乡土适生树种作为大面积宕口绿化的主干树种进行增绿。对于乔木种植困难的局部山体，采用挂网喷播的方式，喷播的草籽中掺入多样化的当地野生花卉，形成山坡、山崖野花点点、色彩斑斓的绿化景观，自然野趣十足。

适生植物营造自然野趣

日潭、月潭复绿改造前后对比

通过整体环境塑造提升综合效应

昔日乱石成堆的采石场经过修复改造后，成为了城市中风景秀丽的市民公园。如今，公园占地512亩，园内有日潭、月潭、珠山瀑布、山间云梯、散步道等景观，可赏可游，不仅景观独特、环境优美，而且免费对市民开放，吸引着众多市民前来踏青游玩。在这里，人们既能在浅滩戏水，又能体验瀑布、休闲垂钓，漫步亭台水榭，徜徉小桥流水，享受大自然淳朴的生态风光，成为许多新人拍摄新婚照片的首选之地。不仅改善了生态环境，营造了城市园林景观，更提升了周边宜居品质。

山间游憩道

在公园中享受生活、放松心灵

各方声音：

昨晚散步，无意间在俺家东五公里处发现有两座如画般的公园。未曾想到，昔日的荒山秃岭不知何时变成“人间仙境”。

——徐州市民 刘先生

采石宕口，徐州也正加快治理步伐。高铁徐州东站旁，一个占地150多亩的珠山宕口遗址公园引来不少游客，飞瀑流泉、潭水深碧，映照披上绿装的山色，昔日的断崖裸岩已是风景无限。

——《人民日报》

撰写：朱东风、胡 刚 / 编辑：于 春 / 审核：刘大威

南京牛首山废弃铁矿利用和文化景观塑造

Utilization of Waste Iron Mines and Creation of Cultural Landscape of Niushou Mountain in Nanjing

牛首山文化旅游景区

案例要点：

牛首山位于南京南郊，自然资源禀赋得天独厚，佛教文脉传承悠久，自古风光秀丽，“牛首烟岚”是清金陵四大胜景之一，素有“春牛首”之美誉。《金陵览古》曰：“遥望双峰争高，如牛角然”，牛首山也因此被誉为东晋建康都城的天阙。但在历史发展过程中，牛首西峰因为铁矿资源被挖掘开采形成矿坑。南京市在遗留的矿坑基址上，对山体进行地质加固，并通过巧妙设计，建造以佛教文化为主题的佛顶宫。通过“补天阙、藏地宫”，再现了历史上牛首双峰的景观意象。同时，充分挖掘牛首山作为历史上佛教名山的资源，围绕佛教主题，以佛顶宫、佛顶塔、佛顶寺等为核心塑造当代文化景观，实现了生态修复、历史展示和文化景观塑造的有机统一，并在自然山水间有机呈现。

案例简介：

生态修复废弃矿坑

牛首山山体作为铁矿开采的后果是形成了 60 多 m 深的矿坑，矿坑底部至周边山体的边坡深度最大达 150m，坡度在 20°～70°不等。为修复山体，防止发生高边坡滑坡，项目开展了复杂地质条件下超百米高边坡加固施工技术攻关，结合地质条件和基底情况，采用削坡加固、山体精准爆破、边坡逆作施工等技术和方法进行山体加固，加固后采用造山塑石、种植袋、喷射种植混凝土、生态覆绿新技术方法对边坡实现了生态修复。

矿坑修复利用前和边坡生态修复后对比

重现历史景观意象

历史上，东晋时期建康都城在建造过程中，曾以“牛首山为天阙”，将城市轴线与此相对，利用大地景观为城廓宫廷壮色。为恢复西峰，重现“历史天阙”，项目在对西峰矿坑生态修复的基础上，利用矿坑基址，设计建造了高 89.3m、地上 3 层、地下 6 层的建筑。建筑顶部呈圆弧状，运用爬藤植被进行屋顶绿化，植被长成后将覆盖整个屋顶，再现牛首双峰意向。建筑功能为展示和传承佛教文化的“佛顶宫”，是景区的核心建筑景观，展示有释迦牟尼佛顶骨舍利。

清金陵胜景中的牛首山“天阙”双峰意象

利用矿坑基址建设佛顶宫与东峰相对，再现牛首双峰意象

佛顶宫万佛廊

佛顶宫千佛殿

整合塑造文化景观

牛首山曾有寺庙 32 座。遗存至今的历史古迹有宏觉塔、弘觉寺塔、弥勒殿、摩崖石刻、郑和墓和抗金故垒等。项目在再现历史景观的同时，通过规划设计、挖掘整合各类历史文化资源营造形成新的文化景观。设计新建的佛顶宫、佛顶寺、佛顶塔、牛头禅文化园与留存的弘觉寺塔共同组成核心景区。新建项目选址结合自然、依山就势，尽量减少对山体、树木的扰动和破坏，注重妥善处理佛教场所、文化旅游场所、生态保护区三者之间的关系，实现了自然资源保育与文化景观塑造的有机融合。

各方声音：

乍闻今年梅开好，匆忙便往牛头寺。新竹林间多远客，相逢便问几回来。

——延参法师《牛首山梅花》

牛首山文化旅游区以“补天阕、修圣道、藏地宫、现双塔、造佛寺、弘五叶”为核心设计理念，全面保护牛首山历史文化遗存，修复牛首山自然生态景观，自去年开放之后，成为南京旅游的一张新名片。

——《南京日报》

撰写：于　春 / 编辑：赵庆红 / 审核：张　鑑

荒岛变身城市郊野湿地公园
——连云港月牙岛案例

Recovery from Desert Island to Suburb Wild Wetland Park
- the Case of Yueyadao Park, Lianyungang

滨水景观恬静优美

案例要点：

连云港月牙岛位于海州区西北部的城市边缘区，长期以来用于堆放建筑垃圾和发电厂粉煤灰，脏乱荒凉，环境状况较差。2014年以来，连云港启动月牙岛废弃地生态修复，通过系统规划，在实施生态治理、环境修复和景观营造的基础上，依托岛上地形地貌和特色资源，突出水绿文化、生态文化和滨河文化，丰富生态体验、观光休闲、运动健身等功能，实现了由荒岛向城市郊野公园的转身，既保护和改善了岛上的生态环境，也为市民提供了休闲游憩的去处，带动了地区的经济社会发展。改造后的月牙岛公园，一年多的时间内接待市民和游客超过170万人次，2016年获“国家AAA级景区”和“江苏省四星级乡村旅游区”称号。

案例简介：

保护修复地域生态景观

在整治脏乱环境的基础上，以保护原生态湿地风貌为原则，采用生态节约型绿化建设的技术和方法，用贴近自然的方式营造绿色空间。提高乡土适生植物应用比例，注重物种多样化、群落混交化、配植复层化，促进野生植物种群恢复和生态环境重建。改造修复工程实施以来，岛内生物多样性明显增加，公园内的芦苇荡、湖心岛已成为各种野生飞禽的天堂。场地被绿植花卉所取代，景观品质显著提升。

月牙岛改造前后对比

营建丰富多元的公共活动空间

注重滨河景观和水绿、生态特色彰显，丰富生态体验、观光休闲、运动健身等内容，通过建设沿环岛路的滨河景观廊道，有机串联岛内花卉园、东夷文化园、湖岛湿地和生态农庄。建成后的生态岛湿地景色秀美，波光粼粼，芦苇遍布，水鸟成群，别具特色，成为中心城区的后花园，为市民提供了近距离休闲、游憩和科普教育等丰富多元的公共活动空间。举办龙舟赛、垂钓露营等各类传统和大众喜爱的活动，承办城市徒步大会、“环月牙岛”半程马拉松比赛等赛事。

各类主题花卉园

丰富多元的市民活动

带动地区功能品质的整体提升

通过基础设施配套和环境综合整治，先后完成了环岛路建设、土地流转与景观农业改良、窑厂创意改造、乡村民居整治提升、环岛景观道路建设、河道疏浚和滨水环境打造等工程，月牙岛生态环境质量和整体品质得到大大提升。建成后的生态型休闲岛屿成为中心城区“后花园”，与锦屏山、云台山共同构建了四边环水、空气清新、交通便捷、景观优美的生态城区。原来交通闭塞、环境恶劣的小岛蜕变成生态良好、品质优良的旅游景区，带动了周边地区城市建设和更新。

月牙岛优美的自然风光和良好的生态环境

各方声音：

结合生态农庄、观光休闲、运动健身等生态主题建设湖岛湿地，湖岛湿地资源丰富，形成芳香四溢的花海，野生飞禽的天堂。

——东南大学建筑学院教授 王晓俊

月牙岛环境美，是市中心城区的后花园，适合各种人群去玩。离市区又近，更重要的是免费开放，是市民寻求放松休闲的最佳圣地。

——连云港市民 王晓映

月牙岛公园不仅打造了一个“观之有物、赏之有景、玩之有乐”的旅游休闲场所，同时打造港城旅游新名片，使昔日荒岛变为港城“世外桃源、城中花园、天然氧吧”。

——连云港新闻网

撰写：朱东风、单干兴、陈　婧
编辑：于　春　/　审核：刘大威

南京中山陵景区的拓展和绿道建设

Expansion and Green Channel Construction of Zhongshan Scenic Area in Nanjing

琵琶湖公园环境整治前后

案例要点：

南京中山陵景区是国家级风景名胜区——钟山风景名胜区的主体，占地 31km²，拥有丰富的自然资源和历史人文资源。在历史发展的过程中，景区外缘有不少城乡居民点和企业单位，景区内曾一度村居混杂、违建侵占、河湖污染，严重影响了景观风貌。为改变这一状况，南京市自 2004 年启动实施了中山陵外缘景区环境综合整治与景区拓展工程，通过搬迁居（农）民和工企单位、退耕还林、环境整治和生态景观建设，新增了十大开放型生态公园，景区可赏可游面积特别是免费开放面积大幅增加，生态环境质量显著提升，实现了“还景于民、还绿于民、显山透绿”。2013 年规划建成串联各景区景点的环紫金山绿道，成为惠民利民、社会共享的高品质公共开放空间，每年通过绿道休闲和登山的市民超过 10000 万人 / 年，日均 3 万人左右。

梅花山

案例简介：

多措并举，实施景区环境综合整治

为统筹推进景区整治，建立了集中统一、联动运作的工作指挥机构、专家咨询机构和负责具体实施的项目公司，通过“政府引导、社会参与、多渠道融资、可持续推进”的工作模式，从拆破拆违、改变环境脏乱差入手，先后拆迁安置周边 13 个自然村、9 个居民片区约 1 万余户居（农）民，搬迁工企单位 100 余家，累计拆除建筑面积约 100 万 m^2。同时，加强景区环境污染治理，推进排污截污、环卫设施的配套建设，先后投资约 2000 万元建设景区污水收集系统工程，铺设污水管道近 20 km，实现景区“污水收集全覆盖”。

项目实施前的周边环境

项目实施后的周边环境

恢复生态，优化风景区生态本底

通过拆建还绿、退耕还林、退村还景等措施，建设用地面积减少近 235hm^2，恢复环紫金山水系，增加水面面积近 1 倍，新增绿地 5 km^2，新增生态湿地 2000m^2，城市的森林覆盖率提高了 10 个百分点。近 200hm^2 的耕地、76% 的荒地裸露地转变为绿地，生态用地面积由整治前的 58% 大幅提高到 88.7%。同时，生态空间结构更加优化，林相更加丰富，生物多样性大幅提升。

环紫金山绿道平面图

拓展景区，提升风景区游赏功能

拆迁整治和生态修复后，风景区的资源保护与利用从传统的中山陵、明孝陵、灵谷寺三大核心景区拓展到外缘景区带。陆续建成梅花谷公园、前湖公园、钟山运动公园等十大开放型生态公园，以及 3 个免费场馆，免费开放面积达 2000 多 hm^2，占景区总面积的 68%。修复了四方城、美龄宫等一批国宝级文物；新建了紫金山人行木栈道、南北登山道，增加了大面积可供市民游览的休闲空间和设施，实现了景区保护从核心向外缘的延伸，风景区整体风貌和景观品质得到提升。2013 年规划建成环紫金山绿道，串联三大主要景区和外缘景区，形成沟通城市公共交通与景区内部交通的完整的步行游览系统，绿道健身变成南京市民最为喜爱的户外休闲项目。

提升品质，风景区综合效益突显

在环境整治和景观建设的基础上，通过对外缘景区服务业态和游览项目的调整，一批有影响的书店、客栈、茶馆、书院、咖啡吧、餐饮竞相入驻，休闲、文化、时尚元素给景区发展带来生机与活力。经评估，综合整治后，外缘景区取得的社会综合效益（包括历史、文化、教育、科研、艺术、政治等方面价值）以近 20% 的幅度稳步增长。景区生态系统服务功能价值量总计超过 200 亿元。目前，每年通过绿道休闲及登山运动的市民超过 1000 万人次，市民和游客的满意度与获得感显著提升，同时也提高了风景资源保护意识。以“保护母亲山博爱志愿者”行动为代表，越来越多的群众自发组织各种环保组织，融入环境保护、体育休闲、文化体验、科普教育等多种活动，风景区成为培育市民精神、引领社会风尚的有效载体和途径。

环紫金山绿道

各方声音：

琵琶湖原来是个破败的水塘，自从建成景区后，成了我们市民休闲锻炼的好去处，景观做得很美，水也清了，平时带着家人来这里散步，休闲，实在是太舒服了。

——南京市民

近年来，南京市投入 40 亿元，对中山陵园风景区实施 70 多年来规模最大的一次环境综合整治工程。通过大规模拆迁、脏乱差现象治理、自然生态保护与改良、环境建设、文物修缮保护、景点复建扩建等一系列措施，风景区变得更美了。

——《人民日报》

撰写：朱东风、张　成 / 编辑：于　春 / 审核：刘大威

宿迁古黄河景观带和滨水绿道建设

Construction of the Scenic Belt along the Old Course of the Yellow River and Waterfront Green Channel in Suqian

案例要点：

宿迁因古黄河而生、因古黄河而兴。随着城市空间拓展，古黄河从早期的外围河流逐步变成为城市中心河道，曾经碧波荡漾的河流一度变成了“黑水河”。近年来，宿迁结合古黄河省级风景名胜区保护，从古黄河水环境治理和生态修复入手，整合历史文化资源，丰富滨水景观和功能设施配套，并通过绿道串联和水陆一体的游览线路贯通，将古黄河沿线滨水特色空间整合打造成为集休闲健身、游憩娱乐、文化服务为一体的绿色公共开放空间，实现了城市滨水地区的环境重塑，带动了沿河两岸城市更新和中心城区功能品质提升。

案例简介：

修复蓝线，改善河道水环境质量

实施沿河截污导流，完成截污治理 100 余处，减少入河污水约 200 万 m^3。同时加大河道蓝线保护，水质由劣五类逐渐改善为四至三类。通过疏浚河道及周边水塘，贯通城区古黄河水系 15km。采用乡土树种和生态护坡，营造自然生态景观特色，增加生物多样性，恢复河流生态环境。

河道清淤

水生植物与生态驳岸

串联贯通，构建水陆游憩网络

沿河串联规划的古河印象、政通人和、雄壮河湾、城市活力、楚地文风、田园风光等六个不同特色的风貌区，规划建设总长 30 多 km 的绿道，已建成总长 22.9km，构建全线贯通的慢行交通体系。开放沿线部分绿色公共空间，增强公园绿地的可进入性。规划建设沿古黄河两岸水陆一体化的游览线路，建设栈桥、亲水平台及换乘码头等涉水景观与换乘设施，完善服务设施及其空间布局，形成水陆一体、连接贯通的休闲游憩网络。

“双塔”

整合资源，打造滨河文化特色空间

挖掘和梳理古黄河沿岸历史文化遗迹，逐步恢复凝翠阁、朱瑞纪念馆、“双塔”、藏金湾、下相城门等 10 个景观景点，建设印象黄河、水景公园、雄壮河湾、鸣凤溥公园、下相公园等 7 个特色景园。完善文化设施配套，打造滨水特色文化长廊，展示地域民俗文化和历史文化遗存，形成城市文脉传承的重要载体。

生态体育公园

平灾结合，构建功能复合型开敞空间

为满足城市应急避难和市民户外健身需求，将沿河的城市绿地与体育运动、应急避难功能相结合。体育设施的设置考虑生态、休闲和运动功能的融合，应急避难场所则根据《宿迁市城市抗震防灾规划（2010-2030）》、《宿迁市地震应急避难场所布局规划》布点，进一步丰富市民休闲健身活动、优化城市应急避难环境，构建平灾结合、功能复合的开敞空间体系。

应急医疗点（门球场）

沿岸风光

健身

垂钓

各方声音：

项目充分利用古黄河原有河道、池塘，通过沟通连接，开挖疏浚，驳岸的生态化处理，形成开阔贯通、河清水秀、自然野趣的古黄河公园带。

——东南大学教授 王晓俊

古黄河的水质变好了，不像以前那样不时散发异味，如今在河岸沿线晨练，呈现在眼前的是天蓝、水清、岸绿的生态美景，收获的是美好的心情和健康的身体。

——宿迁市民 薛女士

黄河故道风光带风光秀美、景色怡人，生态系统保存完好，生物资源丰富，生态优良。游乐、休闲、养生、健身等旅游文化资源丰富。一年四季温和舒适，空气湿润清新，适宜发展四季旅游。

——人民网

撰写：朱东风、王泳汀 / 编辑：于 春 / 审核：刘大威

环太湖生态修复和风景路规划建设

Circum-Taihu Lake Ecological Restoration and Scenic ways Planning & Construction

今日太湖

案例要点：

太湖是中国第三大淡水湖泊，水域面积 2338km^2，跨江、浙两省。太湖流域经济发达、产业集中、人口密集，随着快速发展，经济增长与生态环境的矛盾也日益突出。2007 年太湖蓝藻爆发，敲响了太湖生态环境危机的警钟。此后，按照国家《太湖流域综合治理总体方案》，江苏实施了水环境综合治理，多管齐下全力治理太湖，针对工业污染、农村污染、城镇污染采取不同的治污策略，同时加强水源地保护和生态修复。在水环境治理取得成效的同时，为进一步推动环湖地区生态修复，2011 年江苏省会同浙江省联合沿线 7 市县编制了环太湖生态绿廊和风景路规划并推动实施。规划强调依托环太湖山水风光和人文资源，以慢行自行车道为主要方式，串联区域内重要自然和人文景观资源，形成以观光、休闲、健身和游憩等活动为主要内容的环湖生态绿廊，努力使其成为优化生态格局和提升环境质量的“保护之路”，展示自然风貌和传承水乡文化的“景观之路”，促进发展转型和打造旅游品牌的“发展之路”。环太湖生态绿廊和风景路是全国首条跨省际的区域风景路，通过跨省合作，联动修复生态基底、串联景观资源，推动太湖地区成为经济发达地区转型发展、绿色发展的典型范例。

案例简介：

构建覆盖城乡的污水处理体系

打破城乡二元分割，制定治污详细方案，编制规划遵循“集中处理为主、分散处理为辅；接管优先、独建补充”的原则，统筹推进城乡污水处理，太湖流域城市和建制镇实现污水处理设施全覆盖。2007 年至 2015 年间，江苏太湖流域地区新增城镇污水处理厂 111 座，新增处理规模 508 万 m^3/ 日，新增污水收集管网 18100km，城市污水处理率由 87% 提高到 95%，建制镇污水处理率从 46% 提高到 77%，规划发展村庄生活污水治理设施覆盖率超过 50%。湖体水质由 2007 年的Ⅴ类改善为 2015 年的Ⅳ类，由中度富营养状态进入轻度富营养状态；高锰酸盐指数、氨氮、总磷等 3 项考核指标分别降低 11.1%、83.6%、41.6%；参考指标总氮为 1.81mg/L，较 2007 年降低 35.5%。

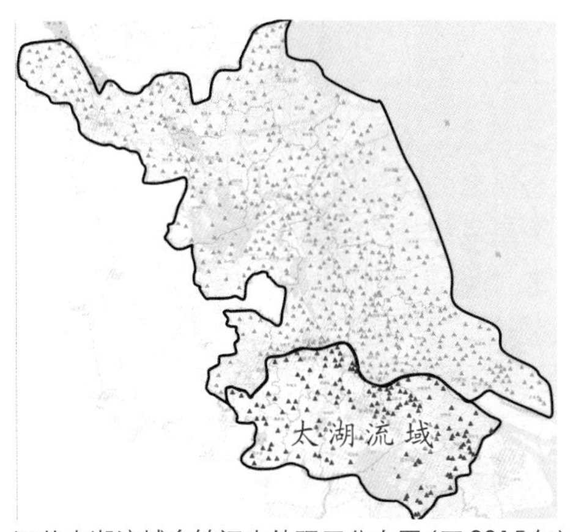

江苏太湖流域乡镇污水处理厂分布图（至2015年）

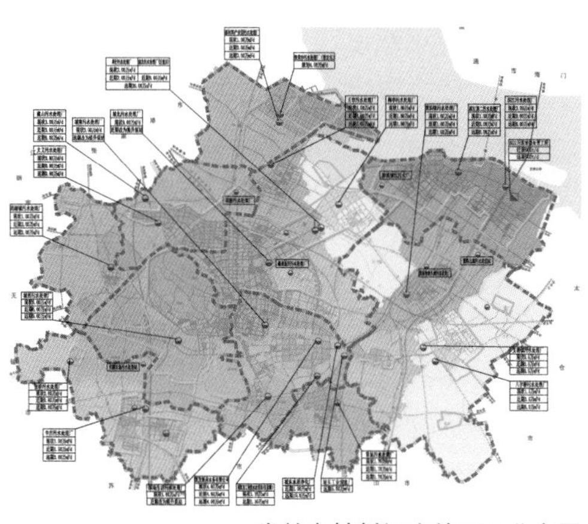
常熟市镇村污水处理厂分布图

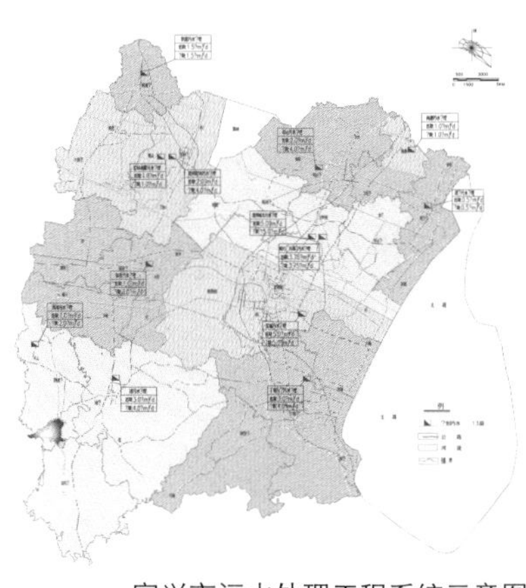
宜兴市污水处理工程系统示意图

提高城镇污水处理设施建设标准

组织全国力量开展科技攻关，在多次小试、中试数据支撑下，研究提出了《江苏省太湖流域城镇污水处理厂提标建设技术导则》，指导城镇污水处理厂提标改造和新建。太湖流域所有城镇污水处理厂全面按照一级A标准执行。鼓励有条件的地区在城镇污水处理厂同步配套建设人工湿地，积极开展尾水再生利用，进一步减少入湖污染物。

无锡市城北污水处理厂

污水处理厂同步配建人工湿地

加大城乡污水处理收集面

在建制镇污水处理厂全覆盖的基础上，进一步推进生活污水处理由人口、产业高度集聚的城镇向地域广阔、布点分散的农村地区延伸；由建制镇污水处理向撤并乡镇集镇区污水处理覆盖。城市生活污水管网由主干管道建设向“网格化”雨污分流排水达标区建设转变，力求做到污水应收尽收、应治尽治。

西巷自然村村貌

西巷自然村污水处理设施

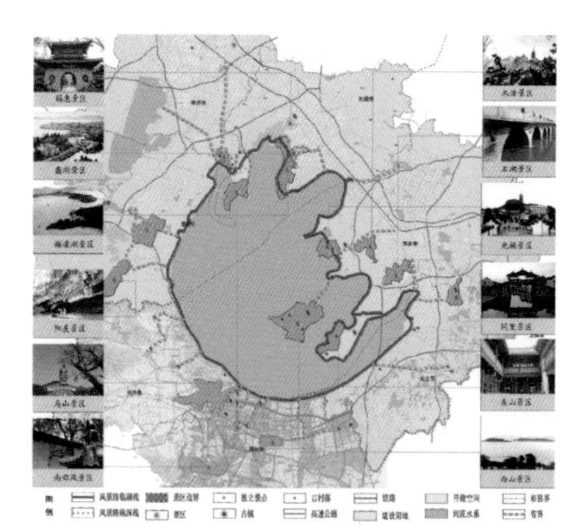

环太湖风景路线网布局图

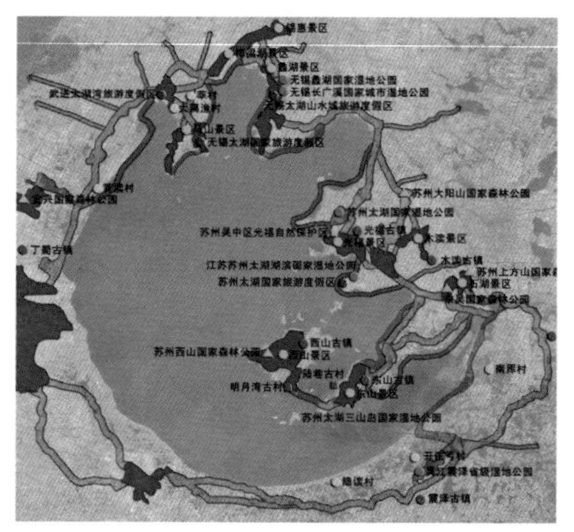

环太湖生态绿廊规划图

规划建设环太湖生态绿廊和风景路

在太湖水环境治理取得一定成效的基础上，进一步推动环湖地区生态修复。2011 年会同浙江省联合沿线 7 市县编制了环太湖生态绿廊和风景路规划。规划划定了环湖生态绿廊的范围，明确了环湖绿廊生态修复的功能定位和目标要求，依托太湖沿线山水风光，通过贯通的慢行道、风景路串联环湖生态绿廊和一定纵深地区的历史文化、风景名胜、休闲农业等资源，形成“一环、二十一射、多联”的环太湖风景路空间格局。在保护太湖沿岸生态功能区与生态敏感区的前提下，通过实施环湖林地修复、湖湾水渚保护、滨湖水系梳理、类湿地绿地建设、防护林地和绿化织补等植物群落的营造、优化和提升，形成科学合理、构成连续、生物多样、景观自然的环湖绿色网络，改善区域生态环境，建设满足环太湖沿线市民的休闲、健身等活动为主要内容的生态绿廊和风景路。2012 年 3 月，江浙两省联合举办了“环太湖生态绿廊和风景路规划实施启动仪式”，期望通过跨省合作，联动修复生态基底、串联景观资源、完善游憩设施，在促进地区可持续发展的同时提升人居环境质量。在规划指导下，环太湖各市、县（市）陆续编制了风景路详细规划，并推动规划实施，带动环湖旅游圈、生活圈的打造。

· 苏州：风景路与特色农业、传统手工业等联动发展

重视风景路带动乡村旅游，促进特色农业、传统手工业等发展。目前，苏州段已建设太湖风景路 50 余 km，实现了沿湖东山、金庭、同里、黎里、震泽、陆巷、明月湾等历史文化名镇名村的有效串联，并与部分特色村庄建立了便捷联系。吴中区舟山村以盛产核雕闻名，村里有大小核雕作坊 250 多个，从业人员 2000 多人。结合风景路建设，舟山村作为重要节点，在村庄 20km 范围内建设配套了餐饮、住宿和娱乐等基础服务设施，慕名到舟山观光和参观、购买核雕制品的游客不断增多，促进了乡村的复兴和发展。据统计，目前舟山村仅核雕一项收入就达到每年 1.2 亿元，特色手工业从业者的收入得到有效提升，传统非物质文化遗产得到保护和传承。

吴中区舟山村——中国核雕村

· 无锡：建设生态景观林带，成为市民休闲新去处

以建设环太湖风景路为契机，同步将临湖 200m 范围建设为生态景观林。既有效改善了城市景观风貌，更提升了太湖地区生态环境质量。以滨湖区为例，目前共种植各类树木 42.77 万株，开挖河塘 21.3 万 m^2。实现了堤岸路通、堤内水通、绿化贯通，体现了江南水乡特色，更发挥了涵养水源的功能。如今，临太湖 200m 生态景观林带构建了鲜明的城市景观，形成了良好的自然生态环境，成为市民、游客休闲观光的新去处。

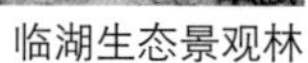

临湖生态景观林

环湖慢行道

宜兴丁蜀太湖绿道

· 蠡湖：水环境的生态修复和风光再现

蠡湖又名五里湖，为太湖北端之内湖，扼太湖之要冲。无锡市按照“清淤、截污、调水、修复生态”的整治思路，开展蠡湖综合整治，全面实施生态清淤、污水截流、退渔还湖、生态修复、湖岸整治和环湖林带建设等五大工程，不仅有效整治和改善了水环境，更营造形成了以近代园林、秀丽水景及滨湖湿地为特色的湖景型景区。

· 宜兴：丰富市民农业体验，激活沿线生态资源

宜兴丁蜀太湖风景路长约 10km，沿线串联了现代农业产业园区内的 30 多家现代农业企业，其中有兰花、石斛等特色种植，以及锦鲤养殖、瓜果采摘体验为主导的特色农业，吸引了城市居民和游客周末和假日来此亲近和感受自然。同时，风景路还串联激活了西线环太湖地区的生态资源，如竺山湖湿地公园、竺西文化公园、著名词人蒋捷古墓、大潮山福源禅寺、兰山度假旅游区等，通过与太湖风景路自然衔接，使得城市环太湖地区的特色风光缀连成串。

蠡湖旧影

蠡湖新景

蠡湖的园林水景和滨湖湿地风光

· 常州：塑造田园风光，强化度假休闲主题

常州环太湖岸线虽不长，但山水景观、田园风光特色鲜明。岸边河网纵横，池塘星列，芳草萋萋，榆柳成行。其风景路依托现有山林、湖泊、田园、特色村镇等，形成了“度假休闲”、“田园风光”两个主题段落，沿途可领略太湖滨湖度假区、山林、田园、水乡、特色民居等自然及人文风情。

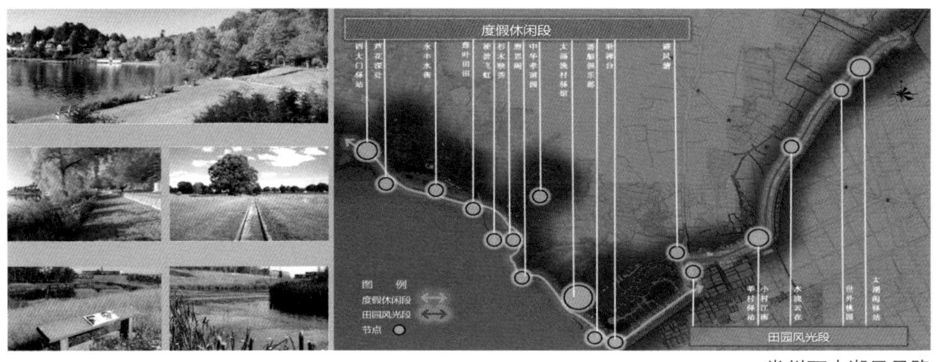

常州环太湖风景路

各方声音：

环太湖风景路项目对推动长三角地区发展方式转型意义重大，建成后的环太湖区域将呈现出历史与现实交相辉映、人与自然良性互动、城市与乡村和谐发展的美好前景。

——国家住房城乡建设部规划司司长 孙安军

以往太湖周边都是车行道，现在环湖风景路建好方便多了，我们周末经常一家人过来散步。现在汽车没了，水质好了，设施多了，路上都是步行的游人和骑行的车手。在湖边行走心情特别好，感觉很多年前美丽的太湖又回来了！

——吴江市民

“太湖美，美在太湖水”曾经是一首美丽的传唱，是太湖人的骄傲，但曾几何时，滚滚不绝的污水，玷污了传唱的美丽，让太湖人的骄傲变成了不安。为找回美丽的传唱，太湖流域人民行动起来，对太湖进行综合治理，昔日憔悴的太湖，正在焕发往日的碧水丰姿。

——《中国环境报》

撰写：于　春、周云勇、汤春峰
编辑：赵庆红 / 审核：王　翔

淮安永久性绿地的立法保护实践

Practice of Legislative Protection of Urban Permanent Greenland in Huaian

案例要点：

城市绿地是保持城市可持续发展的自然系统，也是丰富市民游憩活动的生活系统，还是塑造公共空间特色的艺术系统。为保护好、传承好城市绿色文脉，淮安市实施了永久性绿地保护举措，将历史名园、重点公园、街头游园、城市广场等重要绿地列入保护名录。2016 年 5 月出台的《淮安市永久性绿地保护条例》，成为淮安市行使地方立法权后的第一部法规，也是全国首部城市永久性绿地保护地方法规。条例明确了永久性绿地的范畴、确定和公布程序、政府和各部门的职责、临时占用和调整变更等程序及保护措施等，为永久性绿地保护提供了法律保障。

案例简介：

2009 年，淮安市六届人大常委会第九次会议通过《市人民政府关于提请将清晏园等 15 块城市绿地作为淮安市城区首批永久性绿地的议案》，随后，淮安先后确定公布了三批 38 块永久性保护绿地，涵盖主城区所有综合性公园，总面积 1016hm^2，约占城市绿地面积的 16%。2016 年 5 月，《淮安市永久性绿地保护条例》正式颁布实施，淮安城市永久性绿地的保护工作步入规范化、法制化轨道。

市民乐享城市绿地

立法保障，为城市绿地永久性保护保驾护航

从保护环境、惠民利民出发，2015 年市委常委会决定将《淮安市永久性绿地保护条例》作为正式立法项目，条例于 2016 年 5 月经省人大常委会审议通过，成为全国永久性绿地保护的首部地方法规。它进一步明确了责任主体、保护措施，规范了变更流程，确保了永久性绿地的长远良性发展。

楚秀园

清晏园

严格变更，树立永久性绿地保护的严肃性和权威性

2009 年以来，淮安市收到涉及永久性绿地临时占用、树木移植和改变性质等的各类申请 29 项，经市人大审查仅同意 6 项。在项目审查过程中，严格履行审批程序，调整经专家论证、社会公示后，由市政府提出建议方案，报市人大常委会审议，经表决通过后方可办理相关手续。同时，严格实行“占补平衡”的绿化补偿制度。

永续利用，持续提升永久性绿地的综合服务水平

市、区两级政府对永久性绿地改造提升和养护管理设立专项资金，不断完善、提升绿地基础设施及植物景观水平。每年开展丰富多彩的游园活动，形成了赏花节、采摘节等一批有影响的特色项目，让市民尽享绿色生态福利。

淮安动物园

钵池山公园

广泛宣传，强化永久性绿地保护的社会监督

针对已公布的永久性绿地，园林主管部门统一设置了标志景观石，注明绿地的名称、占地面积、保护边界等内容，便于市民了解和监督。同时，在各类媒体上广泛宣传，提高市民护绿、爱绿的意识，形成了全社会关心、支持、监督绿地保护的良好氛围。

永久性绿地标志景观石

各方声音：

切实保护好我们的城市绿地，让我们的市民都能赢绿色收益，享绿色生活。

——淮安市人大环资委主任 周平

永久绿地就在我家门口，每天可以来晨练，周末还可以带孙子来玩，真的很不错。

——淮安市民 吴女士

永久性绿地在城市中扮演何种角色？让市民生活更惬意。记者先后走访了清晏园、楚秀园等永久性保护绿地，看到的无不是其乐融融的景象。

——中国江苏网

撰写：朱东风、张 勤 / 编辑：于 春 / 审核：刘大威

江苏城市实践案例集

A Collection of Urban Practice Cases of Jiangsu Province

02

品质提升

塑造城市特色和宜居环境

Quality Improvement，Creating Urban Characteristics and Livable Environment

“城市特色风貌是城市外在形象和精神内质的有机统一，决定着城市的品味”。如果说特色风貌是重在体现城市看得见的外在形象，那么，人居环境则反映了城市更为系统的内在品质。塑造城市特色与宜居环境，是关乎城市品质、实现民生幸福的重要举措，也是实现城市发展内外双修的系统性和紧迫性要求。中央城市工作会议从全局角度提出了“统筹生产、生活、生态三大布局，提高城市发展的宜居性”的总体目标，以及“把创造优良人居环境作为中心目标”的明确要求。《中共中央国务院关于进一步加强城市规划建设管理工作的若干意见》要求从“提高城市设计水平、加强建筑设计管理、保护历史文化风貌”等方面入手，积极塑造城市的特色风貌。要求“城市规划要因地制宜，‘因风吹火，照纹劈柴’，留住城市特有的地域环境、文化特色、建筑风格等‘基因’”。由此，推动城市特色塑造与宜居环境建设，既是对中央要求的积极落实，也是对满足人民群众日益增长的物质与精神文化需求的现实回应。

金陵秦淮烟雨，姑苏亭台婉约……这些词句描绘的是江苏城市在历史上的独特风韵与宜居环境，然而曾几何时，在现代工业化、城镇化大潮的冲击下，这些美好的城市人居环境意象与美丽的视觉观感面临着湮灭的危机，钢筋水泥堆砌成的千城一貌，“导致城市风貌乱象横生、缺乏特色”，让我们的家园失去了归属感。如何在城市发展的过程中重新诠释其特有的意涵与气质，在现代化的城市空间中彰显文化特色，塑造出令人舒适愉悦的宜居环境？这是江苏城市发展建设面临的一个现实而迫切的课题。

对此，江苏在过去一段时期进行了积极的探索和努力。坚持将城市特色与宜居环境的塑造作为一个系统性的综合工程，从城市规划设计、建设管理、文化营造等多方面形成合力，通过整体的谋划布局与精心的城市设计，努力实现城市特色与宜居环境的双提升；从城市建筑与园林景观设计、特色地区保护与利用、公共空间建设与开放、城市环境整治与更新等方面，开展体系化的务实工作，努力实现自然与人文、历史与现代、风貌与内涵的有机融合，形成了一批具有重要影响的示范成果。如今，江苏省是中国获得“联合国人居奖城市”、“中国人居奖城市”等殊荣最多的省份。

2-1 ◎ 推动城市空间品质提升的江苏探索 | 066
2-2 ◎ 经典建筑的塑造——江苏百年建筑精品 | 068
2-3 ◎ 提升建筑文化的努力——江苏建筑及环境创意设计大赛 | 072
2-4 ◎ 营造乡土自然的城市园林景观——《江苏省城市园林绿化适生植物应用手册》 | 076
2-5 ◎ 推动当代风景园林水平的提高——江苏省园艺博览会系列实践 | 078
2-6 ◎ 空间特色资源的体系规划——江苏实践 | 082
2-7 ◎ 从“半城煤灰一城土”到“一城青山半城湖”——徐州实践 | 086
2-8 ◎ “青山入城、溪水穿廊”的景观再现——苏州常熟市山水文化特色的重塑 | 088
2-9 ◎ 苏州环古城风貌保护提升与健身步道建设 | 090
2-10 ◎ 泰州“双水绕城”工程实践 | 092
2-11 ◎ 绿色公共开放空间体系建设——扬州惠民公园体系 | 094
2-12 ◎ 从开放公园到大众乐园——常州实践 | 096
2-13 ◎ 盐碱地上的园林城市建设——盐城实践 | 098
2-14 ◎ 盐碱地的多样化绿化和生态修复——连云港实践 | 100
2-15 ◎ 淮安城市绿化彩化自然化的实践 | 102
2-16 ◎ 园林塑造色彩城市的宿迁实践 | 104
2-17 ◎ 扬州城市和建筑设计导则项目 | 106
2-18 ◎ 南京青奥村地区整体规划与城市设计 | 108
2-19 ◎ 历史城区街道网络的当代修缮——无锡崇安区的百巷更新工程 | 110
2-20 ◎ 连云港连云老街的保护和更新 | 112
2-21 ◎ 推动地方人居环境改善的实践——人居环境奖和人居环境范例奖 | 114
2-22 ◎ 民生导向的城市环境综合整治——江苏“931”行动 | 118

>> >

推动城市空间品质提升的江苏探索

Practice of Improving Urban Space Quality in Jiangsu

案例要点：

2014 年中央城镇化工作会议提出要传承文化，发展有历史记忆、地域特色、民族特点的美丽城镇，2015 年中央城市工作会议更明确提出了提升城市发展质量的要求。为推动城市空间品质提升，2011 年江苏省住房和城乡建设厅联合中国建筑学会、中国城市规划学会、中国风景园林学会召开论坛，共同发表了《城市化转型期江苏城乡空间品质提升和文化追求——2011 江苏共识》，旨在寻求专业和社会共识，共同推动城市发展质量提高，希望通过基础研究先行、推动关键规划、加强技术支撑、强化政策引导、推动社会参与等多元举措，从影响城市空间品质的三个关键方面——空间特色、建筑品质和风景园林艺术入手，通过保护、传承、创新和提升，“留住城市特有的地域环境、文化特色、建筑风格等‘基因’”，改变“千城一面”的现状，提升城市空间品质，塑造城市文化特色。

案例简介：

基础研究先行，促进专业共识

与南京大学、东南大学等院校合作，先后开展了《江苏城镇发展历史演进研究》、《江苏建筑文化特质研究及提升策略建议》、《江苏风景园林艺术特色研究及提升策略建议》等专题研究，通过研究梳理江苏城市、建筑、园林的历史文脉和文化特色，在此基础上形成综合研究报告《江苏城市文化的空间表达——空间特色·建筑品质·园林艺术》，提出了“三位一体”提升城市空间品质的策略、方法和路径。

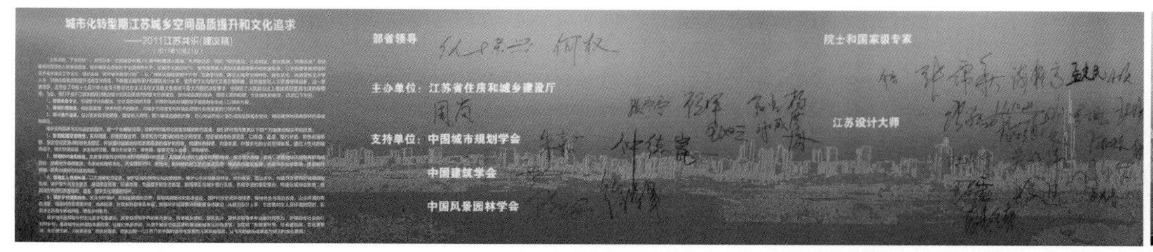

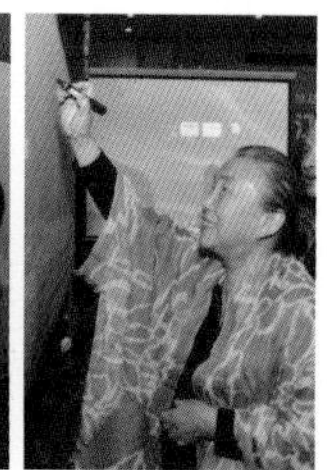

全国知名专家学者在《城市化转型期江苏城乡空间品质提升和文化追求——2011 江苏共识》上签名

制订特色规划，构建特色载体

在全国率先提出并全面推进特色空间体系规划。在城市层面，组织编制完成省辖市城市特色空间体系规划，并逐步推进至所有县以上城市，形成主要城市联动、共同探索的格局。在区域层面，组织编制环太湖、古运河、故黄河、沿长江等区域特色空间规划。通过系列关键规划的编制，构建全省最主要的特色空间体系保护展示框架，形成破解“千城一面”的空间载体。

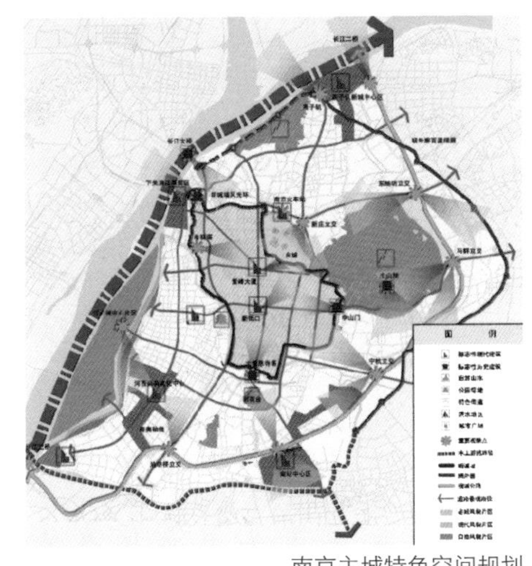

南京主城特色空间规划

政策推动引导，努力推动改善

制定《关于加强城乡规划引领 提升城乡空间品质的指导意见》，出台《江苏省城市设计编制导则》、《江苏省小城镇空间特色塑造指引》。修订江苏省人居环境奖、人居环境范例奖评选办法，将提升城乡空间品质作为其中的重要评选指标。提请省政府建立江苏省设计大师（城乡规划、建筑、园林）命名表彰制度，通过领军人才、示范项目的引领以及系列政策的推动，促进城市规划、建筑设计、风景园林设计水平的提高，推动高品质城市空间、精品建筑、经典园林的江苏实践。

系列活动策划，提高社会审美

自2000年以来，江苏每两年举办一次园艺博览会，截至目前已成功举办9届园艺博览会。园艺博览会不仅达到了园林艺术交流和社会推广的目的，还为主办城市留下了一个永久的大型园林，带动了城市的人居环境改善，也为当地居民增加了休闲憩息的去处，使园林园艺成为服务大众的公共艺术。同时，为推动建筑创意设计、繁荣建筑文化创作，从2014年起每年组织举办“全省建筑及环境艺术创意设计大赛”，先后以“历史空间的当代创新利用”、“我们的街道”、“悦读·空间”为题，鼓励多样化创作和人性化设计，通过贴近百姓生活的活动策划、创作主题和丰富多元的设计方案，向社会传递空间、建筑与园林的价值及设计理念，增加社会对空间品质的理解，提高公众的审美情趣。

“历史空间的当代创新利用”竞赛方案展

“我们的街道”方案竞赛现场

江苏省第九届园艺博览园

各方声音：

千城一面如何改变？江苏率先提出提升城乡空间品质这样的路径，在全国来说非常及时。而且，他们不是喊口号，而是求真务实，做了大量扎实的工作，凝聚了全国很多知名院校的专家学者，为了共同的事业拧成一股绳，这是一种科学的态度，一种实践的精神。——中国工程院院士 张锦秋

特色迷失、“千城一面”，“推平头”式的做法让越来越多的城市失去了自己的“味道”。江苏整合规划、建筑、园林等多个学科，从理论提升、政策引领、典型示范等多方面入手，提升城市空间品质，在品质中找“味道”。——《中国建设报》

撰写：于 春 / 编辑：赵庆红 / 审核：周 岚

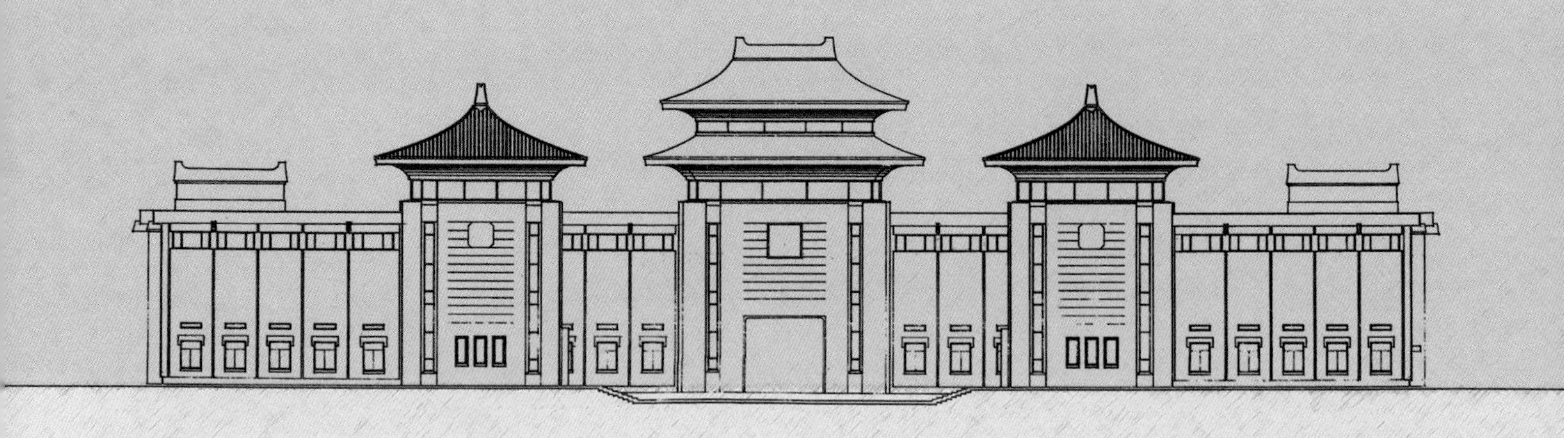

经典建筑的塑造——江苏百年建筑精品

Establishment of Classic Architecture
- Jiangsu Time-honored Boutique Architecture

案例要点：

建筑是凝固的历史和文化，是城市文脉的体现和延续。建筑经典是一个民族文化及艺术高度的重要体现。在首批 20 世纪中国建筑文化遗产共 98 项中，江苏共有 10 项入选，占比超过十分之一，反映出江苏近现代建筑在全国的影响力。这些百年精品建筑巧妙融合了功能和形式、技术和空间，与城市环境场所契合，体现了文化传统、地域特色和时代进步。限于篇幅所限，本文遴选了中山陵、孙中山临时大总统府及南京国民政府建筑遗存、雨花台烈士陵园以及当代建筑精品江宁织造博物馆、苏州博物馆新馆分析百年建筑精品的形成。

中山陵全景

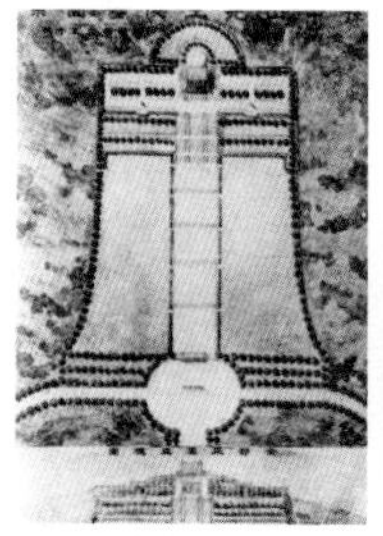

“自由钟”总平面

中山陵纪念堂

案例简介：

新民族形式的探索——中山陵

地点：南京中山陵风景区，规模：占地 120 亩，时间：1925 年 -1932 年，设计：吕彦直

1925 年，孙中山先生逝世。民国政府对陵园方案进行国际征集，共收到来自世界各国的 40 多个方案。在众多国际设计师参与的背景下，中国建筑师（吕彦直、范文照、杨锡宁）获得了前三名。评委认为，吕彦直的方案“精美雄劲、合乎传统、朴实坚固”，评为头奖并付诸实施。吕彦直是中国第一代建筑师的杰出代表，毕业于清华学校，后在康奈尔大学学习建筑设计，归国后曾随美国建筑师墨菲（民国首都计划的技术负责人）从事建筑设计。

吕彦直的方案不仅结合自然地形，将建筑单体融于自然环境之中，并以“自由钟”总平面构图寓意警钟长鸣、激励世人。中山陵汲取中国古代陵墓建筑的布局特点，同时又打破传统皇家陵墓的惯例，将牌坊、甬道、陵门、碑亭、祭堂和墓室，沿中轴线对称布置，依次展开，并创造出多个空间高潮。建筑群在牌坊之后，种植了大量的雪松和草皮，改变了传统陵墓的神秘和压抑，代之以严肃、开朗、接近自然的环境氛围，诠释中山先生的民主精神。在西方文化逐渐渗透并占据主导地位的当时，吕彦直对运用现代材料和结构、创造民族形式新典范进行了积极探索，现已成为中国近代史上的建筑杰作。自中山陵起，当时的民国首都南京和国内许多城市，陆续出现了一批中国建筑师创作的精品，形成了中国近代建筑的独特风格。

中西交融——孙中山临时大总统府及南京国民政府建筑遗存

地点：南京长江路，规模：占地 130 亩，时间：19 世纪 70 年代 -20 世纪 30 年代，设计：姚彬、虞炳烈 等

孙中山临时大总统办公室

总统府建筑群始建于明初，先后作为清两江总督府、太平天国天王府、中华民国临时大总统府、国民政府及总统府等，是近代中国百余年变迁和政权更迭的历史见证。

总统府建筑群分为东西两大区域，西侧为江南园林的自由布局形式，东部为各历史时期的行政办公区。以晚清两江总督府基本格局为底传承发展，形成多重院落空间。建筑群采用传统中轴线的布局形式，轴线南端大堂是建筑群的第一个空间高潮。二堂采用“内中外西”的做法，北侧的建筑则逐步过渡为西式或现代式风格。总统府建筑群体现出中西文化相互碰撞交融的特点，创造出中国传统庭院与西式建筑做法相结合的独特模式。既有中轴线主建筑格局，又有逶迤弯曲的西式长廊；既有中式大屋顶建筑，又有西式平房和楼舍。虽然中西建筑风格各异，做法有别，但通过设计者的匠心独运，达到了和谐统一、水乳交融、相得益彰的效果。

子超楼

大堂

二堂

现代与传统——雨花台烈士陵园

地点：南京雨花台，规模：占地 1700 亩，时间：1984 年 -1988 年，设计：杨廷宝、齐康

雨花台烈士陵园于 1950 年奠基，1954 年由著名建筑学家杨廷宝先生主持总体规划设计。规划将陵园主区域分为中心纪念区、名胜古迹区、花卉区、风景林区、纪念茶园和青少年活动六个区。20 世纪 80 年代，陵园建设全面展开，1988 年 7 月对外开放，是全国著名的爱国主义教育基地。

陵园总体形成长约千米的纵轴线，中心纪念区位于轴线南段。纪念馆、纪念桥、国际歌墙、水池、纪念碑等主要建筑，依山就势逐层展开。纪念碑和纪念馆矗立于南北两座山岗上，形成两处高潮，其余建筑则巧妙地布置在山岗间的凹谷中。行进路线的起伏，呼应着瞻仰者视野及心情的变化，有效地营造出纪念建筑群的恢弘气势与肃穆氛围。纪念馆为陵园单体的杰出代表，主体二层，上设三座方锥形堡垛，采用浅色花岗岩外墙，乳白色琉璃瓦屋面，宁静典雅，雄浑稳重。陵园建筑群的比例、尺度、色彩、材质等运用得当精准，凝重威严而又不失简洁流畅，达到了寓意与审美的高度统一，同时在表达含义及继承传统等方面进行了有益探索，成就了我国现代纪念性建筑的精品。

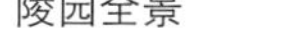

陵园全景

纪念馆

纪念碑

盆景庭院主景

方寸之间显功力——南京江宁织造博物馆

地点：南京长江路，规模：占地 1.8 万 m^2，建筑面积 1.5 万 m^2，时间：2005 年 -2009 年，设计：吴良镛

历史上的江宁织造府是清著名文学家曹雪芹的出生地，康熙曾四次到访，后为乾隆下江南的行宫，是《红楼梦》宁荣二府的原型。江宁织造博物馆位于太平北路与长江路交叉口西南，现馆范围为历史规模的 1/4，包括“一府三馆”，即江宁织造府、红楼梦博物馆、曹雪芹纪念馆和云锦博物馆，由两院院士吴良镛主持设计。

随着发展变迁，江宁织造府的历史环境已经发生了较大变化，周围已是现代建筑林立的城市中心区。如何在现代建筑群中营造传统文化意境，吴良镛提出了“核桃模式”及“盆景模式”的设计理念。“核桃”取意现代的建筑表皮下是传统的内核和心，“盆景”取意项目形成后成为高楼林立中心地段的一幅美景，具体而型微地再现大观园的历史盛境。博物馆南低北高，层层叠起。博物馆主题展陈位于地下，地上以园林的手法进行空间融合，四处可见亭台楼阁、门栏窗格、水磨裙墙、白色台矶及羊肠小径。方寸之间显功力，吴良镛院士为家乡再现了一幅意境高远、生动丰富的中国山水画。

核心庭院

内部空间

建筑的民族化与现代化——苏州博物馆新馆

地点：苏州东北街，规模：占地 1.1 万 m²，建筑面积 1.7 万 m²，时间：2003 年 -2006 年，设计：贝聿铭

苏州博物馆新馆位于苏州古城保护区内，东侧毗邻太平天国忠王府（全国重点文物保护单位），北侧为世界文化遗产—拙政园，地段十分重要，需要妥善处理好历史保护和当代建设的关系。

由世界著名建筑大师贝聿铭设计的苏州博物馆新馆，继承和创新了江南古典园林的元素（片石假山），以大小各异的院落组合，完成功能的联系与转变，形成整体感和完整性。通过核心庭院的水景，新馆与北墙外拙政园融为一体。平面布局上，通过与忠王府嫁接形成紫藤园（插枝理论），从空间及精神层面完成了与历史的连通。新馆多处使用了几何形态空间，为室内外创造出丰富的空间效果，突破了传统形式的束缚，同时又借鉴传统建筑的天窗做法，使投射入室的光线形成对比、产生流动，与院落空间、几何空间相互配合，达到了建筑与自然的情景交融，渗透出传统建筑文化的韵味。贝聿铭从空间塑造、建筑形式、色彩和新材料应用等方面，妥善处理了传统与现代、形式与文化的关系，重新诠释了东方建筑的文化精神。

内部空间

全景

核心庭院

撰写：唐宏彬、肖 冰 / 编辑：于 春 / 审核：顾小平

提升建筑文化的努力
——江苏建筑及环境创意设计大赛

Efforts for Enhancing Architectural Culture
- Architecture and Environment Innovation Design Contest of Jiangsu

案例要点：

文化是当今全球化、信息化和城市化进程中核心竞争力的重要体现。而创意、创新，则是体现一个国家或一个地区软实力的重要标志。江苏建筑及环境创意设计大赛由省建设厅会同省委宣传部共同主办，旨在弘扬建筑文化，鼓励创意创新，营造设计氛围，加快文化产业发展，促进创意设计及服务与相关产业融合，全面提升创意设计水平及文化软实力。竞赛自 2014 年开始举办，每年围绕一个社会广泛关注的主题，突出文化导向和时代特征，鼓励社会各界积极参与。目前大赛已成功举办两届，正开展第三届。历时虽不长，但已获得了良好的社会反响和一大批创意成果，向公众展示了创意设计的魅力，提高了全社会对创意、创新价值的认知和理解，引导和提升了公众的审美趣味，为江苏建筑文化的普及、传承、发展与创新作出了有益的努力。

案例简介：

江苏建筑及环境创意设计大赛自 2014 年举办以来，分别以“历史空间的当代创新利用”、“我们的街道”、“悦读 · 空间”为主题，突出文化主题、时代特点和社会需求，强调创意创新，采用灵活的赛程与赛制，全程引入新概念与新方法，增强赛事的交互性、即时性、广泛性、共享性与竞争性。通过专业竞赛结合大众媒体、新媒体的有益尝试，鼓励社会广泛参与，影响力不断提升。

2014 首届创意设计大赛——“历史空间的当代创新利用”

首届大赛以“历史空间的当代创新利用”为主题，采用全开放的模式，由设计者自行选择历史空间进行设计，允许在遵从历史遗存保护原则的前提下，突破现行技术规范。旨在鼓励参赛者摆脱思想束缚，大胆畅想，激情创意，在聚焦探索历史遗产保护的同时，创造出兼具传统、创新、活力等多重价值与意义的现代空间。大赛征集到方案 522 个，题材丰富、类型多元、手法多样，作品围绕“历史地段及传统村落”、“城墙遗址与历史建筑”、“工业与交通遗产”及“四维空间”等主题，呈现和分享创意思维和创新空间。

院士、专家与公众开展跨界交流

市民参观创意设计竞赛展览

举办主题讲座与交流活动

首届大赛共吸引了34所高校、195个设计机构，2100余人报名参赛，共征集到设计方案522个。建筑大赛共邀请业内知名专家30余人担任评委，共评出紫金设计奖18名（其中金奖1名，银奖2名，铜奖5名，优秀奖10名）及其他各类奖项111名。包括院士、全国工程勘察设计大师、江苏省设计大师及省优秀青年建筑师在内的专业人士，建筑院校的学生及广大的热心公众共同参与了赛事活动。大赛期间共开展高端论坛2次，组织相关专题报告及讲座63场，6717人次观看了成果展览，进行了交流与互动。

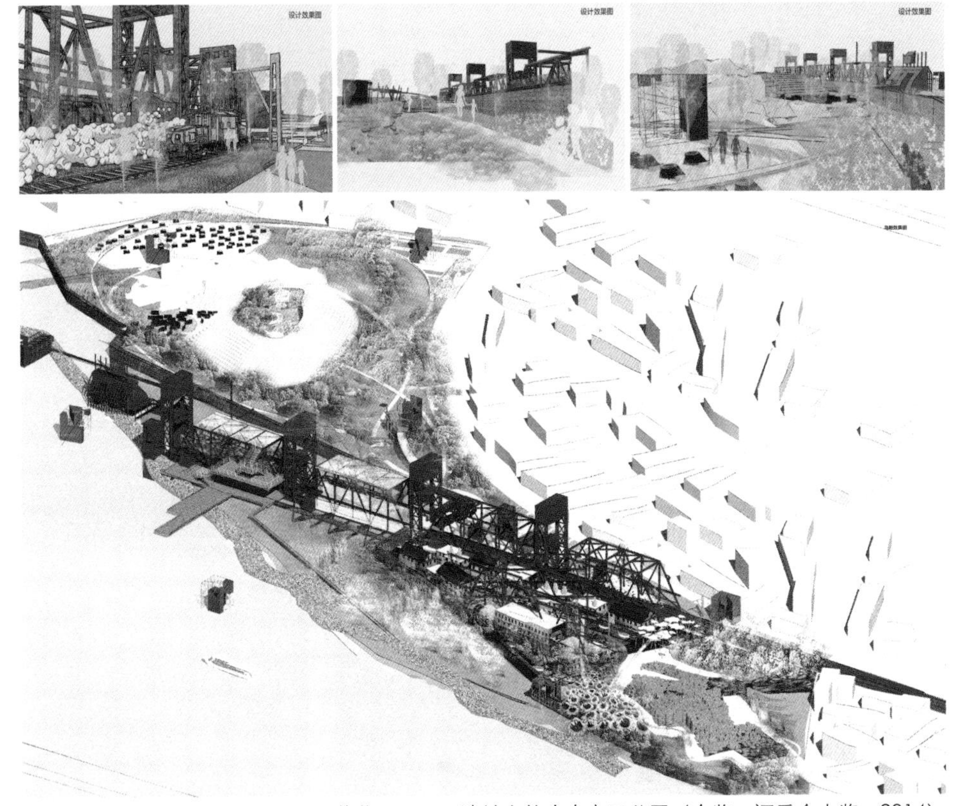

获奖项目——遗址上的生态启示公园（金奖、评委会大奖，2014）

获奖项目——古语新说（银奖、职业组一等奖，2014）

获奖项目——礼社古村落养老旅游开发（职业组一等奖，2014）

获奖项目——半程马拉松（职业组一等奖，2014）

2015 第二届创意设计大赛——“我们的街道”

第二届建筑及环境艺术设计专项竞赛，延续开放性的主题和赛制，进一步深化专业约束，以“我们的街道”为主题，旨在鼓励更多的参赛者突破空间、形态界限，将“街道”这一概念纳入到更广的范畴，以人文关怀为本，社会责任为纲，积极思考经济转型、科技进步、社会变迁、文化发展等因素对街道的影响。通过对街道空间的重新审视、分析和塑造，创造出充满人文魅力，符合当代生活及未来发展的街道模式。

大赛吸引了 45 所高校、238 个设计机构，4300 余人次报名参赛，征集有效设计作品 655 个。大赛邀请业内外知名专家、学者共 53 人担任评委，共评出紫金设计奖 20 名（其中金奖 2 名，银奖 4 名，铜奖 8 名，优秀奖 6 名）及其他各类奖项 155 名。包括院士（3 名）、大师（全国工程勘察设计大赛 2 名、江苏省设计大师 3 名）在内的广大专业人士，及文化学者（2 名）、社会学者（2 名）、热心公众共同参与其中。赛事期间共开展高端论坛 2 次，组织相关专题及讲座 34 场，5.6 万人次观看了成果展览。

举办院士专题论坛

在展览现场举办主题讲座

市民参与赛事活动

市民参观创意设计竞赛展览

第二届建筑大赛全程采用新媒体技术传播互动，并采用选手现场对决、电视网络播出的决赛形式，探索了专业竞赛与大众媒介相结合的新途径。由于新媒体的使用和社会的广泛参与，第二届大赛在参赛人数、地域分布、报送及获奖作品数量等方面均大幅提高。参赛作品的题材涉及传统历史街道的更新利用、当代城市街道的品质提升以及未来都市空间的智慧设计等各种类型，互联网 +、大数据应用、3D 打印、创客众筹等最新科技元素也在众多作品中得到应用。参赛作品以视频短片、幻灯、模型、图纸等多种手段，充分展示了对未来街道的美好憧憬与大胆畅想，迸发出理想之光、人性之光。

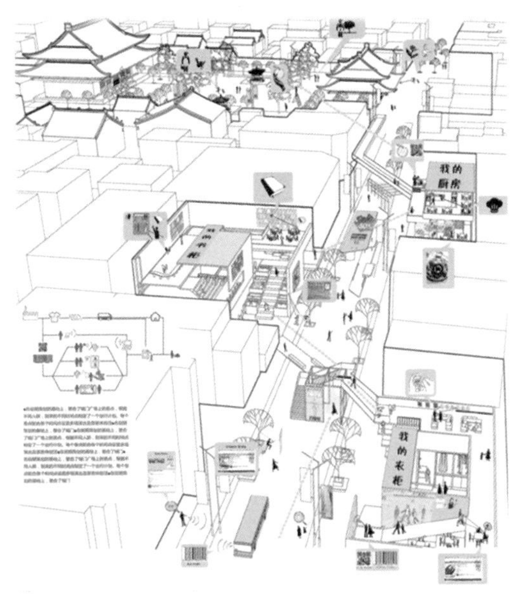

获奖项目——私人店制（金奖，职业组一等奖，2015）展现了互联网时代百年商业老街的变革创新

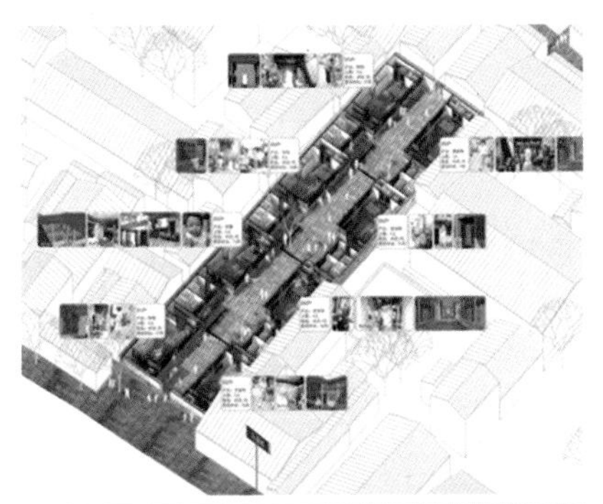

获奖项目——王谢厅堂、百姓街道（金奖，学生组一等奖，2015）

2016 第三届创意设计大赛——“悦读·空间”

“互联网 +”及移动互联网时代的到来，使得“阅读”的内涵与外延发生变化。为配合“书香江苏”、“书香校园”、“书香家庭”的建设，推动全民读书行动，第三届创意设计大赛以“悦读·空间”为主题，旨在以“文化”为内核，以“阅读”为主线，以“空间”为载体，创造出适合时代需求的中小微型新文化空间。

第三届大赛继续采用开放主题及开放赛制，由于选题聚焦小微空间，更方便适合公众参与。大赛将不断总结经验教训，充分发挥多部门联合的优势，推动全社会的更广泛参与，不断提高作品的创意水平，并拟选择合适空间促进大赛成果的落地转化，以鼓励更多人，尤其是青年人的创新热情。

召开新闻发布会，全面启动大赛

各方声音：

“紫金奖”建筑大赛在大家的热情参与下成功举办，很多优秀方案展现了青年人的创意能力，让人看到希望并受到巨大鼓舞。大赛主题鲜明，亲近生活，覆盖面广，值得大力提倡推广。希望今后能够继续扩大竞赛范围，吸引更多的人参与比赛，用我们的创意给生活带来更丰富绚丽的色彩。

——中国工程院院士 程泰宁

“紫金奖”建筑大赛是一件有益于提升全民智商的事情，本届大赛是一次“领先全国”、“意义非凡”的活动。

——《世界建筑》主编 张利

撰写：唐宏彬、肖 冰 / 编辑：于 春 / 审核：顾小平

营造乡土自然的城市园林景观
——《江苏省城市园林绿化适生植物应用手册》

Creation of Local and Natural Urban Garden Landscape

-Application Manual of Suitable Plants for Urban Landscape Engineering of Jiangsu Province

《江苏省城市园林绿化适生植物应用手册》

案例要点：

乡土适生植物对生物多样性维护和生态系统平衡具有重要的作用。它有利于营造良好的城市生态环境，也有利于城市地域景观特色的塑造。近年来，江苏在园林城市建设中，大力推进节约型园林绿化和乡土适生植物应用，努力为城市居民营造丰富多彩、类型多样的绿色生态空间。2015 年起，为进一步提高城市园林绿化工作的水平，在系统研究各地地理、地貌、气候、土壤特征等条件的基础上，针对不同地域、不同绿化类型、不同种植条件、不同种植环境等，建立了分类乡土适生植物应用名录，编制下发了《江苏省城市园林绿化适生植物应用手册》，将“因地制宜、适地适树”的原则落实为具体详实的应用指导。《手册》图文并茂，清晰易懂，可以成为指导城市科学选用乡土适生植物，实现城市园林绿化生态化、自然化和地域化的实用指南。

无锡梅园各类地被植物的应用

案例简介：

合理区划，确定全省五大自然植被区域

江苏地跨暖温带、北亚热带和中亚热带 3 个气候带，从北向南，自然植被从落叶阔叶林向常绿落叶阔叶混交林过渡，适合生长的乡土植物种类非常丰富。参考《中国植被》区划，结合我省城市园林绿化植物应用、引种栽培的实际情况，将全省城市园林绿化植物适生区自北向南划分为 5 个区域，明确不同区域的植物选种类型和要求。

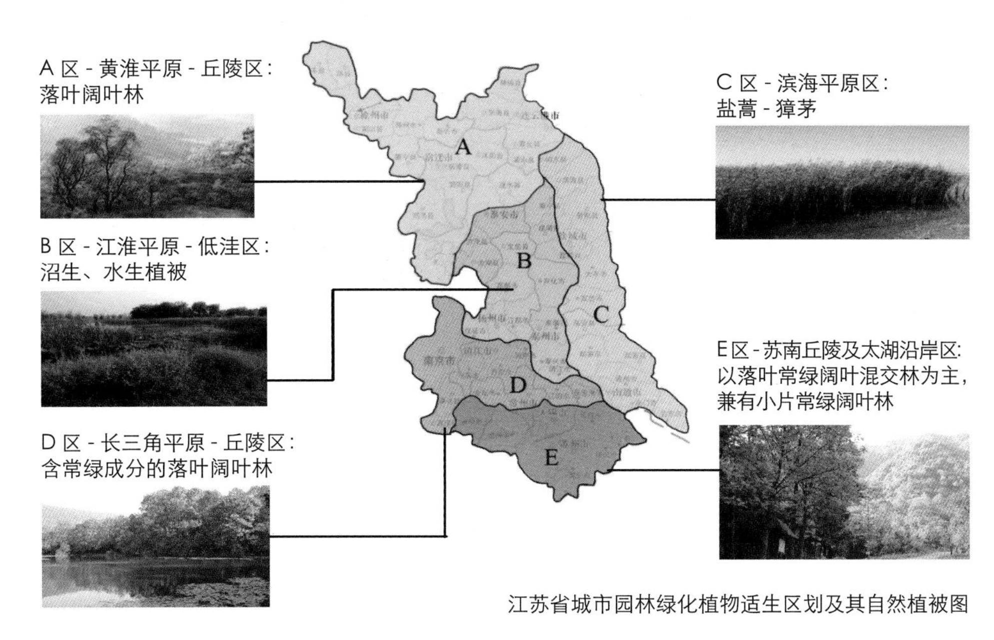

江苏省城市园林绿化植物适生区划及其自然植被图

适生优先，指导不同生态习性植物应用

基于对植物生态习性的研究，梳理出 9 种特殊生态类型的适生植物，其中涉及自然生态因子的有水湿、干旱、背阴、盐碱、寒冷和瘠薄等 6 类；涉及环境污染因子的有污染气体、富营养化水体和重金属土壤等 3 类。筛选出在这 9 类环境下可以正常生长或具有净化能力的适生植物，并采用直观、可操作的方法对植物耐受性进行评价（耐受时间、温度等），为应用提供指导。

因地施策，根据不同功能类型配置植物

根据城市园林绿化的不同类型和功能，针对道路绿化、滨水绿化、垂直绿化、屋顶绿化、林荫停车场绿化、防护林、风景林和居住区绿化等八类绿化进行分类梳理，根据每种绿化类型对于植物习性的不同要求，分门别类地筛选提出适生植物名录。

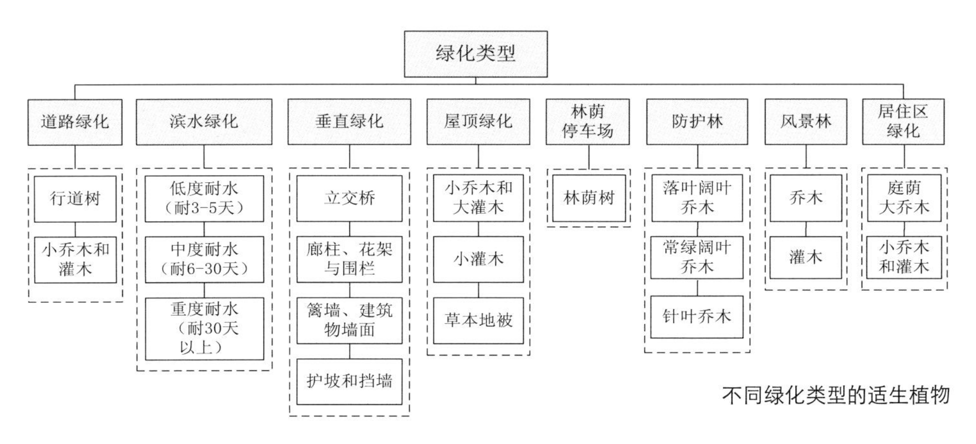

不同绿化类型的适生植物

各方声音：

研究、编写江苏省城市绿化适生植物应用指南是很有价值的工作，也是市县专业工作所需要的，对提高城市园林绿化发展水平、保护物种多样性具有很好的指导意义。

——无锡市园林局原总工 邬秉佐

《江苏省城市园林绿化适生植物应用手册》为城市园林绿化建设的决策者、管理者和一线操作者在植物选择时提供了科学依据和参考。

——《中国建设报》

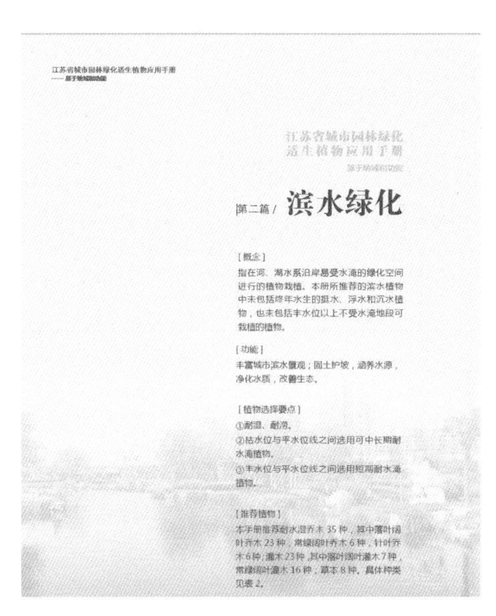

江苏省城市园林绿化适生植物应用手册
——基于地域和功能

江苏省城市园林绿化
适生植物应用手册

第二篇 / 滨水绿化

[概念]
指在河、湖水系沿岸易受水淹的绿化空间进行的植物栽植。本册所推荐的滨水植物中未包括终年水生的挺水、浮水和沉水植物，也未包括丰水位以上不受水淹地段可栽植的植物。

[功能]
丰富城市滨水景观；固土护坡，涵养水源，净化水质，改善生态。

[植物选择要点]
①耐湿、耐涝。
②枯水位与平水位线之间选用可中长期耐水淹植物。
③丰水位与平水位线之间选用短期耐水淹植物。

[推荐植物]
本手册推荐耐水湿乔木 35 种，其中落叶阔叶乔木 23 种，常绿阔叶乔木 6 种，针叶乔木 6 种；灌木 23 种，其中落叶阔叶灌木 7 种，常绿阔叶灌木 16 种；草本 8 种。具体种类见表 2。

常绿阔叶乔木

香樟
常绿乔木，广卵形树冠；片植、列植；观树形。
适生区域：B、C、D、E 区
适用类型：滨水、道路、居住区
功能：耐水淹 1 周以上，护坡固土、滞水

柞木
常绿乔木，扁圆形树冠；孤植、列植、丛植；观树形。
适生区域：B、C、D、E 区
适用类型：滨水、道路、防护林、居住区
功能：耐水淹 1 周以上，净化水质、涵养水源

飞蛾槭
常绿或半常绿乔木，广卵形树冠；片植、列植；观叶、观秋果。
适生区域：E 区
适用类型：滨水、道路、居住区
功能：耐水淹 1 周以上，固土、滞水

滨水绿化植物

撰写：朱东风、张 勤、陈 婧
编辑：于 春 / 审核：刘大威

推动当代风景园林水平的提高
——江苏省园艺博览会系列实践

Promoting Contemporary Landscape Garden
-Practices of Jiangsu Horticulture Exposition

2014 年第九届中国（北京）国际园林博览会——江苏展园“忆江南”

案例要点：

2014 年在第九届中国（北京）国际园林博览会上，江苏展园“忆江南”以其精湛的造园技艺获得室外展园综合大奖和设计、施工、植物配置、建筑小品等各单项大奖。这一成绩的取得得益于江苏在推动园林艺术传承发展方面的不懈努力，得益于两年一次省级园博会的长期探索创新和交流提升。自 2000 年创办以来，江苏省园艺博览会已持续 16 年、成功举办了九届，成为具有全国影响力的园博会品牌，为园林艺术发展搭建了一个运用先进理念、创新科学技术、传承地域文化的竞技交流平台。每届园博会围绕一个特定主题，博采 13 个省辖市和参展单位园林创新之长，推进风景园林营造技艺提升，为申办城市留下一个永久性的综合公园，推动了城市人居环境改善，丰富了百姓生活，同时有效推动了社会对园林艺术的理解和审美能力的提高，使园林园艺从小众走向大众，成为服务百姓的公共艺术，成为美丽江苏建设的重要推手。

案例简介：

江苏省园艺博览会每届围绕特定主题，如“绿满江苏、生态园林”、“蓝天碧水、吴韵楚风”、“山水神韵江海风”、“水韵绿城印象苏中”、“精彩园艺休闲绿洲”、“水韵芳洲新园林”等，积极倡导生态绿色、资源节约、海绵建设、“新中式”设计等科技和文化创新发展理念，从不同角度推动了园林艺术水平的总体提升。同时，通过开展庭院绿化、花卉花艺、阳台园艺等专题展示和互动体验活动，推动园林园艺走进公众场所与生活空间。

历届江苏省园艺博览会

第一届　南京——“绿满江苏”

充分展示江苏园林、园艺事业在继承传统基础上的发展、进步和成就，展示各地为保护生态环境、保护生物多样性、协调人与自然关系等方面所作的努力。以园林小品、临时构筑与园林微缩景观为主。精心组织花车巡游、园林学术研讨会、花卉苗木交易会以及城市文化活动，扩大园林园艺影响。

第一届・南京

第二届　徐州——“绿色时代——面向 21 世纪的生态园林”

基于老旧公园的改造利用。由13个省辖市分片区对云龙公园进行的优化提升。生态自然的绿色科技理念在本届博览园建设中得到体现。改造后的云龙公园提高了生物多样性，覆土建筑、透水路面等得到应用，体现了人与自然和谐共存的理念。

第二届・徐州

第三届　常州——“春之声——绿色奏响曲”

首次结合绿地系统规划，实现在空白的用地上建设园博园；首次将社会资金引入园博园建设；首次采取城市政府申办的方式，公开公平竞争承办权。园博会传递的人居环境质量理念与园林技艺交流，促进了绿色常州的建设进程。

第四届　淮安——“蓝天碧水・吴韵楚风　”

首次将园博园建设与带动园周边城市发展、形成城市新功能区结合起来。博览园建设尊重基地条件，在节约型园林绿化建设方法上进行了积极探索。园博会期间，全省 13 个省辖市市长共同发表了“绿色城市宣言”，承诺要保护赖以生存的生态环境，建设舒适宜人的绿色家园。

第三届・常州

第四届・淮安

第五届 · 南通

第五届　南通——“山水神韵 · 江海风 ”

将狼山风景名胜区及周边环境整治提升，与园博园建设结合起来。尊重自然，巧用基地条件，强化了狼山风景区核心景区的生态属性，呈现风景区山水景观的自然之美和人文之美。重视乡土植物材料应用，追求朴素简洁的自然风格，节约型园林绿化技术得到普遍应用。

第六届 · 泰州

第六届　泰州——“水韵绿城 · 印象苏中”

以生态优先的理念引导建设，合理梳理水系，就地平衡土方，保留基地原村落植物景观，留存印记，体现了水与自然生态、人居环境、城市文脉之间和谐相融的关系。首次建立了城市乡土植物园，探索和实践园林废弃物循环利用。园博园成为满足新城区居民游憩、文化需求的开放式综合公园，成为泰州重要的标志性游览区。

第七届　宿迁——“精彩园艺 · 休闲绿洲”

结合滨湖新城区规划，采用现代造园手法，表现滨湖文化，突出休闲功能，鼓励探索创新，营造生态型、节约型城市园林与湿地景观，着力展现“展园精致、景观优美、自然和谐、风情浓郁”。首次邀请国内外友好城市参展，首次设立设计师展园，首次举办园林绿化专业论坛。

第七届 · 宿迁

第八届　镇江 · 扬中——“水韵 · 芳洲 · 新园林——让园林艺术扮靓生活”

开创了省辖市和县级市联合承办园博会的先河。博览园建设利用江岛景观优势，探索湿地生态园林景观建设的新模式，展现园林绿化尊重自然、崇尚自然、表现自然艺术美的本质，为江南水网地区城市园林绿化提供了示范。

第八届 · 镇江 · 扬中

第九届　苏州·吴中——“水墨江南·园林生活”

苏州是中国古典园林的高峰地，博览园将江南园林之胜、吴地文化之厚、太湖生态之美、田园生活之乐与现代园艺之巧有机融合。在着力营造江南意境、体现园林传承发展的同时，突出绿色发展理念，充分运用绿色科技，广泛应用“海绵城市”技术；突出自然山水田园，保留柳舍村并进行环境改善提升，彰显了太湖之滨传统村落的山水家园之美，形成了田园、家园、公园浑然一体的美丽景观；突出园林扮美家庭，举办由居民参与的阳台绿化展，在农家宅院将庭院植入当地居民生活空间；突出科技创新运用，广泛采用新材料、新工艺、新技术，充分应用APP、微信、二维码等网络技术，方便百姓广泛参与、深度互动。为期一个月的会展期内，苏州园博会吸引了包括长三角城市群在内的136万国内外游客，获得了广泛赞誉。园博会结束后，核心展园加上周围的滨湖岸边湿地、柳舍村及其田园风光，共同构成了规模达236hm^{2}的综合景区景点，极大地丰富了环太湖的风景旅游内容。

海绵技术应用

室内展会

第九届·苏州·吴中

游客乐享

第九届园博会·苏州园

各方声音：

江苏园博会体现了“山水园林、生活园林、科技园林”的设计理念，体现了园林艺术在新时代的发展。以苏州园为例，结合地形高差，借景太湖，运用多种形态水景再现写意山水空间，营建了地域文化特色显著、时代特征强烈的新苏式园林景观。——中国工程院院士 孟兆祯

苏州的这次园博会蛮有味道的，无论是从建筑还是植物，都让人有耳目一新的感觉，很有水墨画的味道。慢慢地逛逛展园，充分感受到那种很有江南味道的园林景观，同时，许多展览也代表了具有前沿性的室内园艺风采，我们家庭都可以学着那样布置。园博会好看的东西多！——南京游客 王郁琳

江苏园艺博览会不仅达到了园林艺术交流和社会推广的目的，还为主办城市留下了一个永久的大型城市公园，带动了城市的新区建设和人居环境改善，为当地居民增加了休闲休憩的佳处，真正使园林、园艺成为服务大众的公共艺术。江苏园博会其实践探索难能可贵，丰富经验值得珍视。

——中国住房城乡建设部《建设工作简报》

撰写：朱东风、张晓鸣、陈　婧
编辑：于　春 / 审核：刘大威

空间特色资源的体系规划
——江苏实践

Planning of the Spatial Characteristic Resource System - Practice in Jiangsu

案例要点：

城市的空间特色体现在城市格局特色、历史资源特色、自然山水特色和建筑特色等方面。空间格局完整、特色风貌鲜明的城市是规划建设的目标，需要持之以恒、坚持不懈地管控、维护和塑造。对大量的城市而言，在快速发展过程中，城市的传统格局大多已然改变。如何挖掘城市的特色资源，整合各种特色碎片，形成能够体现当地文化特色的结构性体系化城市空间，是江苏在全省组织开展城市空间特色体系规划编制的目的和初衷。规划发动了全省甲级规划设计单位，研究提炼了城市特色定位，在系统分析城市空间特色要素的基础上，提出将城市的各类自然、历史和当代建造的特色景观资源“找出来、保下来、亮出来、织起来、连起来、活起来”，通过精心的规划设计、整体的艺术创造、公共空间的植入，形成具有文化魅力和当代活力的城市特色空间体系，使其成为破解“千城一面、万楼一貌”、建设“有历史记忆、地域特点和民族特色的美丽城镇”格局的关键载体。

江苏城市空间特色规划案例：

南京——“江淮如带，钟阜巍峨——龙盘虎踞人文绿都；十朝都会繁华地，佳丽江南第一州——六朝古都、十朝都会；虎踞龙盘今胜昔，天翻地覆慨而慷——多心组团的现代都市。”

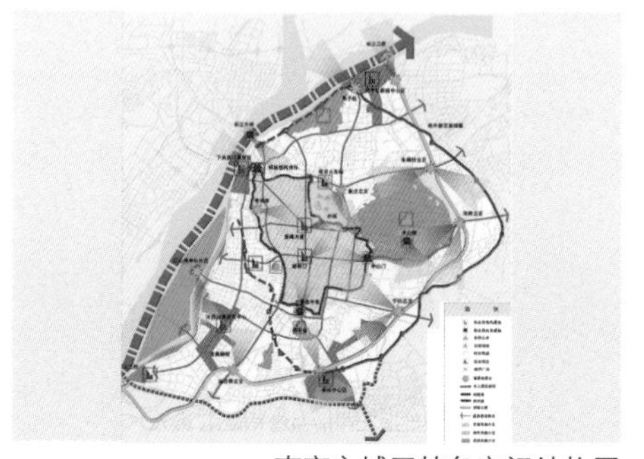

南京主城区特色空间结构图

历史与当代交融的人文绿都南京

无锡——“重湖叠巘半城景，锡惠俯揽运河湾。”

无锡城市风光

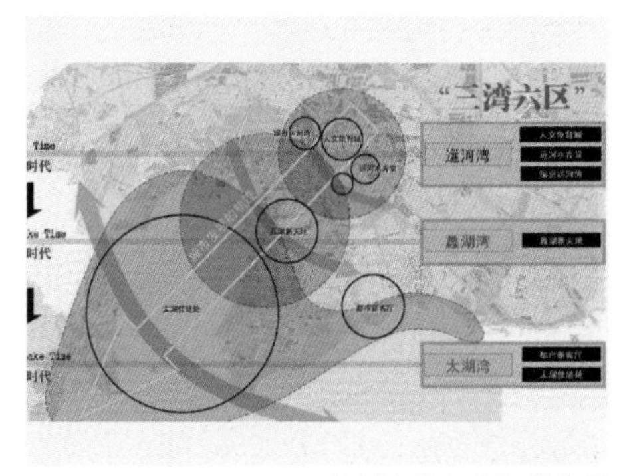

无锡城市特色空间结构图

徐州——“青嶂四周迎面起，黄河千折挟城流。五省通衢枕云龙，荟萃汉韵接楚风。”

徐州城市山水相融

徐州城市特色空间结构图

常州——“东塔西楼南淹城，襟江带湖秀龙城。”

常州天宁寺—红梅公园全景

常州城市特色空间结构图

苏州——“江南园林，城中园；五楔山水，园中城。东方水城，老苏州；双面刺绣，新天堂。”

苏州古城

苏州工业园区

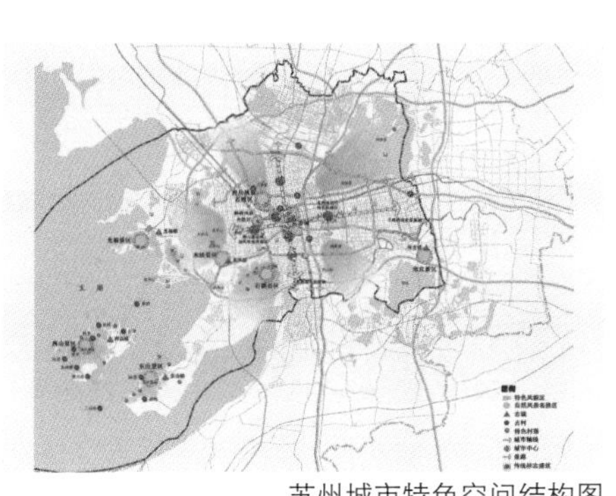

苏州城市特色空间结构图

南通——“南望狼山，五峰拱北，濠河坐拥近代名城；通津九脉，三水环抱，桥港联动江海门户。”

南通濠河风光

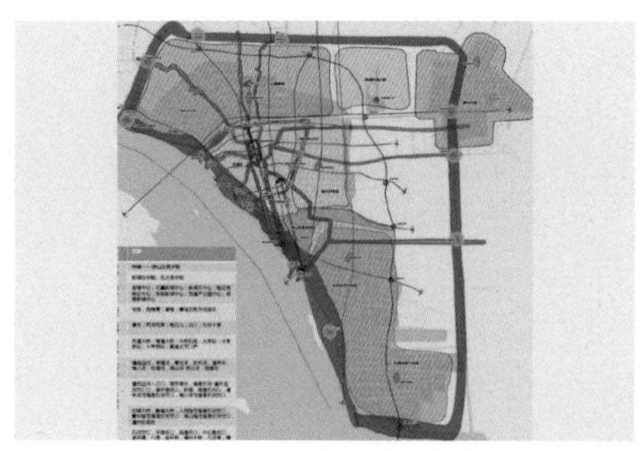

南通城市特色空间结构图

连云港——“山迎海上城，城拥东方港；山海空灵越三城，港城同辉飞两翼。”

连云港城市山水相融

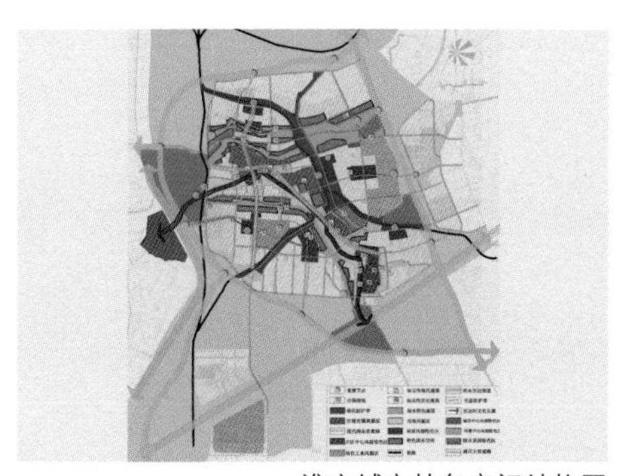

连云港城市特色空间结构图

淮安——“南北漕运之都，绿水生态名城。四水穿城通海湖，双核三城融南北。”

淮安城市风光

淮安城市特色空间结构图

盐城——“水清绕瓢城，绿溢鹤鹿腾。盐渎千年传，城拓沐海风。”

盐城滨河风光

盐城城市特色空间结构图

扬州——四水通江淮，一河绕广陵。文昌连古今，冈林楔绿城。

扬州历史城区

扬州瘦西湖景区周边

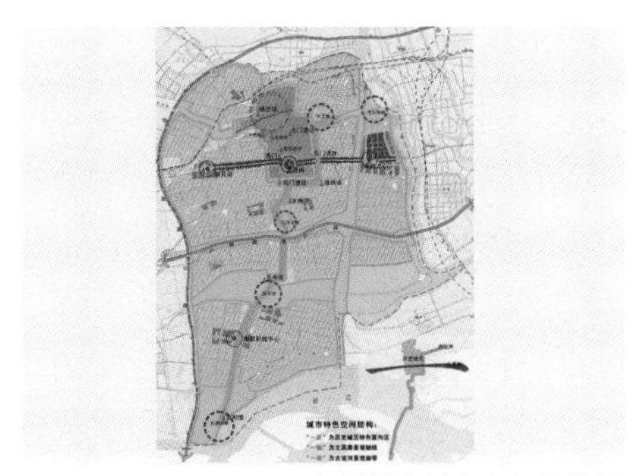
扬州城市特色空间结构图

镇江——“三山鼎立俯江城，山水连城入画来”

镇江金山秀色

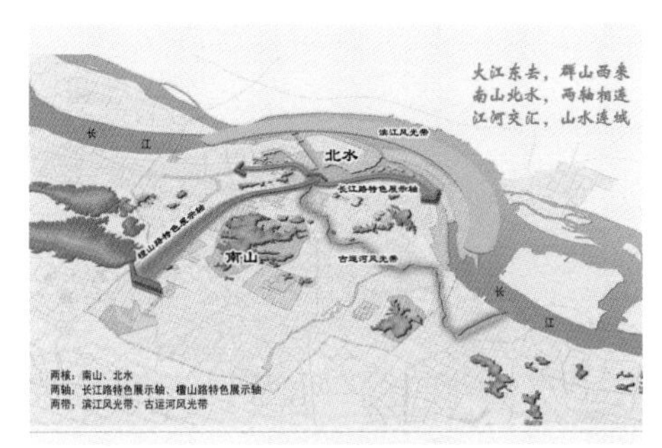

镇江城市特色空间结构图

泰州——“文化之城，临江水城，宜居名城，休闲之都。”

泰州城河景色

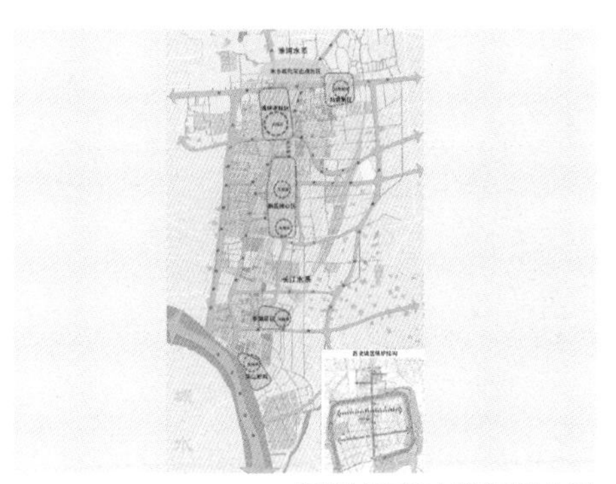
泰州城市特色空间结构图

宿迁——“酒都花乡生态园，河清湖秀水韵城。”

宿迁城水相依的空间格局

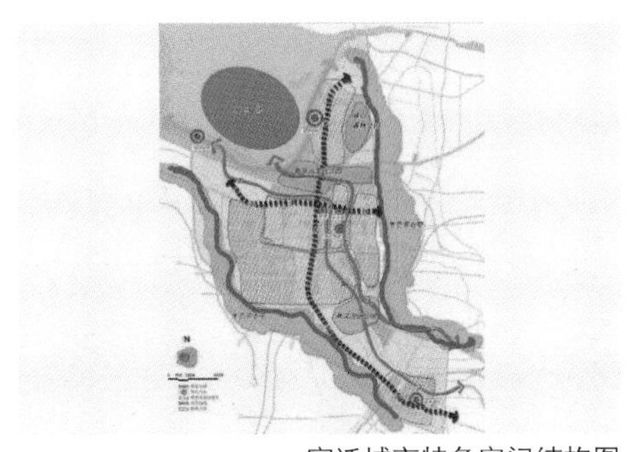
宿迁城市特色空间结构图

撰写：施嘉泓、黄毅翎 / 编辑：于　春 / 审核：张　鑑

从“半城煤灰一城土”到“一城青山半城湖”——徐州实践

From “A City Covered by Coal Ash and Clay” to “A City Surrounded by Green Mountains and Clear Lake” - Practices in Xuzhou

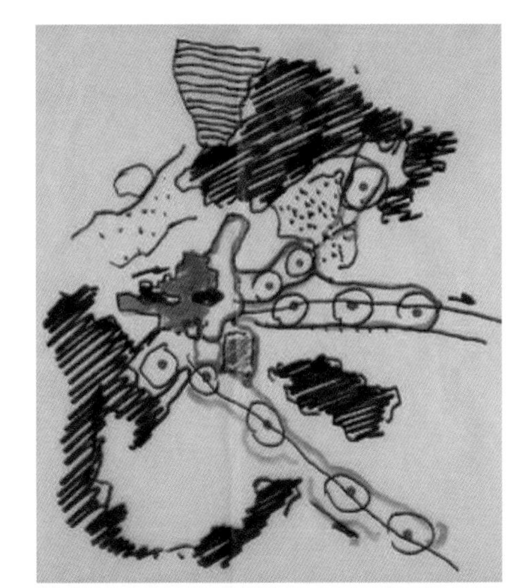

吴良镛院士手绘徐州山水格局图

案例要点：

徐州依山带水，岗岭四合，山水空间格局富有特色。同时徐州是著名的“百年煤城”，持续了 130 多年的煤炭开采，遗留下面广量大的塌陷地和宕口，仅城市规划区范围内就有石质荒山 8300hm^2，采煤塌陷地 16000hm^2。近年来，伴随资源型城市的转型，徐州大力开展废弃矿生态修复，着力完善生态系统、优化绿地布局、提升人居环境、塑造城市山水特色。经过持续努力，在改善和提升城市人居环境的同时，营造了大尺度山水景观和开敞空间，让城市与自然山水有机融合、人与自然和谐共生，城市实现了从“一城煤灰半城土”到“一城青山半城湖”的美丽蝶变和绿色转型。徐州于 2016 年荣膺首批“国家生态园林城市”，且综合排名位列首批 7 个城市之首。

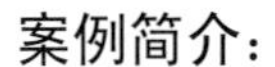

案例简介：

注重生态修复，做足山水文章

先后制定《城市湿地资源保护规划》、《采煤塌陷地综合治理规划》等专项规划，分类制定采煤塌陷地、矿山宕口、荒山等废弃地的转换和修复方案。依托徐州周边七十八座环绕围合城市的山丘，通过实施显山露水、退渔还湖、扩湖增水、湿地修复、宕口治理、荒山绿化等典型项目，并结合大运河、故黄河、奎河等河流，打造出 “一脉入城、二河穿流、两湖映城、三山楔入、城镇聚集，地景开阔” 的区域山水大地景观格局。先后对九里湖、潘安湖等市区内 6432hm^2 的采煤塌陷地实施生态修复，建成湿地公园，使各类塌陷区转身为生态涵养区。因地制宜推进露采矿山生态恢复和景观建设，先后对东珠山、龟山、九里山等 42 处 253hm^2 采石宕口实施修复，变城市“疮疤”为景观亮点。

由洼地改造的云龙湖小南湖

潘安湖采煤塌陷地通过生态修复变身为湿地公园

采石宕口西珠山改造前后

健全绿地系统，改善环境质量

为改善城市小气候环境，编制了《徐州市城市清风廊道规划》，通过设置自然保护区、生态控制区等措施打造生态绿色走廊，形成“两湖、两轴、三区、四楔、六山、八水”的联系城市内外的生态绿地框架，为城市打开通风口，改善城市空气环境质量。同时，以古黄河等城市水系为依托，打造带状滨水公园；结合城市棚户区改造等旧城更新工程项目实施，建设点状公园绿地；明确规定老城区内已收储的10亩以下的地块应以公园和绿地建设为主，致力构建点、线、面、环相结合的城市绿地系统。

九龙湖公园原为棚户区，改造扩建后成为面积达16万m^2的九龙湖公园

彰显空间特色，促进宜居宜业

2010年以来，徐州市仅老城区就实施了百余项城市空间品质提升工程，总投资约50亿元，建成了总面积约693hm^2的城市开放空间。目前，主城区内2hm^2以上的大型公园和广场约30个、5000m^2以上的公园绿地共177个，且全部免费向市民敞开，基本实现了“行居处处有绿地、推窗户户见花园、走出街区进公园”的“让公园融入城市、让市民融入花园”的目标。通过多年的持续努力，曾经“半城煤灰一城土”的环境面貌状况彻底改观，云龙山—泉山、珠山—大横山、拖龙山、子房山—大山、九里山—琵琶山等山系如青龙卧波，丁万河、荆马河、徐运新河、故黄河、玉带河、楚河、奎河、房亭河似水袖长舞，云龙湖、大龙湖、九里湖、玉潭湖、金龙湖、潘安湖、吕梁湖等湖泊宛若明珠落地，“一城青山半城湖”的山水特色得到凸显。

“一城青山半城湖”

各方声音：

我毕生追求的就是要让全社会有良好的与自然相和谐的人居环境，让人们诗意般、画意般地栖居在大地上。徐州利用“群山环抱、一湖映城”的山水格局，打造人与自然和谐相融的人居新城。

——国家最高科技奖获得者、两院院士 吴良镛

这些年来徐州的面貌确实变化很大，虽说曾是老工业基地，但是有这样的山水环境确实难得。绿水青山就是金山银山，我们现在出门步行几百米就能到达一处绿地公园，平时健健身呼吸呼吸新鲜空气，感受下家乡独特的山水美，很满足，很幸福。 ——徐州市民 赵女士

徐州市大力再造生态、深入修复生态、严格保护生态，致力把生态弱点改造成城市亮点，变历史包袱为发展优势，努力还原徐州山水相依自然风貌，彰显徐州绿色宜居城市特质。——《人民日报》

撰写：施嘉泓、杨红平 / 编辑：于 春 / 审核：张 鑑

“青山入城、溪水穿廊”的景观再现
——苏州常熟市山水文化特色的重塑

“Mountains in City and Rivers Running Through Corridors”
-Representation of Charactieristic Landscape in Changshu, Suzhou

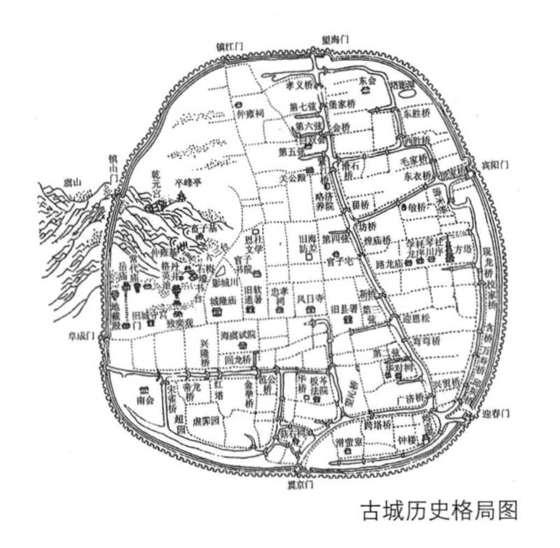

古城历史格局图

案例要点：

城市的自然山水和历史文化是不可复制的特色资源。常熟拥有 3000 年文明史和 1700 年建城史，具有“山、水、城”融为一体的独特城市空间格局，明代诗人沈玄曾诗云“七溪流水皆通海，十里青山半入城”。但随着城市的快速发展，“十里青山”逐渐被杂乱无章的建筑所遮挡，“七溪流水”逐渐消失或面临水质恶化、水环境污染等问题，城市的山水特色逐渐被湮没。为保护和延续古城山水格局，重塑城市特色风貌，常熟通过实施虞山“亮山”工程，再现了青山入城、城在山中的意境；通过河道清水活水、整治修复尚湖、建设环城通廊步道，努力再现了“青山入城、溪水穿廊”的独特城市风貌，在当代城市建设中发展和延续了山水空间特色，并将其融入市民生活，诠释了“把城市放在大自然中，把绿水青山保留给城市居民，让居民望得见山，看得见水，记得住乡愁”。常熟因此也先后获得“国家历史文化名城”、“国家园林城市”、“国际花园城市”、“中国人居环境奖”。

案例简介：

再现传统山水意境

常熟现存的历史城区格局主要形成于元代至正年间，虞山南麓一角置于城中，使得古城西倚虞山、尚湖，城外环水，城内水网密布，七条河流横贯古城，称为琴川七弦。为再现“七溪流水皆通海，十里青山半入城”的独特格局，2003 年以来，常熟对虞山实施“亮山工程”，拆迁傍山建筑，恢复山体，修复植被，营造景观。同时，打开虞山入城处的空间，在虞山东麓建设石梅广场，拆除阻挡山林视线的建筑，种花草、引小径、补亭台，将修复整治后的山景显露于城市之中，再现了“十里青山半入城”的意境，也成为市民共享的公共开放空间。同时，保护历史城区范围内的弦河、琴川河、护城河，实施“琴川河风貌保护片区工程”，对现存的琴川河、六弦河、七弦河进行河道保护和水体清理，恢复粉墙黛瓦的临水建筑形式。通过山水环境的整治和山水空间的渗透，使古城“青山入城、溪水穿廊，民居枕河、小桥依街”的城市风貌逐步得到恢复再现。

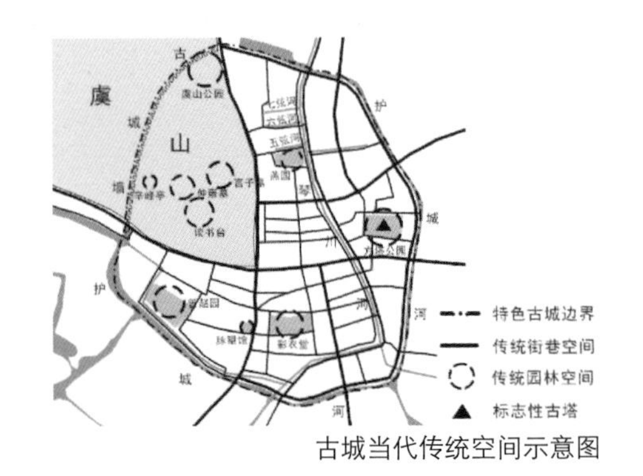

古城当代传统空间示意图

亮山工程实施前后对比

修复整治后的琴川河

延续城市山水格局

在各层次规划中明确空间格局的要求。在城市总规、城市空间发展战略规划等层面，明确对城市风貌特色的继承与发展，充分利用水系、山林等自然要素，构建“一山入城、绿扇润城、山湖映城、七溪绕城”的城市山水格局。对尚湖实施退田还湖和生态修复，通过多年的持续实施，先后建成环湖路、穿湖堤、荷香洲公园等景点，尚湖成为集生态、景观、休闲等为一体的公园，与虞山形成山水相依的山水构图。严格控制古城内建筑体量及高度，严格控制视线通廊，保持整个历史城区平缓的天际轮廓线。实施清水活水工程，有计划地逐步恢复弦河，打通琴川河南北部的断头河，使之与护城河连通，逐渐再现“一琴七弦”的独特景观。建设沿护城河的环城通廊慢行步道，加强水与城、与山的联系，凸显“山、水、城”一体的空间景观特色。

修复整治后的虞山、尚湖山水相依

城市山水格局规划图

山水空间融入市民生活

通过精心规划和人性化环境设计，注重自然山水、路、桥、广场、园林、绿地、历史遗存、当代文化景观等要素的串联整合，修筑虞山登山道、环山环湖慢行道，设置可供市民休闲观景的场所。在沿虞山的北门大街、书院街先后建设博物馆、图书馆、美术馆等标志性景观节点，在琴川河沿线打造滨水公共空间，加强沿线文化景观和休憩空间的布置。将自然、历史、文化等特色资源组织并融入环山滨水的公共活动体系当中，使城市发展、市民生活与山水保护、历史延续相协调，形成山水相拥、富有历史内涵和时代文化活力的城市特色空间。

观山望水的人行栈道

环城河与慢行步道

各方声音：

对于城市建设的布局艺术，……江苏常熟属于无数小城镇中的佼佼者。虞山平地崛起，南有尚湖。有诗题为：“七溪流水皆通海，十里青山半入城”，很形象地说明了城市的特色。

——国家最高科学技术奖获得者、两院院士 吴良镛

撰写：于 春 / 编辑：赵庆红 / 审校：张 鑑

苏州环古城风貌保护提升与健身步道建设

Landscape Improvement and Green Way Construction Surround Suzhou Historical District

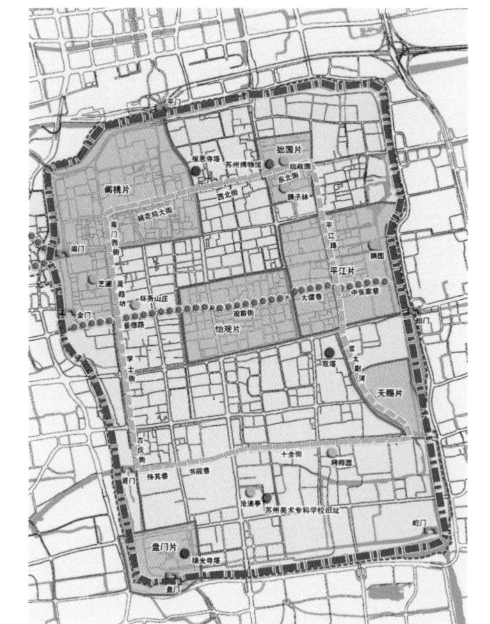

苏州历史城区保护结构图

案例要点：

在中国传统城市中城墙、城河是城市重要的边界，随着城市的发展变化，今天城墙和城河已经成为承载历史、文化和景观特色的重要纽带。苏州在经济高速发展的背景下，高度重视古城保护，注重历史遗产和特色资源的挖掘利用，通过实施环古城风貌保护与健身步道建设，构建了集“历史文化、绿色生态、运动健身、休闲旅游”为一体的特色景观带，提升了环古城河沿线空间品质，满足了市民公共休闲和人文体验，被苏州市民评为“2015 年苏州十大民心工程”之首。

案例简介：

彰显历史文化特色

以水为脉、以文为魂，是苏州作为“东方水城”的保护主题。环古城风貌保护带集中体现了这些特征，串联了苏州环古城沿线盘门、胥门等 6 座城门；平江、山塘、阊门等 3 个历史街区；吴门桥、万年桥等众多古桥梁；盘门景区、东园等 7 个古城内主要公园；胥门段、娄门段等 8 段城墙及苏州大学等多处人文景点。通过保护外城河水系；保护城墙遗址、整治修复部分城墙；以清代盛世风貌为基本依据，合理恢复各类文化休闲设施，增强了历史文化遗存的保护和利用，实现了苏州古城文脉的传承和发扬。

满足市民生活需求

为满足苏州市民日益增长的运动健身需求，打造高标准、高质量的民心工程。健身步道工程通过架设 8 座栈桥、新建 5 段步道、打通 3 座桥梁，形成了全长 15.5km、全程贯通、独特的城市慢行系统。贯彻以人为本的理念，以便捷市民使用为根本目标，全线共设置 27 个休憩点，34 个避雨点，22 座公共厕所，170 个救生点，30 个警示标牌，保证市民使用的方便性、舒适性和安全性。让市民在健身锻炼的同时，领略苏州传统文化，全面提升苏州古城品位，是市民最为喜爱的户外活动场所。

环古城绿道

沿古城河丰富的历史文化资源

提升生态景观品质

贯彻落实绿色发展理念，以环古城河及环古城绿化带为依托，打造古城“绿色项链”。项目以环城水系为纽带，对古城内外水道进行了疏通，理顺了“三横三纵加一环”的古城河道水系。在外城河开敞水面和河道交汇处分别形成了五龙汇阊、夏驾湖、胥汇入水三个重要水景节点，强化了古城水韵的空间意向。同时，通过“自流活水”工程大幅度改善古城河道水质。项目新增及改造提升了 66hm^2 滨河绿地，通过绿化、小品、建筑等景观元素的协调来凸显各段的主题景观，并以海绵城市建设为指导，实践探索盘门段、南门段透水道路的建设以及平门城墙段落的雨水处理，有效地改善了古城的生态环境。

环古城河绿道

水上游码头

环古城绿道规划总平面图

绿道健身设施

市民乐享的公共空间

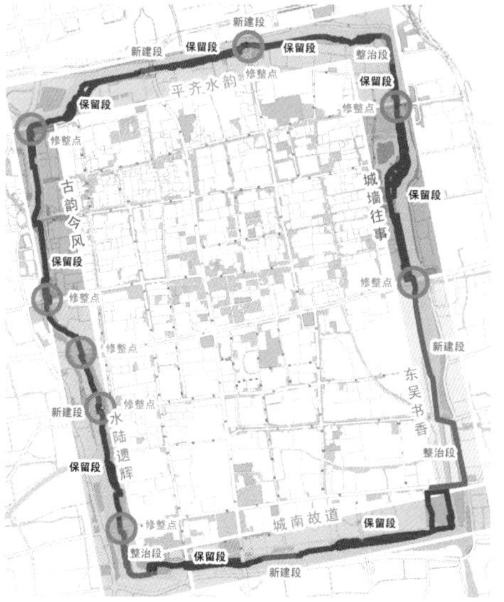

环古城绿道分段规划图

丰富休闲旅游体验

项目利用环古城河风貌带的历史人文资源，重点形成 11 个景观段落，48 个景观节点。通过衔接沿线 8 个码头、整合古城内外水上游线路，为游客提供独具苏州特色的水上游服务。建设阊门旅游集散中心及 18 个服务点，设置 38 个导视牌，提升旅游服务品质。同时，以可达性为原则，充分利用现有的 8 处停车设施，做好与周边 30 个普通公交站、5 个轨道交通站点的有效衔接，并结合系统入口布置 26 处自行车停车空间。环古城河风貌带现已成为广大游客喜爱的观光休闲地。

各方声音：

真美！环古城风貌保护是一项伟大的工程！这项工程做了以后，苏州的面貌大大改变，你们真正为人民做了一件大好事！ ——世界著名建筑大师 贝聿铭

整个环古城步道将苏州众多景点串联起来，每一路段被命名为不同的名字：平齐水韵、古韵今风、水陆遗辉、东吴书香、城南故道、城墙往事……单看这些名字，就很江南，很苏州。 ——网友“超人明视”

一面是河、一面是城墙，很好的。修这样一个健身步道应该点个赞。 ——苏州市民

环古城风貌保护工程是一项大造景工程，沿河两侧修建了驳岸，布置了许多绿地、小径、雕塑、牌楼、木栈道、园林小品、观水平台等。漫步环古城河，好似一个花园连着一个花园，美不胜收。千年古城，一下子显得年轻亮丽了许多。 ——《新华日报》

撰写：于 春 / 编辑：赵庆红 / 审核：张 鑑

泰州“双水绕城”工程实践

"A City Embraced by Two Rivers"——Urban Construction Practice in Taizhou

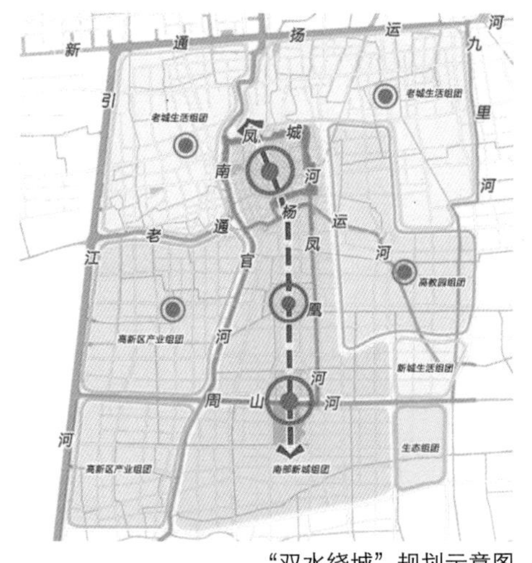

“双水绕城”规划示意图

案例要点：

水是泰州城的特色，也是泰州重要的自然资源。泰州市结合城市的建设和发展，以北凤城河为内环，实施品质提升工程；以围合周山河、南官河、凤凰河为重点，推进南凤城河生态景观工程，打造“内环抱古城、外环护新城”的亲水空间，将城市老城、新城联为一体，在拓展城市发展空间的同时，更为市民提供了游乐、休憩和深呼吸的空间，再现古泰州“双水绕城”的水生态景观。

案例简介：

立足泰州“康泰之州、富泰之州、祥泰之州”的整体形象定位和“泰州太美、顺风顺水”的城市品牌，结合城市水系特点，畅通城市内环、外环水系，均衡布局景观景点和功能设施，完善和提升河道绿化景观。近三年，泰州市投资 26 亿元人民币，在实施以北凤城河为内环的品质提升工程的基础上，协同推进外环景观工程建设。实现“六个起来”和“三个提升”：

“绿起来、连起来”。实施沿线区域的绿化工程，着力构建“双水绕城”水生态景观体系的基本框架；加快沿线慢行绿道、游憩步道的拓宽与连通，完成以西南城河景观绿化带和凤城河东、西两岸为重点的污水管网改造。

西南城河一角

“环起来、亮起来”。完成河道交汇处的慢行桥建设，改造沿线桥梁，全面贯通滨水空间；实施夜景照明，为沿线的绿化景观添姿增彩。

“游起来、活起来”。在“双水绕城”水生态景观空间建成的基础上，完善沿线城市功能配套，形成“人可达、船可通、车可行”的“双水绕城”交通体系，让市民与游客可进、可观、可游。

提升城市品位，打造水城特色

畅通凤城河，改善水系水质；建设周山河、南官河、凤凰河景观工程，实现连片、贯通的目标，打造城市两条璀璨的“珍珠项链”，推进泰州“特色水城”建设。

提升城市功能，彰显文化底蕴

在保护老城历史文化的同时，建设新城“一个窗口、两条主线”文化主题，即：南凤城河——城纪之窗，南官河名仕——产业线、凤凰河文教—民俗线；设计城纪之窗、塔影凤鸣、上官古渡、飞虹对月、乐塔喧波等 13 个景观节点。

提升生态景观，突出以人为本

梳理沿河景观，实施改造提升，透绿、透水，见绿又见水，临水又亲水；建设健身步道 18.2 公里，新增自行车绿道 15.4 公里，新建亲水游园 30 个、亲水平台 54 个；配套建设游船码头、集散广场和休息区，提供怡人的活动休息空间。

凤城河夜景

天水一色的凤城河

改造后的凤城河成为市民休闲的好去处

周山河景观提升工程—天德湖全景

各方声音：

“双水绕城”工程，从古到今、南北呼应，以水为源、内外相连，将加速新城老城的有机相融，尤其是景观带、功能段等布点建设，可串点连线成面，将“双水”空间建成市民、游客可观可游的生态景观空间，形成彰显“水城泰州”特色的景观风光带。——江苏省城市设计研究院规划设计总监　相秉军

“双水绕城”是一个充满诗意的画面，两条美丽的河流，呈回字形绕着城市，是何等的令人向往！老城河绕着老城区，北城河、凤凰河、周山河、南官河绕着老城和新城。两道环城河呈“回形针”状拥抱着泰州：碧波荡漾，沙鸥翔集；岸芷汀兰，郁郁青青；朝晖夕阴，气象万千；长烟一空，皓月千里。斯为双水绕城之大观！

——网民

来泰州旅游，要赏尽夜色之美，“夜游凤城河”是不可或缺的。泛舟千年凤城河，让人仿佛缓缓走进这条城河迤逦的梦境中，看到了她过往千年的记忆。

——《新华日报》

撰写：施嘉泓、王兴海 / 编辑：赵庆红 / 审核：张 鑑

绿色公共开放空间体系建设
——扬州惠民公园体系

Construction of the Green Public Space System
-Public Benefiting Park System of Yangzhou

案例要点：

随处皆有绿色开放的公共空间

随着城市的发展和生活品质的提高，市民对绿色开放空间的需求日益增加。扬州通过规划构建多层次的公园绿地体系，完善公园绿地的功能设施，提升公园绿地的均衡性和可进入性，加强绿道和慢行系统对各类公共空间的连接贯通，串联整合公共开放空间，形成便民惠民的城市绿色公共开放空间网络。公园体系的建设，实现了市民开车10-15分钟可达市级公园，骑车10-15分钟可达区级公园，步行5-10分钟可达社区公园或滨河带状公园，大、中、小合理搭配的公园体系格局初步呈现。如今扬州市民不仅可以出门见绿，更可以出门见园，在绿树环绕中休闲健身，乐享绿色开放的公共空间。扬州“绿杨城郭”的人居环境特色进一步彰显，城市功能品质进一步提升。

案例简介：

规划建设多层次城市公园体系

开展城市公园体系专项规划，构建市级公园、区级公园、社区公园、郊野公园和专类公园大中小合理搭配的公园体系。结合城市生态廊道保护，建设服务全市域、总面积达10.7km^2的廖家沟中央公园；结合新区建设和旧城更新，建设以三湾公园为代表的一批区级公园；结合体育休闲，建设宋夹城体育休闲公园、蜀冈体育休闲公园等一批城市公园；结合新建住区项目，重点配套建设50多个5000m^2左右的公园绿地和100多个1000m^2左右的小游园。

宋夹城体育休闲公园

配套完善市民身边的公园功能

优先配置社区公园，居民 500m 范围内即可到达 5000m^2 左右的社区公园或滨河带状公园。整合并完善相关配套设施，社区公园考虑老人和儿童的特殊需求，配置了健身步道、球类等体育运动设施；滨河带状公园参照了社区公园建设标准，增加休憩设施、绿道以及与绿道系统相配套的服务设施，让绿地与休闲健身充分结合，并实行 24 小时免费开放。不同规模、各种功能的社区便民公园，满足了居民亲近自然、游憩健身、绿色出行的需要，提升了市民生活品质，赢得老百姓纷纷点赞。

随处皆有绿色开放的公共空间

市民和游客在公园中乐享绿色生活

串联整合绿色公共开放空间

在建设各级各类城市公园、郊野公园、湿地公园、特色滨水空间的基础上，通过城市绿道和慢行系统有机串联城市公园绿地、休闲空间、开放空间和文化、健身场所，形成贯穿古城河、古运河、瘦西湖、平山堂、东关街、体育中心、文化中心和市民广场，构建类型丰富、功能多样、融合自然资源、历史资源和特色要素的城市绿色开放空间体系。既提升了城市的宜居、游憩功能，又彰显了扬州历史文化名城的城市风貌特色。

城市绿色开放空间

日益改善的生态环境

各方声音：

扬州将生态与文化进行了深度融合，形成了新的城市特色，使得每个生活在这座城市里的人每天都受到生态和文化的熏染，让每个来扬州游玩的外来者都感受到强烈的生态人文气息，这就是扬州独有的魅力。

——南京大学校长 陈骏

给老百姓建公园，让大家有个休闲的好去处。政府这事做得好、做得棒！现在公园建好了，每天傍晚不用待在家里看电视了。

——扬州市民 韩粉红

如今的扬州，道路河湖林网成线成片，宛如一个个“绿色氧吧”；城市建成区新建了众多绿化广场、小游园，市民出行 300-500m 就有休闲绿地，数量和质量在全省地级市中均位居第一。休闲绿地对外开放、单位绿地拆墙透绿，绿色已成为扬州的特色品质、城市标志，成为扬州人的生态福利。

——《扬州日报》

撰写：朱东风、单干兴、王泳汀
编辑：于 春 / 审核：刘大威

从开放公园到大众乐园
——常州实践
From Open Park to Pubic Amusement Park
- Practices in Changzhou

市民在公园中游憩赏玩

案例要点：

公园绿地是市民重要的生活空间，是繁忙都市生活的重要平衡物。推进城市公园免费开放，既是改善民生、服务民生的重要内容，也体现了公园绿地作为城市重要公共产品的职能回归。常州市从 2002 年起，率先在全国推进公园免费开放，并在全国率先实现政府投资的城市公园全部免费敞开。在具体实践中，坚持“以人为本、生态优化、文化内涵、效益共赢”的理念，创新公园建设提升和管理运行模式，促进公园生态效益、社会效益、经济效益的同步提高。公园在实现免费为市民开放的同时，其功能品质得到较大提升，丰富了市民生活，推动了配套设施不断完善，增加了城市的旅游吸引力。目前，常州全市共免费开放 79 座城市公园，总面积达 1365hm^2，不仅惠及 233 万市民，每年还吸引了 1000 多万省内外游客，获得了社会的广泛赞誉，并因此获得“中国人居环境范例奖”。

青枫公园

案例简介：

全民共享，全面实施城市公园免费开放

在先期免费开放人民公园、兰园，得到社会各界和广大市民一致好评的基础上，持续加大敞园改造建设力度，相继完成红梅公园、荆川公园等全国重点公园，古典园林东坡公园，以及省级文保单位圩墩遗址公园的敞园改造提升工程，推进全市政府投资的城市公园全部免费开放和改造提升。如今的红梅公园、人民公园等老公园旧貌换新颜，青枫公园、丁塘河湿地公园等一批综合性公园和东方广场、青山广场等一大批街旁公园绿地陆续建成，开设公园数量从 20 世纪 90 年代末的不到 10 座发展到现在的 70 余座，实现了“还绿于民、市民公园、市民享受”的目标。

品质优先，创新公园管理养护模式

全面推行“二级政府、三级管理、四级网络”新模式，形成市、区、街道齐抓共管的新体制，实行市场化招标养护新机制，纳入城市长效综合管理。按照“做精本专业，外包非专业”的思路，引入市场运作机制，开展冠名、展示等特许经营活动。坚持“以人为本，为民服务”的管理理念，高标准、全方位加强和提高公园管理水平。

玫瑰婚典（紫荆公园）

彰显特色，开展“一园一花”花事活动

伴随公园的敞开和改造提升，从2008年起，对全市重点公园进行统筹规划，根据公园特色策划花事活动，着力打造“一园一花”特色品牌。形成红梅公园梅花节（2月）、圩墩遗址公园桃花花会（3月）、荆川公园海棠花会（4月）、东坡公园牡丹花展（4月）、紫荆公园市花月季花展（5月）、人民公园绣球花展（6月）、荷园荷花节（7月）、西林公园桂花节（9月）、青枫公园菊花节（10月）等九大“常州市民赏花月历”系列活动，各花节以花为媒，组织花事活动，普及花卉花艺知识，传播风景园林艺术之美，提升百姓的审美情趣。红梅公园荣获“国家重点公园”和“江苏最美春季赏花地”，紫荆公园被世界月季协会评为“世界月季名园”和“江苏最美月季专类园”，“常州市民赏花月历”系列园事花事活动获“常州市为民服务优质品牌”。

荷园荷花节

红梅公园梅花节

各方声音：

常州的公园敞开建设管理取得了重大发展，特别是公园绿地建设为老百姓休闲娱乐作出了很大贡献。

——国家园林城市复查工作专家组

外地公园很多也很漂亮，但像我们常州这么漂亮还免费的可能并不多。常州公园免费开放，给市民带来的不仅是少了几块钱的门票，而是一种生活习惯和生活态度的改变，能更好地享受这座城市的生活。

——常州市民 张友忠

全国宜居城市常州排第四 73座免费公园让市民受益 ——中国文明网

常州公园免费敞开面向市民 人与自然和谐统一 ——国际在线

撰写：朱东风、单干兴、何培根
编辑：于　春 / 审核：刘大威

东台东进公园植物景观

盐碱地上的园林城市建设——盐城实践

Garden City Construction on Saline Land-Practice in Yancheng

大丰港路土壤改良前

大丰港路土壤改良后的绿化景观

案例要点：

盐城位于苏北沿海中部，主要土壤类型为海积冲积母质的灰潮土（即盐碱地），土壤肥力和微量元素严重缺乏，透水透气性差，绿化植物生长条件恶劣。针对现状条件，2006年以来，盐城经过探索和实践，因地制宜，因势利导，科学排盐降碱，推进土壤改良，加强土肥管理，大力推广乡土和耐盐植物应用，以较低投入实现了生态、景观、社会等方面的综合效益，促进了盐碱地园林绿化的可持续发展，为沿海盐碱地和高水位地区园林绿化的发展探索出了一条可借鉴的新路。几年间，盐城、东台、大丰相继跨入国家园林城市行列。

案例简介：

排盐降碱＋科学施肥，综合改善土壤条件

通过微地形改造，在绿化带设置石硝淋水层和渣石淋水盲沟，与市政排水管网联通，利用天然降雨迅速将土壤盐分排出，同时有效阻隔地下盐水的反盐侵蚀，避免土壤再次盐渍化。土壤脱盐后，在表层施加酸性改良剂，与土壤进行均匀掺拌，将土壤PH值控制在7.5以下。针对土壤条件先天不足的实际问题，在砂质土中掺拌粉碎秸秆、泥炭土和农家肥，改变土壤的化学物理性状，疏松板结土壤，加大水气渗透能力。在园林绿化日常养护中，遵循“科学、高效、生态”的理念，以缓释肥为主、速效肥为辅，逐年提升土壤肥力， 进一步保持PH值稳定。市区大丰港路通过以上措施的土壤综合改良，植物长势良好，成活率达98%以上，大幅减少植物补植量，节约建设养护成本的同时取得了良好的景观效果。

盐渎公园实施土壤改良后植物生长状况发生明显改善

耐盐树种＋适生植物，营造地域特色园林绿化景观

盐城市园林科研所与南京中山植物园合作建立“耐盐碱植物研究中心”，大丰专门成立盐碱地植物研究所，并在林海森林公园建设耐盐植物园，广泛收集、培育和推广耐盐植物，适合本地生长的园林绿化植物品种不断丰富。东台从最初的以刺槐、水杉、女贞等为主体的 10 多个品种，发展到如今以银杏、国槐、枇杷、海棠、紫薇、垂柳等近百种乡土适生树种。同时坚持“适地适树”原则，在城市园林绿化建设中大量选用适应本地生长的乡土植物和耐盐植物，形成独具盐城地域特色的景观效果。

耐盐碱植物培育

东台海陵北路林荫路

盐渎公园耐盐碱乡土植物群落

引种驯化＋树种培育，为城市园林绿化提供适生苗木

开展乡土适生植物耐盐碱性的筛选及引种驯化。东台从上世纪中叶开始，在沿海滩涂大力开展植树造林，建成了近 5 万亩的黄海森林公园。2005 年以来，东台凭借临海基地资源，与科研院所合作开展海边耐盐、耐湿、彩叶树种的过渡性引种驯化，培育出大量耐盐碱全冠大苗，为城市园林绿化提供适生苗木。目前，中心城区公园绿地中使用的沿海适生乡土大苗就达 14 万多株，城市新栽乔木的 70% 来自于沿海苗木基地。就近移植、质优价廉的苗木品种令城市园林绿化生机盎然。

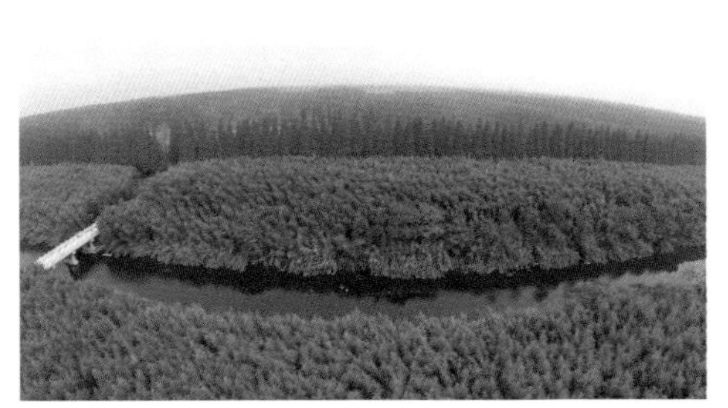

东台黄海公园苗木驯化基地

东台沿海大苗反哺城市绿化

各方声音：

盐城盐渎公园中大量选用女贞、银杏、苦楝、栾树、国槐、重阳木等本地乡土植物近 50 余种，形成盐城市城市园林绿化浓郁的地缘性植物景观特色。 ——东南大学教授 成玉宁

盐碱地绿化给我们市民带来很多好处，绿树越来越多了，公园越变越美了。现在每到春天我都会去盐渎公园赏梅、赏玉兰，这些花品种各异，粉的、红的、白的、紫的，姹紫嫣红，非常美丽，很多市民像我一样慕名到这里赏梅、赏玉兰。 ——盐城市民

盐城盐碱地、高水位且平原绿化资源不足。2006 年起，盐城依托湿地的自然风貌和海盐文化底蕴，在水、绿结合上，通过因地制宜，培育和推广耐盐碱植物、耐水湿地植物及水生植物，做足创建国家园林城市的文章。 ——《新华日报》

撰写：朱东风、张　勤、赵青宇
编辑：于　春 / 审核：刘大威

盐碱地的多样化绿化和生态修复
——连云港实践

Diversified Saline Land Greening and Ecological Restoration
-Practice in Lianyungang

案例要点：

江苏有较长的海岸线，并因河流泥沙淤积，使滨海地区岸线不断向海上延伸，盐碱地的面积逐年增加。连云港市沿海有 700km^2 的盐田和 480km^2 的滩涂，近年来，随着东部沿海区域大量滩涂通过围海吹填的方式变为城市用地，城市新建成区 80% 区域为盐碱土质。在盐碱地上进行绿化并通过绿化改善盐碱地生态成为沿海城市亟需应对的难题。经过多年的科研攻关和实践探索，连云港逐步形成了多种应对盐碱地绿化与生态修复的综合治理技术并推广应用，使昔日草木凋零的盐碱地重披绿装。2010 年至今，全市推广、应用盐碱地生态修复技术，对盐碱地土壤、水体和植被进行系统性生态修复，新建改建了 8 个公园、30 多条道路、5 条河道绿化，共计 900 万 m^2 绿地，整体提升了城市园林绿化建设水平，有效改善了城市生态环境。昔日的盐碱地成为了全国盐土生态园林绿化建设的先导示范区。2015 年连云港跨入国家园林城市行列。

案例简介：

问题导向，科研攻关

针对盐碱地绿化的常见问题和难题，专题开展“江苏沿海地区盐碱地绿化与生态环境修复技术应用研究”，监测并研究盐碱地区域范围土壤可溶性总盐、PH 值、地下水位和土壤理化特征等季节性变化规律。研究科学、经济、可行的盐碱地隔盐、排盐、降碱和防止土方二次盐渍化技术措施，以及盐碱地绿化苗木栽植、修剪管养和病虫害防治技术，为土壤改良和绿化种植提供技术支撑。

盐碱地改善后的绿化景观

试点先行，推广应用

通过在重盐碱地带进行试点，对照不同排盐降碱方案实施效果，观测水体生物及苗木的成活率和长势，筛选形成了带状绿地、滨河绿地、公园绿地、行道树绿地的排盐方案和适生苗木品种。在试点基础上编制了《连云港盐碱地绿化工作苗木选用规范和要求》、《连云港盐碱地绿化工程排盐、土方回填施工规范》等规范性指导文件，在全市推广应用。目前，连云港盐碱地绿化技术措施已相对较为成熟，在江苏沿海地区处于领先地位，并在新区得到有效推广。2010 年至今，全市一共采用此技术新建 300 万 m^2 园林绿化，经济技术开发区盐碱地绿化与生态修复、徐圩新区云湖公园盐碱地绿化、赣榆区和安湖湿地公园、 盐坨西路、花果山大道等项目均取得成功实践。

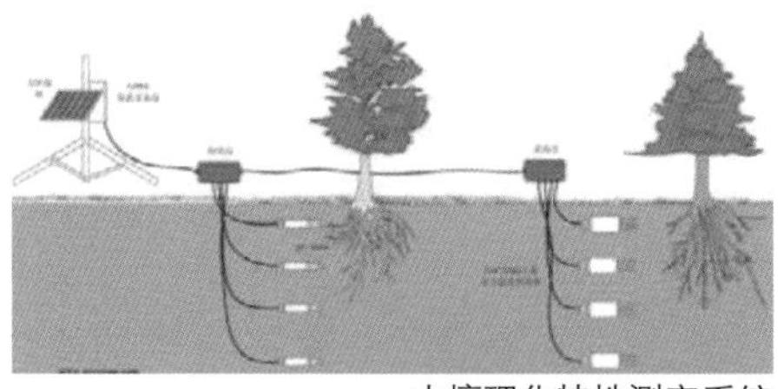
土壤理化特性测定系统

铺设地下排盐层，埋设地下排盐管道

系统修复，成效显著

土壤修复。运用铺设地下排盐管道、原土造型、竹笆增强地基承载力、布置盲管盲沟、铺设碎石隔盐层、原土洗盐、客土换填、增施土壤改良肥料等盐碱地绿化集成技术措施，有效降低土壤盐碱性，改善了土壤物理结构，土壤肥力、透水性和保水性大大增强，全市绿地可溶性总盐含量从平均 0.8% 降到 0.3% 以下。

水体修复。通过引入淡水、定期换水、栽植低盐度水生植物、放养鱼类等水体高盐修复措施，初步构建起湿生植物 - 挺水植物 - 沉水植物 - 鱼类等共同构成的水生态系统，有效控制水体含盐量，水生动植物长势良好，水生态系统不断改善，水体中色、嗅、透明度、氨氮等多项指标均达到或超过了国家优良景观用水的水质标准。

植被恢复。选择柽柳、白蜡、石榴、苦楝、无花果等当地耐盐碱树种，加强盐生植物对盐碱土壤的改良作用，突出重盐地区初期土壤植被培植，为后续低度耐碱盐植物演替提供基础。同时通过构建耐盐碱植物的引种 - 驯化 - 扩繁 - 养管一体化模式，有效改善当地土壤状况，提升苗木成活率，不断丰富盐碱地的植物品种和景观。盐碱地绿化面积超过 80% 的连云新区，植被成活率高达 98% 以上。

盐碱地修复后的淡水生态景观

盐碱地修复后的植物景观群落

各方声音：

连云港盐碱地生态修复综合运用多项技术措施，改善了土壤物理结构、降低盐碱性，增强了土壤肥力、透水性和保水性，具备了进行常规种植施工的条件。同时也以具体案例实践了海绵城市“渗、蓄、滞、净、用、排”的核心思想。在江苏沿海地区处于领先地位，具有示范意义和代表性。

——东南大学教授 王晓俊

作为土生土长的当地人，我亲眼目睹了眼前这片绿城的来之不易，从最初的白茫茫的一片盐场到现如今绿意盎然的新城，是几代人的努力，也是科学技术带给我们最大的实惠！ ——连云港市民 林秉南

连云港盐碱地生态修复技术，将有效解决连云港近 200km^2 的盐碱地生态化修复。同时，其修复技术及管理模式可推广应用到江苏整个沿海地区，为江苏沿海大开发增“绿”添“色”。

——新华报业网

撰写：朱东风、张 勤、赵青宇
编辑：于 春 / 审核：刘大威

柳树湾公园自衍花卉景观

淮安城市绿化彩化自然化的实践

Urban Afforesting, Colorizing and Naturalizing Practice in Huaian

案例要点：

宿根、自衍花卉的应用和推广，是生态节约理念在城市园林绿化建设中的重要实践。宿根、自衍花卉等乡土适生植物一般建设养护容易且成本较低，不仅可以改善和提高绿地生态效益，而且景观效果和季相变化丰富。淮安位于江苏北部，地处南北地理分界线位置，园林绿化品种受其气候和土壤条件制约，在色彩性、丰富性上相对苏南地区较为欠缺。近年来，根据当地地理气候条件和城市园林绿化的功能要求，淮安市通过广泛实验和反复实践，研究筛选出不同环境、不同季节的适生植物和最优品种组合，并将其推广应用到相应公园绿地中。通过错季栽种和品种搭配，地带性的春花、秋叶、彩叶、芳香乔灌木以及地被花卉为城市居民营造了丰富多彩的绿色开放空间，呈现出四季有花有景、绿化彩化自然化的城市景观，有效提升了城市品位，形成了独具特色的城市风貌。

自然生态、丰富多彩的城市景观

案例简介：

优选和丰富花卉品种

针对宿根、自衍花卉栽植应用中的植株整齐度不高、夏季易陡长倒伏、花少期短等常见问题，淮安市在播种时间、播种密度、品种搭配等方面进行了大量的研究、试种试验。基于反复研究与试验结果，优选出花期长、色彩艳丽、整齐度高、抗旱性好、花期时序能交替的品种，如金鸡菊、矮化波斯菊、松果菊、黑心菊、翠芦莉、柳叶马鞭草、宿根天人菊、大花飞燕草等品种。从而使淮安市在自衍宿根花卉品种选择上，从开始较单一的几个品种，筛选出适应当地土壤气候条件的花卉种类 30 多个，为全面推广奠定基础。

多品种自衍花卉应用于各类园林绿地

营造自然生态的城市景观

随着宿根、自衍花卉在古黄河滨河绿带中试种成功，淮安开始在公园绿地、道路绿地及城市其他河道绿带等绿色开放空间中规模化推广应用和错季栽种。在古黄河、里运河、盐河、大运河等滨河绿地内播种了金鸡菊、波斯菊、二月兰、黑心菊等自衍花卉，给平静的河流增添了活泼和动感。在道路绿化中逐步摒弃模纹色块的呆板模式，增加自衍花卉，形成生态自然的美丽街景，并与自然丛林、乡村果园、郊野田园等外围环境有机结合，融为一体。在柳树湾、钵池山、楚秀园等公园绿地中创新性地进行自衍花卉轮作，二月兰、油菜花、柳叶马鞭草、宿根天人菊、冰岛虞美人、松果菊、波斯菊等，“你方唱罢我登场”，极大地丰富了公园景观，增强了自然野趣。

发挥绿化彩化的综合效益

通过宿根、自衍花卉的栽植应用，淮安市打造了彩色河流、魅力公园、美丽干道等城市景观。每年在春、秋两季各有一个盛花赏花期，吸引了大量的市民及游客，成为春季踏青、秋季郊游的好去处。观花期间，公园还通过图文展牌及实物展示方式介绍宿根、自衍花卉的相关信息，普及花卉知识，提高市民的审美情趣。同时，宿根、自衍花卉的应用还节约了绿地建设、养护成本，成为生态节约型园林绿化建设的亮点之一，为城市园林绿化的可持续发展注入活力。

美丽干道

彩色河流

魅力公园

各方声音：

这种种植方式符合节约型园林绿化的原则，在对原有生境合理利用的基础上，通过合理布局乡土适生花卉，营建了极具吸引力的田园风光性景观。

——南京林业大学风景园林学院教授 徐大陆

我和老伴工作了大半辈子，现在退休在家，唯一的愿望就是家门口的居住环境能有个大变样。现在终于盼到了，因为翻修的解放西路有花花草草装扮左右，颜色非常好看。

——淮安市民

撰写：朱东风、张　勤 / 编辑：于　春 / 审核：刘大威

园林塑造色彩城市的宿迁实践

Practice of Shaping the Colorful City by Landscape Construction in Suqian

公园、街道、庭院呈现“不同色、不同景”的绿化景观

案例要点：

城市园林绿化是城市环境和生态空间的重要基底，既是保持城市可持续发展的自然系统，也是丰富市民游憩活动的生活系统，还是塑造公共空间特色的艺术系统。近年来，为彰显城市特色、提升城市辨识度，宿迁按照“生态、精致、时尚”的城市建设定位，围绕建设林荫城市、彩色城市和花园城市，通过分区规划营造特色鲜明的园林绿化景观、根据地段类型优化配置树种、打造花田花海特色景观、划定落叶季相观赏区等举措，为城市增色添彩，打造出“不同色、不同景”的城市风貌。城市园林绿化的发展和建设优化了人居环境，见证了宿迁市民的幸福生活，老百姓喜称“开门见公园，生活在花园”。

案例简介：

分区规划，形成特色鲜明的绿化景观

根据中心城市不同片区的区位特点、城市风貌等，对片区的色彩进行定位，因地制宜打造彩色城市景观，形成区域景观各有侧重、不同片区特色鲜明的园林绿化风格。其中核心区强调五彩缤纷、多种色彩复合搭配，绿化配置上以榉树、无患子等冠大荫浓的乔木，搭配樱花、海棠、紫玉兰等开花植物，营造“林荫 + 彩化 + 香化 + 立体绿化”的复合型景观；北部湖滨新区结合山水景观资源丰富、大学城年轻人活力充沛的特点，营造红色系为主、绚丽夺目的彩色景观；南部经济开发区结合工业集中、创新发展的特点，在色彩定位上以黄色系彰显积极向上、激情发展的魅力。

优化选种，根据地段类型配置植被

通过不同树种的选种和配置，营造“不同色、不同景”的绿化景观。在公园绿地中片植三角枫、日本晚樱、水杉、落羽杉等色叶树种，形成彩叶林景观。林荫路以乌桕、三角枫、五角枫、银杏、无患子、枫香、七叶树、榉树、重阳木、法桐、栾树等季相变化丰富的树种作为主打树种，营造彩色林荫道路景观。在住宅小区和庭院中以红枫、紫叶李、黄金槐、金叶榆、柿树、樱花、山麻杆等彩叶小乔、灌木搭配观花、观果类植物，营造色彩丰富的景观。在院墙、围栏、立交设施边广植蔷薇、凌霄等开花攀援植物，形成立体花带。

以花成景，打造花田花海特色景观

在三台山森林公园核心景区建设“衲田花海”，“衲”为“缝补，补缀”之意，因地制宜地利用原有田相，借助地势形成梯台，通过园路、水渠、坡道的几何式拼接和缝合，形成逐级错落的梯台和新的田地肌理，其中大面积栽种各色花卉，形成错落有致、一望无垠的花田景观。其间搭配山楂、柿子、梨树、桃树等果树，花海中田园气息扑面而来，营造了“一年四季皆有景，季季变换景不同”的意境，成为深受市民和外地游客喜爱的休闲观光新去处。

花田成为市民休闲观光的新去处

创新管理，彰显秋季落叶的自然美景

注重落叶树种选用和季相景观营造，凸显秋季落叶缤纷、彩叶斑斓的季相变换。划定落叶景观区，建成特色景观路 35 条。创新落叶景观管理模式，遵循自然规律和审美需要，改变以往对落叶随落随扫的作业方式，原则上对快车道进行正常清扫保洁，对人行道和自行车道的落叶当天不予清扫，仅对各类垃圾进行捡拾。安排洒水车对地面落叶进行喷水处理，一方面帮助落叶保持水分和鲜艳色泽，延长其观赏时间，另一方面防止落叶随风飘散，造成景观凌乱。彩色落叶景观给城市平添了自然和浪漫，成为市民秋季争相赏景之处。

秋季落叶特色景观

提升功能，建设城市惠民绿地

坚持以人为本理念打造民生园林，把城市功能完善与“彩色城市”建设紧密结合，同步推进。构建有活动空间、有服务功能的街头游园，对现有绿地内绿化植物进行梳理整合，增加彩色树种、开花植物，合理搭配色彩，丰富绿地的观赏功能；在单位庭院开放式改造上，打破单位围墙、围栏壁垒，增加彩色树种、开花植物，优化绿地空间布局，把单位庭院彩化、绿化向社会和公众开放，让更多绿地资源走进群众生活。

各方声音：

宿迁城市绿地利用自然条件、历史文脉等确立特色目标，构筑合理的结构布局，营建出富有地域个性、不可抄袭挪移的城市绿地景观，增强了城市的可识别性。 ——南京林业大学教授 王浩

环境好、空气好，风吹过特别舒适，晚上过来走走能缓解一天的疲劳，吃完晚饭到公园散步是我们全家每天都要做的事。

——宿迁市民 刘霞

宿迁市加快推进园林绿化，精心打造特色景观，2016 年新、改建 31 处城市街头绿地，均衡城市绿地合理布局。同时围绕“林荫城市、彩色城市、花园城市、海绵城市”建设目标，取得了显著成效。

——中国新闻网

撰写：朱东风、刘海音 / 编辑：于 春 / 审核：刘大威

扬州城市和建筑设计导则项目

Projects of Urban and Architectural Design Guide of Yangzhou

案例要点：

在城市快速发展的过程中，许多城市出现了建筑风貌不协调、城市特色缺失、人性化空间缺失等问题。如何改变这一状况，扬州市探索运用城市和建筑设计导则推动新建项目的品质提升。它立足于挖掘彰显城市地域文化特色，从使用者的角度出发，关注宜人尺度的城市设计，加强对城市空间尺度、城市建筑形式和功能的控制引导，管控引导建筑单体的设计创作。导则的实施，加强了建筑项目规范化和精细化的规划管理，助推了城市整体风貌特色的塑造和环境品质的提升。

案例简介：

扬州是国务院首批公布的 24 座历史文化名城之一。为进一步突显扬州地域文化特色，引导建筑设计更加关注和谐统一的城市空间构建，推动城市空间品质提升，扬州编制完成了城市和建筑设计导则，用于指导扬州市城市设计和控规项目的编制、地块设计条件的下达和建筑方案的审查等工作，提高城市规划建设管理的水平。导则分为城市设计导则和建筑设计导则两部分。

城市设计导则：明确整体层面重点控制内容

城市设计导则主要从总体风貌、街区控制、地块与建筑控制、道路交通控制、公共空间控制五个方面进行规划控制，重点解决在宏观及中观尺度上的城市空间建设管控问题。

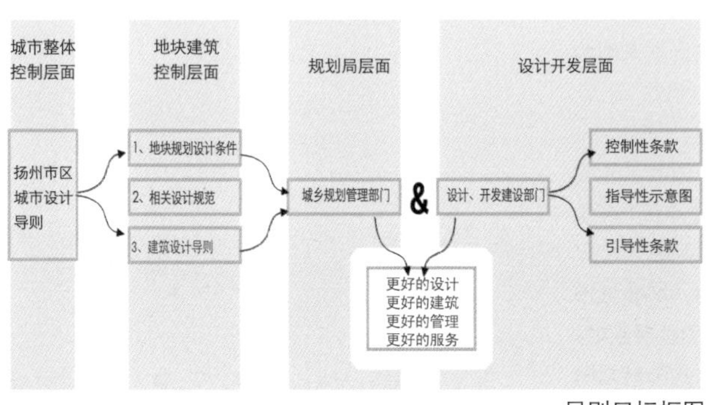

导则目标框图

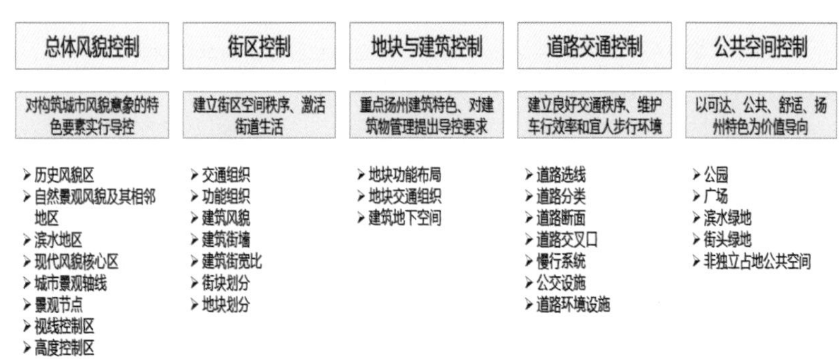

城市设计导则示意图

建筑设计导则：管控并引导建筑设计创作

建筑设计导则从城市空间形态和建筑单体两个层面进行控制引导。

城市空间形态层面主要是针对建筑群形态，对建筑高度、界面、公共空间、风格方面进行控制，要求建筑群展现和谐统一的视觉效果，形成舒适健康的心理体验。

建筑单体层面主要是针对建筑底部、中段与顶部，色彩和材质，高层建筑玻璃幕墙、建筑附属设施、景观与公共环境等方面进行控制，要求单体建筑根据建筑功能展现属性特点，避免奇形怪状、媚俗的建筑，同时对建筑提出加强精细化设计的要求，树立精品意识。

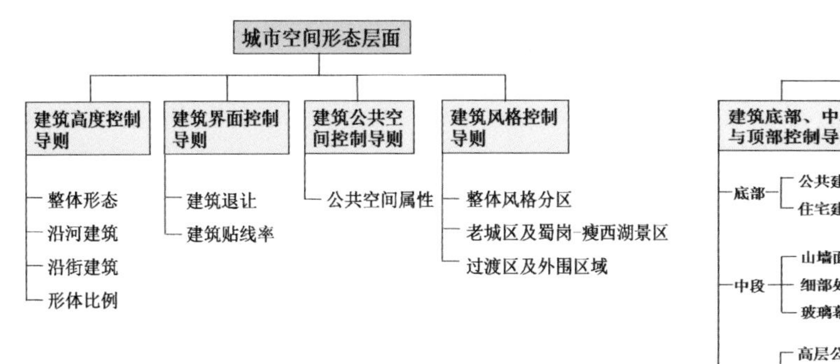

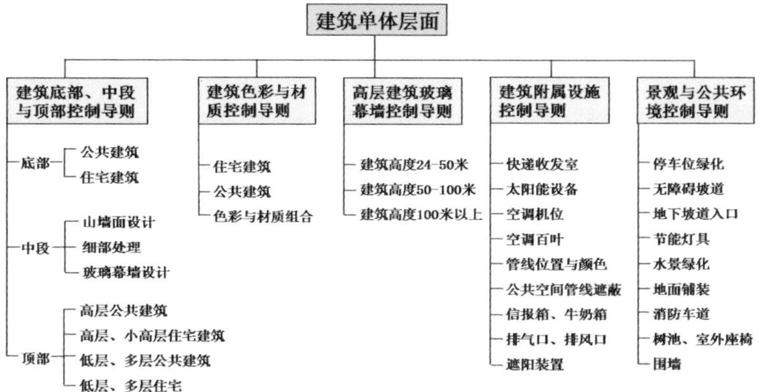

建筑设计导则示意图

建筑风格三类分区图

一类分区（老城区 - 蜀冈瘦西湖景区）

二类分区（过渡区）

三类分区（外围区域）

沿河建筑示意：古运河及宽度 36m 以内的河道，两侧建筑高度与建筑至邻近蓝线距离之比（高退比）宜≤ 1：1.5

沿街建筑示意：长边沿城市道路布置的建筑高度不宜超过道路红线宽度与建筑后退道路红线距离之和的 1.5 倍，特殊情况不超过 2 倍。新建建筑的高度不宜超过周边现状最高建筑高度的两档

各方声音：

该导则着重研究扬州的建筑和空间特色，深刻发掘出了扬州地域性特点，不单单是方便城市规划的管控，更重要的是奠定了城市空间的发展形态，创造了更多有活力可掌控的城市空间。

——南京大学建筑与城市规划学院教授 张雷

我是一名土生土长的扬州人，但今天看到的一切，还是让我有惊艳的感觉。扬州作为一座历史文化名城，底蕴丰厚，但新城的建设给扬州注入了新的活力，现代建筑与扬州古城有机融合，带来了现代都市的气息，真正做到了古代文明与现代文化交相辉映。 ——扬州市民 汪洋

扬州在城市不同区域对新建建筑的合理引导，因地制宜地进行合理把控，对扬州市民广场、万福大桥、虹桥坊、东部市民图书馆等不同风格的项目进行了有效的规划控制，使得不同类型的项目在不同的区域里张弛有度，收放自如，与周边城市环境融为一体。 ——《扬州晚报》

撰写：闾 海 / 编辑：于 春 / 审核：张 鑑

南京青奥村地区整体规划与城市设计

Overall Planning and Urban Design of Nanjing Youth Olympic Village Area

国际青年文化公园

案例要点：

2014 年南京青奥会是重要的国际赛事，共有来自 204 个国家和地区的 3787 名运动员参加。配合赛事举办，南京市在奥体中心西南约 2.5km 的长江沿岸地段兴建青奥村，同步配套建设青奥广场、国际青年文化中心、国际风情街区、景观轴线、国际青年文化公园等项目，共同构成赛会最重要的公共活动、仪式和生活空间，项目用地总面积约 175hm^2。同时，确立了“城市与青奥共成长”的战略目标，抓住城市大事件的机遇，把青奥村建设与河西新区发展战略结合，通过整体规划与城市设计，高效复合利用空间，有效疏解立体交通，加强空间特色塑造，形成以青奥为主题并具有滨江特色的新城市轴线，努力打造富有时代精神的城市标志性地区和高品质、人性化城市空间。

地面空间整体设计效果

轴线地下交通系统

案例简介：

空间的高效复合利用

青奥村地区既是大量活动和人流集聚的城市公共活动空间，也是重要的快速交通通道转换节点。项目注重城市地上地下空间与交通一体化设计，充分考虑地面使用功能、广场绿化、景观步道、地下交通等多方面的空间需求，将过江隧道、地下博物馆、地面开放空间和空中步行桥有机融合，实现了空间的高效复合利用。在确保地上地下交通顺畅通行的同时，利用充分释放的地面空间举办节事活动并提供市民休闲娱乐。仅在 2015 年劳动节期间，前往青奥村、国际青年文化公园参观休闲活动的市民就突破 30 万人次，超出了同期夫子庙地区的游客接待量。

立体交通的平面化疏解

采用加密地段路网、改善内部微循环、强化路网系统性等方法，用优化的地段路网体系，减少互通方向。将疏解交通的匝道口分布在“T”字形主轴两侧，使单点集中式的交通枢纽转变为横向分布的多点式疏解网络。探索将三层平面化的立体交通功能经过系统分解后放入地下，把地面空间较完整地还给了行人。

可持续的低碳生态建设

为突显“绿色青奥”，青奥村地区规划建设贯穿了生态环保的主题，注重对原有生态湿地的保护，并广泛应用节能环保技术。方法包括可再生能源、清洁能源的综合利用，废旧建筑的功能置换与提升，雨水收集利用，中水回用以及水循环净化等，致力打造国家级绿色生态示范城以及江苏省建筑节能与绿色建筑示范区。

国际青年文化公园的湿地

湿地保护与景观设计的结合

融入城市市政系统的净水跌水池

高品质城市空间的构建

利用青奥轴线串联城市特色资源，与滨江公园整合形成“T”字形结构。滨江公园、国际青年文化中心、“南京眼”步行桥、国际青年文化公园等交相辉映，形成了“江”“城”融合渗透的空间格局，成为南京滨江新的标志性景观和市民休闲娱乐的新目的地。

国际青年文化中心由全球知名的英国扎哈·哈迪德设计事务所设计，由会议中心和两座塔楼构成。

“南京眼”步行桥和国际青年文化中心已成为城市的新地标。

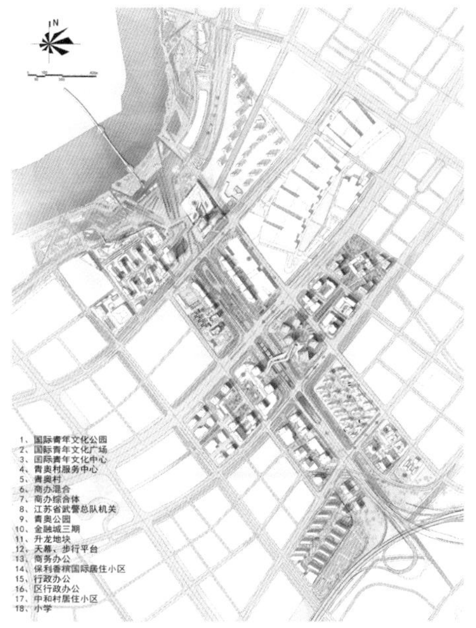

青奥轴线规划总平面图

各方声音：

青奥轴线的规划在借鉴国内外经验的基础上，对城市交通、城市功能、开发次序等进行了分析和综合，运用新的空间规划设计理论与方法对现代城市地上地下复杂的交通、建筑、景观、标志物等做了大量的整体设计工作，规划成果理念新颖、对策清晰、技术措施得当。在规划设计复杂的地下交通与空间组织方面做出了新的探索，总体上达到国际先进水平。　　——中国工程院院士 何镜堂

河西又一处新景点，一到过节去轴线公园、青年文化公园的人就特别多，感觉比夫子庙还热闹，还有青奥中心那双塔、广场那块，夜景太美了；“QQ”桥造得也特别好，步行江上感觉很不一样，还直接就能到江心洲了。　　——南京市民

国际奥委会主席巴赫在致辞时称赞本届青奥会的组织工作完美无缺，“这次南京在各个方面都特别成功、特别精彩”，树立了可持续赛事组织的优秀典范，让来自世界各地的所有参会人员在这座古老、现代而充满活力的城市感受到家的温暖。　　——《光明日报》

撰写：施嘉泓、方　芳 / 编辑：于　春 / 审核：张　鑑

历史城区街道网络的当代修缮
——无锡崇安区的百巷更新工程

Contemporary Establishment of Street Network in Historical Cities
-Project of One-Hundred-Alley in Chong’an, Wuxi

案例要点：

历史上无锡是江南一个典型县城，经发展变迁，今天已成为一座人口超百万的现代化城市。在城市规模和面貌发生巨大改变的同时，崇安区环解放路以内 2.2km^2 的老城区，至今仍较好地保留着历史无锡城的格局。这里百余条的传统街巷，承载着城市的变迁和百姓生活的记忆，但也普遍面临市政设施老旧、交通秩序混乱、建筑历久失修、店招店牌杂乱等问题。自 2012 年起，无锡启动了“百巷崇安”工程，在保护传统巷弄建筑和肌理的基础上，通过小规模、渐进式的修缮，对历史文化遗存和人文信息资源丰富、居民生活气息浓厚的街巷进行环境整治和有机更新，提升巷弄的基础设施和公共服务设施建设配套水平，建立交通微循环，实施街区精细化管理。经过几年的推进，项目改善了市民的生活环境，展现了老城特色风貌，使传统街巷融入了现代城市的社会、经济和文化功能，产生了显著的社会经济效应，吸引了 2000 多家店铺进驻，惠及居民 5.8 万。如今，无锡历史城区传统街巷焕发出新的生机与活力，展现出独具韵味的文化风貌。

解放初期无锡县城区位图

案例简介：

保护传统街巷肌理

对于无锡而言，崇安区环解放路以内的老城区曾经是无锡城市历史的全部。历经城市发展变迁，至今这里仍保留有传统街巷 118 条。自新中国成立以来，街巷没有进行改扩建，只进行了路面整修，传统街巷的空间格局和街区肌理保持良好。

今日无锡环解放路以内的街巷图

渐进式有机更新

崇安百巷间分布有国家和省文物保护单位共 8 个，包括钱锺书故居、薛福成故居、薛汇东旧宅、碑刻馆、文庙旧址等。通过对现状历史建筑文化价值的评估，在保护的前提下，采取小规模、渐进式的修缮和改造，在梳理不同街巷功能和特征的基础上，将百余条传统街巷按照特色（文化 / 商业）型、景观型、达标型三类进行有机更新和环境整治。针对不同地段的环境特征和形态肌理，尊重原有建筑形式和特点，对建筑立面整治出新，反映历史风貌和地段特色，如新生路、崇宁弄等突出粉墙黛瓦的明清建筑风格。

文渊坊路改造前后对比

薛福成故居近代建筑群

整治后的新生路有效疏解主干道交通

建立交通微循环

综合整治工程对一批路面坑洼不平、市民投诉高发的背街小巷道路进行了全面整修，有针对性地对停车场（点）进行规划和改造，建成了单侧停车、单向通行等 10 个交通微循环系统，改善了老城区通行难、停车难问题，有效发挥了老城区街巷密集的交通潜能，使得传统街巷逐渐融入多样化的现代生活。此外，在部分街区试点运行物联网监控，实现了街区环境的精细化管理。

发展江南巷弄文化

在保护和整治的基础上，重点对 40 多条历史文化资源较集中的巷弄进行文化挖掘和品牌打造，包括民国特色小巷西片区、明清院巷寺坊东片区等。按照街巷特点进行统一设计、统一安装新的门头店招，引入现代产业业态，如“摄影工坊”道长巷、“创意市集”大成巷、苏家弄等，激活了老巷弄背后的发展潜力。同时，系统设计和布置了一批充满文化气息的导向系统。每处导向牌都有一个典故、一个故事，在提升巷弄文化内涵的同时推动了巷弄微旅游发展。

各具特色的街巷商业

巷弄文化微旅游导向设施

各方声音：

许多城市在快速变革和现代化过程中，出现了文化基因传承断裂的诸多问题，文脉和建筑肌理难寻踪迹，但本项目的设计和实践，以新旧共栖理论为指导，以品牌化路径为抓手，紧紧围绕城市 / 文化 / 经济三位一体共生关系，提出“百巷故事”里的艺术化生活现场体验模式，使原本错综复杂、黯淡凋零的 100 多条背街小巷重新焕发出勃勃生机。

——同济大学教授 林家阳

百巷崇安工程使我们这些老百姓感受到了许多美好的回忆，现在道路平整通畅了，环境美观了，墙面干净了，小广告也减少了，人文气息比以前多了不少，生活在老城区背街小巷里觉得很惬意！

——无锡市民

在常人的眼里，因老城区的特殊性，城市管理部门在对老城区实施改造时，往往牵一发而动全身。无锡的崇安老城区改造项目在长时间的思考和调研的基础上，提出了“品牌构建、城市形象和商旅文共同发展、项目带动以及创新发展”在内的四大战略。在不久的将来，崇安将成为无锡城一个靓丽外表和文化内涵兼而有之的新门户。

——人民网

撰写：于　春 / 编辑：赵庆红 / 审核：张　鑑

连云港连云老街的保护和更新

Protection and Contemporary Renewal of Lianyun Old Streets in Lianyungang

案例要点：

连云港连云老街位于连云区东端，北望连岛，南倚云台，依山傍海，风景优美，面积近 1km^2，居住人口超过 1 万人。自 1933 年建港、1945 年国民政府设市，曾人口稠密、商铺林立，是名副其实的海港石城。改革开放后，随着庙岭、墟沟港区的建设发展，城市功能迁移，原驻老街的政府机关以及港务、渔业、铁路相关外贸、涉外单位相继迁出，老街开始衰落，建筑破败，设施陈旧。为复兴海港小镇，延续老街历史记忆，连云港市政府于 2010 年启动了老街的保护更新改造。在保护现有特色民居和传统建筑的同时，结合传统港口市镇文化及现代旅游休闲景点的打造，以渐进式有机更新的方式，通过探索复兴路径、营造多元文化环境，努力再现海港老街活力，实现了海港市镇的保护和更新的统一。

案例简介：

探索老街复兴路径

以功能提升和文化驱动作为发展路径，以“陆桥起点、老窑港埠、山海石城、中西杂糅”为特色定位，实行“内整外拓”的联动策略，发展滨水休闲旅游，以文促商，以商兴文，引入餐饮、娱乐和文化产业，促进地区的复兴转型。

营造多元文化环境

老街历史遗存丰富，依山势而建的石屋石墙石街石路遍布，果城里建筑群、连云港火车站、海防司令部、利民巷等民国时期的众多建筑保存至今。通过对传统建筑群进行保护和创新利用，引入不同类型、规模、层次的商业文化业态，营造多元化的当代体验式文化消费环境。

利民巷位于“七一广场”南侧，西临云台路，东沿临海路，原为方便当地居民穿梭老街而建，沿线分布着众多民居。按照民国风情对其进行整体更新改造，凸显民国海城风韵。通过对老街传统民居功能置换，融入休闲餐饮等业态，满足游客休闲、入住、娱乐、餐饮需求，打造老街美食广场，现已成为东部城区特色美食餐饮、休闲体验一条街。

连云老街

再现海港老街活力

通过渐进式的保护修缮，积极引入文化展示、文化商业及公益性项目，免费开放各类展馆。挖掘地方传统文化，举办淮海戏、工鼓锣、舞花船、年货大街和文艺大赛等民俗娱乐活动，增强老街文化活力和当代吸引力。

连云港老街历史文化馆：场馆原址为驻军某部大礼堂，始建于20世纪60年代。老街历史文化馆作为城市记忆体，按照民国风格进行修缮，凸显港口建设历程，反映老街百年风采，是全方位展示老街历史的重要场馆，也是连云港市爱国主义教育基地之一。展示内容包括老街印象、老街文化、人文特色、今昔对比四个专题。

陇海铁路历史博物馆：原为连云港火车站，民国22年建设、24年竣工，是连云港建港初期建筑之一。建筑形式为西洋式平顶，4层高17m，东侧钟楼10层高40m。经修复改造后，建筑包括室外和室内两个部分，室外以修旧如旧为原则，同时增加公园景点，主要展示老式绿皮车厢等铁路专用设备；室内改造成展览功能，展示陇海铁路连云港段的修筑历史、发展历程。

利民巷旧貌

利民巷新貌

石城·石街·石屋

各方声音：

老街历史遗存丰富，文化底蕴厚重，保存着近百年来各种风格建筑。在更新过程中，大力保护现有特色民居和传统建筑，秉承“修旧如旧”理念，努力形成一个“文化深厚、经济繁荣、风景优美、社会和谐”的城市特色空间，让历史文化得以保存，城市记忆可以延续。

——连云港市城乡规划设计院院长 卢士兵

当年我们在这里的时候还是小平房、小门面房居多。现在修好了，门面漂亮整洁，当年的“味道”也都还保留着。老街历史文化馆也好、铁路博物馆和港口博物馆也好，都是让人了解历史和对外宣传的重要窗口，对于我们而言，更多的是回忆、感动、震撼和憧憬。对于孩子们来说，也是重要的教育基地。

——离退休老干部 陈照友

重建后的连云老街集民国神韵风情、传统民俗文明、时髦精品购物与海景休闲休假于一体，是一座别具山海港城特征的海边石街。中西合璧民国建筑点缀其间，彰显独具中国文化的建筑风貌和精致多彩的建筑艺术。

——《连云港日报》

撰写：施嘉泓、黄毅翎 / 编辑：于 春 / 审核：张 鑑

推动地方人居环境改善的实践
——人居环境奖和人居环境范例奖

Practice of Promoting Local Human Settlement Improvement
-National and Provincial Habitat Environment Example Prize

案例要点：

全球城市化的快速发展给世界各国的城市带来了各种新的挑战，为表彰在实现消除城市贫困、改善人类居住条件、促进城市可持续发展方面作出杰出贡献的政府、组织、个人和项目，联合国人居署设立了“人居环境奖”和“国际改善人居环境最佳范例奖”（简称“人居环境范例奖”）。江苏地处当代中国发展最迅速的长江三角洲地区，同时也是中国人心目中的理想人居地，自南宋起就享有“天上天堂，地下苏杭”之美誉。今天的江苏是中国经济最发达的省份之一，也是中国人口密度、经济密度最高的省份，以占全国 1.06% 的土地，承载了全国约 6% 的人口，创造了全国约 10% 的国民生产总值和 11% 的财政收入。从改革开放以来的 1978 年到 2015 年，江苏的城镇化率从不到 14% 增长到 65.2%，城镇人口也相应增加了 4500 万。城镇人口的快速增长，不仅对住房、基础设施等建设有巨大需求，也对政府公共管理和服务能力提升产生严峻考验，还意味着对资源、能源约束和潜在环境危机的现实挑战。在这样一个经济密集、人口密集、城镇密集、人均资源能源相对匮乏的地区，江苏一直致力于探索可持续的人居环境改善路径，积极运用“人居奖”和“人居环境范例奖”的抓手，推动各地持续改善城乡人居环境，改善了百姓生活品质，提升了城镇化质量。

“中国人居环境范例奖”项目：徐州市云龙湖风景名胜区生态景观修复

“中国人居环境范例奖”项目：南京市滨江带

案例简介：

为推动全省人居环境改善，指导各地“梯度式”创建省、国家、联合国“人居奖”。参考联合国人居奖和中国人居环境奖的评选要求和方法，结合省情特征，研究制定了江苏人居环境奖和人居环境范例奖的标准和要求，围绕住房改善、供水安全、环境保护、小城镇建设、城乡统筹发展、城市特色塑造等重要议题推动实践改善，并从中择优推荐申报联合国人居奖和国家人居奖。目前，全省有13个城市获得“中国人居环境奖”（约占全国总量1/3）、51个项目获得“中国人居环境范例奖”（约占全国总量1/10）；4个城市获得“联合国人居奖”（约占全国总量1/3）、9个项目获得联合国人居署“范例奖”（约占全国总量12%），获得联合国和国家人居奖的城市与项目数量，均居全国各省之首。

“江苏人居环境范例奖”主题

01	住房条件改善
02	社区建设
03	供水安全保障
04	提高空气环境质量
05	水环境治理
06	城市垃圾处理和资源化利用
07	促进能源节约利用
08	生态保护及城市绿化建设
09	发展城市绿色交通
10	历史文化遗产保护
11	旧城改造
12	城市安全
13	灾后恢复与重建
14	风景名胜资源保护
15	小城镇建设
16	新农村建设
17	城市管理与体制创新
18	人居环境宣传与公众参与
19	城市特色空间塑造
20	推进城乡统筹协调发展

“联合国人居环境奖”城市

扬州市（2006年）

南京市（2008年）

张家港市（2008年）

昆山市（2010年）

"中国人居环境奖"城市

无锡市（2010 年）

镇江市（2013 年）

常州市（2015 年）

宿迁市（2015 年）

苏州市吴江区（2010 年）

江阴市（2011 年）

常熟市（2011 年）

太仓市（2012 年）

宜兴市（2013 年）

联合国人居署“国际改善居住环境最佳范例奖”项目
——“可再生能源在江苏建筑上的推广应用”（2012 年）

太阳能光热、光电、土壤源热泵及淡水源热泵项目
——扬州市阳光美第住宅小区（一期）

污水源热泵空调项目——南通市新城住宅小区

湖水源热泵空调项目——南京工程学院图书信息中心

“中国人居环境范例奖”项目（共 51 项）

序号	获奖时间	项目名称
1	2000 年	苏州市古城保护与更新
2	2001 年	常熟市城市绿化及生态环境建设
3		张家港市城市环境建设与管理
4	2002 年	常州市水环境治理工程
5	2003 年	常州市旧住宅小区综合整治工程
6		南京市明城墙保护项目
7	2004 年	吴江市松陵城区水环境综合整治工程
8		南通市濠河综合整治与历史风貌保护工程
9		张家港市塘桥镇规划建设管理
10	2005 年	江苏省常熟市海虞镇小城镇建设项目
11		江苏省吴江市同里古镇保护工程
12	2006 年	扬州市水环境治理优秀范例城市
13		南通市水环境治理优秀范例城市
14		无锡市水环境治理优秀范例城市
15		吴江市水环境治理优秀范例城市
16		常熟市水环境治理优秀范例城市
17		张家港市水环境治理优秀范例城市
18	2007 年	常熟市梅李镇规划建设管理项目
19		南京市南湖片区社区公共管理与服务项目
20	2008 年	淮安市中心城区物业管理与社区服务
21		江阴市申港镇人居环境建设
22		常熟市沙家浜生态环境建设
23	2009 年	常州市公园绿地建设管理体制创新项目
24		镇江市西津渡历史文化街区保护与更新项目
25	2010 年	江苏省可再生能源在江苏建筑上的推广应用项目
26		江苏省昆山市锦溪镇古镇保护项目
27		江苏省宜兴市官林镇规划建设管理项目
28		江苏省太仓市居民住房改善项目
29	2011 年	江苏省推进节约型城乡建设实践项目
30		昆山市花桥生态保护及城市绿化建设项目
31		常熟市古里镇小城镇建设项目
32		苏州市吴中区旺山村新农村建设项目
33		扬州市城市管理与体制创新项目
34	2012 年	江苏省城乡统筹区域供水规划及实施项目
35		江苏省金坛市宜居工程建设项目
36		江苏省昆山市巴城镇生态宜居工程建设项目
37		江苏省宜兴市周铁镇小城镇建设项目
38	2013 年	常熟市碧溪新区城乡统筹垃圾处理与资源化利用
39		昆山市陆家镇人居环境建设
40		江阴市新桥镇新型社区建设项目
41		宿迁市幸福新城危旧片区改造示范工程
42		淮安市古淮河环境治理工程
43	2014 年	江苏省村庄环境整治苏南实践项目
44		江苏省徐州市云龙湖风景名胜区生态景观修复工程
45		江苏省常州市数字化城市管理项目
46		江苏省常熟市虞山镇历史文化遗产保护项目
47		江苏省太仓市沙溪镇特色小城镇建设项目
48	2015 年	江苏省南京市滨江带建设工程
49		江苏省南京市高淳区桠溪国际慢城建设项目
50		江苏省徐州市九里湖采煤塌陷区生态修复项目
51		江苏省太仓市浏河镇特色小城镇建设项目

各方声音：

江苏是我的家乡，虽已久别故土，但仍心念系之。历史上，江苏既是物产丰盈、财力充沛之富饶之地，也是人才辈出、艺文昌盛之人文渊薮。有此深厚的人文积淀，更喜见若干年来全省人居建设中城乡统筹、生态建设、文化复兴等方面所做出的努力和取得的成就，更宜在城乡人居环境建设实践和理论研究中先行先试，敢于创造，率风气之先。

——国家最高科学技术奖获得者、两院院士、中国“人居环境科学”研究创始人 吴良镛

撰写：何伶俊、张海达 / 编辑：于 春 / 审核：陈浩东

民生导向的城市环境综合整治
——江苏“931”行动

The Livelihood－oriented “Urban Environmental Renovation 931 Action” of Jiangsu

案例要点：

伴随城镇化的快速推进，中国城市的面貌总体日新月异。相对而言，城市棚户区、老旧小区、背街小巷、城市河道、建设工地、农贸市场以及城郊结合部、城中村等地段环境状况较差，群众反映强烈。为此，自 2013 年起，江苏在全省开展城市环境综合整治行动，围绕社会关注、群众反映强烈的突出问题，着力解决城市环境薄弱地区和管理薄弱环节问题。在深入调研和民意调查的基础上，聚焦“九整治三规范一提升”的“931”整治内容，统筹实施三年规划，通过联动推进、典型示范、技术支撑，有针对性地解决了一大批与群众生活息息相关的环境卫生和市容面貌突出问题，改善了人居环境质量，提高了城市管理水平，市民百姓的获得感普遍提高。根据全省群众满意度调查数据，群众综合满意率达 87%，“931”整治行动成为群众期盼改善生活环境与政府推进民生实事的结合点。2014 年 12 月习近平考察江苏时嘱托“城乡环境综合整治要坚持不懈抓下去。”

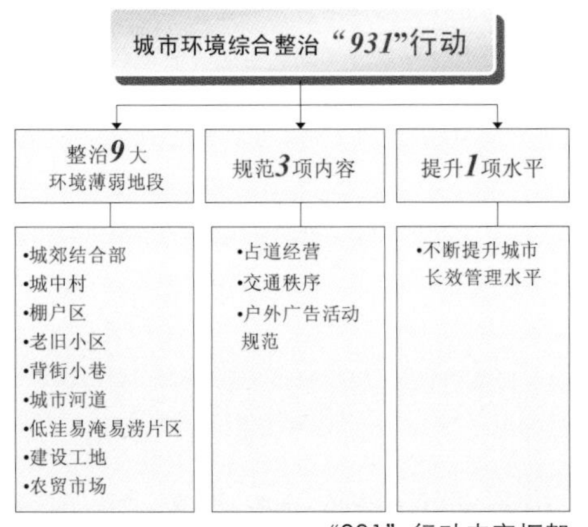

“931” 行动内容框架

案例简介：

尊重民意、调查研究，确定整治重点

为使整治行动更加符合民意，行动前组织开展了“城市管理突出问题”的群众调查和“市民反映的十大城市管理热点难点问题”的专题研究，根据调查结果，结合数字化城管系统中显示的城市管理薄弱环节和主要问题，经反复论证，确定了以“九整治、三规范、一提升”为城市环境综合整治的重点内容，具体包括：城郊结合部、城中村、老旧小区、棚户区、背街小巷、城市河道、低洼易淹易涝片区、农贸市场和建设工地等 9 个城市环境薄弱区域；占道经营、车辆乱停乱放和广告违规设置等 3 个影响市容的突出问题；以及长效管理水平的提升。

省市联动、因地制宜，确定行动方案

省政府组建了城市环境综合整治工作推进（领导）小组，设立整治办，制定印发《江苏省城市环境综合整治行动实施方案》，明确在县以上城市建成区范围全部开展以“931”为主要内容的城市环境综合整治。各地在省行动框架的基础上，因地制宜拓展深化，具体确定整治重点、措施和内容，形成符合地方实际的《整治方案》。

实地走访听取居民群众对整治的意见建议

常州市将环境综合整治与“高架桥沿线整治”相结合

徐州市将建筑外立面整治拓展纳入整治范围

规划引领、技术支持，整治成效显著

制定《江苏省城市环境综合整治三年整治规划编制要求》，编制《江苏省城市环境综合整治技术指南》和《长效管理模式探索及典型案例》，加强整治工作指导，引导各地尽力而为、量力而行，科学排定整治项目，少改造、多改善，严防大拆大建和形式主义。省级财政每年安排专项资金 5 亿元用于支持城市环境综合整治工作。各地在《三年整治规划》编制过程中充分结合城市总体规划、城建行动计划和为民办实事工程等，统筹协调整治工作，采取改造、改善、提升和规范等多元举措，提高整治的可操作性和针对性。三年全省共完成 5.28 万个整治项目，取得了良好的社会效益、经济效益和环境效益。

《江苏省城市环境综合整治技术指南》

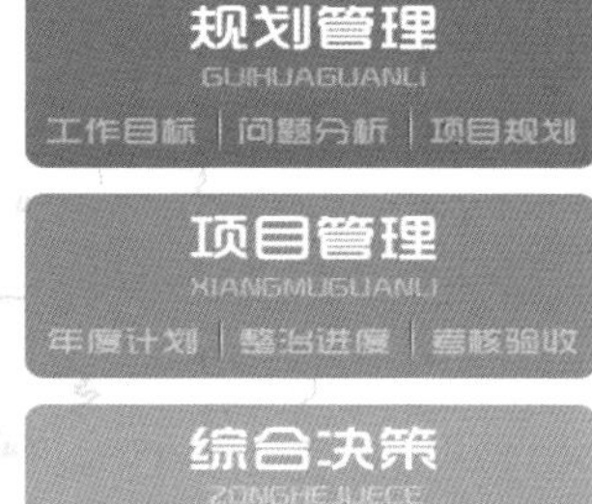

开发建立的整治信息管理系统具有规划编制、计划制定、项目化管理、综合决策等功能

示范推动、典型引路，提升整治成效

省组织开展“江苏省优秀管理城市”、“江苏省城市管理示范路”和“江苏省城市管理示范社区”创建活动。3年间，14个市、县被省政府命名为“江苏省优秀管理城市”，110条道路和101个社区达到省级示范路和示范社区标准。同时，注重对各地政策、办法、技术、措施的创新实践总结，通过挖掘培育典型项目，将城市功能品质提升、城市特色塑造和城市文化挖掘融入整治工作，不断提升人居环境质量，展示城市文化特色，形成一批切实改善民生的典型案例，发挥了积极示范引领作用。

省城市管理示范路——苏州太仓市北门路

省城市管理示范社区——扬州市春江社区

整治成效：

全省3年累计完成整治老旧小区1346个，提升了百姓生活品质

宿迁市聚龙花园小区整治前后

全省 3 年累计整治棚户区 608 个，改善了困难群众生活

镇江东吴广场棚户区整治前后

全省 3 年累计整治城郊结合部 777 片，改善了出入口景观

南通市城市出入口整治前后

全省 3 年累计整治城中村 1131 个，改善了困难群众的居住环境

镇江市南山北入口城中村整治前后

全省 3 年累计整治背街小巷 2566 条，交通环境秩序改善

连云港市民主中路整治前后

全省三年累计整治城市河道 956 条，改善了城市水环境

扬州高邮市穿心河整治前后

全省 3 年累计整治低洼易淹易涝片区 683 片，易涝地区群众生活改善

徐州市采煤塌陷区低洼易淹易涝片区整治前后

全省三年累计整治农贸市场 747 个，方便了群众生活

宿迁市万福隆农贸市场整治前后

全省三年累计整治建设工地 2112 个，降低了扬尘、改善了环境

徐州市金都华府建设工地整治前后

各方声音：

城市环境综合整治“931”行动，整治内容与工作推进体系性强，整治前后有对比、工作有成效、资金投入值，百姓高兴、形成共振，取得了良好的综合效益。 ——南京工业大学环境学院教授 魏无际

通过整治，全省城市基础设施承载能力明显提高、人居环境质量不断提升、群众满意度显著增强、百姓生活更加便捷美好。这是江苏城市环境整治工作成效的初步显现，也是江苏省开展此次整治行动最质朴的愿景。

——《中国建设报》

撰写：王守庆、杨诚刚 / 编辑：于 春 / 审核：宋如亚

03

绿色发展

建设生态城市和海绵城市

Green Development，Construction of Eco-city and Sponge City

生态文明建设是实现“美丽中国”建设目标的重要支撑，关乎人民福祉、民族未来和国家的永续发展，是中国转变经济发展方式、提高发展质量和效益的内在要求，是坚持以人为本、促进社会和谐的必然选择。习近平总书记指出，“既要绿水青山，也要金山银山”，“绿水青山，就是金山银山”。党的十八届五中全会确定了“创新、协调、绿色、开放、共享”的五大发展理念，中央城市工作会议明确提出推进城市绿色发展的要求，《中共中央国务院关于加快推进生态文明建设的意见》将绿色发展、循环发展、低碳发展作为推进生态文明建设的基本途径。随着对城市生态环境的日益重视，加强生态修复，建设低碳城市、海绵城市等的重大意义不言而喻。

江苏人口密集、开发强度大、人均资源占有量小、生态环境承载力弱，高速的经济增长和快速的城镇化进程导致资源环境的约束日益趋紧，矛盾日益突出，成为限制江苏可持续发展的重大瓶颈。近年来，江苏把生态文明作为建设“强富美高新江苏”的重要抓手，以培育强大的转型发展和绿色发展新动力。为适应城镇密集发展、节约集约利用资源的需要，江苏积极推进绿色发展，建设生态城市，在建筑节能和绿色建筑、节约型城乡建设、生态城区、海绵城市等方面开展了大量的工作，取得了积极的进展。

在全省印发并落实推进节约性城市建设的意见，在全国率先以省人大地方立法的形式，颁布实施《江苏省绿色建筑发展条例》，抓住新建建筑大量建造的机遇，率先在新建建筑中全面普及绿色建筑；积极建设省级绿色建筑和生态城区示范，集中集成示范绿色建筑、绿色交通、水资源循环利用、地下综合管廊等绿色技术和生态方法；率先发文推进“海绵城市”建设，配合国家试点加大力度推进省级试点城市和示范项目，成立江苏省海绵城市技术中心，为地方提供技术支撑和相关服务；在地方实践中，各地积极探索，以公共建筑、保障性住房、工业厂房、交通枢纽、综合园区等丰富类型推动绿色建筑发展，通过黑臭河道整治、供水安全、雨污分流等多项举措致力改善水环境，通过模式创新、制度创新、系统构建、务实推行海绵城市和生态城市建设。

3-1 ◎ 江苏绿色建筑之路——从试点示范到立法推广 | 124
3-2 ◎ 绿色航空港——南京禄口机场实践 | 128
3-3 ◎ 绿色公共建筑——常州武进影艺宫 | 130
3-4 ◎ 绿色办公楼——苏州中衡研发中心 | 132
3-5 ◎ 工业厂房变身绿色建筑——苏州建筑设计院办公楼 | 134
3-6 ◎ 绿色工业建筑——国内首例绿色厂房南京天加空调厂 | 136
3-7 ◎ 城市绿色照明——无锡节能改造合同能源管理模式 | 138
3-8 ◎ 绿色校园——江苏城乡建设职业学院新校区 | 140
3-9 ◎ 江苏省绿色生态城区建设集成示范 | 142
3-10 ◎ 常州武进区“江苏省绿色建筑博览园”实践 | 146
3-11 ◎ 区域建筑能源的集中供应和管理——泰州中国医药城案例 | 150
3-12 ◎ 淮安生态新城 | 152
3-13 ◎ 镇江低碳生态城市建设 | 154
3-14 ◎ 无锡生态新城规划建设的立法实践 | 156
3-15 ◎ 镇江海绵城市建设实践 | 158
3-16 ◎ 苏州昆山市自然水系保育和海绵型绿地系统构建 | 160
3-17 ◎ 为有源头活水来——苏州城区“自流活水”工程 | 162
3-18 ◎ 南京外秦淮河黑臭水体整治和滨河风光带建设 | 164
3-19 ◎ 全域覆盖的无锡城市雨污分流实践 | 166
3-20 ◎ 无锡城市供水安全保障体系构建 | 168
3-21 ◎ 镇江水源地安全保障工程 | 170
3-22 ◎ 常州城市污水处理厂尾水再生利用 | 172

>> >

江苏绿色建筑之路——从试点示范到立法推广

Road of Green Buildings in Jiangsu-From Pilot Demonstration to Legislative Promotion

案例要点：

2015 年 7 月，全国首部绿色建筑法规《江苏省绿色建筑发展条例》正式施行，标志着江苏绿色建筑发展已从节能建筑推进、绿色建筑试点示范到立法全面推广的新阶段。江苏是最早设立省级建筑节能专项资金的省份，至今省政府已累计安排资金 18 亿元，在率先推进强制性建筑节能基础上，江苏将“四节一环保”的绿色建筑推进作为工作重点，从政策法规、体制机制、规划设计、标准规范、技术推广、建设运营、市场培育和产业支撑等多方面推进绿色建筑行动，成效显著。全省绿色建筑项目已超千项，建筑面积超 1 亿 m^2，约占全国总量的四分之一，发展数量及规模连续 8 年保持全国领先。2010 年，江苏省可再生能源建筑推广运用获中国人居环境范例奖，2011 年，江苏省推进节约型城乡建设获中国人居环境范例奖，2012 年，江苏省可再生能源建筑推广运用再获联合国人居署“国际改善居住环境最佳范例奖”。

案例简介：

建筑节能是能源节约使用的重要方面，西方城市建筑用能占全社会总能耗多达 40% 以上。随着中国产业结构的升级，工业用能比例将有所下降，建筑用能比例将进一步上升，这凸显出建筑节能的重要性和紧迫性。江苏是全国人口密度最大的省份，人均资源和环境容量小，而随着人们对建筑环境舒适度要求的提高，建筑能耗不断增加。另一方面，江苏作为经济发达省份，城镇化快速发展，建设规模空前，每年新增建筑约 1.5 亿 m^2，占全国 10% 左右。在此背景下，抓住新建建筑这个关键领域，将建筑节能、绿色建筑的要求同步植入建筑设计、施工图审查、施工许可等环节，避免建筑固化后再进行绿色改造的成本，从建筑节能试点示范到强制性推进，从建筑节能推进到“四节一环保”的绿色建筑推进，从绿色建筑试点示范到立法全面推进。

截至 2015 年底，江苏省共评出 1059 项绿色建筑标识项目，总建筑面积达到 11132.7 万 m^2，约占全国总量的 1/4。其中设计标识 1019 项，建筑面积 10535.9 万 m^2；运行标识 40 项，建筑面积 596.8 万 m^2。总建筑面积和数量连续八年居全国首位。在带动绿色建筑产业方面，据测算，“十二五”期间总规模达近 3600 亿产值，间接经济带动作用达到近 1.1 万亿元，总体对经济带动作用达到近 1.5 万亿元，对经济增长的拉动作用达到 5%。

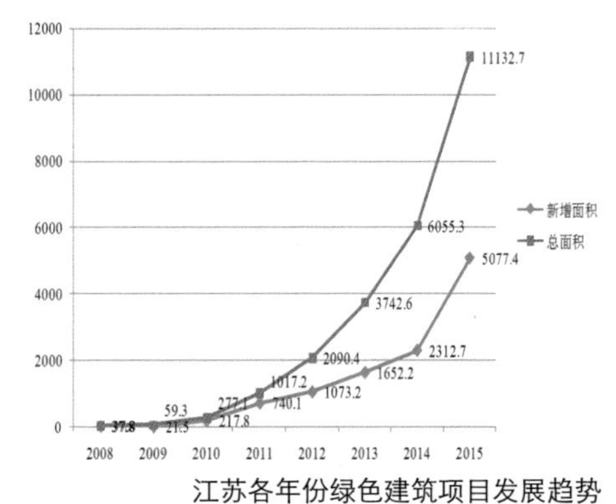

江苏各年份绿色建筑项目发展趋势

（单位：万 m^2）

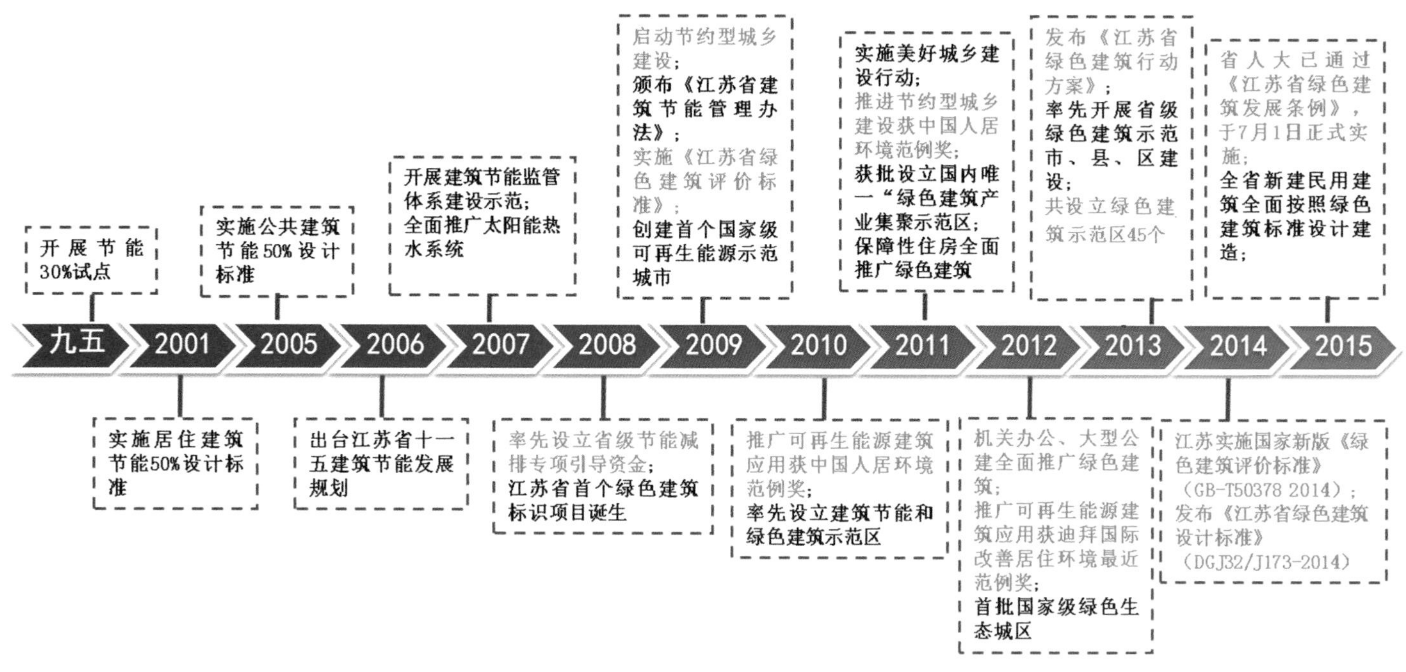

江苏绿色生态发展之路大事记

典型工程试点示范推进绿色创新

2009 年起，江苏省以新建保障房为切入点，推动各省辖市当年至少建设一个绿色保障房示范项目，继而将绿色建筑要求拓展到医院、学校、展览馆等公益性建筑和各类政府投资项目。2010 年启动建筑节能与绿色建筑示范区创建，在示范区中成规模推动绿色建筑项目建设。目前江苏绿色建筑示范项目涵盖政府住宅建筑、公共建筑、工业建筑多种类型。多年持续推进绿色建筑的试点示范创建工作经验和技术经验，为立法发展推广奠定了坚实的基础。

立法保障绿色建筑全面可持续发展

在持续深入推进绿色建筑试点示范的基础上，率先推进《绿色建筑发展条例》立法，由省人大、省法制办、省住建厅组成的工作组，开展大量调查研究工作，从经济性、适用性、可行性、社会接受程度等角度综合考虑，最终形成达成社会共识的《江苏省绿色建筑发展条例》。《条例》核心要求如下：

新建建筑全面执行绿色建筑标准。新建民用建筑的规划、设计、建设，采用一星级以上绿色建筑标准；使用国有资金投资或者国家融资的大型公共建筑，采用二星级以上绿色建筑标准进行规划、设计、建设；鼓励其他建筑按照二星级以上绿色建筑标准进行规划、设计、建设。

区域建设融合绿色生态理念。组织编制绿色建筑、能源综合利用、水资源综合利用、固体废弃物综合利用、绿色交通等专项规划，将专项规划的相关要求纳入控制性详细规划；城镇集中开发建设的区域，规划建设地下综合管廊、区域建筑能源供应系统、城市再生水系统和雨水综合利用系统。

关注既有建筑绿色运行管理。制定机关办公建筑和大型公共建筑能耗限额，并定期公布超限额的用能建筑名单；建立和实施建筑能耗超限额加价制度和差别电价政策；超限额的用能建筑安装建筑能耗分项计量装置，改建、扩建时同步进行节能改造。

江苏省绿色建筑发展条例立法调研座谈

江苏省绿色建筑设计标准发布

典型案例

常州武进绿色建筑研发中心维绿大厦，三星级绿色建筑，总建筑面积 $37200m^2$。该项目是以绿色建筑技术研发和办公为使用功能的公共建筑，设计时优化建筑布局、外立面设计和场地布局，充分采用自然通风、自然采光、可调节外遮阳、屋顶绿化、雨水回收利用等技术，既提高了使用舒适性，也降低了能源资源消耗。项目采用人工湿地净化雨水、高效地源热泵空调、太阳能光伏发电等先进技术，屋顶绿化比例达 47%，建筑使用能耗比普通研发类建筑节省 35% 左右，水资源消耗节省 50%。

维绿大厦立面图

维绿大厦人工湿地

维绿大厦垂直绿化

江苏省绿色生态智慧展示中心

江苏省绿色生态智慧展示中心是全国第一个以绿色建筑和生态智慧城区为主题的综合展馆，也是建设部的绿色建筑宣传教育基地，总建筑面积 $6441m^2$。项目按照国家绿色建筑三星级标准设计建造，强调自然通风和采光，采用钢结构体系，单元式布局、标准化构件、工业化装配，项目雨水利用率为 61.3%，建筑综合节能率达到 72.8%。

张家港市职业技能实训基地图书信息楼

张家港市职业技能实训基地图书信息楼是三星级绿色建筑，建筑面积 $15724m^2$。项目设计充分保护场地原因生态环境，以景观河为界，空间渗透疏密有致，环境尺度亲切宜人。主要采用自然通风采光等被动式技术，加以太阳能光伏、城市再生水、雨水利用、热回收系统等绿色技术，建筑综合节能率达到 77.44%。

南京工程学院图书信息总建筑面积 $38370m^2$，较常规冷水机组 + 燃气锅炉系统相比，充分利用学校的湖水资源，采用湖水源热泵系统，年节约用电量 70.23 万 kWh，年运行费用可节省 42 万元，投资回收期约 9 年。

南京工程学院图书馆潜水源热泵系统

昆山花桥天福农房绿色节能改造项目。项目于 2010 年 10 月实施绿色节能改造，是全国对既有农房按照绿色建筑标准开展节能改造的项目。

昆山花桥农房绿色节能改造项目

南通市南通新城小区利用相邻的南通市第一污水处理厂排放的尾水温度作为小区空调及生活热水的热源，该系统全面投入运行后，每年可节约用电 2227.27 万 kWh，折合标准煤 7350t。

南通新城小区污水源热泵系统

· 南京上坊保障房片区 4 组团。项目是全国第一个达到三星级绿色建筑标准的保障房组团。

全国第一个绿色三星设计保障房项目

各方声音：

江苏绿色建筑发展至今，开始真正反哺社会百姓：居住建筑利用浅层地温能供暖制冷的，执行居民峰谷分时电价；公共建筑达到二星级以上绿色建筑标准的，执行峰谷分时电价；采用浅层地温能供暖制热的企业，参照清洁能源锅炉采暖价格收取采暖费；地源热泵系统应用项目按照规定减征或免征水资源费；使用住房公积金贷款购买二星级以上绿色建筑的，贷款额度可以上浮 20%。

——江苏省建筑科学研究院总工程师 许锦峰

从自身体验而言，住在里面，即便不开空调，冬夏时节室内温度也比较舒适，我感觉最大的好处就是既省钱还舒服。

——南京某绿色建筑住宅小区住户

一项最新统计显示，江苏绿色建筑项目已近千项，面积超过 1 亿 m^2，绿色建筑规模连续 8 年保持全国第一。绿色建筑的加速推进，对于经济的拉动作用也日益明显，“十二五”期间对全省产生了 1.1 万亿元的经济拉动，而据预测，“十三五”期间绿色建筑对我省经济的拉动将高达 3 万亿元。

——新华网

撰写：王登云 / 编辑：赵庆红 / 审核：顾小平

绿色航空港——南京禄口机场实践

Green Air Harbor-Practice of Nanjing Lukou Airport

案例要点：

机场、展览馆等大型公共建筑，体量大、设备系统复杂、建设维护要求高，建成高标准绿色建筑的难度也大。南京禄口国际机场二期工程围绕“节约型、环保型、科技型、人性化和智能化”三星绿色智慧航站楼的目标定位，统筹考虑机场建筑的功能特点以及所在城市的气候特征适应性，将绿色建筑技术融入航站楼、停车楼等大空间建筑的设计建造中，取得了显著的节能环保效益，创造了优良的环境品质，是目前国内绿色建筑最高奖——“绿色建筑创新奖”中唯一的机场建筑，是江苏获得绿色建筑创新奖一等奖且单体建筑面积最大的项目，也是全国首个三星级绿色机场建筑。

案例简介：

南京禄口国际机场二期工程由 T2 航站楼、交通中心、停车楼三部分组成。T2 航站楼设计年旅客吞吐量 1800 万人次，建筑总面积约 26.34 万 m^2；交通中心包括五星级酒店和“机场线”乘坐大厅；停车楼包括停车场及绿化草坪。二期工程建成后使南京禄口机场成为继北京首都国际机场、广州新白云国际机场和上海浦东机场后国内第四个国际最高标准的 4F 级机场。

系统设计优化，高起点、高标准推进绿色三星

T2 航站楼根据不同立面需求，结合自遮阳、固定遮阳及活动遮阳改善室内热环境，结合多种开窗方案，根据机场功能分区进行多层级风环境优化，确定开窗与控制策略优化方案。设计采用高性能空调设备，可根据室内二氧化碳浓度对新风系统进行节能控制。屋面采用了大跨度钢网架结构，通过预应力混凝土梁截面、预应力板带等措施大量减少混凝土和钢筋用量。对大屋面进行雨水收集回用，实现了资源节约利用。

停车楼采用下沉庭院及半开敞式设计，最大程度利用自然采光和自然通风，降低建筑能耗。在屋面设置屋顶绿化，缓解热岛效应，调节周边微环境，同时还布置了太阳能热水系统，占停车楼热水需求的 10%。

太阳能光热光电技术应用

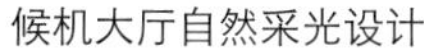
候机大厅自然采光设计

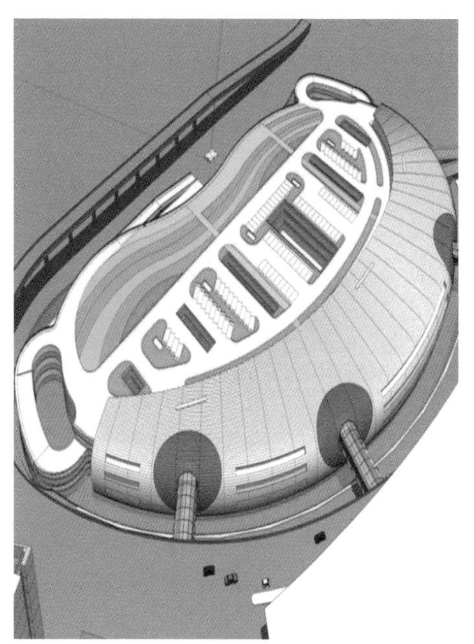
根据屋顶情况设置屋顶绿化

打造智慧机场，设计建造全过程应用建筑信息模型技术

应用了可视度分析、高程分析、填挖高度分析、标高优化分析、结构分析、采光和通风模拟、灯光模拟、建筑遮阳模拟、火灾模拟、疏散模拟、二氧化碳含量模拟、温度模拟、烟气模拟等大量信息模拟技术，每个细节都体现了“绿色智慧”品质。前期施工准备阶段，利用二维图纸和三维 BIM 模型相结合的方法，为机场项目施工、安装单位提供技术支持。施工开始阶段，在每台塔吊顶部装配监控设备，利用无线视频技术对施工现场进行 24 小时实时监控，并将施工现场的建造情况与 BIM 模型进行对比分析，有效地控制施工顺序和施工误差，其复杂屋面钢结构施工新工艺获得全国钢结构协会金奖。

推进系统整合，切实提高绿色建筑实际运行效能

T2 航站楼正式投运后，在能源管理系统、照明系统、空调系统等方面持续进行整合和优化，努力探索绿色三星机场建筑运行管理的有效途径和模式。据统计，与 T1 航站楼相比，T2 航站楼进出旅客流量增加 17.9%、航班增加 16.7%，但单位建筑面积能耗却下降了 19.6%，且照度和温度状况较 T1 航站楼还有了明显改善，旅客对机场总体评价满意度明显提升。

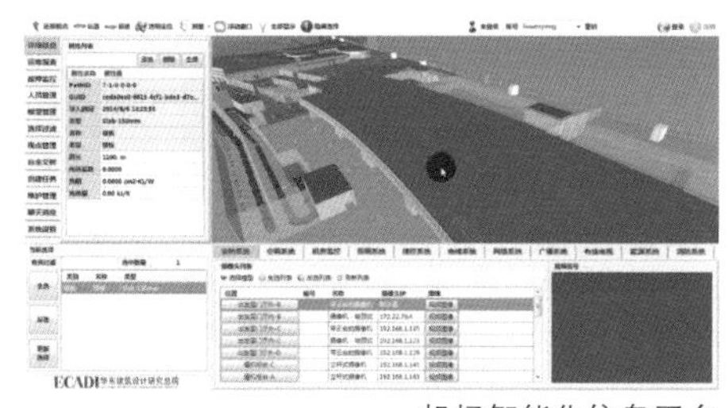
机场智能化信息平台

各方声音：

南京机场二期 T2 航站楼等新建设施的启用，使南京这个航空枢纽城市得以巩固，该建筑是江苏首个绿色机场，也是江苏省单体最大建筑，设计新颖、功能完备、设施一流、环境优美，为旅客出行提供了更加便捷、顺畅的服务。——中建八局三公司机场项目总工 吴高峰

第一次来到南京新航站楼，相比较老航站楼，全景玻璃采光让我心情舒畅，给我的旅行开了个好头。——乘客 王小姐

几次来到南京机场，这里的视野宽广，通透明亮，心情盎然。——中国江苏网

撰写：费宗欣 / 编辑：王登云 / 审核：顾小平

绿色公共建筑——常州武进影艺宫

Green Public Building-Changzhou Wujin Photographic Art Palace

案例要点：

常州武进影艺宫是全省首个场馆类三星级绿色建筑运行标识项目。该项目将绿色生态的理念融入建筑设计、施工、运营管理的全过程，实现了立体绿化、光伏系统、光热系统、外遮阳、光导管系统、雨水回用系统等与建筑的六个一体化集成应用，取得了较好的经济、社会和环境效益。获得全国绿色建筑创新奖、中国建设工程鲁班奖、江苏省绿色建筑创新奖一等奖等多项殊荣。

案例简介：

常州武进影艺宫主要为青少年活动、教育培训等提供服务，总建筑面积 47981.6m^2，地下建筑面积 8155m^2。该项目不仅统筹考虑了太阳能光伏发电系统、太阳能热水系统、光导管系统、中水回用系统等多项绿色建筑技术措施的系统集成，实现绿色建筑一体化设计、施工以及运行管理；同时注重景观与建筑功能的有机结合，将 9 种不同色彩、类型的植物与玻璃幕墙、建筑遮阳板等建筑构件的合理组合，再现了地方传统工艺“乱针绣”的文化魅力。

立体绿化与建筑一体化

建筑屋面及外墙采用多样性立体绿化系统，结合建筑立面展现地域传统文化，丰富建筑景观，同时也提高了建筑围护结构的保温性能。

武进演艺宫夜景

武进演艺宫立体绿化

光伏系统与建筑一体化

利用屋面设置光伏发电系统，结合建筑采光中庭，将太阳能电池组件作为建筑构件的一部分，实现了光伏设施与建筑一体化，年发电 10.38 万 kWh，年节约标煤 40t，年减排 $CO_2$114.2t。

光热系统与建筑一体化

利用屋面设置太阳能热水系统，为建筑提供生活热水，年产热水 1359.54m³，达到所需生活热水总量的 27%，年节能 8.7 万 kWh。

外遮阳与建筑一体化

设置外置式固定遮阳板，在点缀建筑立面效果的同时，消除了直射阳光的不利影响，有效改善了建筑室内热环境和光环境。

光导管系统与建筑一体化

通过光导管照明系统和采光中庭等被动式技术，确保了阴晴天自然光的有效投射，年节能 28048.8kWh。

雨水回用系统与建筑一体化

收集建筑屋面和道路雨水进入雨水积蓄池，经过净化处理后可满足绿化、景观以及道路浇洒等非饮用水，年可利用雨水 13846m³。

光伏与建筑一体化

光热与建筑一体化

建筑外遮阳

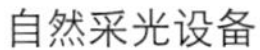

自然采光设备

雨水回收利用机房

各方声音：

凤凰谷屋顶绿化的效果是我评审项目中最出色的，不但植物存活率高，颜色配比美观，而且加以当地民族艺术的理念，值得其他项目借鉴。 ——中国建筑设计咨询公司高级建筑师 郎红阳

建筑外表比较漂亮，可以体现我们常州当地的乱针绣文化，内部功能比较齐全，我们带小孩来上课感觉到室内环境非常舒适。 ——附近小区居民

电影院内空气环境很新鲜，新风量很足，看电影时不会觉得空气闭塞；运动场馆充分利用了自然采光，节约能耗。 ——常州大学城大学生

这座新锐标志性建筑仅在外形上就极富特色。斑斓的晶体造型、奇特的钢结构、绿意的种植屋面、夜间的灯光效果……这些元素融合在一起，构成了“凤凰”七彩斑斓的双翼。石材、不锈钢、植被……这些原本极具冲突的材料“混搭”在一起，却产生了出乎意料的和谐效果。如同常州市武进的传统工艺“乱针绣”，用错落的色彩及材料表达出无限的想象力与创造力，这就是凤凰谷工程想要表达的“乱针绣”文化内涵。 ——《武进日报》

撰写：路宏伟 / 编辑：王登云 / 审核：顾小平

绿色办公楼——苏州中衡研发中心

Green Office Buildings-The R&D Center of Suzhou ARTS Group Co., Ltd.

设计特色（苏式传统园林空间与现代建筑空间交融）

案例要点：

中衡设计企业研发中心大楼是国家绿色建筑三星级设计标识项目。项目在设计建造过程中，融入绿色建筑与智慧建筑理念，借鉴传统院落式布局，设置屋顶花园、庭院、绿色中庭等，让人们在高层建筑中也能体验“小桥、流水、人家”的意境，感受绿色宜居的园林式办公环境。

案例简介：

中衡设计集团企业研发中心大楼位于苏州工业园区独墅湖科教创新区，地上23层，地下3层，总建筑面积77000m^2。

优化建筑空间布局

研发中心大楼将传统、地域文化及园林特征融入现代办公建筑中，借鉴苏州民居“进”与“落”的空间组合手法，体现“小桥、流水、人家”的传统意境。同时，通过优化建筑空间布局，强化自然采光、通风、垂直绿化、自动雨水收集系统与庭院、花园的有机结合。

屋顶花园农场

拓展建筑文化功能

打造开放性顶层画廊、中厅展廊，定期举办免费展览，既满足了员工的艺术体验需求，又为市民提供了享受艺术熏陶的场所，将原本单一的办公建筑提升为丰富民众文化生活的新载体。

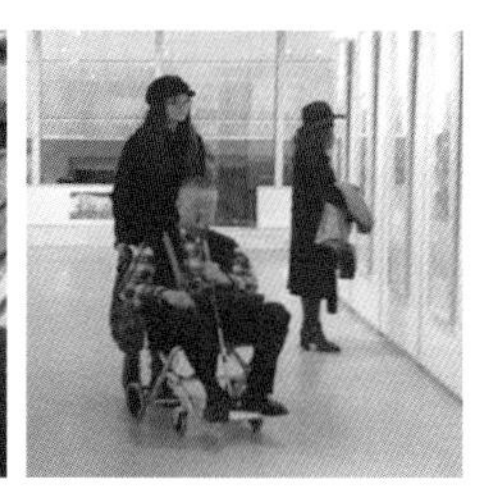

建筑空间内的不同活动

同一中庭，不同体验：平时、年会、拜师大会

系统集成绿建技术

积极运用雨水回收利用、垂直绿化、屋顶花园农场、可调节遮阳系统、新排风热回收等主被动绿色建筑技术，以及地源热泵空调、太阳能热水、风光能联合发电等可再生能源技术，实现多种绿色建筑技术系统集成和智慧运营，达到了“节地、节能、节水、节材、室内环境优良、运营管理智慧”的绿色建筑目标。

绿色建筑相关技术

各方声音：

中衡设计企业研发中心用“干净”的现代手法“转意”传统文化，以及细节到位的高完成度值得推广和学习。绿色建筑与智慧建筑设计理念融入整个研发中心设计之中，最大限度的保护环境、节约资源，为使用者提供了舒适安心的环境。——中国工程院院士、建筑设计大师、东南大学教授 程泰宁

这是一座外表及其现代化，而楼内处处体现出传统文化的办公大楼，大楼外彩虹条状的装饰非常有特色。大楼内的衡艺空间展厅经常举办画展，让我们都能免费享受艺术熏陶，非常赞！

——苏州工业园区市民

在这座 99m 高的现代高层建筑中，出现了一座“向苏州优秀传统文化致敬”的现代园林式办公空间。一个为他者构划空间的设计机构自身的存在样式应当是其创作思想与实践最直观清晰的展示。在人们习惯以“洋苏州”概括的工业园区，一座现代建筑执着于致敬苏州古城的努力，值得关注。

——《姑苏晚报》

撰写：唐宏彬、韦伯军 / 编辑：王登云 / 审核：顾小平

生态外遮阳

工业厂房变身绿色建筑
——苏州建筑设计院办公楼

From Industrial Plants to Green Buildings
-The Office Building of Suzhou Institute of Architectural Design

案例要点：

苏州建筑设计院办公楼是既有工业厂房应用绿色建筑理念和适用技术实施改造再利用，变身为现代绿色创意研发办公建筑的典型案例。其改造成本仅为新建成本的 42%，却实现了土地使用率增加近 1 倍、土地亩产利税增长近 2 倍、单位建筑面积能耗下降 1/3 的综合效益。该项目获得全国绿色建筑创新奖二等奖、江苏省第十五届优秀工程设计一等奖、三星级绿色建筑运行标识等荣誉。

案例简介：

项目位于中新合作苏州工业园区首期开发的南部工业区，是由一栋仍有 40 年使用寿命的闲置工业厂房改造而成。为将旧厂房改造成为创意研发的新空间，苏州建筑设计院遵循自然、经济、可推广的原则，确定了“六个生态主题、多样化创新技术”的实施路径，采用切合环境实际的绿色节能设计方案以及自然采光、自然通风、生态遮阳、雨水回用、资源再生利用、能量分项计量 6 项成套技术，将生态、节能、经济与“四节一环保”融入整个项目的设计、改造和运行管理中，并注重对运行数据的收集、整理、分析，延长了建筑使用寿命，大大节约了资源、减少了排放。

利用改造天窗采光的会议室

利用回收雨水的景观水池

资源集约利用

结合原有建筑现状和苏州自然条件，保留了旧厂房 95% 的主体结构，避免了大拆大建、施工扬尘、噪声等对周边的影响。同时充分利用原有工业建筑层高较高、荷载设计值较大的特点，在原结构中添加了一层楼板，使总建筑面积由原来 6700m^2 增加为 13100m^2。

综合品质提升

应用墙体自保温、太阳能光导照明、门窗节能、生态遮阳、立体绿化等绿色建筑技术，改善了建筑自然通风、自然采光条件，降低了建筑能耗。原先呆板的工业厂房升级为宜人的创意办公园区，为员工提供了舒适、健康的工作环境。

功能转型升级

传统工业向现代服务业转型后，土地年亩产利税从 74 万元 / 年增加到 203 万元 / 年，土地利用的经济效益大幅上升。

改造前室内单层空间

改造后室内双层空间

改造前东立面

改造后东立面

改造前东北角

改造后东北角

各方声音：

该项目外回廊“复合遮阳系统”的引入、建筑周边环境的“微地形”设计、原有建筑空间的巧妙整合、自然通风、自然采光以及屋顶绿化等既有建筑被动式节能改造的实践在国内尚属先行，极具社会推广价值。

——时任住房城乡建设部副部长 仇保兴

该项目作为既有建筑绿色改造实例，真正体现了绿色低碳理念，成果可复制、可推广，采取的绿色路径具有很好的示范性。

——美国自然资源保护委员会（NRDC）执行主任 彼得 · 列纳

整个办公环境和以前古城区的老楼相比，舒适性高了很多，不像以前很拥挤，冬暖夏凉，室内空气质量也有了很大改善。办公楼很生态，在座位上往外看去都是绿化，心情很好。画图累了还可以去外面露台休息休息，聊聊天。夏天感觉在外面露台上很舒服，树荫下吹着凉风。室内空气流通也比以前老办公楼效果好，还有很多天窗采光，很明亮。

——公司员工

撰写：费宗欣 / 编辑：王登云 / 审核：顾小平

绿色工业建筑
——国内首例绿色厂房南京天加空调厂

Green Industrial Building
-The First Green Plant Of China, Nanjing Tica Air-conditioning Co., Ltd.

案例要点：

南京天加空调生产工厂是全国首个获得三星级运行标识的绿色工业建筑项目。该项目在规划、设计、实施、运营过程中，结合生产的特点和需求，将绿色建筑技术融入建筑与生产的各个环节，主动、被动节能措施兼施，辅以智能化系统，保障建筑真正绿色化运行。投入使用以来，有效地降低了能源、水资源消耗，显著改善了生产环境，提高了企业能源资源利用效率。据初步测算，工厂的非生产能耗比传统厂房低 42%，其经验为制定国家绿色工业建筑评价标准提供了研究基础。

建筑南向遮阳棚减低夏季得热

遍布屋面的采光天窗保障昼间采光效果

案例简介：

南京天加空调生产工厂是大型中央空调产业制造基地。项目在场地规划、建筑形制、结构体系、环境设备、室内污染控制和自动化管理等方面，采用了多项绿色建筑技术，既满足了企业发展扩大生产基地与组建国家标准实验室的需求，又减少了工业生产对环境的压力，提高了生产办公环境舒适度。

绿色技术集成程度高

将绿色建筑技术充分融入生产建筑的各个环节。在空间集约方面，采用区划式布局，在充分满足生产车间需要的同时降低建筑占地面积，同时对场地进行绿化和透水式生态建设；在能效利用方面，充分利用被动式节能技术提高建筑的自然采光和通风效率，并以自动化手段利用生产余冷余热提高室内环境质量；在节水方面，充分利用生产过程中产生的循环水，采用喷灌式方式浇灌绿化；在建筑材料方面，主体结构采用工厂预制构件，大量使用可循环材料等绿色技术措施。

绿色生产空间环境好

减少幕墙玻璃面积、采用波纹型镀铝锌板外墙降低光污染；对生产过程中产生噪声的设备采用隔声、减振措施降低噪声污染；对工业废弃物及时分类收集处理，降低固废污染；限制装修材料有害物含量，保证新风量，提升室内环境品质等，营造良好的绿色生产空间环境。

空压机余热回收机组

利用余热的工位送风空调器

屋面采光、通风技术措施

隔声房、减振垫等降噪设施

固体废弃物临时堆场和分拣中心

立面大量开窗增强自然通风

绿色运营管理效率高

实行标准化环境和健康安全管理，通过能源管理中心收集所有用电设备的能耗信息，并进行分析，用以调整和优化机器设备运转状态。绿色节能技术的应用为工厂带来了实实在在的效益，据统计分析，2012全年建筑用能耗（厂房内照明、空调和管理办公）仅为2.24kgce/（$m^2 \cdot a$），占全年总能耗的3.7%，单位产品取水量（包括厂房内实验、生产、生活用水和厂房周边绿地用水）为0.204t/套，厂区循环水使用率达到98.7%。

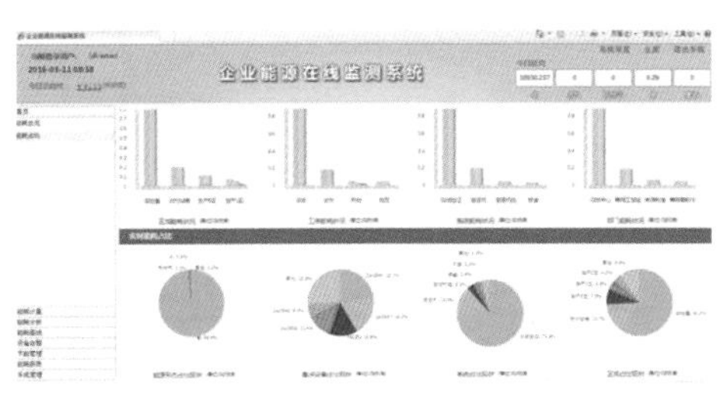

能耗监控系统

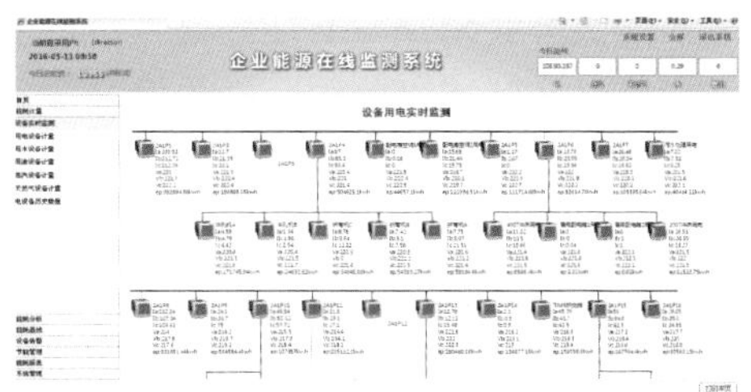

电能消耗实时监测

各方声音：

夏天车间里不用空调也感觉清凉，这是“绿色”带来的好处。

——中国建筑科学研究院副院长 吴元炜

在工业建筑这个看似城市最不环保的领域，做出的绿色努力得到了验证。绿色建筑技术在工厂里的应用和推广，可以在最有绿色潜力的范围内，为整个城市的生态宜居做出贡献。

——中国建筑科学研究院绿色建筑技术负责人 曹国光

这个工厂把绿色建筑理念用到了建设、管理和宣传的各个环节，重视员工的安全健康，在厂房里很多地方都能看到节能环保的措施影子，在这里工作可以更放心。 ——企业生产人员

撰写：唐宏彬、刘晓静 / 编辑：王登云 / 审核：顾小平

城市绿色照明
——无锡节能改造合同能源管理模式

Urban Green Lighting
-The Syneretic Energy Management Mode of Energy-saving Renovation of Wuxi

案例要点：

城市照明是政府公共服务的重要内容之一，随着城市规模的不断扩大，用于城市照明的电耗与日俱增，约占城市公共设施用电总量的40%。由于历史原因，城市中有相当部分建造较早、效果较差、能耗较高的照明系统仍在使用，浪费了财政资金。如何引入适宜的改造模式和节能技术，推广城市绿色照明，降低照明电耗，提高城市照明质量，是许多城市普遍面临的问题。

合同能源管理是发达国家普遍推行的、运用市场手段推进节能的服务机制。具体是指节能服务公司与用户签订能源管理合同，为用能单位提供节能诊断、融资、改造等服务，并通过分享节能效益的方式回收投资和获得合理利润。采取合同能源管理方式实施节能改造，政府不需要投入资金，却可以在合同期内与节能服务公司分享节能收益，合同实施结束后则独享全部节能收益。无锡是江苏最早开展城市照明节能改造合同能源管理实践的城市，没花财政投资即率先实现了城市绿色照明全覆盖。综合应用了太阳能及LED灯具改造，分区、分时、分级智能控制系统改造等技术措施，提高了城市照明质量，节约了照明用电，每年节约财政支出超过了2000万元。无锡市还将城市照明节能管理的经验做法上升为地方法规，出台了《无锡市城市照明条例》，成为全国第一个对城市照明进行立法的城市。

案例简介：

城市道路照明改造合同能源管理

对单灯控制、集中降压、LED改造等多种节能方式的经济性、先进性、可实施性、可控性进行比对，确定采用集中降压的节能方式实施合同能源管理。实施四批次配电节电柜改造，覆盖配电设施62处、10655盏路灯。到2015年末，累计节约用电962万kwh，节约电费777万元，平均节电率达到21%。节约的电费中，返回服务商329万元，占节约电费的42%；财政获得节能收益448万元，占节约电费的58%。累计节电折算标准煤达到3847t，减少二氧化碳排放9588t，减少二氧化硫排放288t。

城市照明配电节电柜改造

无锡市城市道路照明节能改造合同能源管理项目表

单位：万元

序号	安装路段	公司名称	节能柜数量	平均节电率	节约电费	返还企业	财政收益
1	钱荣路、南湖大道等	鑫睿节能有限公司	9	22%	129	68	61
2	青龙山路、西环线等	江苏天禧照明与景观工程技术有限公司	4	20%	70	32	38
3	望湖路、望山路、隐秀路等	祺润国际商贸有限公司	4	20%	146	78	68
4	金石路	苏州国发威尔节能科技有限公司	4	24%	54	27	27
5	锡沙线	苏州国发威尔节能科技有限公司	7	23%	64	25	39
6	锡沙线	添地节能环保科技服务有限公司	11	21%	127	42	85
7	具区路	祺润国际商贸有限公司	5	22%	85	33	52
8	兴源路、312国道	江苏天禧照明与景观工程技术有限公司	18	22%	102	24	78
合计			62	21%	777	329	448

小区照明改造合同能源管理

新安花苑为安置房小区，由于建设时间较早及成本制约等因素，不少小区居民反映路灯亮度不够，影响夜间出行。无锡市由小区所在街道牵头，物业公司具体实施，在新安花苑一期、二期、三期内按合同能源管理模式进行路灯改造，将小区内 800 余套 70W 金卤灯全部更换成 15W 的 LED 路灯。节能服务公司负责灯具光源及配套设施的投入、更换、安装及日常维护，灯杆、供电线路、变压器等设施仍由原维护单位负责维护。此次小区照明改造，产权单位无需投入一分钱，所需费用均由节能服务企业从 5 年的节能收益中获得补偿。

工人正在进行照明设施改造

形成绿色照明长效管理机制

在国内率先出台《无锡市城市照明条例》，通过立法对城市照明行政管理模式、照明设施配建、维护管理责任、应急管理机制、节能控制措施等进行规范，提高城市照明质量，确保城市照明安全。

利用信息化手段加强城市照明管理，夜间景观照明系统按照不同区域以及不同时段进行差异亮化，实现了周一至周四模式、周末模式、重大节日模式三种不同灯光效果。智能识别所处季节、时段、道路交通流量等状况，实现城市照明设施自动开闭及照度调整。实现路灯、景观灯及其他附属设施的统一控制及 24 小时监测，最大限度地节约能源。

江苏省人民代表大会常务委员会

The Standing Committee of Jiangsu Provincial People's Congress

首页 概况 资讯 发布 履职 代表 机关 互动 专题 关于我们

江苏人大网 > 重要发布 > 市级法规 > 正文

无锡市城市照明条例

（2014年6月27日无锡市第十五届人民代表大会常务委员会第十六次会议制定

2014年7月25日江苏省第十二届人民代表大会常务委员会第十一次会议批准）

第一章 总则

第一条 为了加强城市照明管理，促进能源节约，改善城市照明环境，根据有关法律、法规，结合本市实际，制定本条例。

第二条 本市行政区域内城市照明的规划、建设、维护及其相关管理等活动适用本条例。

城市照明包括功能照明和景观照明。

第三条 城市照明工作应当遵循以人为本、安全节能、美化环境、生态环保的原则，并与社会经济、文化和人民生活水平的发展相适应。

第四条 各级人民政府应当加强对城市照明工作的领导，确保资金投入、专款专用，保障城市照明工作健康发展。

第五条 市、县级市城市照明行政主管部门负责本行政区域内城市照明监督管理工作。区城市照明行政主管部门负责职责范围内的城市照明管理工作。

县级市、区城市照明行政主管部门接受市城市照明行政主管部门的监督和指导。

城市照明行政主管部门所属的城市照明管理机构根据职责分工，具体负责城市照明日常管理工作。

无锡市城市照明条例

各方声音：

无锡路灯的用电量很大，节能改造引入合同能源管理模式，既不要财政掏钱，后半夜又不影响我们市民出行，确实是件好事情。夜间太湖新城车流量少，五湖大道、贡湖大道等一些道路关闭慢车道路灯，既不影响照明，又节约了能源，路灯处做了件实事。 ——行风监督市民代表

无锡将城市照明工作中好的经验和做法上升为地方性法规，顺应广大人民群众对城市照明改善生活环境的民生期盼，适应无锡经济社会快速发展和城市照明工作不断推进的实际需要，对依法推动城市照明事业步入科学化、规范化的新阶段具有重要作用。 ——中国江苏网

撰写：费宗欣 / 编辑：王登云 / 审核：顾小平

绿色校园——江苏城乡建设职业学院新校区

Green Campus-The Planning and Construction of the New Campus of Jiangsu Urban and Rural Construction College

案例要点：

江苏城乡建设职业学院新校区是目前国内唯一通过建设部和教育部认证的绿色校园示范项目，在全国率先以建设全生命周期绿色校园为目标，探索集绿色设计、绿色施工、绿色运营、绿色人文于一体的全生命周期绿色校园建设。项目在全国已建高校校园项目中率先实现了绿色建筑全覆盖，集成实践了绿色建筑、海绵校园、可再生能源建筑运用等绿色生态技术，形成了完整的规划、设计、运行、管理的方法体系。项目结合行业办学特点，打造“绿色校园大课堂”，构建独特的绿色建筑校园文化，服务于具有可持续发展理念的行业专业技术人才培养。

海绵校园建设

案例简介：

项目位于江苏省常州市殷村职业教育园，总占地面积 700 亩，总建筑面积 26 万 m^2。项目范围内新建建筑 100% 取得了绿色建筑设计标识，其中二星级及以上高星级绿色建筑比例超过 48%。项目还结合校园绿色建筑技术的运用，构建绿色行业人才培养平台、绿色建筑技术科普平台、绿色技术应用科研平台，项目建成后，节能减排效益显著，实现了社会效益、环境效益和经济效益的有机统一。2015 年项目获 “江苏省绿色建筑创新一等奖”，并成为“江苏省科普教育基地”。

注重绿色规划布局，建筑地域文化特色鲜明

江苏城乡建设职业学院新校区采用绿色理念系统规划校区布局，通过合理运用自然通风、自然采光，提高校区内建筑的舒适度，并综合考虑当地气候特征和可再生能源。校园建筑设计采用现代中式风格，合理控制建筑高度和空间尺度距离，与周边环境和谐融合，形成了“粉墙黛瓦、水墨江南”的鲜明地域特征。校园内 24 万多 m^2 的主要功能建筑都取得了绿色建筑设计标识，其中二星级及以上绿色建筑面积占比达 48%。

实践绿色技术体系，校园节能减排效益显著

江苏城乡建设职业学院新校区项目建设采用开源和节流两种措施推进校园节能。因地制宜采用光伏发电系统、土壤源热泵中央空调系统、污水源热泵系统，建设建筑区域能源集中供应站，为多栋建筑提供空调、采暖、生活热水需求，大大提高能源使用效率和管理水平。同时，因地制宜采用光导照明采光、自然通风、屋顶绿化、中水回用等多种技术，构建了校园绿色技术体系。加强建筑运营管理，通过能耗监管平台控制能源资源消耗总量，大大减少能源消耗。据测算，每年可节约一次能源消耗 1382t 标煤，减排 $CO_2$3623.25t，减排 $SO_2$11.75t，节能学院能源费用支出约 240 万元。

绿色建筑相关技术

探索海绵校园技术，雨水收集利用多措并举

项目引入“低冲击开发”理念，增强雨水就地入渗能力，利用湖泊水体植物降解处理水质，营造了水清、鱼游、景美、岸绿的自然风貌，水体主要指标达到了国家地表三类水标准。敷设透水铺装地面 3.5 万 m^2，实施屋顶绿化 7611m^2，结合景观设计设置微地型和生态河岸，设置雨水花园景观滞流槽 200 余 m，改造景观水域面积 2.3 万 m^2，雨水收集库容近 4 万 m^2，既有效降低了暴雨给校园造成的洪涝灾害威胁，平常还可以用收集的雨水浇灌绿化苗木、冲洗道路。

交流宣传活动

营造绿色建筑文化，环境熏陶培养绿色人才

将绿色校园建设内涵从绿色设计、绿色施工、绿色运营拓展到绿色人文，将绿色校园项目建设的落脚点聚焦到具有可持续发展思想的人才培养。成立了“绿色校园运营管理委员会”，构建了“绿色建筑体验”“再生能源利用展示”“绿色建筑技术展示”“绿色交通体验”“绿色人文展示”等 5 个版块 30 项绿色文化展示体验系统，建设了绿色校园展示中心、绿色校园建设图片展、绿色建筑宣传栏等宣传平台。在全校范围内开展“绿在城建”主题教育活动，让全体师生在校园里体验绿色、感悟绿色，积极倡导师生树立绿色观念、践行绿色行为。结合行业转型升级对绿色建筑人才的需求，在全国教育系统率先开设《绿色建筑概论》、《绿色建筑施工管理》、《海绵城市建设》等绿色校园相关的可持续发展教育的公共课程。

绿色校园知识普及活动

各方声音：

江苏城乡建设职业学院新校区建设采用的光伏光热、地源热泵、水处理等绿色建筑技术适宜江南地区，建筑设计风格非常具有民族、地方特色，在全国绿色校园中堪称数一数二；同时绿色建筑实践、开放式的教育方法、连续两届选派教师参加国际绿建大会等做法非常好。

——国务院参事、中国城市科学研究会理事长、国家住房和城乡建设部原副部长 仇保兴

江苏城乡建设职业学院当前的绿色校园建设水平在国内很有典型性，为今后进一步形成绿色校园案例创造了很好的条件。学院要继续保持这样的信念，深入研究，凝练特色，力争成为全国的示范项目。要积极通过绿色大学联盟参与国际交流，向世界宣传和展示中国绿色校园建设的成果。

——中国绿色大学联盟秘书长、同济大学教授 谭洪卫

雨水收集与生态水处理是我们绿色校园建设的突出亮点之一，清澈见底的景观湖，能见度有 1 m 多，湖里的各种挺水、浮叶、沉水等植物搭配很科学，不但能够有效控制水体黑臭，而且四季有景，呈现了水清、鱼游、岸绿、景美的怡人水景，是我们环境专业师生很好的水处理案例教学资源。

——江苏城乡建设职业学院教师 胡颖

撰写：王登云 / 编辑：张爱华 / 审核：顾小平

江苏省绿色生态城区建设集成示范

Integrated Demonstration of Green Ecological City Construction of Jiangsu

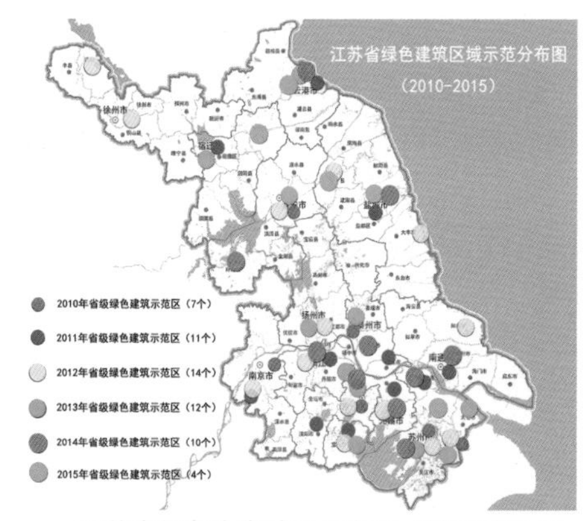

江苏省绿色生态城区分布图（2010-2015）

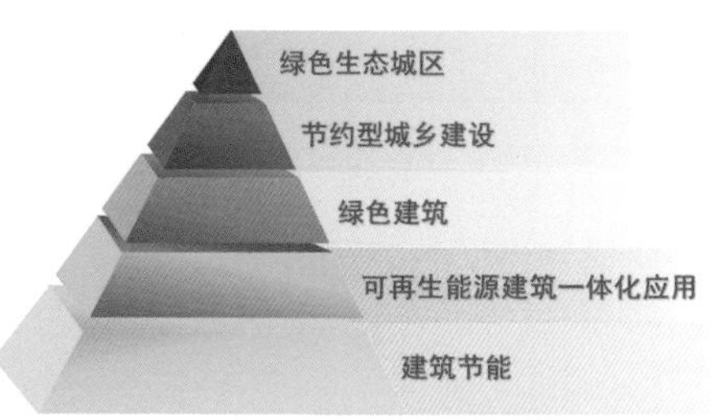

江苏省绿色生态发展推进过程图

案例要点：

在绿色建筑单体实践的基础上，江苏将资源节约、环境友好、生态宜居的理念方法推广至城乡建设全领域。2009 年省政府下发《推进节约型城乡建设工作意见》，从空间复合利用、海绵城市、综合管廊、垃圾资源利用、绿色交通、绿色照明、绿色建筑等十项重点工作入手，探索可操作、能见效、可复制的实践经验，2011 年“江苏省推进节约型城乡建设”获得中国人居环境范例奖。2010 年起，省级财政建筑节能和绿色建筑专项资金开始支持以节约型城乡建设为主要内容的各项绿色、低碳、生态技术和方法的区域集成示范。住房城乡建设厅制定了绿色建筑和生态城区规划建设标准，引导鼓励各地在约 1-3km^2 的新建城区集中集成示范，五年来，全省共启动了 58 个绿色建筑和生态城区示范项目，覆盖 13 个省辖市，省级引导资金投入约 10 亿元，撬动地方绿色生态相关投资 3000 多亿元。据测算，示范区的建设每年可节约标准煤 26.4 万 t、减少 CO_2 排放 69.2 万 t。同时各地形成了一批效益显著的示范区，展现了绿色建筑和生态城区的现实模样。

案例简介：

2010 年开始，江苏省级财政专项资金聚焦支持绿色建筑和生态城区区域集成示范，示范区基于绿色生态理念，以绿色建筑为重点，以节约型城乡建设为主要内容，对项目规模、技术体系、配套机制都明确了具体要求。

打造示范效益显著的绿色建筑和生态城区

结合不同地域经济发展水平和资源特点，分类确定发展目标，指导绿色建筑和生态城区规划建设，打造了一批国内知名绿色建筑和生态城区。

无锡太湖新城

无锡太湖新城（以下简称“太湖新城”）位于无锡市区南部，集居住、教育、研发、文体、高新技术产业及旅游服务功能于一体。太湖新城围绕能源节约利用、水资源综合利用、废弃物再利用、绿色交通等方面开展工作，获得“国家绿色生态城区”、“国家级低碳生态城示范区”和“江苏省建筑节能和绿色建筑示范区”称号。

无锡太湖新城实景鸟瞰

1. 充分利用可再生能源，可再生能源使用量占建筑总能耗比例超过 7%。建成太湖国际博览中心酒店天然气分布式能源站、贡湖大道太阳能景观照明设施等节能示范工程。

2. 开展海绵城市建设，全面推行中水利用。采用屋顶绿化、下凹绿地、城市湿地系统增加雨水入渗；建成沿吴都路市政中水管网共 10km，利用太湖新城污水处理厂中水进行道路清洗、绿化浇洒、公建冲厕。

3. 尊重自然绿地，建设城市公共绿地。累计完成绿化环境建设 1000hm²。城市绿地平均植林率 ≥ 45%。

4. 提高公交线网覆盖率和公共设施可达率，建设城市公共慢行系统。所有住区出入口距公交站点 ≤ 500m、距公共绿地 ≤ 500m；建成了尚贤河湿地慢行交通系统和 3Q 公共自行车租赁管理系统。

绿地系统分布图

贡湖大道太阳能景观照明设施

太湖新城人工湿地

昆山花桥国际商务城

昆山花桥国际商务城（以下简称“商务城”）地处苏沪交界处的昆山花桥经济开发区，以金融服务外包作为战略性主导产业，包含综合功能、产业发展、滨江服务及生活配套四大功能区。商务城构建了多方式、多层次绿色交通体系，建成了区域能源利用，综合管廊和天福村农房改造等绿色人居项目。

商务城绿地生活区

商务城中央公园

花桥轨道交通枢纽

中国国际采购中心（光伏发电项目）

绿地大道综合管廊

天福村农房改造

1．发展多层次公共交通体系，提供绿色出行环境。建成 3 个综合客运枢纽、8 个公交换乘枢纽、220 个公共自行车租赁点。绿色交通体系建成后交通碳排放可减少 30%~40%。

2. 以可再生能源利用为基础，结合热电厂冷热联供，建设了一批区域能源供应项目；引入合同能源管理机制，建成商务城建筑能耗监测中心。据预测，节能情景下规划末期建筑能耗可降低 29%，CO_2 减排 30%。

3. 建成了绿地大道综合管廊，除雨污水、燃气之外的所有管线集中敷设，集中管理。

4. 实施农房改造再利用。对天福村的 200 多栋农房进行抗震加固、节能改造和周边环境整治，改造后节能率 ≥ 50%。

开展节约型城乡建设重点工作示范

绿色建筑和生态城区率先开展可再生能源建筑一体化应用、节水型城市建设、绿色施工、住宅全装修、节约型村庄规划建设等节约型城乡建设十项重点工作的示范。建成了一批重点工程项目，绿色建筑和生态城区示范项目的各项指标处于全国领先水平，太阳能光热技术利用率 100%，城市照明采用节能灯比例达 85%，公共交通出行分担率 70% 以上，垃圾分类收集率普遍超过 50%。

形成系列实用技术体系。通过在示范区开展节约型城乡建设集成实践，探索了技术路径和实施推进机制，发布了《江苏省绿色建筑应用技术指南》《示范区应用技术指南》等技术文件。

形成体现生态文明的系列工作成果

推动绿色建筑全面普及。2011 年起，江苏绿色建筑和生态城区内新建建筑全部按照绿色建筑标准设计建造，到 2015 年底，区内绿色建筑标识项目约 4700 万 m^2，占全省总量的 55%，其中二星级及以上绿色建筑标识项目占比 63.3%。

建成绿色惠民公共设施。示范区紧扣功能需求和示范目标，建成一批效益显著、惠及民生的绿色生态工程。截至 2015 年，累计实施地下空间约 1000 万 m^2、地下综合管廊近 40km；建设运营各类能源区域综合供应站 24 个，服务建筑面积达 1300 万 m^2；建成城市生态湿地 36 个，面积近 1500 万 m^2；建设 1400 多个公共自行车租赁点，公共自行车近 3 万辆；改造、新增城市节能灯具近 22 万盏。

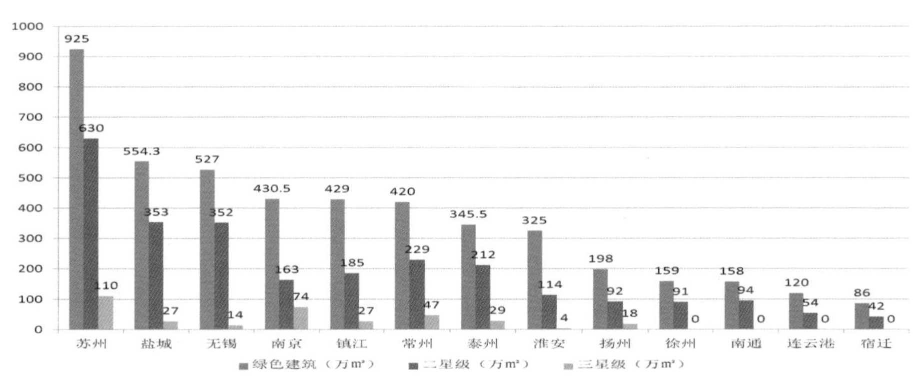

江苏省绿色生态城区中绿色建筑建成面积统计

建成绿色惠民公共设施。绿色生态城区紧扣功能需求和示范目标，建成一批效益显著、惠及民生的绿色生态工程。截至 2015 年，全省绿色生态城区累计实施地下空间约 1000 万 m^2、地下综合管廊近 40km；建设运营各类能源站 24 个，服务建筑面积达 1300 万 m^2；建成城市生态湿地 36 个，面积近 1500 万 m^2；建设 1400 多个公共自行车租赁点，自行车近 3 万辆；改造、新增城市节能灯具近 22 万盏。

苏州高新区山体修复和宕口整治

泰州医药城分布式能源站

淮安生态新城有轨电车

盐城聚龙湖城市夜景绿色照明

苏州狮山路城市空间复合利用

镇江官塘路海绵城市建设

带动绿色生态产业发展

绿色建筑和绿色生态城区的建设，带动了绿色建筑相关产业发展，如绿色建筑规划设计、咨询检测等科技服务业；绿色建材、节能环保设备等制造业；建筑运营管理、环境管理、信息化等运营服务业。同时，苏州高新区、常州武进区等地充分发挥辖区内绿色产业优势，推动组建绿色产业联盟。

引导形成绿色生活理念

绿色建筑和生态城区积极开展绿色生态宣传展示，利用城市规划建设展览馆设立绿色生态展示专区，向社会开放，宣传展示绿色建筑、生态城区的理念和技术发展情况。南京、盐城等地按绿色建筑标准建设绿色生态专题展示馆，用多元化的方式让参观人员亲身感受绿色低碳技术方法运用带来的生态宜居感受。

江苏省绿色建筑与生态智慧城区展示中心

盐城低碳社区体验展示中心

各方声音：

江苏省通过总结多年来绿色生态城区的规划建设实践，全面研究了区域建设中实现低碳生态的专项规划体系构成、规划技术方法和工作重点，确定了适应江苏省绿色生态城区的指标体系，并明确了实施控制方法，用于指导江苏省绿色生态城区规划建设工作。

——住建部科技与产业化发展中心副主任 梁俊强

江苏省通过现有绿色生态城区推进实践总结，探索了不同类型城区的政策导向、管理体系、市场机制等模式的效率和收益，提出了政府引导、市场推动的“双轮驱动”模式，明确了由实施主体和管理主体的协同推进机制，对推动绿色生态城区建设具有较强的指导性和应用价值。

——清华大学教授 栗德祥

记者了解到，江苏目前已有 58 个省级绿色建筑示范区，集中示范了绿色建筑、绿色交通、水资源循环利用、地下综合管道等生态技术的方法，受到了外省市的关注。推进绿色城镇化是践行“创新、协调、绿色、开放、共享”五大理念的长期行动，目前做的只是起步阶段的探索，下一步还将认真按照中央的要求和“十三五”规划纲要的部署，坚持不懈的深入推进。

——《人民网》

撰写：王登云 / 编辑：赵庆红 / 审核：顾小平

常州武进区“江苏省绿色建筑博览园”实践

Practice of Jiangsu Green Building Expo Park in Wujin District, Changzhou

案例要点：

常州武进 · 江苏省绿色建筑博览园是国内首个绿色建筑主题公园，也是国内第一个以绿建筑为主题且具有较高感知性、体验性、推广度的博览园。博览园利用在高压走廊下的闲置空间，围绕当前绿色建筑和生态园区建设的先进技术、重点产品、关键环节等，在园区集成示范、应用推广。园区建设运营机制灵活、新颖，政、产、学、研、用等机构协同推进，建成了 5 个主题园区和三个绿色建筑组团。开园半年来，接待了数百个参观团，3 万余人次入园参观，获得广泛认同。

案例简介：

项目地点：常州市武进绿色建筑产业集聚示范区

项目性质：绿色产业园区、展示基地、实训基地

项目规模：占地 204 亩，14 栋建筑，总建筑面积约 4 万 m^2

开园时间：2015 年 11 月 26 日正式向公众免费开放

项目投资：约 2 亿元

地块原址原貌（棕地开发利用）

细胞结构规划设计理念

博览园所在地曾是一块长期闲置“高压线下的废地”，位于常州春秋淹城遗址与纵横 160km^2 的西太湖方向。博览园设计从自然界中植物叶片生长和自我修复的现象中找到了灵感，通过绿色园区、海绵园区的建设，使这片腐朽的废地重获生机。经过疏通周边河道水系、联通场地周边绿色斑块、修复场地环境，废地重新焕发了生机。在此基础上，开展了五大主题园区的建设。

绿色生态技术集聚示范的平台

绿色建筑多样化园区。园区形成乐活工坊、宜风雅筑、低碳国际三个绿色建筑组团，通过建筑工业化技术体系、被动式绿色技术和主动式技术结合，以标准化设计、仿古式设计、多种结构类型设计充分展现园区多样化的绿色建筑风格。包括有：被动式模块化化建造的“零碳屋”“红模方”，多样化木结构体系的“木营造馆”“好家香邸”，中式风格工业化建造的“忆徽堂”，绿色能源工程“并蒂小舍”新农房，被动式与主动式绿色建筑集成的现代“未来空间”，以及低能耗、高舒适性建筑“智慧立方”等 12 栋高星级绿色建筑。

工业化被动式绿色建筑——零碳屋

木结构绿色建筑——好家香邸

中式工业化绿色建筑——忆徽堂

新能源绿色农房——并蒂小舍

高度技术集成绿色建筑——未来空间

低能耗绿色建筑——智慧立方

低碳生态园区。在低碳建设方面，从能源供应侧到能源使用侧均采用可再生能源微网系统、高效的围护结构系统、空调系统及照明系统等综合措施，实现更少的碳排放。园区全年可再生能源微网系统产生绿色电力约为 12 万 kWh，占园区全年总用电量约 30%，比同类园区全年多减排 CO_2 约 169t（总能耗节约 35%）。

在生态建设方面，应用了生态景观设计技术、立体绿化技术、场地自然通风和防噪技术，优先选用乡土植物，以达到改善环境品质，调节小气候、防风降尘、降低噪声、净化空气和水体的作用。

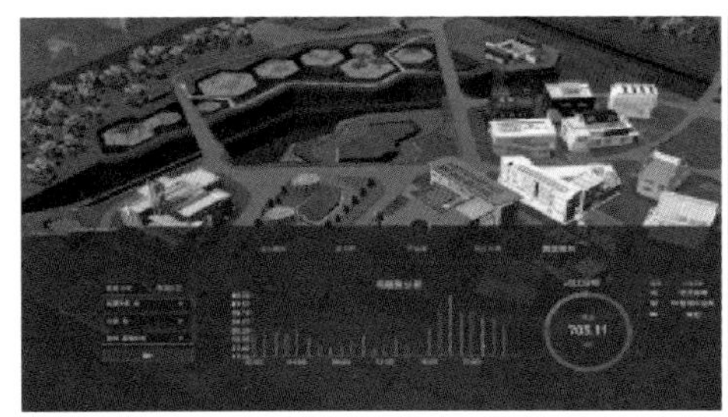

110KW 薄膜太阳能发电和能源微网系统

屋顶绿化种植

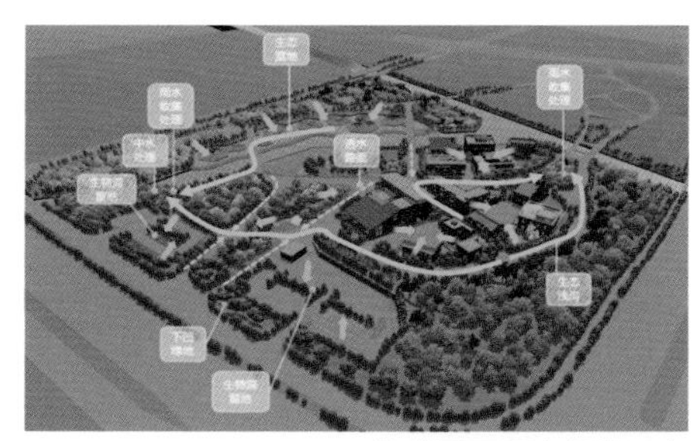

海绵园区雨水径流示意

海绵园区。示范展示绿色节水技术，采用雨水自然入渗、生态浅沟渗滤收集、生物滞留池渗滤收集等技术。园区年径流总量控制率达 70%，远高于同类园区不到 55% 的年径流总量控制率，控制总量达 650m³，比类似园区雨控量多 250m³。同时，本项目对屋面和地面的雨水进行收集和净化，回用于绿化浇洒和场地冲洗，园区非自然水源利用率达 23%。

绿色智造及管理园区。依托 BIM 实现数字化设计方式，所有建筑均适当采用了工厂预制的部品部件，部分建筑的工厂预制比例达到 95% 以上，施工阶段主要以现场吊装、拼插、焊接等方式为主，园区建筑整体工业化率达 60%。同时园区内所有园路和铺装材料均采用固体废弃物制成，实现固体废弃物的循环再利用。

在管理上利用信息和通信技术来感知、监测、分析、整合园区各个关键环节的资源，使园区能够提供高效、便捷的服务和发展空间。

融合了无线专网、信息化平台系统、移动 APP、智能监测传感系统等软硬件设备，不但能够展示园区内各项绿色生态技术，而且可以实时监测园区内各建筑室内外环境、能耗、水耗、可再生能源等系统，并形成数据库，进行数据查询、分析和处理，为园区的智慧运营提供数据支持和帮助。同时，提供了基于移动端使用的 APP，实现园区的智能导览。

海绵园区应用技术示意图

装配式建筑

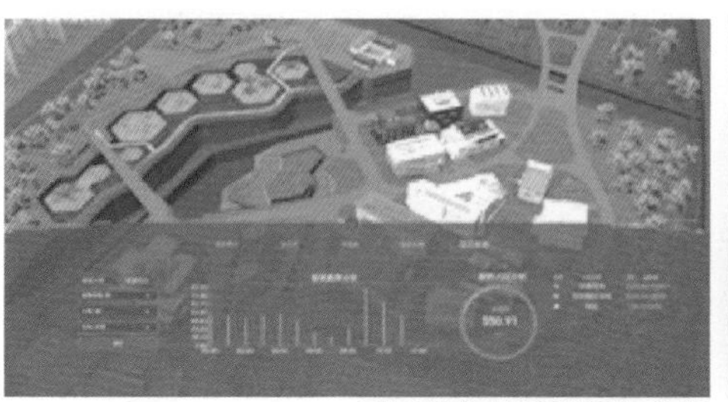

园区总体能耗监测与分析

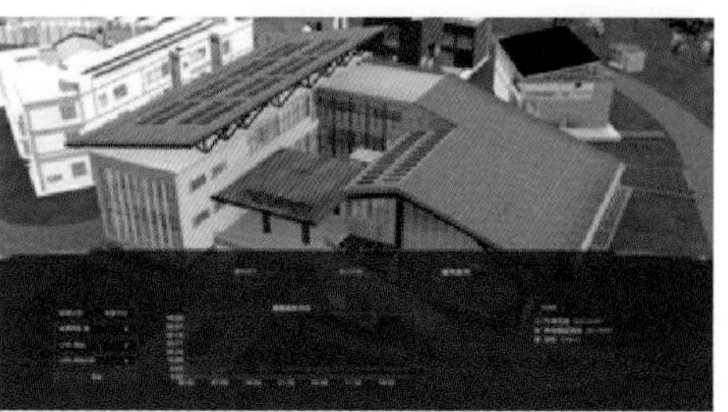

单体建筑分项能耗分析与对比

绿色园区互动交流的平台

江苏省绿色建筑博览园把教学实践和科普体验进行有机结合，是浙江大学、南京大学、东南大学、南京工业大学教学实践基地，也是江苏省科普教育基地。开园半年来，吸引了数三万名慕名而来的参观考察者，真正实现了绿色建筑大众化、普及化、可体验、可感知，受到了社会各界高度评价。

参观考察

针对访问者开发的 APP 界面

社会各界参观

绿色产业集成展示平台

江苏省绿色建筑博览园集成展示了众多绿色建筑企业的高新技术与绿色产品，涵盖 28 项工业化建筑构建、高性能建筑材料、多样化部品材料、智能化配套系统等单体产品，以及 15 项高科技建造技术、新理念设计技术。同时，为参观者呈现了完整的绿色建筑产业链，包括绿色建筑方案设计及咨询，绿色建材研发、生产、评价，绿色施工，绿色建筑运营管理等，构建了一个绿色建筑智造解决方案集中展陈与产销一体化平台。

各方声音：

江苏省绿色建筑博览园在国内可称第一，乃至国际上也可称第一。

——国务院参事、中国城市科学研究会理事长 仇保兴

以前在其他地方从来没有见到过，感觉非常不错，可以身临其境地去体验各类绿色建筑的产品和技术，而且这些产品技术都很有应用推广前景。来园区现场考察，对我们企业的吸引力很大，从中得到了很多发展的灵感。

——考察企业代表 黄翔

这里集中设置了 14 栋绿色建筑示范工程项目，实景展示了前沿绿色建筑科技和资源综合利用。同时，建筑单体通过屋面、室内外墙面绿化、覆土建筑等手法与室外绿化环境融为一体，循环共生，在城市中实现绿色建筑理念。

——《新华日报》

撰写：王登云 / 编辑：赵庆红 / 审核：顾小平

区域建筑能源的集中供应和管理
——泰州中国医药城案例

Centralized Building Energy Supply and Management of China Medical City in Taizhou

案例要点：

泰州“中国医药城”通过集成实践区域建筑能源系统，综合采用电力、天然气、可再生能源以及发电余热等各种能源的组合利用装置，优化建筑用能需求与供应关系，实现了园区内建筑无需安装空调、供冷供暖供热水设备，费用比常规耗能更低，实现了系统整体能效最大化，大量减排温室气体等污染物。同时，通过设备机房的集中规划、集中建设、集中运管，有效减少能源消耗、噪声污染以及热岛效应，满足市民对城市高品质环境的需求。

案例简介：

项目地点：泰州中国医药城

项目性质：绿色能源集中供应设施

项目规模：共规划建设 7 座区域能源站，多元化利用地表水热能、土壤浅层地热能、天然气、蒸汽、电力等多种形式的可再生能源和常规清洁能源，总装机容量约 158MW，服务建筑面积约 200 万 m^2，其中有 5 座区域能源站已建成并投入运行。

投运时间：会展中心区域能源站、大学城区域能源站于 2010 年投运、东部行政区能源站于 2011 年投运、生产集聚区分布式能源站于 2013 年投运、CMC 大厦综合能源集中供应中心于 2014 年投运

项目总投资：约 2 亿

环境效益：年节电约 2500 万 kWh/ 年、节约标煤 8250t、减少 CO_2 排量 21600t

较低的使用价格

与常规中央空调系统相比，省去了锅炉和室外机组等设备，可节省设备初投资 1000 多万元。此外，用户每年向能源服务公司支付 0.4 元 /kWh（远低于同类型项目约 0.65 元 /kWh 的能源使用成本），既减少了设备初期投资，也节约了日常能源消耗费用。

显著的社会价值

供能方式由分散转向集约，大大削减了冬夏季高峰用电负荷，提高了能源使用效率，优化了能源结构。同时，机组设施设置于建筑地下室，可充分利用地下空间资源，规避常规空调系统的噪声、飘水、局部热岛效应等问题，有效改善城市区域环境。全年可实现节电约 2500 万 kWh，节约标煤 8250t，减排 CO_2 21600t。

区域能源供应集中系统示意图

创新的商业模式

由国有企业与民营企业成立专业能源服务公司，将传统模式下分离的投资、建设、运营主体进行整合，不仅负责项目的优化投资建设，且承担相应的维护和后续投资，长期分享节能效益。自能源站建成投入使用以来，因其系统效率较常规空调系统高出约 40%，仅单个能源站便可节约年运行费用约 600 万元，且通过收取能源接入费和能源使用费，实现年收益约 250 万元，投资回收期约 5 年。

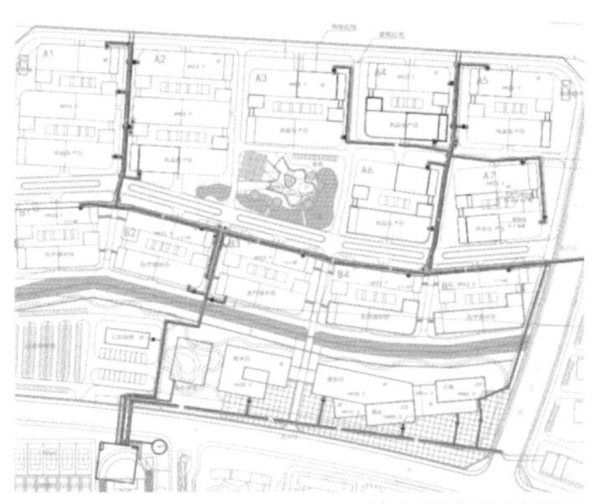

综合管廊辐射管网

专业的节能服务

将区域能源站管网纳入地下综合管廊，便于后期维护。同时，由专业的节能服务人员来进行区域能源站的运行和管理，维护管理方便、有效、省力。

综合管廊

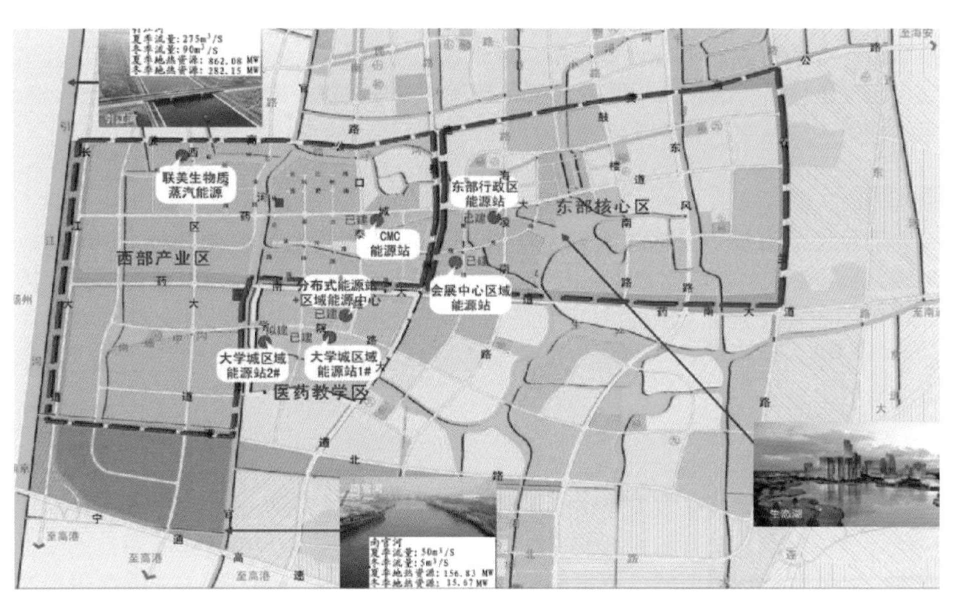

区域能源站规划建设分布图

各方声音：

发展区域能源，是单体建筑节能向区域集成发展的必然趋势。区域能源是调整建筑用能结构的重要途径，结合能源需求侧，不断提高能源供应侧的效率，对于促进节能减排、改善城市环境具有重要意义。

——南京工业大学教授 龚延风

房屋上面看不到随处挂的室外机，房间噪声也小了，室内的空调效果也很好，有什么问题也不需要等厂家来维修，一个电话能源站的工作人员就可以到现场，一般只需要十分钟就可以解决，真的是很方便，效果也很好，使用起来也很便宜。

——泰州市民

泰州地区城市能源供应的标杆，有效地利用了周边可再生能源，提高了能源供应侧的效率，有利于调整区域供能结构，达到减少碳排放的目的。

——《中国建设报》

撰写：王登云 / 编辑：赵庆红 / 审核：顾小平

淮安生态新城

Huaian ecological city

案例要点：

淮安生态新城在对本地资源环境充分调查分析的基础上，合理制定绿色生态发展目标；通过专项规划设计，将绿色生态发展指标纳入城市规划体系，将生态技术措施全面融入城市规划建设中；通过试点示范、运营评估，形成了绿色建筑规模化推进体系；通过部门联动、嵌入管理，充分保障了绿色生态项目落地实施。系统探索了绿色生态城市规划建设的有效路径。

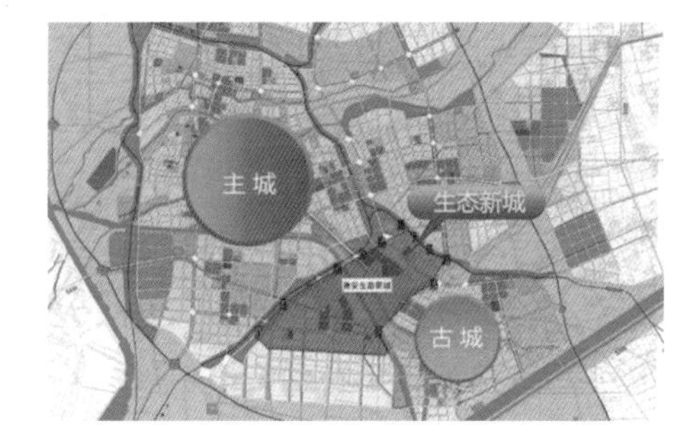

淮安生态新城区位图

案例简介：

项目位于淮安市主城区与古城区之间，2011 年设立，规划面积 29.8km^2，规划人口 30 万人。功能定位：公共服务、创意产业和生态休闲。建设目标：特大城市的主体功能区、特色城市化的展示区、生态低碳的示范区、生态城市创建的核心区。建设成效：住房城乡建设部首批“绿色建筑示范园区”，2015 年顺利验收。

淮安生态新城生态敏感性综合评价图

发展定位绿色生态

淮安生态新城处在淮安市中心城区各个组团片区的联结处，也是城市空间结构优化的关键点、提升和完善城市功能的关键点。新城原貌特征是农耕自然生态面貌，水系生态环境良好，河网密布，植被丰富。在充分调研国内外绿色生态城区建设经验的基础上，结合自身实际，将淮安生态新城定位为：生态环境与人工环境和谐共融的宜居城市，建设绿色低碳、产城一体的生态城市，打造古今文明、水绿交融的城市活力空间。

建设兼顾生态保护、能源资源、建筑、市政、产业等多系统协同发展的绿色生态城区。采取生态修复和重建手段，恢复自然水系、湿地和植被，建设良性循环的复合生态系统。利用水网交错的自然优势，按照生态绿廊、城市公园、社区公园、街头绿地的分级结构建立层次有序、连续成网的开放绿地空间。依靠古运河丰富的历史文化遗迹，打造森林公园和里运河文化长廊，提升新城历史人文环境。

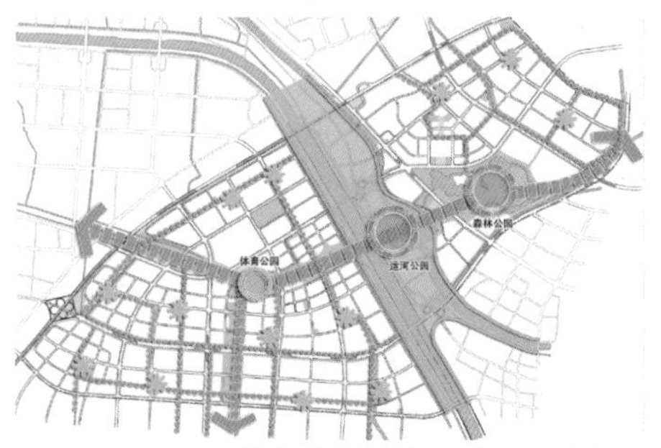

淮安生态新城 16 个公园分布图

规划指标绿色生态

生态新城围绕绿色生态发展目标开展了 9 项富有新城特色的绿色生态专项规划，结合控制性详细规划，将绿色建筑、能源、水资源等各类生态指标落到地块，并通过城市设计将相关绿色生态项目落到空间布局中，为城市绿色生态发展奠定了基础。

城区建设绿色生态

生态新城将绿色生态理念充分融入城市建设中，建成了一批绿色生态基础设施。通过合理利用工业余热，作为供热热源，打造了区域能源综合利用系统，满足 410 万 m^2 建筑的供热需求；通过高效而低碳的公共交通体系建设，充分运用有轨电车、公共自行车构建了多层次绿色出行方式，有效降低私家车使用率；通过生态环境修复、培育人工湿地涵养水源，低影响开发理念对雨水的入渗、回收和利用，非传统水源利用率达到 10%。

淮安生态森林公园

淮安现代化有轨电车

地下停车库自然采光

绿地世纪城二期雨水利用雨水喷灌草坪

公共自行车租赁系统

城西片区规划建设 5000m^2 建筑垃圾综合处理厂

生态新城探索形成了符合当地气候环境、经济条件的绿色建筑适宜技术体系。通过被动式技术的优化设计，主动式技术集中应用，形成了一批生态高效的绿色建筑。据运营效果测试，新城内绿色建筑实际运行能耗约是普通建筑的 2/3。经过 5 年的规划建设，生态新城绿色建筑规模达到近 150 万 m^2，年节约标煤达到 1.2 万 t。

江苏省绿色建筑创新奖项目—妇女儿童活动中心

政策机制持续实施

生态新城构建了一套推进绿色生态新城建设的长效发展机制，通过制定绿色建筑全过程管理、经济激励政策等一系列机制，将绿色生态项目从项目立项、土地出让、规划建设、施工验收等管理职责，嵌入到发改、规划、建设等部门的工作和考核体系中，充分保障了绿色生态项目落地。

生态新城规划建设初见成效，改善了城市空间环境品质，降低了建筑能耗、提升了人居环境质量。

生态新城绿色建筑全过程监管工作示意图

各方声音：

淮安生态新城通过示范项目推进，解决了绿色生态城区生态建设规划体系、绿色建筑技术示范、节约型城乡建设示范、推进机制体制等问题，形成了一套推进绿色生态城区建设的长效机制，适宜当地的绿色建筑适宜技术体系，同时，形成了一套建筑运行成效的综合评价方法，示范推广作用强。

——住房和城乡建设部科技计划项目验收专家委员会

淮安生态新城建设既生态环保，又注重百姓的生态福利。路上随处可见绿地、碧水、公园的原生态环境，也可看到太阳能路灯、有轨电车、雨水利用等技术。我们现在住进的安置小区都用上了太阳能热水，原来又脏又乱的村庄，现在变成了美丽的森林公园，仅与小区一路之隔，休闲散步真是方便。

——淮安拆迁村民 孙为国

淮安生态新城规划面积 29.8km^2 的生态新城，绿化覆盖率达 51%，基本实现碳氧平衡状态。淮安生态新城是以生态、低碳理念打造为目标，在更高层次上实现生态、经济、社会的和谐共生，力争成为具有水乡特质和生态示范作用的宜居新城。目前，已有 15 个项目获得绿色建筑评价标识，总建筑面积约 150 万 m^2。

——《新华日报》

撰写：王登云 / 编辑：赵庆红 / 审核：顾小平

镇江低碳生态城市建设

Low-carbon and Ecological City Construction of Zhenjiang

案例要点：

镇江市以绿色发展为目标进行低碳生态城市建设示范，通过产业转型升级、排放智慧监管、推广绿色建筑、示范生态园区、建设海绵城市等多项举措，探索低碳生态城市建设实践经验。在全国率先搭建了面向政府、企业、社会的生态文明建设管理云平台，整合政府各个部门、行业、重点企业的能源、资源和碳排放数据，并向社会公开，接受企业和社会监督。2014 年镇江成为国家生态文明先行示范区、“省绿色建筑示范城市”，镇江新区成为国家首批新能源示范区。2015 年镇江成为国家首批海绵城市建设试点城市。

镇江新区滨江生态产业新城一览

中瑞镇江生态产业园一览

案例简介：

积极创建国家低碳城市示范和省绿色建筑示范城市

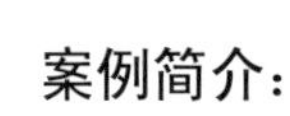

近年来，镇江围绕“生态立市”定位，将绿色发展理念落实到城市发展的各个方面。从产业转型、排放监管到绿色建筑 - 海绵城市建设，通过多种途径和模式积极探索低碳生态城市发展之路。

“十二五”期间，镇江市单位 GDP 二氧化碳排放累计下降 29.1%，单位 GDP 能耗累计下降 23.78%，单位 GDP 主要污染物排放累计下降 21.9%，碳排放强度累计下降 24.09%，各项约束性指标均提前超额完成“十二五”目标任务。2014 年成为国家生态文明建设示范区和省绿色建筑示范城市，2015 年成为首批国家海绵城市试点。

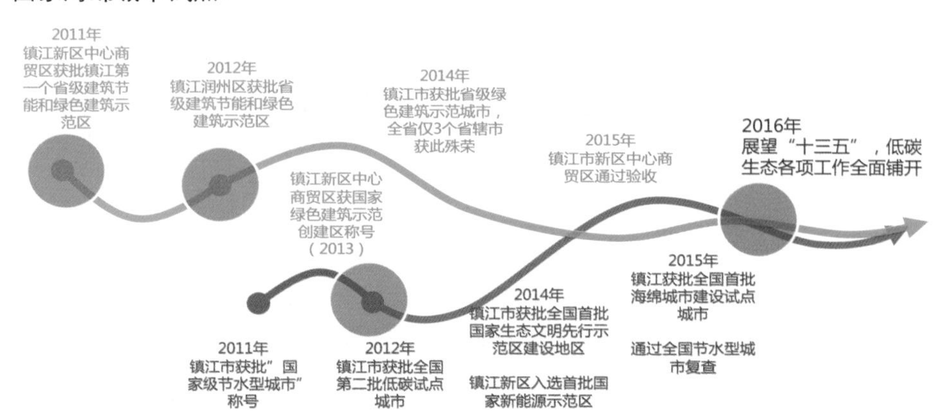

镇江市绿色低碳发展之路

打造全国第一朵“生态云”

镇江市生态文明建设管理与服务云平台，将国土、环境、建设、发改、工信等政府部门数据整合公布，面向政府、企业、社会开放，具备信息查询和在线服务办理功能。着力通过大数据整合，创新涵盖目标管理、过程管理、项目管理、重点领域实时监管的管理体系。

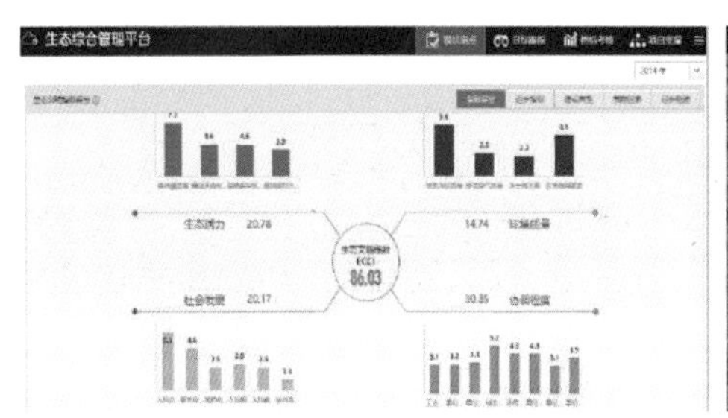

数据精细化管理

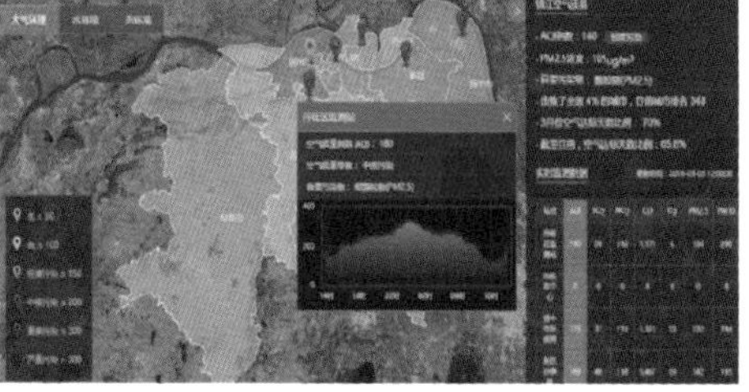

指标全方位分析

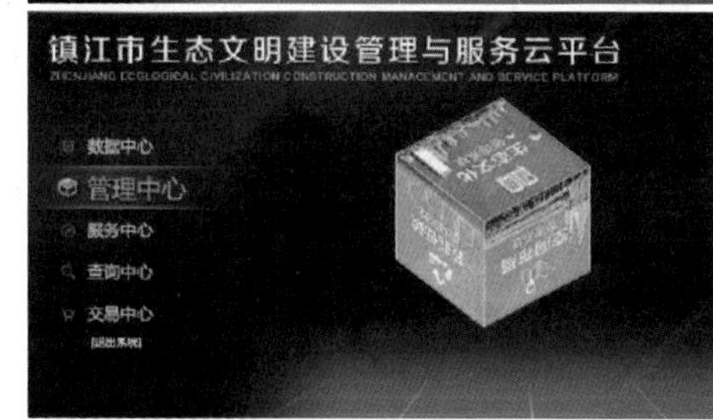

“生态云”包括了空间布局管理、产业转型管理、低碳循环管理、资源资产管理、生态环境管理、生态文明管理，构建了全方位的管理体系

积极开展绿色建设实践，成效显现

中瑞镇江生态产业园是中国和瑞士两国政府间的战略合作项目，是瑞士在全球建立的第一个以绿色、生态、低碳为主题的双边合作园区。园区采用绿色生态理念进行规划建设，通过综合运用建筑设备智能管理系统、一氧化碳监测系统、能耗监测管理系统等绿色技术，大力推广园区绿色发展。

镇江新区中心商贸区作为省绿色建筑和生态城区建设示范，围绕低碳、绿色目标，采用高效能源利用模式和多元化清洁化能源利用结构，年节约标煤5500t，减排CO_2近9000t。

海面城市建设掠影

镇江市作为全国首批海绵城市试点城市，积极推进海绵城市建设。到目前已建成生态草沟15.72km，雨水花园和透水铺装约3.5万m^2，绿色屋顶3.5万m^2，雨水调蓄池5万m^3。新建道路都按低影响开发理念建造，老路则进行改造。据测算，建生态道路比起原来的扩建管廊，投资节约30%~60%。

各方声音：

镇江在低碳建设上取得了巨大进展，如果其他城市都能像镇江一样作出努力，那么我们的未来将会完全不同。

——联合国城市与气候变化特使 布隆伯格

撰写：王登云 / 编辑：赵庆红 / 审核：顾小平

无锡生态新城规划建设的立法实践

Legislative Management of Planning and Construction in Wuxi New Ecological City

案例要点：

《无锡市太湖新城生态城条例》（以下简称《条例》）是全国第一个以指导生态新城建设为目标的地方性法规，《条例》对生态新城规划、建设、管理等行为进行规范，探索出一条适合当地并可供其他城市参考借鉴的低碳生态城市建设路径和制度保障机制。

案例简介：

严格生态城建设和发展的规划控制

《条例》规定了生态城规划和指标体系以及地下空间等专项规划的制定程序，依据《条例》制定了《无锡市太湖新城生态规划》、《中瑞生态城总体规划》，形成了《无锡太湖新城国家低碳生态城示范区规划指标体系及实施导则（2010-2020）》、《无锡中瑞低碳生态城建设指标体系及实施导则(2010-2020)》，并对《太湖新城控制性详细规划生态指标》《中瑞低碳生态城控制性详细规划》进行了修编，同时还完成了能源、水资源、公共交通、环卫设施等10多项生态专项规划编制，建立了一套完整的生态规划指标体系。

太湖新城150Km²宏观指标体系

经济
- 新城GDP总量
- 人均GDP
- 服务业产值占GDP比重

社会
- 保障性住房
- 无障碍设施
- 市政管网普及率
- 公交可达性
- 公共空间可达性
- 教育设施可达性

环境
- 空气质量
- 水环境质量
- 声环境质量
- 提高绿地排氧能力
- 提高绿地固碳能力
- 物种多样性
- 人均绿色面积
- 垃圾分类
- 废弃物再利用
- 污水处理

自然资源
- 建筑节能
- 可再生能源
- 单位GDP能耗
- 单位GDP碳排放强度
- 非传统水源
- 雨水收集利用
- 人均建设用地面积

无锡太湖新城国家低碳生态城示范区规划指标体系

无锡太湖新城再生水利用规划

严格生态城建设的标准

立法明确规划路网体系和公共交通服务系统，同步规划建设市政基础设施，优化水利设施布局，形成功能完善、衔接良好、覆盖全域的基础设施体系。明确了推广可再生能源利用、开发利用再生水和雨水、建立废弃物分类收集和回收利用系统、建设绿色建筑、建设成品住房、推广地下综合管廊、控制污染物排放总量、加强噪声污染防治等生态城建设标准。

生态城地下综合管廊

严格生态城建设和发展的管理

《条例》明确了市发展改革、城乡规划、建设、环境保护、国土资源、城市管理、水利、市政园林、农业、交通运输等部门在生态城建设管理中的职责，对市、区两级政府的管理职责进行了界定，并鼓励生态城依法进行体制机制创新，积极探索城市发展和城市管理的新模式。《条例》规定，有关行政主管部门应当规范生态城建设行政审批程序，提高审批效率；应当建立和完善投融资体制，保障生态城开发、建设、运营和城市管理资金的良性循环；应当定期公布产业导向目录，明确鼓励、限制、禁止发展的产业内容，建立项目评估机制，制定产业项目准入标准；建设用地使用权的出让遵循生态优先的原则，土地使用权出让合同应当明确具体的生态建设指标和违约责任；市发展和改革、城乡规划、建设、环境保护等主管部门应当在项目审批、建设管理、竣工验收等环节严格落实生态建设指标；土地收益优先用于生态城基础设施和公共服务设施建设，并鼓励社会资金投入生态城基础设施和公共服务设施建设。

生态城公共自行车系统

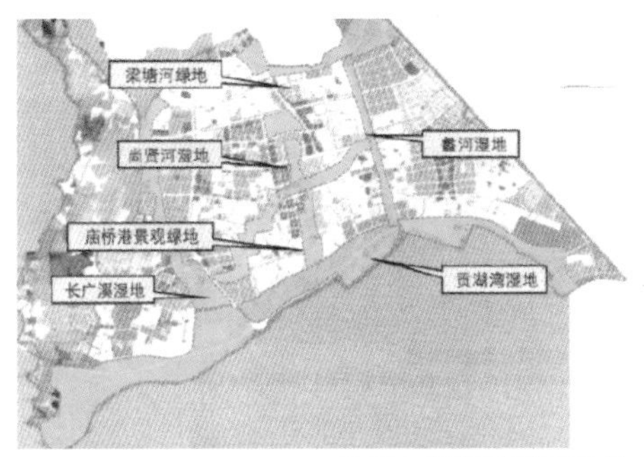

无锡太湖新城湿地系统

湿地建设实景

各方声音：

《条例》根据无锡市建设生态城积累的经验，对生态城的规划、建设、管理都作出了较为详细的规定，并在资源能源利用、建筑节能、公交优先和慢行系统建设方面作了创新性的规定，体现了无锡生态城建设的特色。

——无锡市法制委员会

《无锡市太湖新城生态城条例》将在我市正式施行。这是全国率先明确以建设生态城为目标的地方性法规，它的出台对推进太湖新城生态城建设，促进生态文明建设和经济社会可持续发展将会起到重要作用。

——太湖明珠网

撰写：施嘉泓、武浩然 / 编辑：费宗欣 / 审核：张　鑑

镇江海绵城市建设实践

Practice of Sponge City Construction of Zhenjiang

案例要点：

建设海绵城市是增强城市雨洪管理能力、改善城市生态环境、提高百姓居住品质的重要举措。镇江市较早引入国际低影响开发理念并先行先试，探索建立技术体系和管理体系。成为国家首批海绵城市建设试点后，镇江市将试点范围集中安排在老城区，系统编制专项规划，结合不同地块实际，合理确定控制指标，灵活运用海绵技术开展易淹易涝地区改造，在提高老城排水防涝能力、削减面源污染的同时，通过景观改造提升居民生活品质。镇江市还立足海绵城市建设全周期探索 PPP 建设模式，优化配置资源打造融资平台，成为全国财政部 PPP 试点项目。镇江市计划通过三年的试点建设，在政策制度、项目管理和技术标准等方面形成一系列经验成果，为国内海绵城市建设提供示范。

案例简介：

多年持续研究，夯实技术基础

镇江市于 2008 年起探索海绵城市建设，自 2010 年引入国际低影响开发雨洪管理理念后，即系统开展暴雨公式编制研究、城市雨型研究、径流量控制研究等基础工作，促进先进理念和技术的本土化落地。在全省率先编制完成了城市雨型和暴雨强度公式，为海绵城市设计建设提供了重要依据；在全国率先以城市整体为对象，开展面源污染治理研究，并依据研究成果率先运用地理信息系统（GIS）、在线监测技术和暴雨洪水管理模型（SWMM），开发建设了给排水数字化信息管理系统，对城市排水能力、内涝风险、面源污染和排水设施工程决策进行定量评估，提高了城市水环境安全保障能力。镇江市计划结合国家海绵城市建设要求，对既有排水数字化信息管理系统作升级完善，打造智慧海绵建设管理平台。

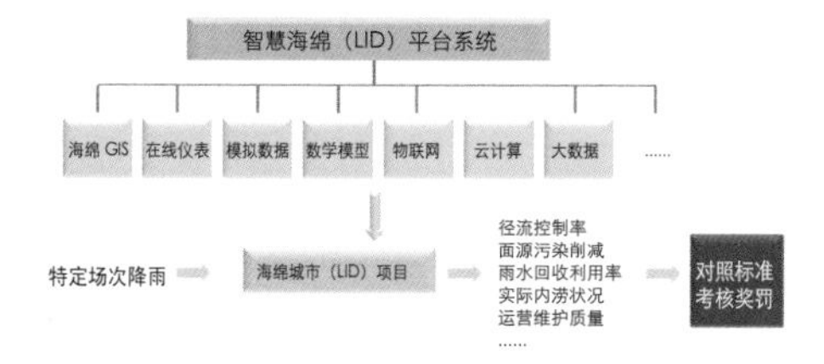

镇江智慧海绵建设管理平台示意图

系统规划布局，加强顶层设计

依据城市气象水文、河湖水系、地形地貌以及不同等级降雨情况，系统编制了《海绵城市专项规划》和试点区域控制性详细规划，优化项目布局和建设时序，合理确定不同建筑密度和不同地块的控制指标。同时，兼顾面源污染控制、雨水收集利用、雨污处置排放和内涝防治综合需求，分别制订源头 LID 控制、易涝积水区专项达标建设、试点区海绵综合达标建设等三大技术方案，加强顶层设计，以最优方法实现海绵功能。

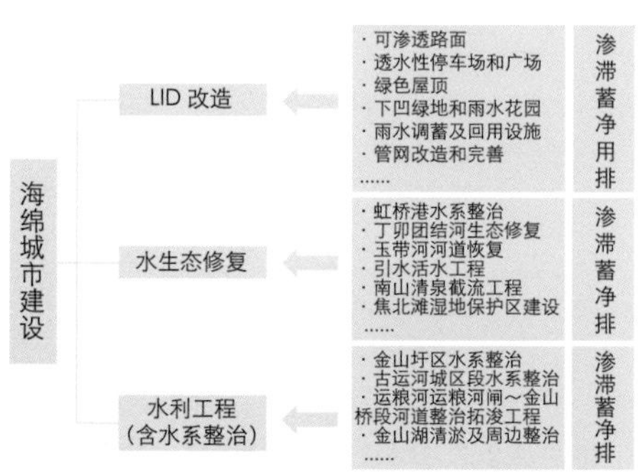

镇江海绵城市建设工程布局策略

突出问题导向，重点改造老城

针对老城区内老旧住宅区、棚户区集中，建筑密集、管网老旧、标准偏低等问题，镇江市在海绵城市建设中，将302个试点项目（总量396个）安排在老城区，以改善老城易淹易涝状况。在棚户区（危旧房）改造、老小区整治、街巷整治、积水片区整治、雨污分流、管线下地、建筑节能改造、河道生态修复等工程中，有机融入海绵技术，灵活运用优化管网系统、屋顶绿化、透水铺装、开口路牙、雨水花园、下凹式绿地、雨水罐等方式，对老城进行升级改造，提升老城区人居环境质量。2015年监测数据显示，在降雨量小于25.5mm/日（对应年径流总量控制率75%）时，试点项目区域内无积涝。

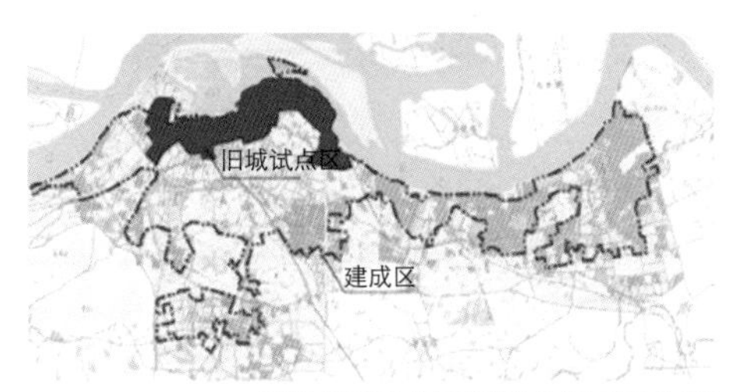

镇江海绵城市建设试点区区位图

江二社区改造前

江二社区改造后

健全制度体系，强化组织协调

建立完善了河湖水系保护与管理机制、低影响开发控制和雨水调蓄利用机制、城市防洪和排水防涝应急管理机制，并开展了持续稳定投入机制研究。成功申报国家海绵城市建设试点后，市政府成立了市海绵城市建设工作领导小组，由市长担任组长，并组建海绵城市建设指挥部，统一部署推进建设工作。

海绵城市建设项目

项目建设环节	管控责任主体	管控内容
两证一书审批	规划局	将低影响开发内容纳入规划条件，“两证一书”
施工图审查	住建局	是否符合相关规范、低影响设计指南等相关要求
开工许可	住建局	是否进行图审，图审是否合格
施工管理	住建局	施工队伍培训，施工各环节规范性
竣工管理	住建局	雨污分流，施工质量，是否按低影响开发要求建设
运行管理	各相关主体	是否制定维护制度、规程，是否配备专职人员，设备

管控依据：

在建设工程设计施工图审查和工程验收过程中落实海绵城市建设要求的若干规定

镇江市人民政府办公室关于我市实施低影响开发控制和雨水调蓄利用工作的实施意见

海绵城市建设部门协同示意图

创新融资模式，试点探索PPP

采用竞争性方式引入优质社会资本组建海绵城市建设PPP项目公司，政府方与社会资本股权比例为3:7，项目公司通过收取污水处理服务费及获得财政补贴等方式，收回成本并实现投资回报。为解决社会资本融资问题，海绵城市建设PPP项目贷款期限将不少于20年，利率为同期银行贷款基准利率下浮10%。2016年4月，镇江海绵城市建设率先完成PPP项目招标。下一步，镇江市将探索开征暴雨排放费，开展雨水排水许可制度及雨水排放、面源污染物排放收费机制可行性研究，以逐步降低政府购买服务成本，形成海绵城市建设运营的良性循环机制。

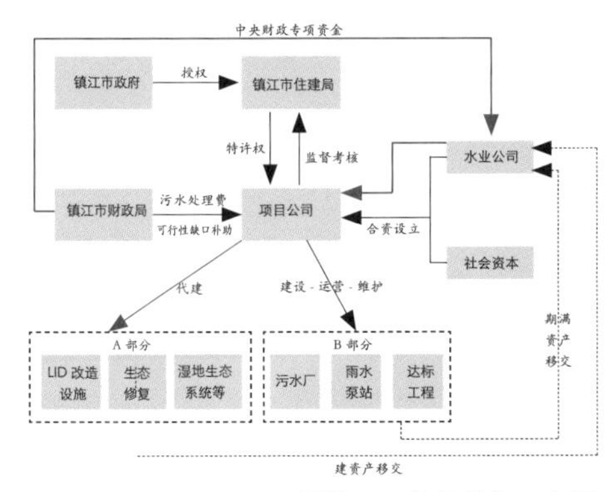

PPP项目交易结构示意图

通过履约担保机制保障PPP项目建设质量，要求项目公司根据工程进度分别提供建设期履约保函、维护保函、移交维修保函，以规避各阶段质量风险

着眼长远发展，构建海绵产业

在与国际国内先进技术团队的合作中，注重对本土技术人才的系统培训和实践锻炼，在服务项目落地的同时培育本土技术队伍。并将依托PPP项目公司对优质资源再作整合，打造具备咨询策划、规划设计、建设运营、技术产品供应、投融资等海绵城市建设全产业链核心竞争力的骨干企业，培植海绵城市产业主体，增强发展后劲。

各方声音：

江苏镇江启动海绵城市建设是在国家试点之前，起步较早，请的是美国的专业团队按照海绵城市的理念全面打造的。建设海绵城市的目标是“小雨不积水，大雨不内涝，水体不黑臭，热岛有缓解”，对于改善城市人居环境、促进城镇化健康发展具有重要意义。　——住房城乡建设部城建司副巡视员 章林伟

撰写：张爱华 / 编辑：赵庆红 / 审核：陈浩东

苏州昆山市自然水系保育和海绵型绿地系统构建

Natural Water System Conservation and Sponge Green Network Construction in Kunshan

案例要点：

昆山市域内水系密布，有河道2800多条、湖泊29个，城市道路基本沿水系修建；同时，昆山地势低洼平缓，地下水位很高，水流动力小，河道极易淤积，对河道水质和引排功能影响较大。在对水资源及环境进行全局性解析的基础上，昆山市因地制宜构建与水网、路网浑然一体的城市绿地系统，通过有机整合城市绿地资源、水资源和路网资源，最大限度地保护原有河流、湖泊、湿地、公园、草地等生态系统，以自然做功的方式同步解决城市内涝和面源污染，充分发挥了集市政功能、生态功能、环境保护为一体的“整体海绵”功效，取得了显著成果。

昆山水系修复规划图

昆山水路相伴绿地系统规划总图

昆山已建成25条、约300km水路并行的城市绿道，贯通衔接了全市众多自然河道与湖泊

案例简介：

畅通水系，提升雨洪调蓄空间

昆山市将河道清淤列为常规性工作。“十二五”期间，采取水下挖泥、人工捻泥等措施，共疏浚城市内河770km，增扩了内河水环境容量，提高了内河雨洪调蓄能力。同时实施拆坝建桥、连通断头浜等畅通工程149项，疏通了雨洪输送通道。

一体设计，架构城市整体海绵

依据城市总体规划和生态文明建设规划，结合城市水系、道路和生态功能区布局，系统修编了《城市绿地系统规划》，加强滨水防护带、交通轴线绿带、交通枢纽绿环和线性公园建设，以充分发挥绿地系统在水质处理、水文调节、微观气候改善和蓄水滞洪等方面的生态功能，并借助绿地系统连接贯通市内各生态功能区，构建起城市整体海绵网络，增强雨水排放精细化管理能力。

生态道路，仿生建设人工缓冲带

严格临水用地管理，将沿河沿湖绿线宽度拓展到20-100m，并开展生态型道路绿化建设。对宽度足够地段，在道路绿地中沿地势修复湿地，将路面雨水径流导入周边湿地进行处理后再排入雨水管网，减少雨水面源污染，并通过景观带滞留空间对雨水实行洪峰削减和错峰缓排；对宽度较窄地段，构建与景观融合的生态过滤系统，创造条件自然连接河道和湖泊。

以点探路，加强水资源集约利用

采用运输型草沟、生态滞留系统、人工湿地等生态技术，加强对雨水资源的集约利用。全市已建成和在建的示范项目超过 30 个，包括全国首例高架雨水处理系统，以及生物滞留、绿色屋顶等一批小尺度分散源头雨水收集净化设施，项目类型涵盖了道路、园林、公建、社区等多个类别。同时，在污水处理厂周边，多点规划建设城市湿地氧化塘和集雨型绿地，对处理后的尾水作深度净化，用于灌溉城市绿地和补充河道水量。

昆山建成全国首个海绵型城市高架雨水处理系统，经检测，固体悬浮物、总氮、总磷去除率分别达到 90%、40%、80%

重塑节点，增强海绵网络稳定性

结合重要生态节点，规划调整公园布局及保育修复重点湿地，提升区域土地雨水调蓄能力，增强城市整体海绵网络的稳定性。先后完成了阳澄湖东部生态敏感区生态恢复和天福国家级生态湿地修复等一批重大生态工程，全市面积超 5000m^2 的公园绿地达到 64 个。

阳澄湖生态湿地

天福国家湿地公园

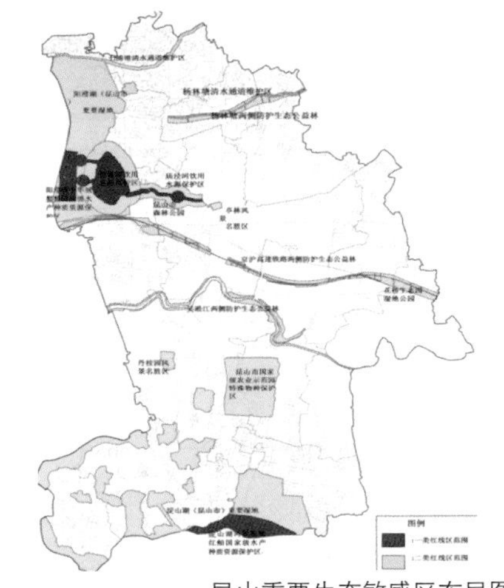

昆山重要生态敏感区布局图

理念前沿，强化高端技术合作

与国际国内高端技术团队开展深度合作，引进前沿理念和技术并进行本土化再创新。2011 年起引入实践澳大利亚水敏型城市设计技术，2014 年正式成为澳大利亚国家水敏型城市合作研究中心（简称“CRC”）国际科技孵化城，每年至少选取一个大型综合项目与 CRC 合作研究，将先进的规划设计和工程方法等研究成果应用到城市建设中，减少对各式造价高昂的特定水处理装置产品的依赖，降低海绵城市建设成本，并为形成产学研政企协同模式、服务本地产业升级奠定基础。

生态型道路建设工程示意图

经跟踪监测，昆山市水路绿“三网一体”工程地段，可控制 40% 城市径流排放量，消纳约 4000 万 m³ 降水，台风强降雨期间，工程所在区域没有积水，建成区没有发生大面积内涝；城市地表水体主要指标由常年 V 类或劣 V 类，提升至Ⅲ类至Ⅳ类标准，减轻了下游水体污染，并为雨水回用提供了优质水源。同时，经过系统修复，昆山水体岸线自然化率达到 84.66%，综合物种指数达到 0.669，接近国家生态园林城市三星级标准。

拓展沿河沿湖绿线宽度

各方声音：

“水路相伴”城市绿网格局具有示范意义，它将城市绿廊、水系、慢行交通系统有机融合，贯通了城市各生态斑块，促进了城市自然系统保护，推进了自然生态修复。——南京林业大学副校长 薛建辉

昆山立足“江南水乡”的生态基底，系统提出实施综合水资源管理概念策略，并先行先试了一批海绵城市建设项目；构建了水路相伴的城市绿网，形成了水网、路网、绿网“三网一体”的生态格局，城市绿地系统生态效应不断提升完善，创建国家生态园林城市实践取得了积极成效。

——《中国建设报》

撰写：张爱华 / 编辑：赵庆红 / 审核：陈浩东

为有源头活水来
——苏州城区“自流活水”工程

For Flowing Water Comes from Origin
-The “Artesian Flowing Water Project” of Suzhou

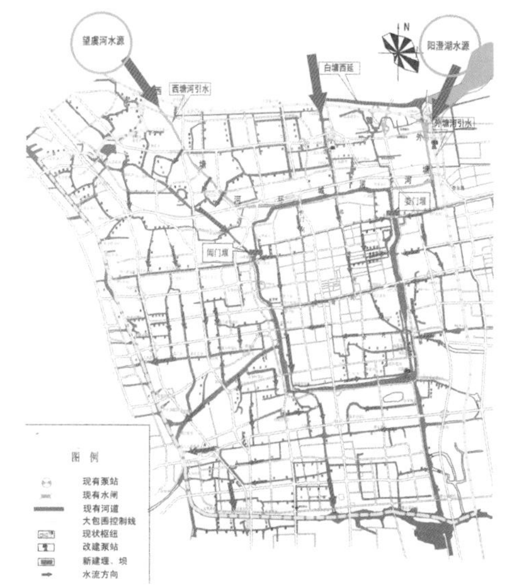

苏州古城区“自流活水”工程分布及流向示意图

案例要点：

“流水不腐，户枢不蠹”，水体的循环流动是增强水系统自净能力、促进水生态健康的重要条件。苏州市尊重自然，积极转变治水理念，运用系统思维改善水动力条件，并打破城市水系人为分割，使城市河网水体得以持续自流，统筹解决了河道活水与城市排水防涝的矛盾，实现了古城河网水质的长效改善与江南水乡风韵的自然回归。该项目为其他平原水网地区水环境整治提供了有益借鉴。

案例简介：

2012 年 6 月，苏州市启动实施古城区河道水质提升行动，在全面完成截污、清淤的基础上，投资 1.3 亿元实施古城区河网“活水自流”工程。短短一年时间，苏州老城区的河道实现了自流活水、全城活水、持续活水。

加强研究，合理制定方案

在全面梳理城市水系的基础上，开展了古城区河道原型观测，设置了 12 种方案进行泵闸调控模拟，模拟数据与数学模型计算结果作对比验证；依据原型观测结果，建立了 1:12 的物理模型多番试验，确定最优活水方案和工程设计参数。

河道原型观测

物理监测实验

增扩通道，引入优质源水

为解决原引水源——望虞河水质不稳定及水权制约等问题，实施了白塘西延工程，新开河道沟通了阳澄湖与元和塘，通过元和塘枢纽泵站，将阳澄湖原水引入城区河道，实现与望虞河水源的双源互补，为自流活水工程提供更可靠的水源保证。同时打通 16 条断头浜，进一步畅通内城河道与外部水系的连通。

白塘西延项目示意图

按需配水，加速水体交换

在环城河上新建活动溢流堰，溢流堰竖起形成水位差，营造出北高南低的自然水势，加速水体流动。同时，配合使用外部防洪枢纽，调控内城河、外城河以及相邻片区的分流比，把上游来的优质原水有效分配到全城百余条河道，从而盘活了外围水系、城区水系和古城水系，实现全城活水。

打破分割，畅通内部水系

将防洪包围内的 95 座泵闸停泵开闸，大、中、小包围常年连通，不再封闭运行，确保了城区河道 24 小时流速不减，水体更新加快。

娄门堰工程实施前后对比

“自流活水”工程实施后，每天进入苏州市城区河道的水量达到 250 万 m^3，相当于城区河道近两天就换一次水；其中，每天进入古城区的河道水量达到 70 万 m^3，相当于每天换一次水。城区河道水质有了根本性改善，水质类别由原先的劣 V 类变为Ⅳ类，溶解氧、高锰酸盐、氨氮、总磷等指标大幅降低，河道黑臭现象基本消失。因泵闸停运，每年减少维护费用 700 万元。同时，城市用于防洪调蓄的水面增加了 30%、深度增加了 50cm，防洪排水能力大为增强。该项目获得 2014 年度江苏省人居环境范例奖。

桃坞河工程实施前后对比

各方声音：

苏州城区河道水质从常年劣 V 类提升至Ⅲ - Ⅳ类，河道水体感观质量明显改善。不久前，第三方机构对苏、锡、常、镇、宁五市水环境随机抽样结果显示，在工业发达的苏南五市中，苏州的水环境第一。

——人民网

凭借营造水势、因势利导，太湖水、长江水、古城水每日往返奔流一遍，姑苏水系真正实现了源头活水、流水不腐。

——网民“你我正能量”

撰写：张爱华 / 编辑：赵庆红 / 审核：陈浩东

南京外秦淮河黑臭水体整治和滨河风光带建设

Polluted Water Treatment and Construction of the Riverside Scenic Belt along Qinhuai River, Nanjing

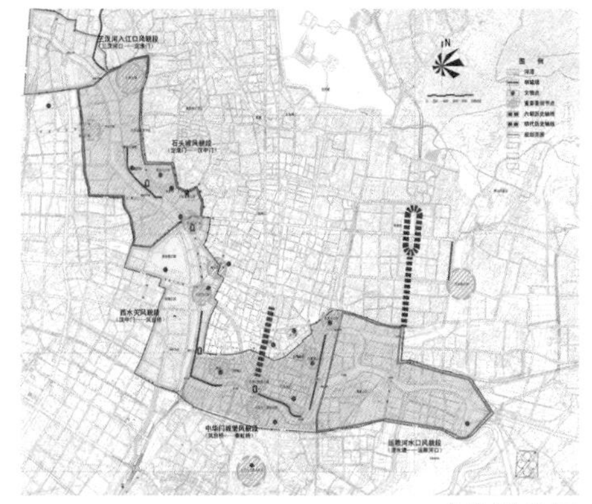

规划结构图

案例要点：

秦淮河被称为南京的“母亲河”，历史上极负盛名。但在历史发展进程中，由于水运功能的逐渐弱化，沿河两岸随之衰败，河道污染日益严重，人居环境逐步恶化。2002年南京市启动实施外秦淮河环境综合整治工程，以建设“流动的河、美丽的河、宜居的河、繁华的河”为目标，对秦淮河实施“安居、水利、环保、文化、景观”五大工程，加强环境设施建设、保护历史文化资源、塑造沿河文化景观、复兴两岸城市功能，使秦淮河成为联系新老城区的纽带和展示城市滨水开放空间与历史文化资源的重要场所。如今的外秦淮河，绿柳依依，碧波荡漾，再现了“桨声灯影，梦里秦淮”的胜景。南京市因外秦淮河整治工程荣获“联合国人居奖特别荣誉奖”。

案例简介：

“流动的河”——加强水系治理，优化生态系统

完善污水处理系统，推进沿线截污，加强水环境治理。修建河口闸，调蓄水位，改善亲水性。实施引水补水，优化区域水系统循环，提高水体自净能力，实现碧水长流。结合风光带建设，巩固提升防洪工程标准，消除内涝威胁。

整治后水清岸绿

“美丽的河”——提升空间品质，展现历史风貌

通过拆迁整治、绿地建设、城墙修缮及环境出新，展现出“山水城林”的整体风貌。充分发掘沿河两岸历史文化资源，建设绿地开放空间，串联沿岸 26 个人文、自然景点，使秦淮河沿线形成整体流畅又富于变化的“韵律空间”。

滨河环境

秦淮河边生活休闲

“宜居的河”——消除城市隔离，营造健康生活

实施安居工程，搬迁沿线易淹易涝地区居民。通过完善两岸配套设施，改善滨河沿线环境；通过加强绿道串联，打破沿线居住小区之间的“空间隔离”，显著改善沿线地区居住品质，使秦淮河成为联系老城与河西新城的重要纽带。

整治前居住环境

整治后的滨水环境

“繁华的河”——优化土地功能，实现可持续发展

搬迁污染企业，优化土地功能，并结合生态环境的改善，培育塑造新的旅游景点，加强内外秦淮河旅游资源的联动，有效带动了周边旅游、休闲、文化、商贸等产业的发展，使秦淮河繁华重现。

外秦淮河周边商业开发

外秦淮河龙舟赛

外秦淮河口的渡江胜利纪念馆

各方声音：

秦淮河环境综合整治和风光带建设项目，生动展现了南京综合实施城市污水处理、危旧房改造、城市绿化、历史文化保护和新城建设等工程造福百姓的成效，显示了南京市政府成功组织实施人居环境改善的成就。秦淮河整治效应已在南京“放大”“提升”，历史文化保护、城市绿化、安居建设尤其出色，南京改善人居环境创造的经验和机制，可供其他城市借鉴、推广。

——联合国人居署监测研究司司长 唐·奥克帕

秦淮河整治前，发臭的河水使很多居民不敢开窗，沿河的房子都是背水而建。现在，秦淮河水变清了，景色变美了，天天带着小孙女在这里散步、游玩。 ——秦淮河边居住了半个世纪的老人 曾庆玉

秦淮河整治在世界城市论坛期间成为全世界水环境综合整治的“教科书”。 ——《城市建设》周刊

撰写：施嘉泓、方 芳 / 编辑：张爱华 / 审核：张 鑑

全域覆盖的无锡城市雨污分流实践

Practice of Urban Rain-sewage Diversion for Full Coverage-Case of Wuxi

案例要点：

2007 年太湖“蓝藻爆发”事件后，无锡市即大力推进污水治理基础设施建设，多措并举全面整治城乡生活污水，致力改善城市水环境。2009 年起又启动实施控源截污、雨污分流工程，并严格规范排水用户行为，以彻底解决污水截流问题。目前，全市已有 5.45 万家单位用户、100 万户住宅户完成污水排放接管入户，城市主要建成区实现了排水达标区域全覆盖。通过构建起的“排水户全接管、污水管网全覆盖、污水处理厂全提标”的雨污分流排水体系，无锡市有效控制了全市所有污水源，全面提升了城市生活污水治理能力和水平，其控源截污、雨污分流实践成为全国水治理的样本。

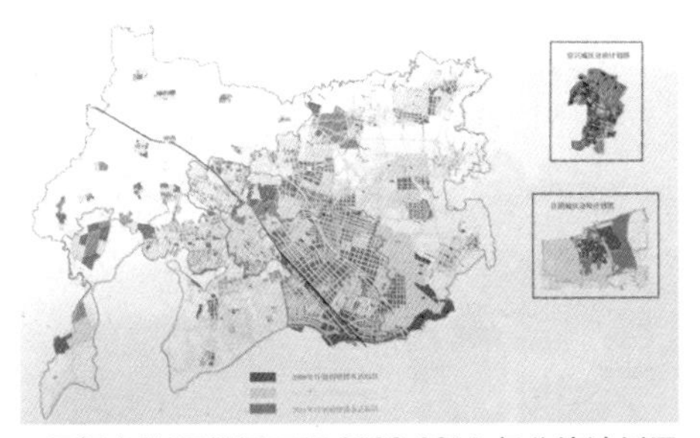

无锡市控源截污工程 2009-2011 年分块计划图

崇安寺街道控源截污片区图

案例简介：

持续推进　覆盖全域

对全市污水管网、排水户进行全盘摸底，针对存在问题缜密制订实施方案，以创建排水达标区的方式，对城市建成区和集镇排水户污水排放进行集中整治，实现雨污分流和污水全部纳管收集排入污水处理厂处理。截至目前，无锡市已累计投入 27.8 亿元用于此项工程，敷设地下雨污水管线 6710km、立管 2720km，市政污水主管网达到 8300km，全市排水达标创建面积达到 910km^2，城镇污水处理厂污水处理量每年增长 20% 以上，污水处理全部达到一级 A 排放标准。

细划网格　逐块整治

无锡市根据城市发展框架，以主要排水单位为中心，以相对独立排水系统和道路、河流等现状分界线为边界，已全市域（包括江阴、宜兴）分期分批划分出 5220 块排水片区，按照设施、养护、管理“三到位”的要求，逐块进行梳理整治，彻底排查清理市政排水系统和排水户私接乱排、雨污合流等问题。

设施配建　力度不减

在实现污水处理厂提标改造和污水收集主管网基本全覆盖的基础上，无锡市加快推进污水收集支管网全覆盖。在规范企业、单位排水接管的同时，深入细致进区入户，解决每一户居民污水排放（包括阳台洗衣机污水）问题，提高污水源头收集水平。同时继续推进污水处理厂改建扩容，稳步提高生活污水集中收集处理水平，确保控源截污、雨污分流工程形成综合成效。

排水达标创建前后比对图

政府主导　保障得力

研究修订《无锡市排水管理条例》，对排水规划建设管理以及排水户的法律责任做出明确规定。市政府多渠道筹措资金，将市区污水处理费提高至 1.6 元 /t，以质押污水处理费的方式进行融资，并积极争取上级资金和政策支持，解决工程建设资金问题。同时，成立市控源截污专项工作领导小组，由市长任组长、各相关部门和地区主要负责人任成员，建立起条块结合、以块为主的工作机制。达标创建实行“片长制”管理，市四套班子领导与街道、乡镇直接挂钩，定点定向展开工作指导和督查，达标创建情况列为政府年度考核指标，确保创建工作做一块、成一块。

广泛宣传　全民参与

采用多种方式进行宣传动员，进企业、进商家、进社区、进住户，讲清目的意义、法规要求和权利义务，发动排水户主动配合、居民群众广泛参与，成功营造了浓厚的社会氛围。并充分发挥新闻媒体和群众的监督作用，对工作不力的单位和拒不整改的排水户进行曝光、跟踪报道，督促整改。

建立机制　长效管理

为保持达标创建成果，市政府制定出台了《无锡市控源截污规范排水行为长效管理实施办法（试行）》，明确监管职责、维护主体和养护标准，并定期开展检查，如有“回潮”即令整改，整改不过关的取消达标区称号，并进行责任追究。同时，强力推行排水许可制度，不断扩大排水许可范围，排水户须严格按照许可的排水总量、排放口数量和位置、排污种类和浓度、排放时限排放污水；严把新项目审批关，确保新增排水户的污水、废水全部收集处理。为保证日常管理成效，无锡市在各小区公示片区养护人员名单，便于居民发现问题及时投诉。

多形式开展控源截污宣传活动，发动社会全员参与

各方声音：

这样的工程让老百姓切实受益，是真正的惠民工程。　——原住房和城乡建设部副部长 仇保兴

控源截污的工程施工队进场时，严重影响了出行，大家都很不理解。但是工程完工后，社区的面貌发生了很大的变化，沿着河边散步变成了一种享受，我们对这个工程感到非常满意，感谢政府为老百姓做了一件好事。

——无锡市民 胥桂英

污水改道了、岸边的生活垃圾不见了、发黑的水变清了……居住环境的巨大改变得益于正在紧锣密鼓进行中的雨污分流工程。

——《无锡日报》

撰写：何伶俊、周云勇 / 编辑：张爱华 / 审核：陈浩东

无锡城市供水安全保障体系构建

Water Supply Security System Construction of Wuxi

案例要点：

2007 年太湖“蓝藻爆发”事件引发的供水安全问题，凸显了单一水源及常规处理工艺在应对突发性水污染方面的不足，此后江苏即致力于构建“水源达标、备用水源、深度处理、严密检测、预警应急”的供水安全保障体系。这一过程中，无锡市先后投入 60 多亿元，用于开辟长江水源、太湖水源原水全面预处理和深度处理、安全供水高速通道等工程建设，在全省率先建立起了“江湖互补、南北对供、多重保障、安全优质”的双水源城市供水格局，提高了城市供水安全保障能力。

案例简介：

构建“双源”供水安全格局

2007 年起，大力开展太湖集中式饮用水源地综合整治工作，同时加快开辟长江水源。2008 年建成投运以长江为水源的锡澄水厂，2012 年根据运行扩大的需求对其进行扩建，规模由 80 万 t/ 日增至 100 万 t/ 日，形成了确保城市供水安全的双水源南北对供格局。

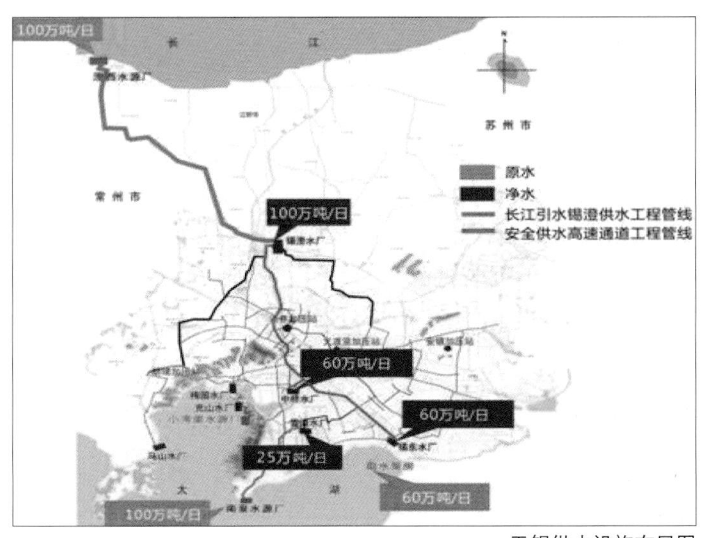

无锡供水设施布局图

锡澄水厂澄西水源厂全景

建设区域联通高速清水通道

2013 年底，建成国内首条安全供水高速通道。通道横贯锡城南北，全长 40km，管道直径 2.2 至 2.4m，连接了锡澄（长江水源）、中桥（太湖水源）、雪浪（太湖水源）和锡东（太湖水源）四大水厂的出厂水管道及其对应的城市供水管网，大大提高了应急状态下城市管网南北输水互通能力。

推进自来水厂深度处理改造

对以太湖为水源的水厂进行深度处理改造，以有效应对原水水质突发性变化和波动。2012 年底，以太湖为水源的水厂实现预处理和深度处理全覆盖，进一步增强了去除嗅味等小分子有机物的能力，提升了饮用水的水质和口感，出厂水质稳定达到国家生活饮用水 106 项卫生标准。

切实加强运营维护管理

构建严密的供水生产全程质量控制体系。突出原水预警预测，太湖、长江两个水源中一旦一个水质突发波动，即迅速切换整个供水系统，南北供水快速互补。制水过程中，严格预处理、常规处理和深度处理生产全流程水质和工艺控制。加强水质监测能力建设，无锡水质检测中心作为国家级水质监测站，具备 7 大类 231 个参数的检测能力，覆盖了《生活饮用水卫生标准》（GB5749-2006）全部 106 项及附录 A22 项检测能力。

安全供水高速通道梁溪河沉管施工

安全供水高速通道工程桥管

南泉水源厂曝气生物池

中桥水厂臭氧生物活性炭滤池

检测项目（单位）	浑浊度（NTU）	氨氮（mg/L）	耗氧量（mg/L）	藻毒素（mg/L）	土臭素（mg/L）	二甲基异莰醇（mg/L）
国标（GB5749-2006）	1	0.5	3	0.001	0.00001	0.00001
出厂水水质指标（2015年全年）	0.10	<0.02	1.12	$<4.0\times10^{-5}$	$<1.0\times10^{-6}$	$<1.0\times10^{-6}$

2015 年出厂水主要水质指标与国标（GB5749-2006）对比

各方声音：

供水安全保障工作至关重要，是关系到百姓民生的头等大事，无锡的安全保供措施走在了全国前列，值得借鉴和推广。

——原住房和城乡建设部副部长 仇保兴

撰写：何伶俊、吴 昊 / 编辑：张爱华 / 审核：陈浩东

镇江水源地安全保障工程

Water Source Security Project of Zhenjiang

案例要点：

延长突发性水源污染预警时间、控制应急状态下出厂水水质，是构建应急状态下城市供水安全系统时需要考虑的重要课题。镇江市探索采用原水“慢跑入库”技术，因势利导巧用地形，优化设计取水方式，使原水从水源地到进入水厂的时间，从原有的不到半小时延长至 12 小时以上，为应急状态下处置饮用水源突发事件赢得了充足的时间，实现了对突发性水源污染事件的可预警和可控制，大大提高了城镇供水安全系数。镇江水源地安全保障工程为长江流域其他城市处理饮用水源水质安全问题提供了可借鉴的解决之道。

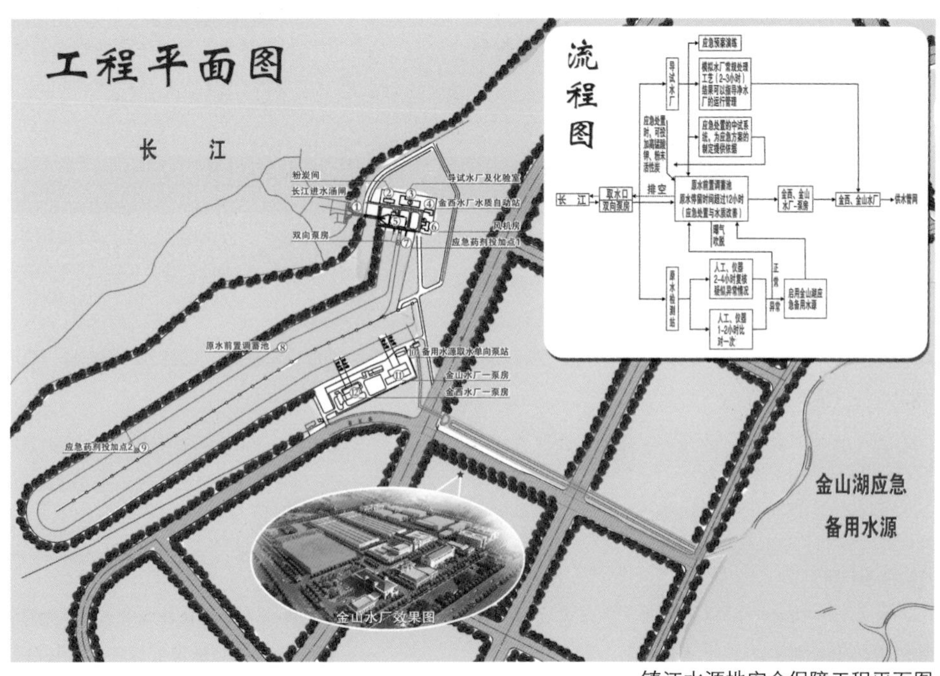

镇江水源地安全保障工程平面图

案例简介：

2014 年镇江市启动建设征润洲水源地原水水质安全保障工程，该工程总投资 8234 万元，包括长江进水涵闸、双向泵房、原水前置调蓄池、配套原水检测系统、应急处置系统和导试水厂等多个项目，于 2015 年建成使用。该工程的投运，大大节约了水源地保护和应急处置成本，筑牢了城市供水安全屏障，取得了良好的社会效益和经济效益。

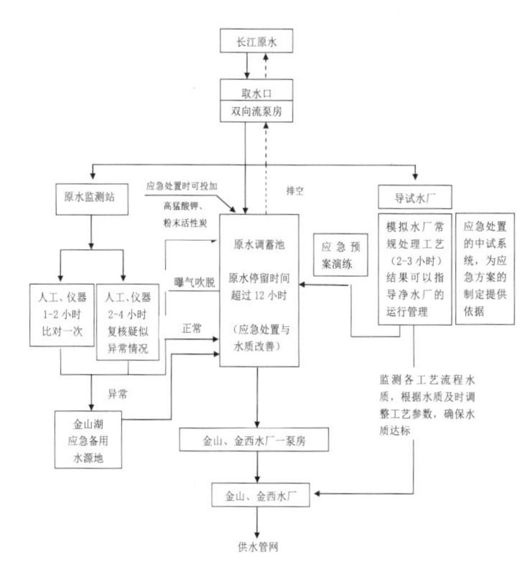

原水水质安全保障工程常规流程

前移监测站，建设导试水厂

将原水在线监测站前移，在取水口建设能力为每小时 3m³ 的导试水厂。导试水厂相当于一座微型水厂，处理工艺与后方水厂完全一样。通过导试水厂的模拟处理，可提前预知处理后水质，优化水厂运行工艺参数。

导试水厂

原水在线监测系统

空间换时间，前置建设调蓄池

改变原水经取水口直接进入水厂的取水方式，结合水系和地形，将镇江港内引河改造成水源地的取水调蓄池，并配套建设能力 60 万 m³/ 日的双向泵房。原水经取水口进入调蓄池后，通过双向泵房调节恒定调蓄池内水位高度，使原水在此缓慢自流超过 12 小时，大幅延长了入库时间，保证了应急处置时间充裕。

灵活调方案，有效提高应急效率

调蓄池内放置曝气吹脱设施和粉末活性炭及氧化剂等应急处置设施。若原水生微污染，在调蓄池内对其进行预处理；在此期间，原水化验室、在线监测仪表系统、导试水厂 24 小时监测原水水质。若原水发生较严重污染，立即启用金山湖应急备用水源，同时开启双向泵房反向排空调蓄池内污染原水。调蓄池东端与金山湖应急备用水源连通，通过简单阀门切换即可实现水源切换。

各方声音：

刚刚投用的镇江征润洲水源地安全保障工程是原水“慢跑入库”技术在长江流域的首次使用。这一工程采取检验检测两条线、双保险，实现了原水水质处理工艺可预警、可控制，为长江流域其他城市处理饮用水源水质安全问题提供了较好的解决之道，对全国濒临江河的城市具有很重要的示范意义。

——清华大学环境科学与工程系教授 张晓健

征润洲水源地安全保障工程投入运营之后，可以延长原水在水源地的停留时间，做到了御“污染”于“水厂”门外，为自来水公司为民做实事点赞。

——镇江市民

撰写：何伶俊、吴 昊 / 编辑：张爱华 / 审核：陈浩东

新龙再生水湿地公园

常州城市污水处理厂尾水再生利用

Diversified Utilization of Reclaimed Municipal Wastewater in Changzhou

案例要点：

再生水被认为是缺水型地区的“第二水源”，相对而言，丰水地区再生水利用内生动力不足。对此常州积极回应，在对城市再生水潜在用户分布、用水需求和用水来源进行系统研究的基础上，组织开展了再生水利用关键技术攻关，并结合污水处理厂区位布局，因地制宜确定分类再利用模式，同时出台相关政策予以扶持，使主城区 4 座污水处理厂尾水再生利用实现了应用领域和应用量的全覆盖。通过再生水综合利用工程的实施，大大减少了自然水资源的使用量，降低了排入水体的污染物总量，并通过对城市污水的资源化利用，促进了循环经济的发展，为丰水地区污水再生规模化利用提供了典型示范。

案例简介：

强化技术攻关

组织开展“苏南城市再生水利用技术研究集成与规模化应用示范”课题研究，确立了“污水分质收集 - 高标准处理 – 多途径回用”的工作推进思路。针对再生水应用主要领域（工业生产、市政杂用、景观环境）水质需求，完成了再生水全过程水质控制、水生态净化组合等关键技术的研发，以及再生水协同供水模式和城市水循环系统构建的研究，确保了再生水循环利用的系统性和可行性。同时，对市区污水处理厂进行提标改造，通过强化二级生物处理、增加深度处理等措施，使城市污水处理厂出水水质在国内率先达到一级 A 类标准，为再生水循环利用创造了条件。

加大政策扶持

虽然再生水水质标准要求低于城镇饮用水标准，但在安全性和稳定性上两者要求接近，处理成本较高。常州市在省内率先开展了促进再生水推广利用的投资分类、市场发展、经济激励等相关政策研究，出台了地方性再生水指导价格政策，提高了再生水的市场竞争能力。

分类引导应用

根据主城区内 4 座污水处理厂的区位和城市产业布局，按就近使用的原则分类确定再生水利用模式，降低用水企业用水成本，促进再生水利用。

·戚墅堰污水处理厂。该厂近期 4 万 t/ 日（远期 8 万 t/ 日）再生水以“专管专供”模式输送中天钢铁集团，用于中天钢铁循环冷却水的补充用水。输水管道由政府与中天钢铁分工建造，其中，中天钢铁厂区以外的管道由政府负责。再生水价按政府指导价执行。目前，戚墅堰污水厂全年 85% 时间实现了零排放。

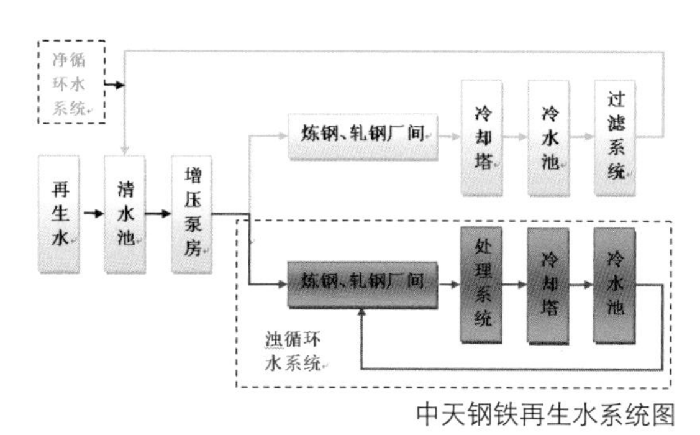

中天钢铁再生水系统图

中天钢铁循环冷却水

·清潭污水处理厂。该厂 1.5 万 t/ 日再生水全部用于白家浜、叶家浜景观用水和周边道路浇洒用水，大大减少了自来水使用量。费用由财政承担。

·城北污水处理厂。该厂 2.5 万 t/ 日再生水全部用于柴支浜景观用水和周边道路浇洒用水，大大减少了自来水使用量。费用由财政承担。

·江边污水处理厂。该厂 12 万 t/ 日再生水，其中，4 万 t/ 日采取与滨江水业有限公司协同供水模式，供应滨江化工园区工业企业生产用水，按输水成本向用水企业收取费用。8 万 t/ 日用于新北区新龙生态林湿地和景观用水，费用由财政承担；再生水湿地纳入新龙生态林项目同步建设，不新增投资。

柴支浜景观补水

再生水湿地公园

目前常州市再生水供水规模达 20 万 t/ 日，回用率达 36% 以上，用户经济受益 30% 以上。据测算，通过推行再生水规模化循环利用，每年可消纳 7300 万 t 的污水处理厂尾水，减少污染物排放 COD_{Cr}2190t、总氮 365t、总磷 21.9t、氨氮 292.5t，有效减轻了对水体的污染，取得了良好的环境、经济和社会效益，促进了循环型、资源节约和环境友好型社会的建设。

各方声音：

常州市再生水利用工程，着眼于苏南地区的实际情况，通过研究建立了不同于北方缺水地区的具有鲜明特点的再生水水质保障技术体系。研究成果创新性好，示范项目集成应用了课题成果，效果好示范性强。

——东南大学教授 吕锡武

白家浜生态补水后，这条“断头浜”面貌焕然一新，给我们居民带来实实在在的优美环境。

——常州市民 王启迪

南市河的鱼儿成群回游到清潭污水处理厂，真是意想不到，再生水改善生态环境显而易见。

——常州市电视台

撰写：何伶俊、周云勇 / 编辑：张爱华 / 审核：陈浩东

04

民生导向
推进住房保障和住有所居
People’s Livelihood-orientation, Promoting Public Housing Security and Home to Live-in

中央城市工作会议明确提出，城市工作要“顺应人民群众新期待”，坚持“人民城市为人民”，尊重需求、惠及民生成为当前及今后城市工作的出发点和落脚点。住房问题既是民生问题也是发展问题，关系千家万户切身利益，关系人民安居乐业，关系经济社会发展全局，关系社会和谐稳定。《中共中央国务院关于进一步加强城市规划建设管理工作的若干意见》中，提出大力推进棚改安居、深化城镇住房制度改革等一系列要求。加快推进住房保障和供应体系建设，满足群众基本住房需求、实现住有所居，既是贯彻以人为本、响应群众意愿的基本需要，更是促进社会公平正义、保障人民群众共享改革发展成果的必然要求。

近年来，江苏认真贯彻落实中央精神，不断深化城镇住房制度改革，积极探索适合省情和现阶段经济社会发展特征的城镇住房发展体制机制，初步建立了以政府为主提供基本保障、以市场为主满足多层次需求的城镇住房供应体系，努力改善老百姓的居住条件和水平，总体上适应了江苏省经济社会发展的要求和城镇化发展推进的需要。

在住房保障供应方面，江苏围绕民生幸福工程“六大体系”建设任务，以“制度完善、政策健全、供应有序、进退规范”为目标，加快构建住房保障长效体系，促进农业转移人口市民化，着力多层次、多渠道地解决城镇各类住房困难人群住房问题。政府主导、社会参与、市场化运作、多渠道筹集的保障性住房建设供应体系已经基本形成，全省城镇住房困难群体居住条件得到显著改善，住房保障的收入线标准、住房困难面积和保障面积标准、保障人群覆盖面都处于全国领先水平。

在住房市场供应方面，江苏坚持市场化改革方向，充分发挥住房公积金支持住房消费的作用，积极支持居民合理住房需求，满足居民梯次居住需求。同时，大力发展绿色住宅，积极开展康居示范工程建设，加快推进老旧小区有机更新和老旧危房改造，探索“适宜养老”住区建设，着力打造更加“智慧”的物业管理服务平台，努力推动全省居住品质的提升。

4-1 ◎ 江苏住房保障体系构建 | 176
4-2 ◎ 新市民住房保障的南通探索 | 180
4-3 ◎ 公租房的市场化筹集——常州探索 | 182
4-4 ◎ 淮安共有产权住房国家试点实践 | 184
4-5 ◎ 泰州租售并举的保障性住房制度 | 186
4-6 ◎ 徐州棚户区改造和货币化安置实践 | 188
4-7 ◎ 扬州乡镇住房公积金服务站的便民探索 | 190
4-8 ◎ 淮安住房公积金银行结算系统国家试点 | 192
4-9 ◎ 连云港住房公积金的标准化服务 | 194
4-10 ◎ “亮底”征收的淮安实践 | 196
4-11 ◎ 苏州常熟市城市零星危房处置探索 | 198
4-12 ◎ 公众参与的苏州太仓市老小区改造实践 | 200
4-13 ◎ 泰州老旧小区的“微整治”实践 | 202
4-14 ◎ 老旧住区整治改善实践——无锡案例 | 204
4-15 ◎ 盐城物业巡回法庭的探索 | 206
4-16 ◎ 便民智慧的扬州“互联网 + 物业”管理实践 | 208
4-17 ◎ 互联网 + 家装——苏州“金螳螂 · 家”探索 | 210
4-18 ◎ 南京住区电梯改造实践 | 212
4-19 ◎ 扬州“桐园”居家养老的环境营造 | 214
4-20 ◎ 常州金东方养老住区建设实践 | 216
4-21 ◎ 国家康居示范工程盐城钱江方洲案例 | 218
4-22 ◎ 改善住区公共服务的苏州工业园区邻里中心实践 | 220

>> >

江苏住房保障体系构建

Construction of Public Housing Security System of Jiangsu

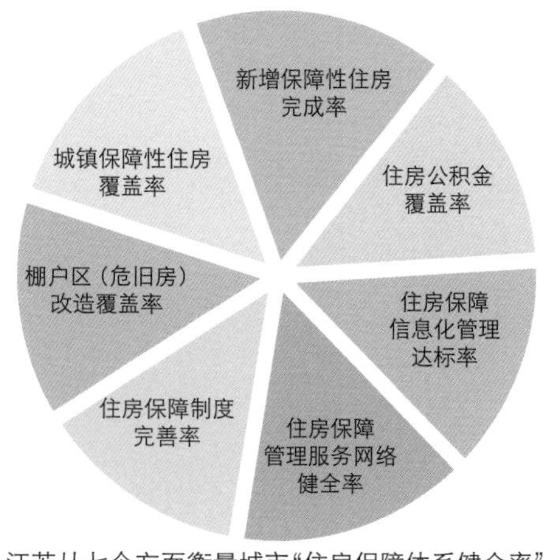

江苏从七个方面衡量城市“住房保障体系健全率”

案例要点：

我国1998年停止住房实物分配，标志着住房建设从计划经济时代下政府全供给的阶段，进入强调利用市场机制改善城镇居民居住条件的阶段。市场机制的引入在显著改善全社会总体居住水平的同时，也凸现出部分低收入群体住房困难问题难以通过市场有效解决。2007年，党的十七大提出要努力使全体人民住有所居，强调同时利用市场供应和政府保障两种机制解决住房问题。自此，国家启动实施有史以来规模最大的保障性安居工程建设。江苏认真贯彻落实国家要求，从2007年开始，通过持续推进住房保障“三年行动计划（2008-2010）”和“十二五规划”，累计建设筹集保障性住房约250万套，改善了约750万城镇人口的居住条件。在大规模推进保障性安居工程建设的同时，江苏率先探索体系化制度安排，提出了构建长效的江苏住房保障体系，将“住房保障体系健全率”综合指标纳入“全面建成小康社会”和民生幸福工程指标体系，对市县按年度实施考核，有效推动了全省住房保障体系的构建。江苏的经验和做法多次得到全国人大、国务院和住房城乡建设部的肯定，温家宝和李克强总理先后在江苏召开住房保障现场会，对江苏构建住房保障长效体系的做法给予了充分肯定。

2012年1月全省住房保障工作电视电话会

2016年7月全省保障性安居工程形势分析会

案例简介：

自2008年起，江苏省持续推进住房保障体系建设，在“十一五”末基本实现“低保家庭住得上廉租房，低收入家庭住得起经济适用房，新就业人员租得起房”的基础上，着力提升住房保障能力，逐步扩大保障范围，“十二五”末基本实现了城镇中等偏下收入住房困难家庭住房有保障、新就业和外来务工人员租房有支持、集中成片棚户区改造全覆盖，保障性住房覆盖率达到20%以上，全省住房保障体系健全率达到88.2%。

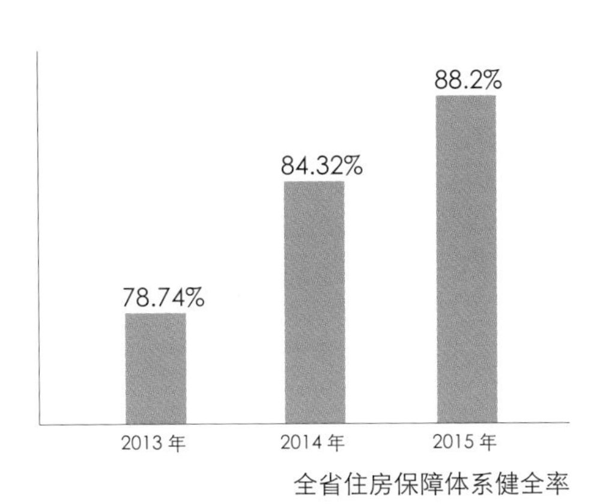

全省住房保障体系健全率

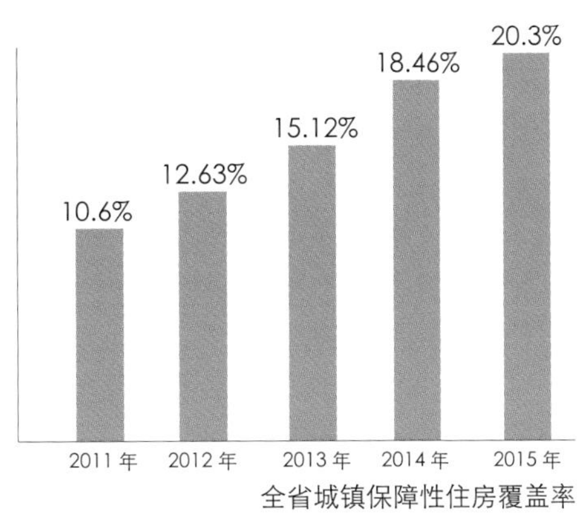

全省城镇保障性住房覆盖率

制度化设计

江苏省委省政府先后出台《廉租住房保障办法》、《经济适用住房管理办法》、《公共租赁住房管理办法》，通过构建“系统化设计、制度化安排、规范化建设和长效化推进”的住房保障体系，把城镇低保、低收入、中等偏下收入住房困难家庭、棚户区居民和新就业、外来务工人员，纳入住房保障和改善范围，连续9年将住房保障列为省政府为民办实事项目，对市县政府实行目标责任管理。目前全省各地都建立了符合当地特点的多层次住房保障制度，90%以上的市县实现了住房保障准入标准的年度动态调整。在率先解决低收入住房困难家庭的居住问题基础上，江苏对住房保障人群实行有序扩面，致力解决常住人口市民化住房保障问题。

南京市公租房项目大理聚福城

无锡市廉租房项目毛湾家园

淮安市共有产权项目和达雅苑

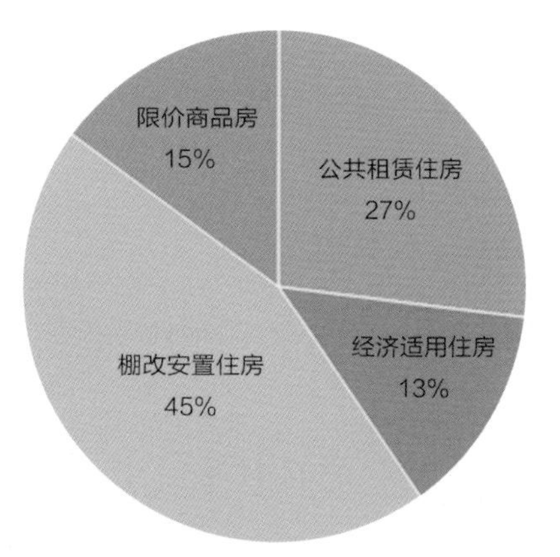

“十二五”期间新增保障性住房 160 万套（间）

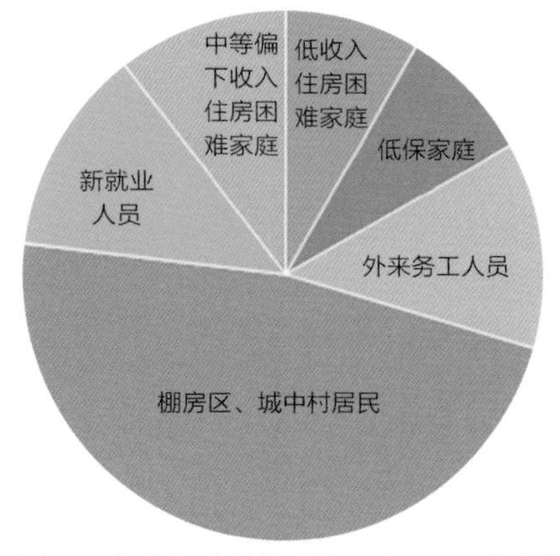

“十二五”期间改善约 500 万户居民居住条件

定向分类保障

江苏按照不同人群住房需求，分类解决群众住房困难问题。用廉租住房、经济适用住房重点解决低保家庭、低收入家庭的住房困难，用公共租赁住房重点解决新就业和外来务工人员的住房困难，用共有产权住房解决“夹心层”家庭的住房需求，通过棚户区改造来改善危旧房、城中村居民的住房条件。在国家明确相关制度后，又对分类保障方式适时进行优化合并。

“量身定做”保障房

推进公共租赁住房和廉租住房并轨运行，为困难家庭提供更丰富选择；淮安市被列为全国共有产权住房试点城市，率先探索并创新共有产权模式，按照不同家庭经济条件确定产权份额，解决支付能力不足，试点以来累计向 1285 户家庭供应了共有产权住房；常州市根据保障对象的区位分布，从主城区就近长期租赁小户型个人闲置住房作为公共租赁住房房源，“多、快、好、省”地解决供需衔接难题，累计在主城区筹集 3700 套（间）公租房，实现“应保尽保”。

推进“出棚进楼”

全省各地深入调查摸底，因地制宜编制城镇棚户区、城中村改造规划，合理确定并细化年度计划改造范围，优先改造连片规模较大、住房条件困难、安全隐患严重、群众要求迫切的棚户区，在改造过程中坚持实物安置和货币补偿相结合，坚持尊重群众意愿。“十二五”期间完成棚户区改造 70 万套，超过 200 万居民“出棚进楼”。同时，率先设立 1000 亿省级棚改基金，提高已授信资金的使用效率，基本形成了多层次多元化的棚改资金筹集和融资体系。

淮安市公共租赁住房分配仪式

常州市公共租赁住房分配仪式

徐州市小朱庄棚户区改造前后对比（在原址新建的定销商品房小区）

质量与商品房一样

重视保障房项目合理选址，要求同步配套建设公共设施，完善教育、医疗和交通等服务；以“小户型、大创意、低成本、高品质”为主题，组织开展公租房建筑设计大赛，优先采用获奖设计方案，建设公租房示范项目；全面按照一星级以上绿色建筑标准建设保障房。推进“拎包入住”成品房建设，落实项目负责人终身质量责任，推行永久性标牌制度；严格建筑材料把关，落实抗震设防和建筑节能标准。

宜兴公租房项目尚福公寓

分配阳光操作

全面推行“三审两公示”流程，推动住房保障信息全部面向社会公开，促进保障房的分配公平公正公开。由住房、民政、公安等多部门开展联动审核，有效遏制保障性住房分配不公问题，90% 的市、县实现了收入资产多部门审核。各地住房保障管理和服务窗口已覆盖至乡镇、街道，并进一步延伸到社区，截至 2015 年底，全省各级住房保障受理服务窗口数量由 2010 年的不足 500 个增长至超过 2000 个。

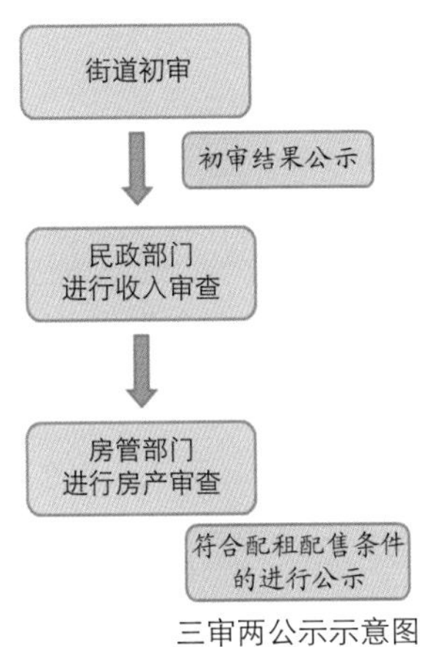

三审两公示示意图

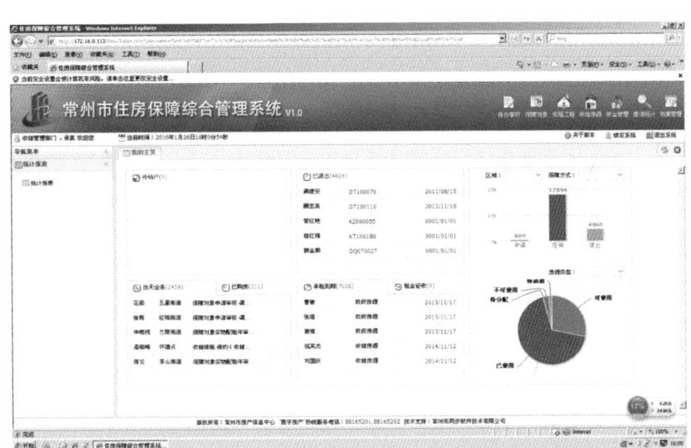

保障性住房信息管理系统

各方声音：

江苏省住房保障工作“思路清、工作实、机制活、效率高”。

——全国人大财经委原副主任 高强

在商品房住宅小区里配建保障房，让我们经济困难户和生活小康的业主同居一个小区，能够平等地享受小区里的公共资源和公共设施，再也不用担心别人的“有色眼镜”，说我们居住的是“贫民窟”，心里舒服多了！

——连云港东方之珠小区租户 刘女士

中星嘉园小区建的是商品房，想不到我们拆迁户也能安置到这里，小区环境太好了、房子质量更好，出了小区就是大马路，学校也离家不远，小孩上学十分便利，政府买这房子还贴了我们 700 块钱 1m^2，太感谢政府了。

——阜宁沙岗居委会棚改居民 朱桂海

江苏强化制度体系总体设计，全面破解难点难题，先行树立标杆榜样。率先系统化构建住房保障体系的经验，值得各地学习借鉴。

——住房城乡建设部《建设工作简报》

采用共有产权方式实行住房保障可以避免有些保障对象租住住房，家庭财产不能够保值和增值问题，同时把双方投入量化成产权，可以有效抑制申请、分配过程中出现的漏洞和问题。

——中央电视台《新闻联播》

江苏加大棚户区改造力度，从出台政策依据、制定改造规划、加大融资力度、创新征收机制、完善棚改安置房条件等方面进行了精心部署，并付诸切实行动，用棚户区改造工程托起了百姓的美丽人生。

——《中国建设报》

撰写：曹云华、钱 鑫、刘子儒
编辑：肖 屹 / 审核：杜学伦

新市民住房保障的南通探索

Exploration and Practice of Public Housing Security for New Citizens -Case of Nantong

2011 年 1 月 19 日中央电视台新闻联播报道南通农民工纳入城市住房保障体系

中央领导调研南通外来务工人员子女义务教育

案例要点：

实现常住人口市民化是中国新型城镇化的核心问题，在常住人口市民化过程中，首要解决的是新市民同城待遇的问题，围绕这个问题，江苏各地进行了大量的多元化探索。南通市 2004 年起率先探索推进新市民“同城待遇”，通过大力新建经济适用房和公共租赁住房，将外来务工人员有序纳入住房保障范围，同时将他们的子女纳入公办中小学实行义务教育，探索新市民住有所居、学有所教问题的制度化解决之道。

案例简介：

为新市民提供经适房同城待遇

限于保障能力，过去经济适用房主要用于保障户籍住房困难家庭，新市民难以申购。2010 年，南通市出台了《关于将优秀农民工和缴纳社会保险时间较长的外来农民工纳入市区经济适用住房保障范围的试行意见》，明确市区每年将经济适用住房计划总数的 15% 固定配售给农民工，通过刚性制度安排，保障了新市民同等享受经适房申购待遇。同时对符合条件的农民工，通过摇号选择经适房，体现了公平公正，对农业转移人口产生了极大的激励作用。

国务院农民工工作联席会议

简　报

2010 年第（13）期　总第 154 期

国务院农民工工作联席会议办公室　　2010 年 7 月 7 日

江苏省南通市率先将农民工
纳入市区经济适用住房保障范围

近期，江苏省南通市政府下发《关于将优秀农民工和缴纳社会保险时间较长的外来农民工纳入市区经济适用住房保障范围的试行意见》（简称《意见》），到 8 月初，南通市第一批农民工将能够领到经济适用住房钥匙，这一举措，在江苏省乃至全国开创了农民工享受城市住房保障的先河。

按照分步实施、逐步解决的原则，《意见》规定从 2010 年

— 1 —

2010 年 7 月 7 日国务院农民工工作联席会议简报表彰南通率先将农民工纳入市区经济适用住房保障范围

2011 年 1 月 18 日经济适用房摇号

“不管有没有后台，有污染我们都要查处”

苏澳牵手，是商机更是文化体验

南通19位外来农民工喜获经适房

2011 年 3 月 19 日《新华日报》报道 19 名农民工喜获经适房

拓宽新市民住房保障渠道

“十二五”以来，南通市大力发展公共租赁住房，通过政府直接投资建设以及鼓励开发园区和企业按需建设公租房，为大批农业转移人口提供了经济适用、功能配套、服务高效的公租房。截至目前，南通市区已经累计投资35亿元，兴建公共租赁住房100余万m^2，解决了6.8万名外来务工人员、新就业大学生等新市民的居住问题。

2011年11月，中央国家机关创先争优指导组听取南通市“四海家园”公租房项目经验介绍

“四海家园”公租房综合服务中心

探索解决新市民子女入学问题

南通在努力解决新市民住有所居问题的同时，以学有所教为目标，着力化解新市民子女入学难的问题，积极帮助新市民子女平等接受义务教育。以南通市崇川区为例，自2004年起，崇川区投入专项贴补资金近5亿元，33所学校接受流动人口子女入学，累计接收农业转移人口子女近26000名。

五山小学暑期免费开放阅览室

农业转移人口子女就读八一中学新校区

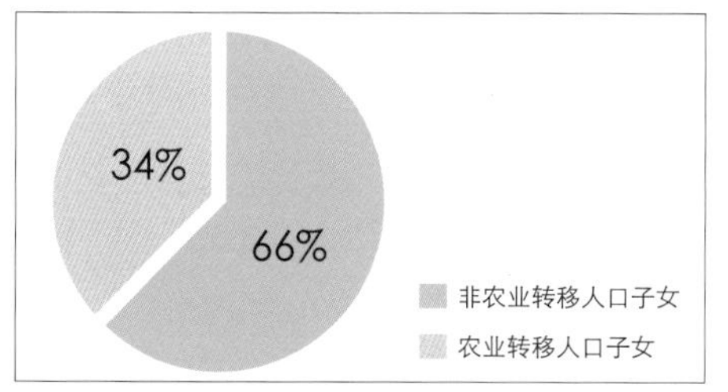

2015年崇川区小学在读学生数

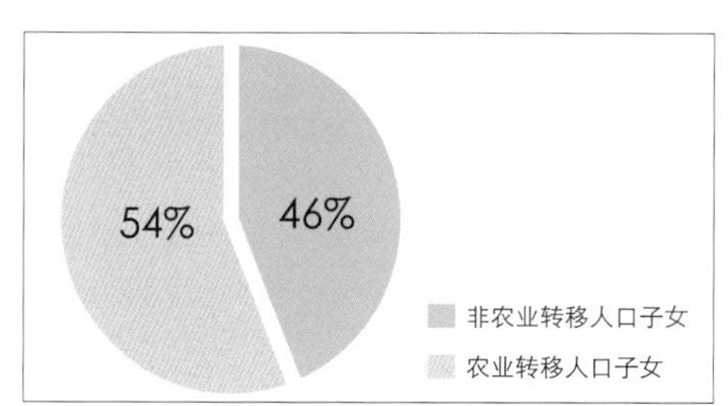

2015年崇川区中学在读学生数

各方声音：

近期，江苏省南通市政府下发《关于将优秀农民工和缴纳社会保险时间较长的外来农民工纳入市区经济适用住房保障范围的试行意见》。到8月初，南通市第一批农民工将能够领到经济适用住房钥匙，这一举措，在江苏省乃至全国开创了农民工享受城市住房保障的先河。

——国务院农民工工作联席会议办公室《简报》

江苏南通市崇川区让外乡人尽享均衡教育。

——《人民日报》

在南通城里拥有一个家，是我多年的梦想，今天终于圆梦。今后，我们要用双手创造更多的财富，回报企业，回报党和政府以及社会各界。

——原籍徐州睢宁新市民 凌冲

20年始终居无定所，已记不清搬过多少次家，现在终于可以安居乐业了。

——原籍如东新市民 严小兵

撰写：曹云华、钱　鑫、刘子儒
编辑：肖　屹 / 审核：杜学伦

公租房的市场化筹集——常州探索

Marketized Raising of Public Rental Housing-Exploration of Changzhou

常州公租房抽签选房

案例要点：

在公租房实施过程中，普遍存在建设周期长、资金投入量大、低收入人群相对集中、供需不能有效对接导致入住率低等问题。另一方面，社会有大量的闲置房源未得到充分利用。常州公租房收储项目通过制度创新，同时有效解决了这两方面的问题。他们利用市场机制有效配置住房资源，用少量的资金，依靠政府信用搭建透明公开的公租房供需平台，根据用户对地点、面积等实际需求对公租房房源进行有针对性的社会化收储。不仅更好地满足了保障对象个性化的住房需求，实现了就近工作和居住以及公租房供需的有效匹配；还盘活了社会存量住房资源，解决了公租房建设资金不足和社会闲置房利用效率不高的双重问题。

常州住房保障综合管理系统：通过信息系统网上公开运行，有效防止了权力“寻租”

案例简介：

常州市制定了《常州市市区保障性住房社会化收储管理暂行办法》，规范公租房收储流程，短时间投入少量资金，通过社会化收储方式在主城区筹集到充足的公租房房源，体现了“房源多、入住快、方式好、资金省”的特点，提前三年完成了保障目标。自 2012 年 5 月至 2015 年底，常州市共收储社会化房源 3700 多套，约 3200 户住房困难家庭入住了政府面向社会租赁的房屋，做到了住户开心、房东舒心、政府放心。

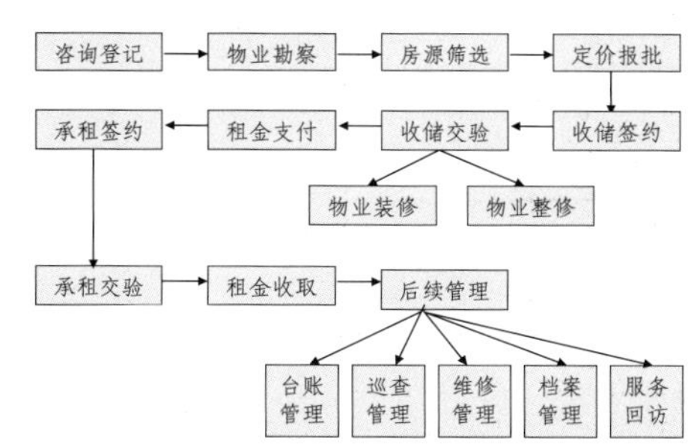

常州市通过制定《常州市市区保障性住房社会化收储管理暂行办法》，有效规范了公租房房源收储出租流程

对住户来说，一是入住更快，保障家庭不需要轮侯等待即可入住；二是保障家庭可根据各自的居住习惯、就业及上学地点选择符合需要的房屋，其工作生活将更为便利；三是居住更有尊严。

对房东来说，房东将房屋租给政府，既能享受房屋整修补贴、出租税费减免等优惠政策，还能避免出租期内房屋维修的麻烦，可以安心出租、稳定收益。据常州市保障房收储管理中心所做的意向调查显示，2015 年 1100 套面临到期的收储房源，接近 80% 的房东愿意将房子续租给政府，截止到 2015 年底，有 870 户房东办理了续签手续，实际续约率为 78%。

对政府来说，一方面有利于社会稳定，通过收储社会房源进行保障，可以实现不同收入群体混居，避免低收入人群大量集聚而带来的社会问题。另一方面，有助于解决公租房“退出难”问题，由于房屋产权不再属于政府，原先不符合公租房居住条件的家庭仍占用公租房的情况得到有效改善，在 2015 年的年审中发现的 41 户不符合条件的家庭，基本做到应退尽退。2015 年该市收储保障房的租金收缴率达到了 99.94%，三年来累计租金收缴率为 99.98%。

收储房源基本覆盖了市中心城区各个区域，方便了被保障对象的工作生活

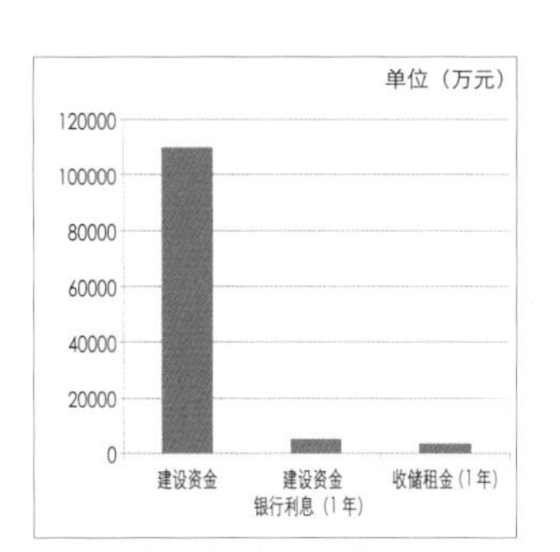

社会化收储大大降低了公租房的保障成本：按照现有收储的房源量计算，如果建设这些房源，投入建设资金的银行利息都远超社会化收储的租金

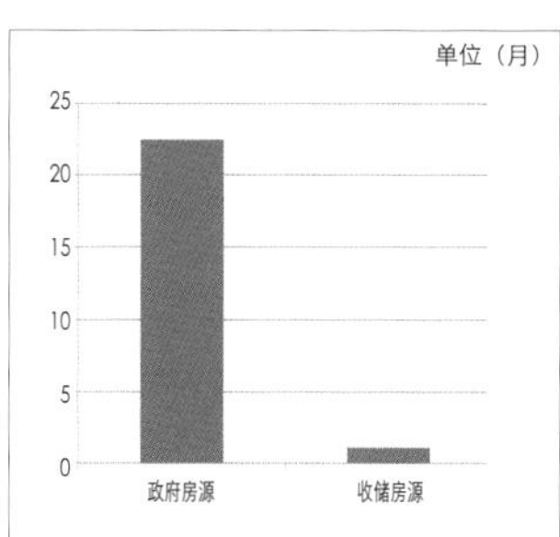

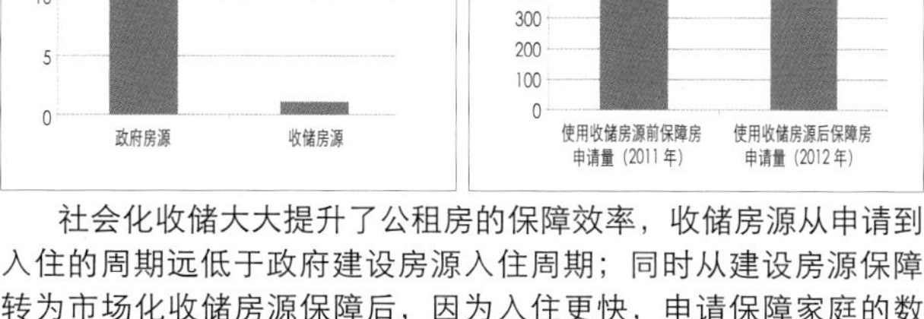

社会化收储大大提升了公租房的保障效率，收储房源从申请到入住的周期远低于政府建设房源入住周期；同时从建设房源保障转为市场化收储房源保障后，因为入住更快，申请保障家庭的数量迅速减少

各方声音：

红星新村这个房子，从申请到我住进来，也就 2 个多月，比以前排队轮候快太多了。

——红星新村租户 沙玉萍

现在我租的浦南新村的房子我很喜欢，跟以往政府统一建造的保障房相比，地处老的成熟小区，街坊邻里不再是一码色的保障对象。离我上班的地方也很近，出门就有公交站台，不远就有小超市和菜市场。实在是很方便！

——浦南新村租户 王先生

租房给政府，每个月租金虽然比市场价略微少一点，但是政府免了相关税费，平常的小修小补也不用我们操心，很省事，而且还觉得自己也为常州的住房保障做了贡献，很值得。最关键是不担心政府和我们踢皮球，不付房租。

——西新桥二村出租房屋居民

撰写：曹云华、肖 屹 / 编辑：赵庆红 / 审核：杜学伦

淮安共有产权住房国家试点实践

National Pilot Practices of the Shared Ownership Housing of Huaian

案例要点：

在推进解决困难家庭住房问题的过程中，江苏多个城市因地制宜探索解决之道。2007 年，淮安率先推出“共有产权住房”，将政府对经济适用房的政策支持量化为出资份额，形成政府产权，和住房困难家庭按照不同比例共同拥有房屋产权，以探索解决经济适用房产权不清晰的问题，同时也通过共有产权，帮助困难群众提前实现安居。国务院发展研究中心将这一创新举措称为“淮安模式”，2014 年，住房城乡建设部将淮安市列为全国共有产权住房首批六个试点城市之一。

2010 年 3 月国务院发展研究中心将淮安共有产权住房作为一种保障模式进行研讨

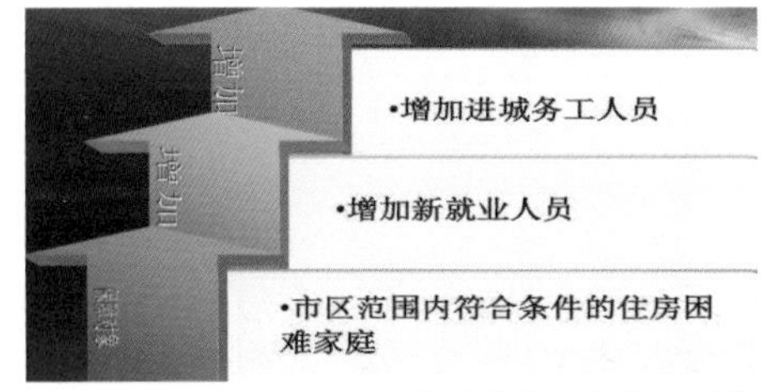

申购共有产权住房对象

案例简介：

2007 年以来，淮安先后出台《共有产权拆迁安置住房管理办法》、《共有产权经济适用住房管理办法（试行）》和《淮安市全国共有产权住房试点工作实施方案》，推进共有产权住房的建设分配和管理。

地方政府的支持显性化

一方面将出让土地与划拨土地之间的价差和政府给予经济适用住房的优惠政策，显化为政府出资，形成政府产权，保障家庭和政府按不同的产权比例，共同拥有房屋产权；另一方面体现了政府托底保障和主动让利，允许购房人在8年内按原配售价格增购政府产权，政府向购房人让渡了8年内的增值收益、租金和利息。

2007年9月淮安市第一批共有产权住房发证

保障对象的住房商品化

一方面共有产权房可随时上市，变现为资产，让购房人拥有财产性收入的可能性；另一方面，商品化住房让被保障对象住的更有尊严，避免了低收入人群的集中居住，有利于社会融合。同时也为政府通过货币补贴帮助保障对象选择普通商品住房，形成共有产权房提供了路径，也有利于库存商品房的消化。

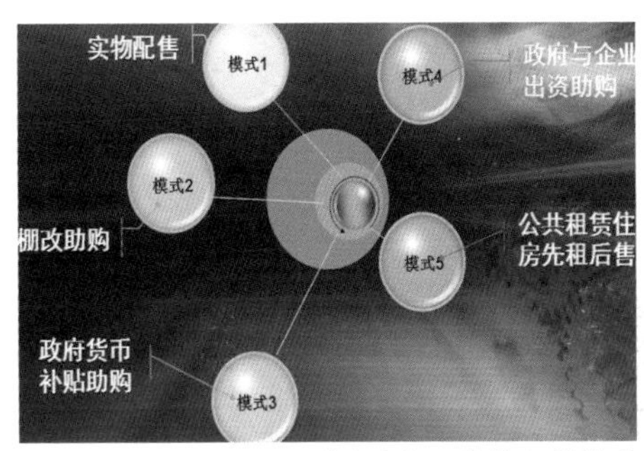

共有产权配售的几种模式

建设资金的投入良性化

随着政府产权的逐步回购，政府资金也不断回笼，提高了政府资金的经济效益和社会效益。共有产权住房制度实施以来，向961户家庭提供了共有产权住房供应证，407户保障家庭分批增购政府产权，回笼了政府资金2151.6万元，实现政府投入的良性循环。

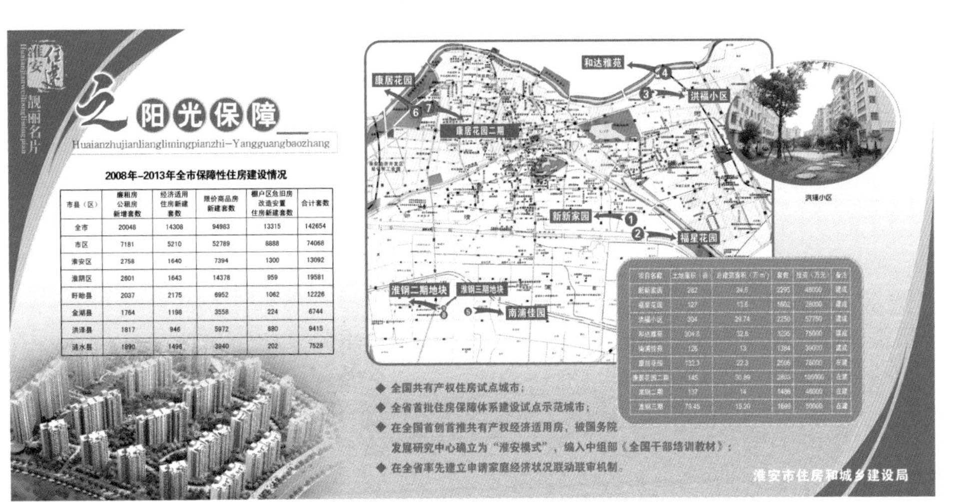

2008年-2013年全市保障性住房建设情况

市县（区）	廉租房公租房新增套数	经济适用住房新建套数	限价商品房新建套数	棚户区危旧房改造安置住房新建套数	合计套数
全市	20048	14308	94983	13315	142654
市区	7181	5210	52789	8888	74068
淮安区	2758	1640	7394	1300	13092
淮阴区	2601	1643	14378	959	19581
盱眙县	2037	2175	6952	1062	12226
金湖县	1764	1198	3558	224	6744
洪泽县	1817	946	5972	680	9415
涟水县	1890	1496	3940	202	7528

共有产权房小区分布图

各方声音：

与政府一起按份出资买房，政府支持了我们买房，为我们提供了保障，今后房子再出售按份分得卖房款，政府不会挤占我们的利益。——淮安清江棉纺织厂下岗职工 郑兰芳

江苏淮安规定，共有产权住房者可按7:3和5:5两种比例与政府共有产权。采用共有产权方式实行住房保障可以避免有些保障对象租住住房，家庭财产不能够保值和增值问题，同时把双方投入量化成产权，可以有效抑制申请、分配过程中出现的漏洞和问题。——中央电视台《新闻联播》

共有产权住房本身就是商品房，个人产权部分的权利和普通商品房一样，并享受商品房的保值、增值，不会像传统经济适用房那样失去了购买商品房的机会成本。——《人民日报》

撰写：曹云华、钱 鑫、刘子儒
编辑：肖 屹 / 审核：杜学伦

泰州租售并举的保障性住房制度

Public Housing Security Institution of Simultaneous Rental and Sale in Taizhou

案例要点：

政府通过一系列的土地、税收以及规费减免政策建设保障性住房，用于解决低收入住房困难人群的住房保障问题，但是即便有这些支持条件，依然有部分困难群众难以筹集足够的首付款和获得按揭贷款担保，为此，泰州优化制度安排，采用租售并举和阳光担保机制，变原来经济适用住房“只售不租”的单一模式为“产权共享”、“租售并举”的多元模式，缓解了住房困难家庭房款筹集压力，解决了购房贷款难的问题，帮助他们更早更快获得住房保障。至2015年底，市区共有2188户家庭纳入了经济适用住房保障，其中511户申请了“阳光担保”，903户申请了“租售并举、共有产权”，累计为中低收入家庭缓解资金压力达8000多万元。

案例简介：

优化政策，降低住房保障门槛

过去被保障家庭可以根据自己的需求，在“只租不售”的公租房和“只售不租”经济适用房中选择一种保障方式。但在实施过程中，部分家庭前期受制于资金不够，只能选择租用公租房，这部分家庭后期经济条件改善后，由于受制度所限，仍然难以拥有自己的产权住房。针对这一问题，泰州市2007年出台了《泰州市市区租售并举经济适用房实施细则》，将“租售并举、共有产权”作为经济适用住房的一项辅助政策，明确被保障对象可以通过购买一部分产权、租赁一部分产权的方式获得经适房，通过降低经适房的购买门槛帮助这部分群体尽快解决住房困难。

创新机制，破解租售并举难题

实施租售并举的经济适用住房按当年经济适用住房竣工总量 10% 左右配置，用于旧城改造中的双困家庭和符合经济适用房条件中的“夹心层”住房困难家庭的保障。在产权划分上，以房屋建筑面积 1/3 面积最高不超过 30m^2 作为共有产权部分。对政府持有公有产权部分面积收取 2 元 / 月 /m^2 的租金，用于日常的管理与维护，5 年之内保障家庭可以按照原来价格将政府部分产权回购，超过 5 年由政府重新确定回购价格。

租售并举泰和园小区

阳光担保，有效解决资金来源

泰州率先探索实施“阳光担保”机制，由国有“泰州市阳光投资担保公司”为购买经济适用房家庭按揭贷款提供购房担保。当购房者确因经济等原因无法及时偿还银行贷款，由担保公司先行履行担保义务，偿还银行贷款本息，再由阳光投资担保公司根据偿还的金额进行结算，并与购房者按协议约定取得房屋相对应的产权，原购房者不再享有完全产权，房屋性质转变为“共有产权、租售并举”。

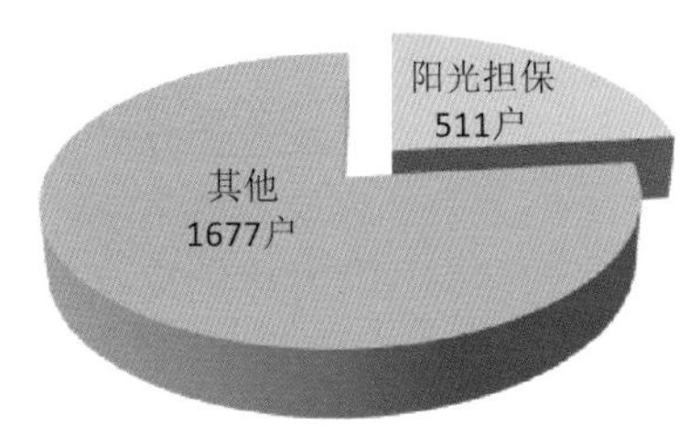

截至 2015 年底泰州市区经适房保障户数：通过阳光担保获住房保障的户数占 23.4%

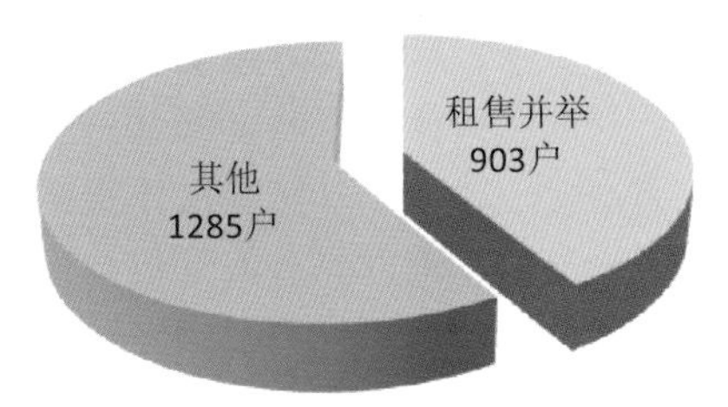

截至 2015 年底泰州市区经适房保障户数：通过租售并举获住房保障的户数占 41.3%

各方声音：

由政府帮我担保，购买经济适用房我也能够贷款，首付只要 4.5 万元，我就能住进新居了。

——东泰花园居民 杨岚

经济适用房房价每平方米只有 1978 元，不到市场价的一半，多亏了“阳光”担保公司帮忙，才住上了这 75m^2 的新房子。

——水果摊主 陈师傅

从来没想到会住到如此宽敞明亮的房子里，以前总觉得买房子是自己的事，没想到政府会出台这么好的政策帮助自己解决住房问题。

——泰和园居民 刘华春

“一房两制”破解“夹心层”住房难。

——《人民日报》

泰州：买不起一套房就买半套，无法贷款政府做担保

——新华社

力不足，也能圆上安居梦。

——《新华日报》

撰写：曹云华、钱　鑫、刘子儒
编辑：肖　屹 / 审核：杜学伦

徐州棚户区改造和货币化安置实践

Reconstruction and Monetized Resettlement of the Shanty Zone in Xuzhou

棚户区改造动员会

徐州市邳州市棚改安置笑脸图

案例要点：

李克强总理在中央城市工作会议上指出，住房是涉及老百姓切身利益的“天大的事情”，绝不能一边高楼林立，一边棚户连片，加快棚户区改造，不仅要解决困难群众住房问题、让他们共享改革发展成果，也是推进以人为核心的新型城镇化建设的内在要求。作为老工业基地和资源型城市，徐州棚户区危旧房分布广、数量大，住房困难群体多，到 2010 年底，全市尚有 46 万余套棚户区危旧房亟待改造。在改造过程中，存在着征收工作难度大、安置周期较长和改造资金匮乏等问题。对此，徐州市坚持发挥政府主导作用，把棚改工作作为城市工作的重要内容大力推进，建立了一整套工作机制，并搭建了全市统一的棚改投融资平台统筹不同区域盈亏。同时充分发挥群众主体作用，引导居民参与，并将去库存和棚改工作有机结合，出台优惠政策鼓励居民优先选择货币化安置。“十二五”期间，已完成 2802 万 m^2，16 万余户棚户区改造工作，实现了改善民生民计、调整经济结构、提升城市形象“一举三得”。

云龙区骆驼山棚户区旧貌

云龙区骆驼山棚改安置小区

案例简介：

政府主导，系统实施

徐州在深入调查摸底的基础上，按照城市危房优先、集中连片优先的原则，确定了棚户区改造实施方案。通过落实棚改实施机构，健全棚改联动机制，组建市区统一的投融资平台，健全统一的考核机制，全力以赴推进全市棚户区改造。“十二五”期间完成了16万余户棚户区改造任务，50万左右的居民获得安居。

尊重民意，高效征收

徐州注重发挥群众主体作用，制定了符合百姓利益的征收政策，在棚户区改造地块的选址、规划设计和方案制定实施及安置全过程听取和尊重居民意见，实施信息公开，积极采纳群众合理化建议，及时解决征收拆迁安置过程中的矛盾，推进棚户区改造工作顺利、高效进行。

2013—2017年主城区棚户区（危旧房）、城中村改造征收（拆迁）项目点位示意

棚户区改造分布示意图

泉山区卧牛棚户区涉及4145户居民，由于征收政策符合百姓需求，安置补偿政策合理，群众积极参与，仅用3个月即完成了200万 m^2 拆迁

群众座谈　破解难题

多措并举，多元融资

徐州积极争取国开行政策性棚改贷款，是我省第一个获得国家贷款资金支持棚户区改造的城市，目前已累计获得融资授信285.5亿元，“十二五”期间累计获得中央和省棚改专项资金18亿元。探索多元融资渠道，邳州市在全省率先发行了总额达11亿元的棚改项目收益债券。泉山区探索实施土地一级开发棚改模式，吸引民间资本参与棚改项目，明确界定政府和企业在棚改项目实施过程中的职责和权力，最大限度发挥土地出让金的引导作用。

创新方式，货币安置

打通商品住房和棚改安置住房转用渠道，按照国家相关要求2015年起徐州市暂停新棚改安置房土地供应，将原本用于新建安置房的资金转为购买存量商品住房筹集房源。制定了《棚户区改造项目货币安置购房补贴实施方案》，明确安置居民选择货币化安置的优惠政策。目前徐州市区棚改居民已团购29个商品房项目共468万 m^2，在降低改造成本、缩短安置周期，又好又快实现棚改安置的同时，带动了房地产市场库存的去化。

各方声音：

一想这事（棚户区改造）我就高兴，不要人引，自已夜里就能笑醒，就是这种心情。

——徐州原农机二厂职工 张志英

卧牛拆迁棚改保证了我村拆迁群众的利益，今后的开发建设将极大改善居民生活环境，也为群众就业和创业提供更多机会。——卧牛棚户区改造片区史庄村村主任 史先喜

决策接地气，百姓才满意。——中央电视台关注邳州市城市老旧企业宿舍棚户区改造

县级市棚户区改造如何对症施治？

——新华社智库《要情动态》

撰写：曹云华、钱　鑫、刘子儒
编辑：肖　屹 / 审核：杜学伦

扬州乡镇住房公积金服务站的便民探索

Convenient Services of the Township Provident Fund Service Stations in Yangzhou

案例要点：

在国家推进新型城镇化的进程中，小城镇发挥着重要的节点作用。随着人口向小城镇集聚，小城镇人口的住房需求也不断增多。在满足小城镇人口住房需求的过程中，公积金发挥了重要的支持作用。但过去公积金的网点主要集中在城区，对乡镇缴纳公积金的人员来说提供的平台不足，服务不够。针对这一问题，扬州立足于城乡统筹发展，在乡镇统一布局公积金服务平台，利用现有乡镇劳动保障所网点，在不增加机构、不增加编制、不增加财政支出的条件下，率先探索建立公积金乡镇服务站，直接为乡镇企业职工和基层农民工提供服务，有效缓解了基层职工公积金办理不便的矛盾，打通了公积金服务最基层群众的“最后一公里”，切实帮助基层职工利用住房公积金政策解决住房困难、改善居住条件，让公积金制度进一步惠及基层、根植基层，同时，也扩大了住房公积金制度覆盖面。

案例简介：

2014 年底，扬州以江都区为试点，在全区 13 个镇建立住房公积金服务站。到目前为止，全区 13 个服务站共服务乡镇职工 10000 多人次，为 96 家单位建立了住房公积金，为 5600 名职工办理了开户登记手续。住房公积金服务平台的延伸受到了乡镇企业和职工的普遍欢迎。

乡镇公积金办理窗口

方便了基层职工办理公积金业务

住房公积金乡镇服务站的建立，为乡镇企业职工缴存公积金提供了便利，不仅解决了职工以往到城区办理公积金业务既花钱又费时的问题，同时，也有效缓解了在公积金城区网点集中办理人少事多的矛盾。几年来，通过乡镇服务站办理住房公积金业务的人数逐年增加。

乡镇职工利用公积金贷款购买了新房

扩大了住房公积金制度的受益面

服务站既是住房公积金政策的宣传员、咨询员，又是住房公积金业务的协理员、信息员，宣传普及住房公积金政策，协助办理住房公积金基础业务，为基层企业、职工提供优质便捷的服务。2015 年，共发放各种宣传资料近 3 万份，协助对 10 余家不建不缴企业进行行政执法，为 5600 名职工办理了开户登记手续，占全区扩面人数的 65.8%，均超额完成区政府下达的为民办实事的目标任务。

解决了基层职工的住房困难

安居才能乐业。2015 年，全区 13 个乡镇服务站帮助 567 户家庭，依靠住房公积金的优惠政策，合计贷款 1.58 亿元，占全年总贷款额的 43%，购买了新房，圆了安居梦。同时，还积极帮助符合条件的 959 名职工，支取住房公积金 2.22 亿元，占全年支取总额的 65%，切实帮助他们解决了实际困难。

公积金服务站街道扩面宣传

乡镇公路旁公积金建缴执法宣传

各方声音：

在服务站的宣传动员下，我们企业为 118 名农民工缴存了住房公积金，不仅没有影响到企业的效益，反而稳定了职工队伍，调动了职工爱岗敬业的积极性，促进了企业的发展。

——吴桥镇嘉盛鞋业副总经理 第根林

服务站建在家门口，住房贷款不用愁。我这个外来务工的，去年靠公积金低息贷款在大桥镇买了一百多 m^2 的新房子，把老家的父母都接过来一起住了。

——大桥镇泰富特种材料有限公司职工 黄冬冬

有了服务站，办事不再难。以前职工办事要到城区来回跑，如今家门口就能了解到公积金缴存、贷款、提取的情况，省事又省力，方便多了。

——浦头镇长青农化股份有限公司会计 王贵华

如何更好地服务基层，特别是服务乡镇企业和职工，一直是扬州住房公积金管理中心认真思考的课题。2014 年，扬州中心指导江都分中心问需于民、问计于民，积极探索住房公积金服务基层新机制，在江都区建立乡镇住房公积金服务站，打通服务基层的“最后一公里”。

——《中国建设报》

撰写：陆建生、冯树云 / 编辑：肖　屹 / 审核：杜学伦

淮安住房公积金银行结算系统国家试点

Pilot of Bank Settlement Data Application System of Housing Provident Fund in Huaian

案例要点：

为方便群众办事，提升工作效能，解决住房公积金传统的资金结算程序较复杂、效率较低的问题，淮安市积极探索与银行直联电子支付结算的新模式，在不改变公积金中心与受托银行结算关系的基础上，通过打造资金结算新通道，变“群众奔波”为“信息跑腿”，变“群众来回跑”为“部门协同办”，既方便了群众，又提高了服务水平，提升了管控能力。

住建部原副部长陈大卫视察试点项目建设

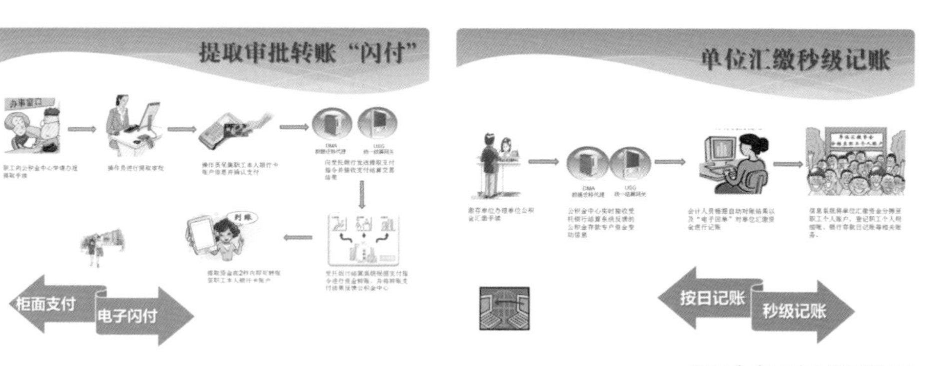

公积金电子支付结算流程

案例简介：

2012 年，受住建部委托，淮安市开展“住房公积金银行结算数据应用系统”试点建设，打造规范统一的结算服务通道与受托银行总行直联，推动住房公积金电子结算、资金业务实时记账和银行账户实时对账，实现了单位汇缴由“按日记账”向“秒级记账”，提取支付由“柜面支付”向“电子闪付”，贷款发放由“按月轮候”向“5 日办结”的转变，大幅提升了结算效率和服务水平。

一站办理业务，服务更加便捷

在公积金缴存人提出业务办理申请并通过审批后，公积金中心通过统一结算通道发送电子支付指令给受托银行，将提取款项实时转至缴存人银行卡，实现了一站式办理公积金业务。

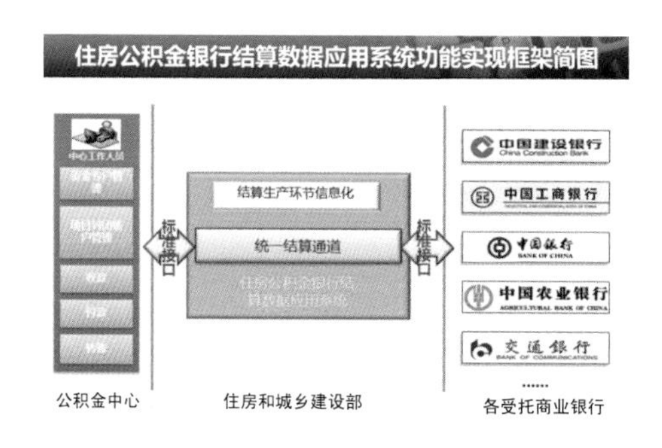

前台合作办公，后台程序联动

受托银行直接进驻公积金服务大厅，公积金中心与银行合作办公，及时传递业务资料票据，现场合作办理住房公积金相关业务。通过打造共享、互通的一体化信息平台，公积金中心与受托银行等部门数据共享、程序联动，实现信息自动采集、业务统一受理、后台分类流转，大幅提高了业务办理效率，做到了“马上审批、马上转账”。

核算效率提高，管控能力提升

通过统一结算通道，受托银行将资金变动情况实时反馈给公积金中心，系统自动记账，避免了手工记账工作量大、容易出错的弊端，资金核算效率提高了约70%。通过业务流、资金流、财务流“三流合一”的闭环管控模式，确保从账户开设、结算发起、交易控制、实时结算到记账对账，资金流向始终在系统的管控之下，实现了“人控”向“机控”的转变。

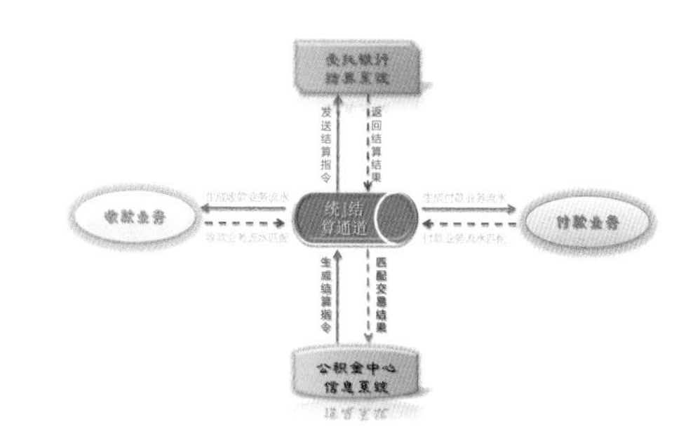

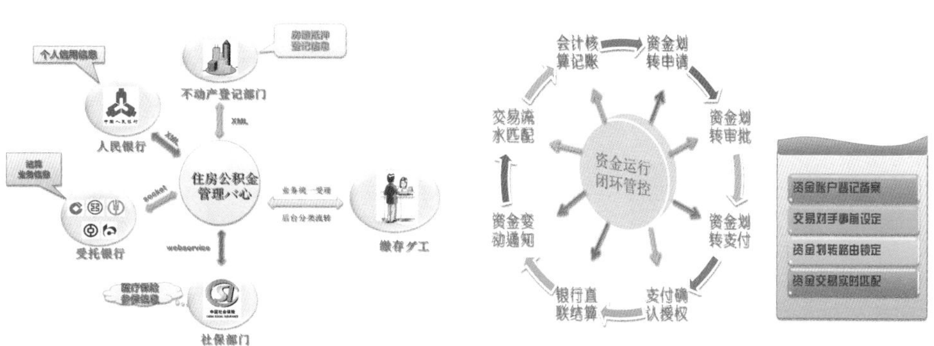

公积金银行结算数据应用系统业务办理流程

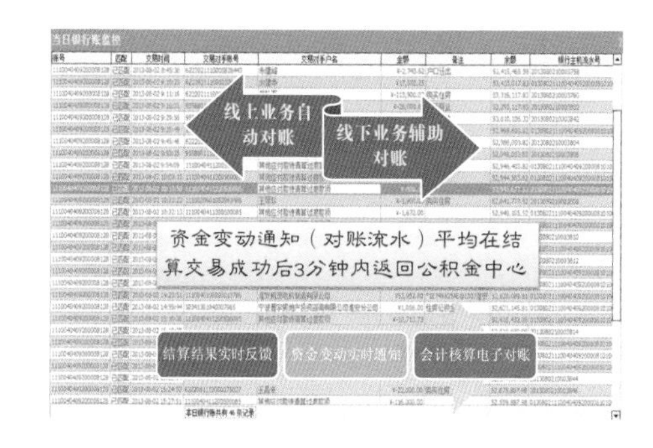

各方声音：

淮安为全国公积金中心实现“直联结算”探索了开发成本低、技术障碍少、实施周期短的“淮安模式”。

——住建部住房公积金监管司司长 张其光

现在提取公积金直接打到我的银行卡上，几秒钟就收到到账的短信，不用再到银行去拿钱了，确实是便捷又安全。

——住房公积金提取职工 庞汝全

住房公积金银行结算数据应用系统的直联，变“群众奔波”为“信息跑腿”，变“群众来回跑”为“部门协同办”，对切实简化优化住房公积金服务流程，进一步提高公共服务质量和效率具有非常重要的意义和作用。

——《中国建设报》

撰写：陆建生、冯树云 / 编辑：肖 屹 / 审核：杜学伦

连云港住房公积金的标准化服务

Standardized Provident Fund Services in Lianyungang

案例要点：

住房公积金工作关系到千家万户，如何为广大的公积金缴存职工提供标准、规范、便捷的服务，是当前公积金行业提升服务品质的重要内容。连云港通过推进公积金贯标服务，致力实现“细化标准让服务窗口亮起来、优化流程让服务效率快起来、强化管理让服务水平高起来、提升效能让办事群众笑起来”的“三化一提升”，努力为公积金缴存人提供宾至如归的“管家式”标准化服务。

开展贯标服务工作

案例简介：

2015 年，连云港市推行公积金标准化贯标服务，当年业务办件量就突破 60 万件新高，位居全市各部门窗口单位业务办件量第一，服务满意度也提升至全市绩效考评优秀等次。

公积金服务大厅

细化标准让服务窗口亮起来

开展“对标找差创最优”创建，对照同行业先进水平，制定《服务标准手册》，形成服务环境、服务设施、行为规范、服务流程等六大项 60 条行业精细化标准，精准施策，实现全市 38 个服务网点“亮流程、亮身份、亮职责、亮承诺”。

制定服务手册

优化流程让服务效率快起来

构建“互联网 +”公积金新型服务模式，创新服务思维，优化操作流程，推出“即时提”业务，实现了线上实时支付，具有“零风险、一对多、无限额、即时到”的特点，有效解决了服务职工“最后一公里”问题。

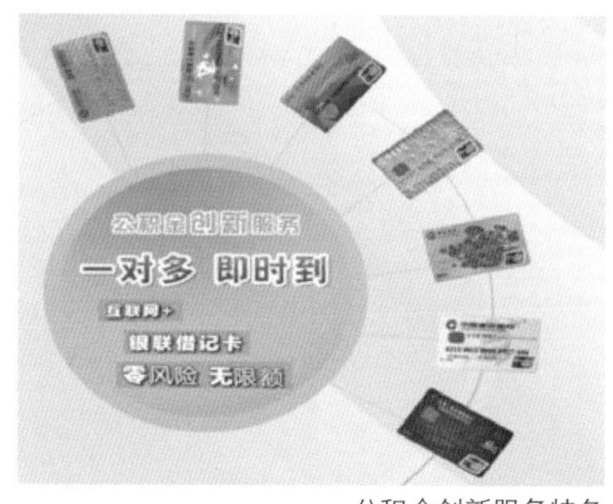

公积金创新服务特色

强化管理让服务水平高起来

采取现场辅导评定、人员表现综合评分、专家突防检查和神秘顾客暗访四种形式，对每个服务大厅工作人员进行跟踪评估，促进工作人员自觉执行服务标准，改进不足之处，提升服务水平。

提升效能让办事群众笑起来

走进中心服务大厅，工作人员用亲切的问候和细致的解答迅速拉近了与办事群众的距离，引导人员的“管家”式服务让办事群众享有了更加专业的指导和贴心的服务，让百姓拥有宾至如归的感觉。

公积金贯标服务培训会

公积金管家式服务团队

各方声音：

你们的服务真是太好了，太贴近老百姓了，不到一分钟钱就到账了，也不用跑银行了，真是太便捷了。

——连云港市民 张杰

连云港市公积金管理中心秉承“科学发展、惠民安居”的理念，不懈追求“心系百姓安居、服务港城发展”的品牌价值，形成了住房公积金服务工作标准体系，以优质良好的服务，助力实现百姓的一个个安居梦想。

——《中国建设报》

撰写：陆建生、冯树云 / 编辑：肖 屹 / 审核：杜学伦

“亮底”征收的淮安实践

“Disclosed House Expropriation” -Practice of Huaian

住建部原总经济师冯俊视察淮安“亮底”征收工作

案例要点：

在房屋征收过程中，由于历史变迁等原因，房屋的产权产籍情况千差万别、错综复杂，清楚界定房屋产权、合理确定补偿范围和标准涉及很多细节工作。以往由于信息公开度不够，往往容易造成对房屋征收范围标准的不同理解，从而引发矛盾，甚至产生“寻租”空间。

针对这一问题，淮安市探索建立完善房屋征收全过程的公开透明工作机制，将征收相关法规政策、项目审批依据、征收流程、调查结果、安置方案、安置房源及选房情况、评估价格、奖励和相关补助标准、补偿结果以及从业机构和人员等征收信息在项目征收现场、新闻媒体以及网上全部公开，将群众最关注的征收补偿协议、旧房交割单、领款单等材料直接公示，实现了房屋征收公开内容由“部分公开”变成“全面公开”，公开形式由“间接公开”变为“直接公开”，公开场所由“半封闭公开”变为“全开放公开”，有效保障了群众权益，防止了权力“寻租”，提高了征收效率，维护了社会稳定。

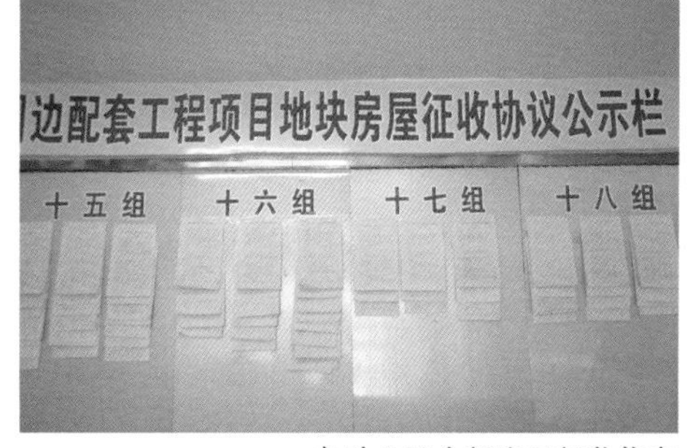

主动公开全部房屋征收信息

案例简介：

建立机制，规范房屋征收行为

淮安市出台了《关于做好国有土地上房屋征收亮底征收工作的实施意见》，配套印发了《淮安市国有土地上房屋亮底征收“十公开”操作细则》，通过制度保障推动将房屋征收在事前事中事后全过程的“老底”全部亮出来，让群众知晓，接受群众监督。

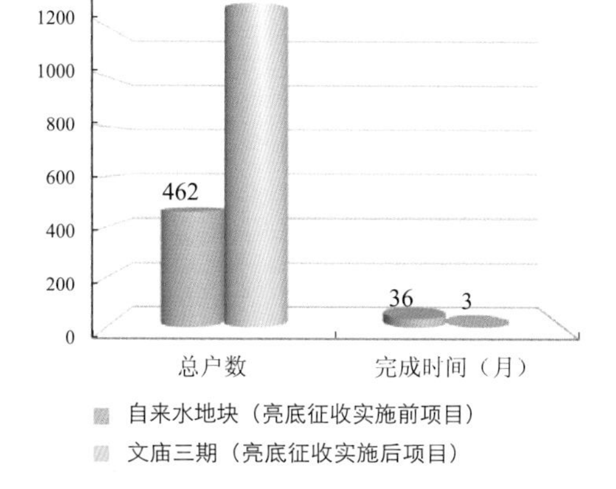

亮底征收后涉及居民户数更多，完成时间更短，由于百姓满意度显著提升，房屋征收效率大大提升

全程监督，确保一把尺子量到底

充分发挥行政监督、群众监督和舆论监督的作用，构建全方位的监督体系，前期对征收项目的手续是否齐备、征收范围是否明确、征收程序是否合法、补偿安置方案是否合理、风险评估是否到位等进行监管；中期对项目征收依据、项目组织实施情况、补偿政策和安置方案、调查结果和评估结果、安置房源和选房情况、征收补偿结果等是否公开等进行监管；后期主要对补偿款兑付、安置房交付、过渡费支付、矛盾纠纷化解、资料归档、项目核算等进行监管。通过多方位全程监督，形成合力，严控自由裁量权，严防权力寻租，消除群众 “先签吃亏、后签得利”的担心。

多元安置，解决百姓现实需求

综合运用各种政策措施，构建安置房、公共租赁住房、共有产权房和货币化安置购买普通商品房组成的“组合拳”安置体系。多渠道整合安置房资源，尽可能为群众提供现房、准现房安置，减少群众在外过渡时间，减轻群众周转过渡困难。

成效明显，百姓满意度显著提升

征收新机制启动以来，百姓由对房屋征收的不理解变为理解，由被动征收变为主动配合，对工作的满意程度进一步提升，征收速度进一步加快，信访量总体下降，征收工作步入了良性循环的轨道。如 205 国道淮安西绕城段项目，87 户仅用 19 天就顺利完成征收，且零投诉、零诉讼、零信访。

各方声音：

淮安在深刻领会国家和省有关征收信息公开制度的基础上，结合本地实际，解放思想，积极探索“亮底征收”的新路子，有效地保障了被征收群众的知情权和监督权。这是淮安房屋征收工作中的一种创新和突破，值得广泛推广！

——住建部原总经济师 冯俊

实施了亮底征收，我们老百姓也不担心吃亏了，也不要烦神去找人了。 ——被征收居民

亮底征收是淮安市住房城乡建设局深入开展党的群众路线教育实践活动，加大改革创新、解决群众反映最强烈问题的一项重要成果，是征收管理制度的一次创新，是顶层设计的一次突破，是征收拆迁工作人员的一次思想革命。

——《中国建设报》

撰写：肖 屹 / 编辑：赵庆红 / 审核：杜学伦

苏州常熟市城市零星危房处置探索

Scattered Dilapidated Housing Treatment Mode of Changshu

住房城乡建设部陈政高部长在常熟视察时，对常熟危旧房解危处置给予肯定

案例要点：

国家大力推动棚户区改造行动实施以来，成片的老旧危房多已纳入棚户区改造计划，但城市零星的老旧危房解危由于受政策、资金等的约束难以操作。2014年，常熟市在房屋安全检查中发现“五星二区”一幢住宅楼倾斜且局部开裂严重，存在重大安全隐患，当地政府迅速组织住户撤离，拆除了危楼，避免了楼倒人亡事件。这件事之后，常熟市政府深入认真研究零星危房处置解决之道，从实际出发制定了《常熟市危险公寓房解危指导意见（试行）》，进一步强化了业主的主体责任，将业主从原有的“旁观者”变为“主导者、参与者”，将政府从原有危旧房解危的“主导者”变为“组织者、支持者”，形成了个人出资、政府补助的零星老旧危房解危处置模式，这种模式既改变了政府以往的大包大揽，也体现了政府从公共安全层面对百姓的保障。

常熟城区零星危旧房

案例简介：

排查隐患，关注百姓安危

常熟市以“五星二区”危楼事件为契机，组织相关部门对全市危旧房屋进行系统排查。在业主自行排查、属地政府初查筛选的基础上，住房和城乡建设部门进行深度排查，对有安全隐患的房屋及时组织鉴定，确定分布在城市各地的零星危房另有 13 幢，共计 14791m^2，涉及 207 户。

危旧房屋现场排查

因地制宜，提出解危方案

根据《常熟市危险公寓房解危指导意见（试行）》，对满足原址重建条件的危险房屋，实行恢复性重建。不满足条件的，业主可申请购买政府提供的异地解危房源，也可不购买解危房源而申请货币结算。目前，常熟 14 幢危房中已完成 2 幢恢复性重建；1 幢正在恢复性建设；另 11 幢不符合恢复性重建条件的，已有部分业主选择购买政府提供的解危房源或申请货币结算。

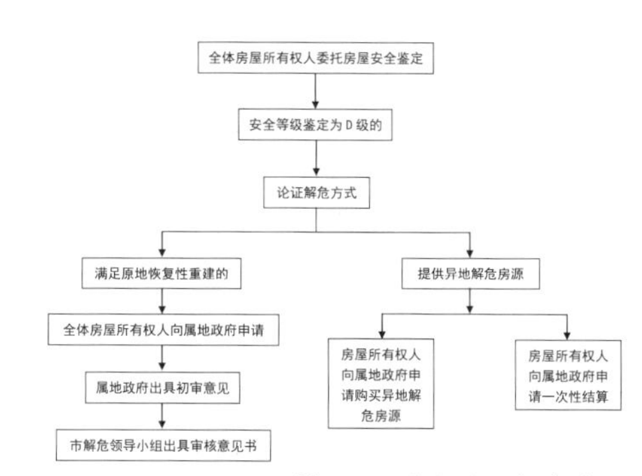

城区零星危旧房屋解危流程

个人出资，政府补助解危

业主是房屋解危的责任主体，应承担房屋的解危费用。同时为了推动解危工作，帮助业主尽快解危，常熟市明确了解危补助标准。其中，恢复性重建的，业主承担房屋主体的建安工程费用，政府补助室外工程、勘察设计及市政配套费用；购买异地解危房源的，业主只需承担原产权面积的房屋重置价，政府补助其他差价；不购买异地解危房源的，业主可比照标准申请一次性货币结算。另外，常熟市还采取了特困户补助、共有产权等方式，帮助困难家庭解危。

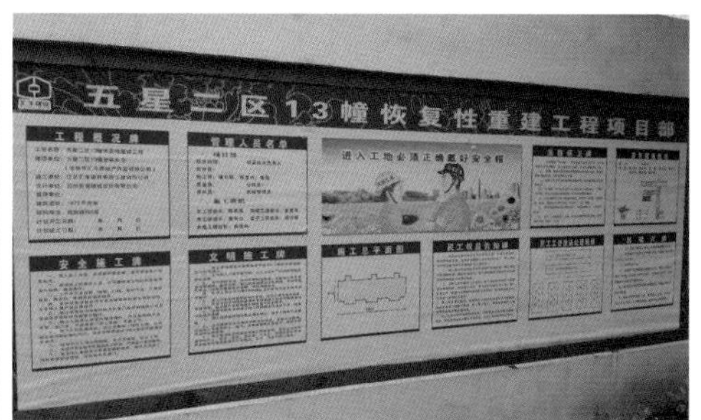

常熟市五星二区 13 幢正在进行恢复性重建

常熟祝家河 3 号 4 号完成恢复性重建前后

各方声音：

常熟首创的“个人出资、财政补助”的老旧危房解危模式值得肯定。

——住房和城乡建设部部长 陈政高

政策考虑还是蛮周到的，除了个人出资、财政补助之外，还针对不同的家庭情况，提出了困难户补助、共有产权等方案，比较人性化。

——常福小区 杨兴利

撰写：李 强、蒋文新 / 编辑：肖 屹 / 审核：杜学伦

公众参与的苏州太仓市老小区改造实践

Improvement Practice of Old Residential Areas with Public Participation in Taicang, Suzhou.

案例要点：

推进老旧小区改造是提高百姓居住舒适性的一项民生实事。为把好事切实办好，太仓市在老小区改造中充分尊重民意，加大公众参与力度，充分发挥居委会、居民代表的主体作用，通过多渠道征求民意，明确各方职责等方式，及时协调解决改造过程中的矛盾，顺利推进了老小区改造，改造成果得到了居民的高度认同。

老小区整治前后

案例简介：

太仓市采取民意导向、公众参与的老小区改造方式以来，共实施了 44 个老小区综合整治，整治总建筑面积约 201.1 万 m^2，惠及居民 2 万余户，整治效果得到了绝大部分居民的一致好评。改造过程中广泛实践了民主参与，充分发挥社区居委会和居民的主观能动性。

民意调查 → 公示方案 → 进场施工 → 召开例会 → 现场协调 → 共同验收

太仓老小区整治流程

明确各方责任，构建互动机制

改造办负责总体协调，制定整治方案；街道负责广泛征求居民意见，收集群众普遍反映急需整治的内容；居民积极参与互动，向社区反映各自的意见和建议。

多方征求民意，听取公众意见

太仓在改造工程实施前，通过发放调查表和召开民主决策会议等多种形式，向小区居民阐述小区改造的内容，听取居民们对各自小区改造工作的意见和建议，并将建议内容落实到改造规划方案中，进行公示后再进场施工。

各方参与验收，共同评测效果

竣工验收时，邀请社区居委和居民代表共同查看现场，共同评测整治效果，对每一幢房屋、每一处道路和绿化各方都满意后才通过验收，一旦发现问题限期整改到位，确保居民对改造效果的满意。

改造后的老小区

召集居民代表召开小区改造会议，协商改造内容

改造内容现场听取居民改造意见，接受居民监督

老住宅小区综合整治调查表

南园新村小区 5 幢 103 室

序号	调查内容	评价（在□内打√）	有何建议
1	老住宅小区综合整治的必要性	非常必要☑ 无所谓□ 没必要□	
2	方案立面整体效果	满意☑ 较满意□ 不满意□	
3	方案总平面图设计	满意☑ 较满意□ 不满意□	
4	增加汽车停车位的必要性	非常必要☑ 无所谓□ 没必要□	
5	小区主干道路拓宽的必要性	非常必要☑ 无所谓□ 没必要□	
6	小区主干道路黑色化的必要性	非常必要☑ 无所谓□ 没必要□	
7	小区绿地整合提档的必要性	非常必要☑ 无所谓□ 没必要□	
8	楼道安装感应灯的必要性	非常必要☑ 无所谓□ 没必要□	
9	小区砌筑封闭围墙的必要性	非常必要□ 无所谓☑ 没必要□	
10	小区安装电子监控设备的必要性	非常必要□ 无所谓☑ 没必要□	
11	小区加强物业管理的必要性	非常必要□ 无所谓☑ 没必要□	
12	屋面是否存在雨水渗漏	是□ 否☑	
13	对自行车棚破旧木质门统一更换（费用个人分摊一半）必要性	非常必要□ 无所谓☑ 没必要□	
14	自行车棚屋面存在渗漏情况	是☑ 否□	
15	楼幢前后雨水管堵塞情况	无□ 还好□ 较严重☑	
16	底层庭院围墙统一高度的必要性	非常必要□ 无所谓☑ 没必要□	
17	对影响小区景观或通道的搭建物进行拆除的必要性	非常必要☑ 无所谓□ 没必要□	
18	对占用小区绿地种植的蔬菜进行无偿清理的必要性	非常必要☑ 无所谓□ 没必要□	

对方案中改造的具体项目有何更好建议？有何还需要增加的项目？

1-5幢西侧[illegible]，一直积水，修好以后多加点车位

增加老年人活动场地。

小区改造前，发放调查表征求居民意见

各方声音：

根据我们这 3 年多来对太仓实践的观察，政府通过委托管理或购买服务的形式转变“无限政府”职能，把涉及社会事务、公共服务等职能交给自治组织自行管理，变领导为指导，给了民众更多的参与机会，有效扩大了自治空间。——中国社科院教授 史卫民

小区改造后道路平整、进出方便、停车有序、绿化美观、环境优雅、墙体整洁、楼道畅通干净、防盗门安全有效、外加晚上路灯明亮。——新民村居民代表 王阿姨

“政社互动”在试点一年的基础上，于 2011 年 4 月在太仓市各镇区全面推开；2012 年 6 月，在苏州全市推行。如今，这项社会管理创新之举将在全省范围内推行。——中国江苏网

撰写：李 强、汪 戈 / 编辑：肖 屹 / 审核：杜学伦

泰州老旧小区的“微整治”实践

“Micro Treatment” of Old Community in Taizhou

在退化破损绿地上修建生态车位

案例要点：

老旧小区普遍存在道路破损、管网堵塞、车位紧缺以及住房专项维修资金不足且申请使用程序复杂等问题，虽然问题不大，但是百姓反映很多。过去解决这些问题，由于没有开辟新的筹资渠道和建立快速反应机制，往往造成问题累积，群众怨言多，也容易造成小毛病拖成大问题。针对这一问题，泰州市改变过去老旧小区管理中“问题不大不重视”的做法，大力推行老旧小区“微整治”，并探索建立“房屋维修保险”和“房屋报修 110”机制，当住宅小区中出现苗头性问题时马上组织开展整治，通过抓细、抓小、抓早，努力实现老旧小区“早介入治未病、花小钱防大病”，不让老小区中的小问题积成大问题，既节约了公共资金，又及早惠及民生。

案例简介：

泰州在市区约 120 个老旧小区中广泛开展了老旧小区“微整治活动”，围绕“房屋不漏”、“下水不堵”、“有地停车”、“房前屋后环境改善”等目标，共筹措资金 1.1 亿元投入“微整治”，较好地改善了小区居住环境，提高了老旧小区居民的居住条件。

全面系统推进微整治

泰州市按照中心城区全覆盖的要求，制定了《小区微整治工作规程》，将中心城区建成 5 年以上的小区和居住组团，共计 120 个全部纳入“微整治”范围，系统化设计方案探索解决之道，通过微整治解决小区内存在的问题，为百姓排忧解难。

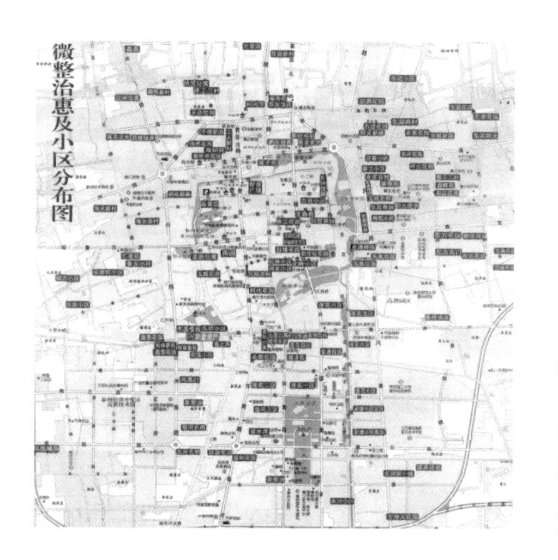

微整治项目统计表

序号	项目名称	数量
1	停车位改造	增加 7000 个停车位
2	道路维修	4.5 万 m^2
3	屋面防水维修	6000 户
4	楼道灯安装	20000 盏灯
5	落水管维修	1300 处
6	监控维修改造	45 个小区
7	下水管网维修	3800 处
8	出新老旧房屋外立面	500 幢

尊重民意推进微整治

每年定期不定期通过网络、媒体向社会公开征集“微整治”项目，街道办、居委会、物业公司、业委会、居民群众等单位或个人，任何时间均可以向主管部门提出申请。每个整治项目开展前都召开民情座谈会，听取群众意见。5 年来，共收集到微整治建议 1286 条。

小区改造听取民众意见

快速响应推进微整治

市民通过房屋维修“110”电话上报情况，房屋主管部门根据实际情况，对“落水管破损”、“管网漫溢”、“高空坠物”、“无楼道灯”、“道路损坏”、“停车困难”等影响居民群众日常生活的“急”、“难”、“险”事项，及时开展整治。同时泰州市明确了房屋渗漏等 6 种情形无需办理业主共同委托的手续，当事业主个人可通过“房屋报修 110”指挥平台以及网上报修系统，直接向主管部门申请使用房屋公共维修资金，并通过“房屋报修 110”应急维修队及时快速维修房屋。5 年来，单价在 1000 元以下的小型修缮项目完成 18000 余项，平均响应周期 1-3 天。

维修费用分段	个人承担
累计维修费用≤交存额 200%	个人不承担费用
交存额 200% < 累计维修费用≤交存额 300%	个人承担超出部分的 50%
交存额 300% < 累计维修费用≤交存额 400%	个人承担超出部分的 75%
交存额 400% < 累计维修费用	个人全额承担超出部分

多层房屋屋顶外墙渗漏维修费分担规划

泰州“房屋报修 110”受理中心

泰州“房屋报修 110”应急维修队

小区破损道路翻修后

多元筹资推进微整治

对确定实施的微整治项目，泰州把公共财政投入与小区维修资金使用相结合，形成了政府投入大部分、小区投入少部分（维修资金）的资金筹措机制，小区公共维修资金结余低于 30% 的，微整治资金全部由政府投入；小区公共维修资金结余较多的，根据比例调减政府投入额度。同时制定《泰州市区住宅专项维修资金管理办法》，在政府每年投入一部分资金作为房屋维修基本资金的基础上，鼓励物业企业为正常缴交物业费的业主购买并赠送基本保费为每户每月 2 元的“房维险”，同时引导业主按时缴交物业费并自行参保“房维险”，通过三方联动，建立房屋维修保险机制，由地方政府、物业企业和广大业主共同分担房屋维修风险。这种做法，一方面发挥了政府托底保障的作用，另一方面也促进了房屋维修资金的有效使用。

老旧房屋外立面出新后

各方声音：

小区微整治后，现在车位多了，路也修好了，小区居民满意度提高，“微整治”真是办了件好事、实事。

——泰州莲花小区居民

针对传统的老小区整治只能惠及很少很老的小区这一现实问题，泰州市房管局结合实际，创造性地提出了物业管理小区“微整治”行动。针对居民最急需解决的局部性问题进行整治，让居民感受到方便，感受到实实在在的变化。

——《江苏经济报》

打造数字化物业管理，维修资金申请使用一网通。泰州在住宅专项维修资金管理使用方面，建立了“业主自缴存”、“绿色通道”、“公平分摊”、“数字化管理”等一系列制度，摸索出一套行之有效的方法，较好地解决了维修资金使用难、分摊烦、续筹艰等问题。

——住房和城乡建设部《建设工作简报》

撰写：李　强、汪　戈 / 编辑：赵庆红 / 审核：杜学伦

老旧住区整治改善实践
——无锡案例
Improvement Practice of Old Residential Areas in Wuxi

“十二五”期间旧住宅区整治改造主要工程量

序号	项目名称	工程量
1	停车位改造	17586 个
2	屋面维修	142.5 万 m^2
3	新建改造化粪池	6727 个
4	路面维修	59.31 万 m^2
5	休闲健身场所	257 个
6	新建门卫等配套用房	205 间，3900m^2
7	种植乔灌木	39.65 万株

案例要点：

城市中的旧住宅区，普遍存在基础条件差，房屋本体及设施设备老化、缺失，管理缺位等问题，与居民生活舒适、便利的要求严重不适应，也成为城市形象的短板。1997 年起，无锡市开始持续实施旧住宅区整治改造工程，并将其纳入“为民办实事”项目有序推进，多年来不断优化老旧小区居住环境，得到居民和社会各界的广泛好评。截至 2015 年，无锡市共完成 20 批次的旧住宅区整治改造工程，涉及小区 197 个，房屋建筑面积 2155 万 m^2，惠及居民 140 余万人。

整治后焕然一新

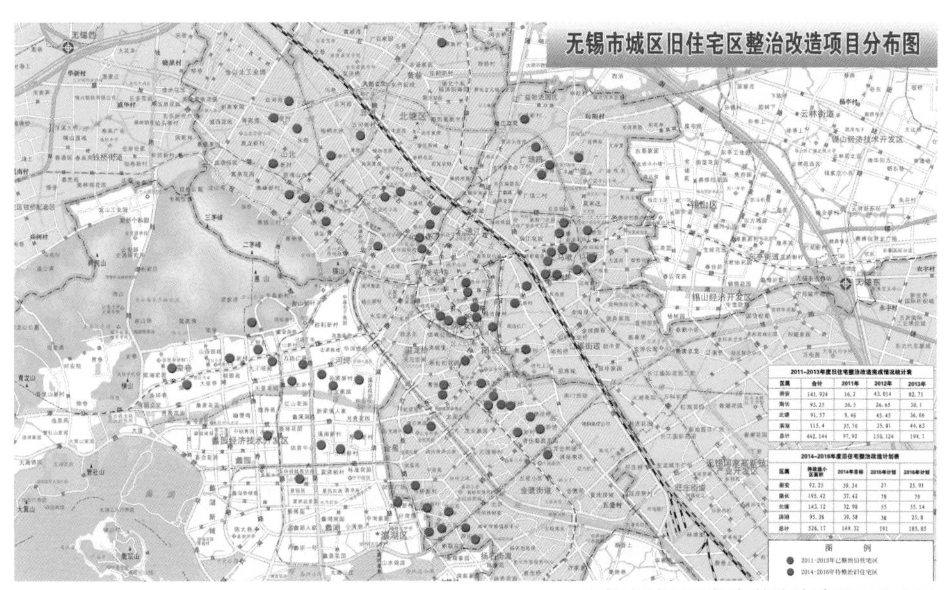

无锡市城区旧住宅整治改造项目分布图

案例简介：

强化领导、协同配合

市政府专门成立了旧住宅区整治改造工作领导小组，对旧住宅区整治改造进行组织协调，统筹推进。在市、区整治办的协同组织下，改造项目各实施单位紧密配合，合理衔接各道工序，提高了工程实施的组织化程度。

百姓参与集思广益

加大投入、提升绩效

近年来，市、区两级政府每年在旧住宅区整治改造上投入不断加大，从每年几千万增长至 2015 年的 2.5 亿元，为整治改造的提标扩面提供资金保障。同时，为提高财政资金的使用效益，旧住宅区整治改造经费每年纳入专项资金管理并按规定进行绩效论证和绩效评估。

实施长效管理

广纳民意、提高满意

以百姓满意为最终目标，坚持群众导向，做好群众工作。一是在方案设计阶段，通过方案公示、上门填表、现场答疑等方式，充分征求居民意见，如 2015 年，发放意见征求书 2 万余份，汇集居民意见 4000 多条，进一步优化方案，使之更贴近居民需求；二是定期召开居民议事会，听取居民对整治改造过程中的意见和建议，进行整改落实；三是聘请居民义务监督员，加强对施工的质量监督和做好居民的宣传协调工作。

上个月，崇安旧住宅改造计划全部完成，如何管理好焕然一新的家园——

老新村整治"软件"与"硬件"一起升级

创新管理 共促和谐

本报讯　上个月，崇安区旧住宅改造全部完成。改造包括屋面维修、外墙防渗和出新等近 20 项内容。记者近日采访时了解到，整治后的老新村"硬件"设施更加完善，如何管理好焕然一新的家园，相关街道和社区纷纷以旧住宅改造为契机，采取措施，提升社区管理水平，让"软件"与"硬件"一起升级，打造真正宜居的小区。

前不久，春晖社区召集居民商讨制订"社区居民行为准则"，最后形成共识。这份行为准则包括守法诚信、友爱向善、邻里互助、勿乱抛物、文明娱乐等 20 多项内容。

春晖社区的居民徐丽英表示，有了行为准则，她现在每次出来遛狗都会带着专门收集狗狗粪便的袋子，避免给别人带来影响。行为准则就是要规范大家的日常行为，全靠大家自觉遵守。

在崇安区各个街道社区，社工发挥着越来越重要的作用。金宁社区的社工林月萍告诉记者，老新村整治后，环境得到提升，居民对小区服务的要求也越来越高了，为此社工要不断提升专业服务水平。她告诉记者，如今社区的社工每人都随身携带一本民情日志，每天到居民家中走访，并把问题记录下来，为居民提供贴心服务，平均每个人每周的走访时间在 4 小时以上。

不少老的新村由于种种的原因，没有专门的业主委员会，在一定程度上给居民带来了不便。借助旧住宅改造，一些老新村纷纷成立了业委会。

风雷社区成立了业委会后不久，小区里以前存在的不少乱象，如有的居民在绿化带里种菜，还有人在社区道路上乱停车，还时常有盗窃案件发生等现象就逐渐减少和消失了。

目前，该社区业委会还通过楼门文化建设，开展共同唱歌、跳广场舞、听健康讲座等活动，带动邻居之间互动。"现在邻居之间熟悉了，可以互相帮助，我有时有事外出，小孩也能放心交给邻居临时照看了。"居民许女士告诉记者。在参与楼门文化建设过程中增加相互间的接触，培养了邻里亲情，以前为琐事争吵的邻居如今关系也变得融洽了。（安宇）

《无锡日报》媒体评论

落实管理、加大扶持

旧住宅区环境的改善提升，整治改造是基础，后续管理是保证。指导住宅小区成立业主委员会，引导小区居民参与管理、履行义务；对不具备成立业主大会的小区，属地街道组织相关单位和业主代表组建物业管理委员会，落实长效管理职责。根据小区环境条件，建设配套用房和停车位，用其收益弥补小区物业服务费，增强旧住宅小区管理服务的造血功能。同时，市政府出台扶持政策，建立旧住宅小区长效管理考核奖励机制，根据旧住宅小区长效管理考核情况，由市、区两级财政分别给予补贴奖励。

新增停车位

新增休闲亭

各方声音：

坚持以人为本、民生导向的根本宗旨，正式改造工作启动伊始，征求群众意见，倾听百姓呼声，明确工作标杆，完善整治改造内容。整治改造实施过程中，自觉接受群众监督。改造成果，赢得了广大居民的广泛赞誉。

——无锡市人大常委会环资城建工委

坐在这里风吹不着，太阳透进来，坐着还软软暖和，想得真是周到。

——清扬路纺工小区居民贾志英，坐在改造后的小区休闲亭中

走进小区，记者不禁有些惊喜，几个月前来采访时，这里还是杂草丛生、车辆乱停乱放、道路坑洼不平。而如今，一幢幢粉刷一新的红黄色相间外墙的住宅楼、一条条干净平坦的沥青路面、一排排整齐划一的停车位，再加上几处环境优美的休闲景点缀其间，看起来仿佛是一处漂亮的新建小区。

——《无锡日报》

撰写：李 强、汪 戈 / 编辑：肖 屹 / 审核：杜学伦

盐城物业巡回法庭的探索

Property Disputes Settlement in Property Circuit Court
-Exploration of Yancheng

案例要点：

物业小问题不及时调处，很有可能造成大纠纷。但是在处理物业矛盾时，普遍存在调处难，诉讼成本高，处理时间长等问题，容易导致矛盾积压。对此，盐城市探索搭建了矛盾纠纷调处新平台，由房管局与法院联合成立“房产物业巡回法庭”，开通物业管理等涉房重大矛盾纠纷调解诉讼“绿色通道”，受理业主和物业企业涉及物业管理相关矛盾的调解和诉讼要求，通过及时的立案和现场的调解，为百姓提供专业便民和低成本的物业矛盾调处服务，依法迅速快捷的解决物业纠纷，推动物业管理行业良性发展。据统计，自成立“房产物业巡回法庭”以来，盐城市区物业信访和投诉矛盾的案件大幅度减少，数量比设立之前下降了50.4%。

走进小区开展宣传

案例简介：

为业主畅通维权渠道，保障合法权益

巡回法庭为百姓提供了一个快速有效、低成本的维权渠道和司法救济渠道，依法快速处理纠纷，及时化解矛盾，保障各方合法权益。通过公布咨询投诉热线电话、组织送法进小区等方式，为小区业主提供及时、便捷的法律援助和诉前调解服务，方便了群众诉讼，提高了诉讼效率，做到了便民为民利民。

为企业构建和谐关系，促进良性运转

巡回法庭根据物业矛盾纠纷的性质、特点，通过诉前调解、开庭审理，引导广大业主树立正确的物业消费观念，强化自觉缴费和花钱买服务的市场消费意识，倡导理性合法维权，在业主与物业服务企业之间架起沟通桥梁，融洽了关系，缓解了对立，为物业服务企业解决了多起长年拖欠物业费的案件，对保障物业服务企业正常运转、提升服务水平，以及促进物业管理行业良性有序发展提供了司法保障。

为政府化解矛盾纠纷，维护和谐稳定

巡回法庭成立后，快速有效地化解了复杂物业矛盾纠纷，做到矛盾不上交，纠纷及时解。至2015年底，巡回法庭共接受调解案件319件，其中已成功调解56件，开庭审理20件。与2014年相比，2015年盐城市区物业信访事件和业主对物业的投诉同比均大幅减少，有力地促进了和谐社区建设，有利于社会稳定。

物业企业给巡回法庭送锦旗

巡回法庭开庭审理案件

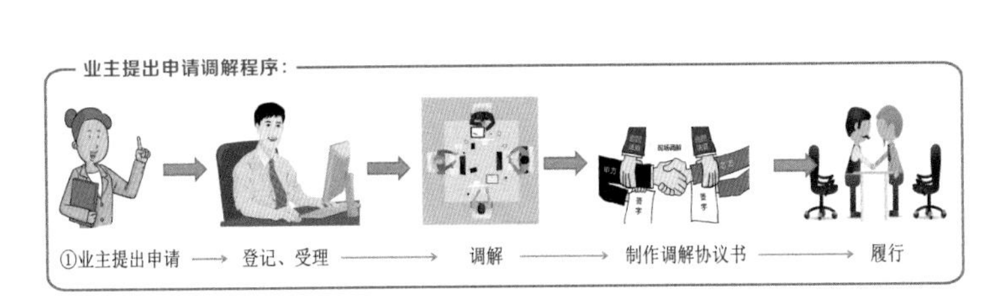

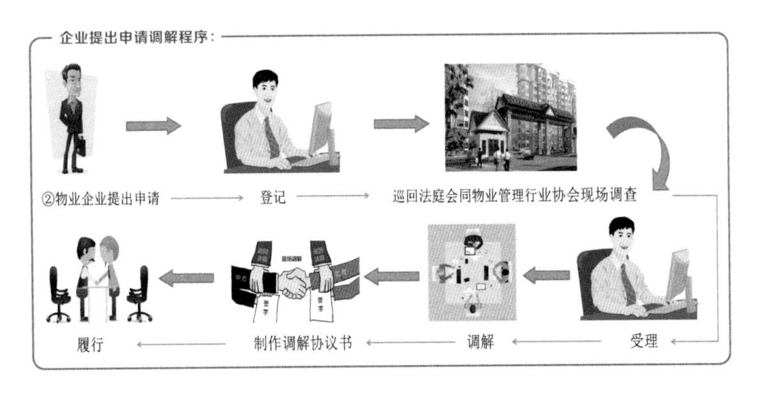

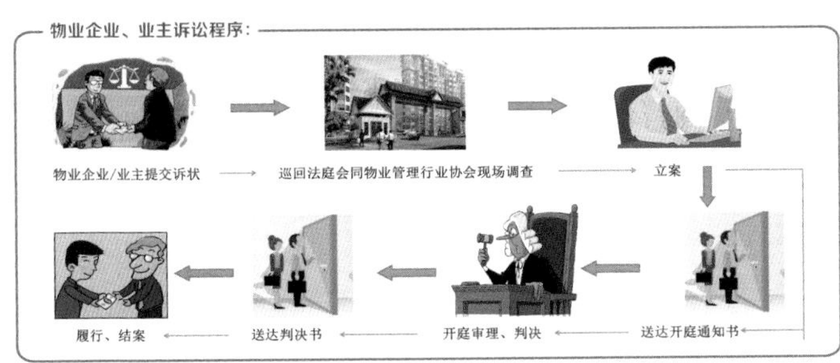

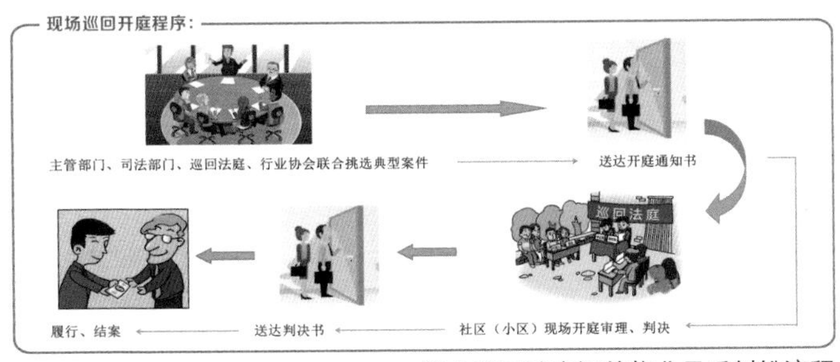

物业巡回法庭调处物业矛盾纠纷流程

各方声音：

车子停在小区被烧掉了，物业公司和其他业主推脱责任，不愿意赔偿，想到在交通广播电台听到的房产物业巡回法庭的宣传，知道了这个解决物业矛盾纠纷的地方。提出起诉后，很快进入了立案审理程序，得到了赔偿，巡回法庭确实方便了我们老百姓。——盐城市城南新区某小区业主 张先生

房产物业巡回法庭有效化解了物业管理等方面的涉房矛盾纠纷，保障了相关法律法规及政策的顺利实施，构建了房产物业重大矛盾纠纷调解新机制，促进了平安城市、和谐社会建设。

——《新华日报》

撰写：李 强、汪 戈 / 编辑：肖 屹 / 审核：杜学伦

互联网＋物业管理云平台实现了互联网与政府公共服务体系的深度融合

便民智慧的扬州“互联网＋物业”管理实践

Intelligent Property Services of Online-Offline Integration
- the “Internet+ Property” Management Mode of Yangzhou

业主版手机应用 App 服务生活

案例要点：

传统物业管理服务往往因小区不同、企业不同而服务标准各异，同时物业企业由于缺少发展投入和动力、盈利能力较差，一般存在服务粗放、服务质量下降等问题。扬州市以信息化为手段，以百姓生活需求为导向，通过“互联网＋物业管理”模式，整合各类行政和市场资源，形成物业管理大数据，建立以社区住户为核心，集电子政务、物业服务、电子商务和业主自治功能为一体、线上线下融合的公共服务体系。项目的推广应用为改变传统物业服务提供了新思路和新途径，建立了房屋全寿命周期、业主全生活服务的智慧物业管理模式，为促进公共服务的创新供给和公开透明管理提供了解决方案，也为更好地服务百姓生活所需、促进企业优化服务和转型发展提供了新空间，实现了政府、企业、居民的多方共赢。调查问卷显示，物业企业对智慧物业认可率达 100%，老百姓满意度达 96%。

案例简介：

政企商合作共建云平台

利用市场要素促进各类资源的有效调动和整合，通过“政府顶层设计、社会资本参与”的模式，形成“政（电子政务）、企（企业信息化）、商（基于物业服务的社区电子商务）”相结合的市级“智慧物业”平台。由扬州广电和长城物业出人、出钱、出技术，提供资金保障；由物业企业提供市场服务资源；市房管部门负责行政管理，形成开放、共享、合作的物业管理模式，为广大居民提供基于移动互联网入口的社区物业和社区商务服务。目前智慧物业平台已覆盖市区 15 家企业、92 个共计 1200 万 m^2 新建住宅物业服务项目，用户已达 58000 人，计划 “十三五”期间实现市区物业服务项目全覆盖。

房屋全寿命标准化管理

通过整体规划和顶层设计，构建三位一体的物业服务标准化体系：一个智慧物业云平台；一个物业网及手机APP；一套包括从业主体管理、维修资金管理、前期物业招投标管理、企业内部服务和管理等的应用软件。以此为基础，以房产交易的楼盘表信息作为物业管理的房屋基础数据库，建立以房籍号为特征的房屋及共用设施设备数据标准化编码，在传统房屋测绘的基础上，建立和收集电梯、水泵、消防、车位等共用设施设备数据，再叠加业主个人信息，从而实现业主购房取得产权后即进入"智慧物业"服务平台，房籍号和业主个人信息相关联，建立服务档案，获得房屋全寿命周期的物业标准化服务。

小区天眼实时监控保安全

物业服务零距离全天候

通过"扬州物业网"与"一应云平台"的整合，创新服务方式和沟通渠道，实现线上提交/接收需求、线下跟进服务。业主通过手机应用APP进入"智慧物业"平台，足不出户便可享受高效、便捷、贴心的服务，从而满足生活的多样性需求。缴纳物业费和停车费、查询和申请维修资金、水电报修投诉等服务均可"一键"搞定。而业主委员会的选举、维修资金使用的意见表决等公共性事务决策，也都可以通过平台逐步实现。线上线下的融合实现了业主和服务公司之间事项申报、安排处理、应急响应、沟通反馈的移动化，为业主提供全天候畅通的沟通渠道和即时服务，满足业主生活的多元需求，提高了业主的体验度和满意度。

一应便利店社区线上消费

企业转型发展新空间

信息化平台的搭建和系统的应用不仅有利于规范物业企业管理，促进企业优化内部管理，降低管理和服务成本，提高公共服务效率和水平。同时，物业企业可以通过信息化平台实现服务集成和拓展，在提供物业服务的同时整合社会资源，为业主提供更加丰富、便捷、个性化的生活服务。利用物业小区驻点成本较低的优势，结合新兴的社区电子商务，挖掘日用购物和居家服务等资源，向上和向下延伸服务产业链，给业主提供快递代收、房屋租赁等生活服务以及新兴的社区O2O消费，形成以业主需求为核心的全生活服务模式，同时促进企业实现增收盈利和转型发展。

物业企业组织团购活动

政府监管和社会监督公开透明可参与

政府通过对企业软件应用、数据管理应用、公共服务平台的统一和标准化建设，着力打通政府部门、企业与业主之间沟通渠道，对业主咨询投诉、维修资金使用、企业招投标管理等受理情况进行监管和信息公开，方便居民和社会的参与、反馈和监督，促进企业规范和提升服务。未来将进一步与企业诚信档案、企业经营管理状况挂钩，强化对行业的行政监管和企业的优胜劣汰，营造良好的行业发展环境。

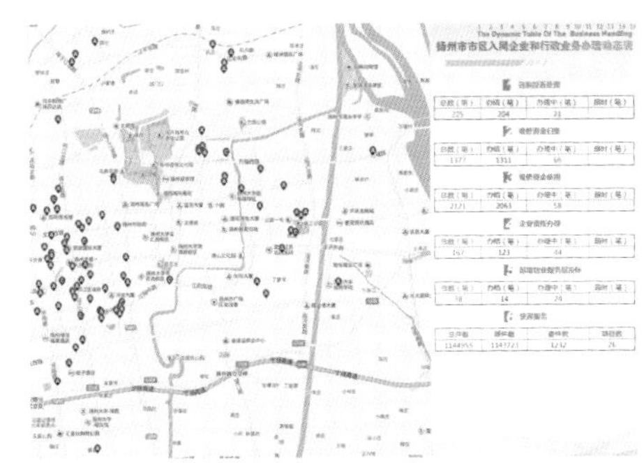

扬州市智慧物业行政监管平台

各方声音：

我一个人住，平时工作生活比较忙碌，以前每天接听快递公司电话、确定快递送达时间和收取方式都要占用自己很多时间，小区物业费缴纳和设施报修也常常需要跑好几次腿才能办理成功。现在利用手机轻轻松松就可以全部搞定，节省了很多的时间和精力。 ——扬州名都华庭业主 张女士

"智慧物业"带来的不仅仅是传统物业管理手段的革新和物业服务效率的提升，更将带给业主全新的体验，以及物业服务以外其他服务需求的最大限度满足，业主的生活方式也将更加科技、便捷。

——《扬州时报》

撰写：于 春 / 编辑：肖 屹 / 审核：杜学伦

互联网 + 家装
——苏州“金螳螂 · 家”探索

Internet+ Home Decoration -Case of Suzhou “Gold Mantis · Home”

买房装修是许多城市居民都要经历的一件大事，由于普通老百姓缺乏专业知识，加上家装企业自身存在的工期冗长、价格不透明、材料以次充好、施工品质难保证、售后服务没保障等诸多问题，家装过程往往成为老百姓买房后的痛点之一。苏州市金螳螂探索引入互联网 + 家装模式，通过信息技术应用，实现家装标准化，整合产业链，去除中间环节，让装修变得简单、透明、精致、高性价比，消费者足不出户就能通过网络选择自己中意的设计风格、材料款式、施工队伍、厨电设备等相关产品和服务，也可以到线下体验店进行咨询和体验，是现代互联网与传统家装行业融合的典型。

案例要点：

金螳螂建筑装饰公司在传统家装服务中引入互联网，建立了“金螳螂 · 家”一站式家居服务平台。通过标准化产品、手机APP信息平台、供应链规模集中采购、F2C供货（工厂到消费者）等新服务模式，努力提供放心、省心、省力、省钱的一站式家居生活服务，在扩展市场的同时，方便了群众，满足了消费者的个性化家装需求。

手机选材界面

案例简介：

实现家装服务网上订制

通过“金螳螂·家”家居服务平台，消费者可以在网上选择家装产品与服务，自由选择设计风格和装修材料，另有54款不同风格的装修套餐可供自由组合搭配。

增加了消费互动与体验

通过“金螳螂·家”的三维展示系统，3D 软件可让消费者即时看到装修后的效果景象，增强了消费体验。

消费者体验虚拟装修效果

3D 虚拟展示界面

家装服务标准更加透明

消费者可以通过“金螳螂·家”家居服务平台，按照统一标准进行快速报价，报价实行“一口价、零增项”，更加透明准确，避免价格陷阱。

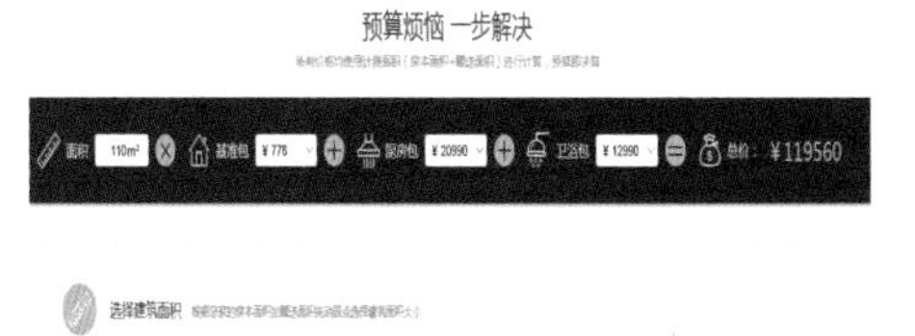

网上报价系统

提高效率降低家装成本

装修材料从工厂直接到达用户家中，配送安装一步到位，去除设计师灰色收入、中间商、卖场租金等中间环节，装修成本更低。

家装工程质量更有保障

全球集中采购模式对装修材料品质提出更高标准要求，通过“金螳螂·家”手机 APP 系统，方便对每一个家装项目进行实时监控，消费者也能通过手机看到自家的装修进展，不用来回奔波，省时省心。

实现家装行业转型发展

通过引入互联网技术，促使金螳螂建筑装饰公司持续保持中国建筑装饰百强企业第一名，并迅速在全国 60 个主要城市布局线下体验店，“金螳螂·家”合同产值已超亿元。

苏州店

上海店

南京店

郑州店

各方声音：

“金螳螂·家”的产品时尚，服务人性化，能够满足我们普通老百姓对家庭装修的正常需求，而且省时、省钱，通过手机 APP 就能看到施工现场，省力又省心。

——苏州某家装客户

“金螳螂·家”，针对消费者的需求，创新推出“全包套 2.0”，即“3+1+N”模式的产品包，突出个性化，给予消费者更多选择权。

——人民网

撰写：高　枫 / 编辑：费宗欣 / 审核：杜学伦

南京住区电梯改造实践

Practice of Elevator Renovation in Old Residential Areas of Nanjing

电梯安装后，极大地方便了老人出行

案例要点：

老旧住区的电梯安全是城市安全的隐患之一。经质监部门检测，南京市共有严重安全隐患的电梯 419 部。为解决电梯安全问题，南京市启动了老旧高层住宅的电梯整治工程，并出台了相应政策：涉及未出售公房的，整治资金由房屋产权单位全额承担；属于私有产权房屋的，整治资金由市、区和产权人按照 6：3：1 的比例筹集。目前南京市高层老旧住宅电梯已经基本完成整治。

近年来，随着社会人口结构的变化，老龄化现象日益突出，老旧多层住宅加装电梯的需求日益迫切。由于老旧住区加装电梯工作涉及多元利益，涉及规划、设计、建造、施工以及统一业主意见等多个环节，在实践中推动十分困难。针对这一问题，南京市通过制定出台政策、调动业主积极性、明确部门责任，积极探索老旧住区加装电梯的化解之道。目前这一工作尚在起步阶段，已有鼓楼区察哈尔路 16 号 9 幢、玄武区湖景花园 17 幢以及秦淮区省残联公房等 3 个项目成功增设电梯，玄武区黄埔花园和高楼门 51 号 2 个项目也已办理了规划审批手续。社会对此高度关注并对推广寄予厚望。

老小区加装电梯前后对比

案例简介：

建立机制，破解难题

针对老旧住区加装电梯问题，南京市出台了《南京市既有住宅增设电梯暂行办法》以及《关于贯彻落实南京市既有住宅增设电梯管理暂行办法的通知》，建立了加装电梯的工作机制，对涉及的各方行政主管部门分工、业主申请加装电梯流程、资金筹措方法、业主异议投诉等方面进行了明确，为老旧住宅增设电梯提供了政策支持。

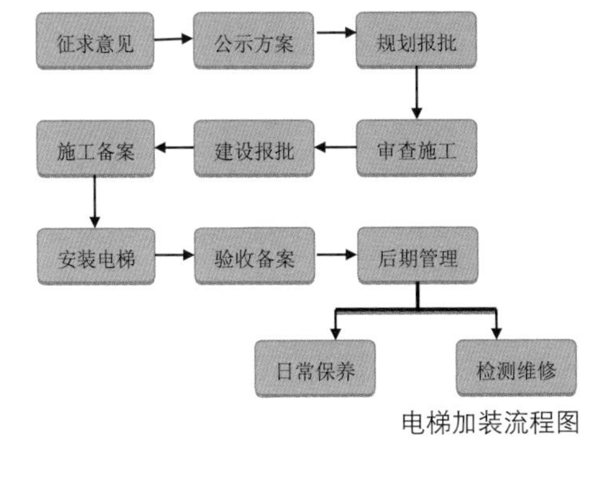

电梯加装流程图

业主申请，统一民意

在电梯加装过程中，有业主提出加装申请，在房产主管部门的牵头下，协调统一本幢本单元 2/3 以上业主的意见，同时所在单元业主围绕工程费用预算、筹集方案、电梯后期管理责任人、管理方案和对底层业主的利益补偿等内容，签署一致同意的书面协议，并经公证机关公证后实施。

部门联动，形成合力

建立房产部门牵头，规划、财政、建委、质监、消防、人防和环保等部门配合的工作机制；市政务服务中心设立专门服务窗口，办理规划审批备案，各相关部门优化流程、简化程序，最大限度地提高加装电梯的办事效率。

居民自主协商，监督电梯安装

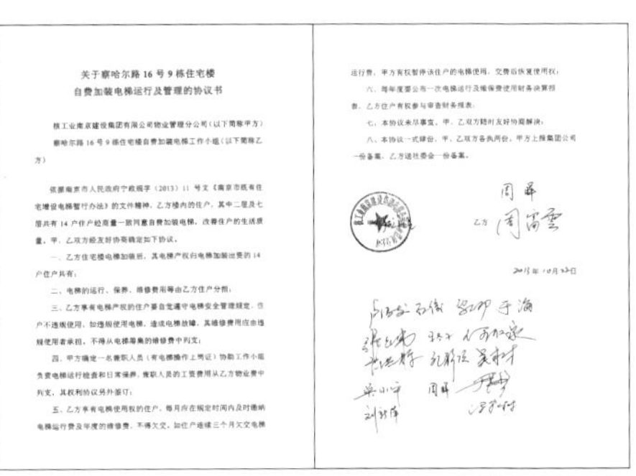

关于察哈尔路 16 号 9 栋住宅楼
自费加装电梯运行及管理的协议书

核工业南京建设集团有限公司物业管理分公司（以下简称甲方）
察哈尔路 16 号 9 栋住宅楼自费加装电梯工作小组（以下简称乙方）

依据南京市人民政府宁政规字（2013）11 号文《南京市既有住宅增设电梯暂行办法》的文件精神，乙方楼内的住户，其中二层及七层共有 14 户住户经商量一致同意自费加装电梯，改善住户的生活质量，甲、乙双方经友好协商确定如下协议：

一、乙方住宅楼电梯加装后，其电梯产权归电梯加装出资的 14 户住户共有；

二、电梯的运行、保养、维修费用等由乙方住户分担；

三、乙方享有电梯产权的住户要自觉遵守电梯安全管理规定，住户不违规使用，如违规使用电梯，造成电梯故障，其维修费用应由违规使用者承担，不得从电梯筹集的维修费中列支；

四、甲方确定一名兼职人员（有电梯操作上岗证）协助工作小组负责电梯运行检查和日常保养，兼职人员的工资费用从乙方物业费中列支，其权利协议另外签订；

五、乙方享有电梯使用权的住户，每月应在规定时间内及时缴纳电梯运行费及年度的维修费，不得欠交，如住户连续三个月欠交电梯运行费，甲方有权暂停该住户的电梯使用，交费后恢复使用权；

六、每年度要公布一次电梯运行及维保费使用财务决算报表，乙方住户有权参与审查财务报表；

七、本协议未尽事宜，甲、乙双方随时友好协商解决；

八、本协议一式肆份，甲、乙双方各执两份，甲方上报集团公司一份备案，乙方送社委会一份备案。

乙方

业主签署协议书

研究安装位置，查看楼层结构，现场开展测量

各方声音：

每次出门去医院都需要老伴和儿子合力，上下一趟得一个小时，背一会，歇一会。现在装上电梯了，不需要背上背下了，给儿女减轻不少负担，生病去医院也方便了，还可以每天下楼转转，在楼底下晒晒太阳。

——南京核工桂花园居民 周老

老年人是国家、城市的宝贵财富，面对人口日益老龄化，既有住宅增设电梯很有必要。这是让老年人安度晚年、颐养天年、益寿延年、共享改革发展成果的体现。

——《南京日报》

撰写：李 强、汪 戈 / 编辑：肖 屹 / 审核：杜学伦

扬州“桐园”居家养老的环境营造

Commercial Residential Buildings Suitable for Elderly’s Home Care
-Case of Tongyuan, Yangzhou

案例要点：

随着城市老年人口的不断增多，各地都进行了养老模式的积极探索。扬州“桐园”小区通过规划建设适老全龄住区，吸引了许多子女与老人同堂或相邻、相近居住，满足子女对老人就近照顾的需求。同时利用住宅底层架空层和物业管理用房搭建生活学习、医疗保健、文化娱乐等硬件平台，引导有专业特长的业主成立志愿者团队，提供以小区业主需求为导向的健康咨询、文化娱乐等服务，实现了小区业主的自我管理，使桐园小区在成为“宜居、宜老、宜养”适老住区的同时，丰富了全体业主的文化娱乐生活。

案例简介：

桐园小区由 6 栋住宅、2 栋商铺和 1 个中心会所组成，部分户型设计成“三代居”、“相邻居”产品，并配套老年活动中心、健康之家、桐园学堂、图书馆等公共服务设施，采用地源热泵系统、毛细管系统、置换式新风系统、全天候生活热水系统、同层排水系统、内遮阳系统、外墙节能保温系统、人车分流等技术，从硬件上打造宜居养老社区典范，提高了住宅的综合品质和居住的舒适性。

内遮阳系统

毛细管系统

地源热泵系统

对业主来说，通过开发商提供的服务场所，发挥小区业主中医疗专家的专业优势，自发建立互助志愿者团队，免费为业主提供健康咨询和健康讲座，为老年业主建立健康档案，定期组织健康体检。同时利用老年活动中心自发创立各种兴趣小组，定期开展各种活动，令老年人充分展示琴棋书画等方面的特长，实现“老有所乐”。

对开发商来说，通过为业主提供多功能、全方位、人性化的公共服务场所以及“三代居”、“相邻居”产品，打造了亲情养老模式的住宅，增加了桐园小区的卖点，同时提升了公司的品牌形象，为房地产开发行业通过提供优质产品和服务实现发展探索出了一条新的路子。

对政府来说，通过鼓励和支持亲情居家养老模式的探索和发展，一方面有利于中国传统孝道文化的传承，让社会更加和谐幸福；另一方面也缓解了政府提供公共养老服务、建立养老院的压力。同时，形成的志愿者组织可以增强业主自我服务的意识，不仅降低了养老成本，也有利于市民文化的陪育。

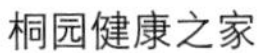
桐园健康之家

桐园老年活动中心

各方声音：

太漂亮了，到处都是美景，走在小区里跟公园似的，桐园简直就是闹市区里的一片宁静的地方，出门方便，居住又不吵闹，环境是相当的好！

——业主

住在桐园，我们感觉很幸福，我在各地住了这么多高端的小区，就属桐园让我有归属感，特别是老年活动中心的建设。我愿意在这当志愿者，为我们共同的家园出一份力。

——小区志愿者

撰写：李　强、张华东 / 编辑：肖　屹 / 审核：杜学伦

常州金东方养老住区建设实践

Practice of Changzhou Jindongfang Aging Residential Area

金东方养老住区

案例要点：

随着我国人口老龄化进程加快，老年人对适老住区的需求日益增加。对此，江苏省率先下发《关于开展适宜养老住区建设试点示范工作的通知》（苏政办发[2015]120号），提出建设“居住宜老、设施为老、活动便老、服务助老、和谐敬老”的适老住区试点任务，鼓励探索居家养老、社区养老和机构养老多种养老模式。常州金东方颐养园结合地区实际，开展居家养老、社区养老和机构养老三位一体的适老住区建设。以适老化的五大中心规划建设为硬件保障，以构建专业化的生活、医疗、护理团队为软件支持，以生活秘书、快乐秘书和健康秘书提供贴心、亲情管家式服务为特色，让小区老人足不出户享受便捷、高效、全面养老服务。同时，项目实行租赁制的商业运行模式，努力探索房地产企业转型升级的新路径。

案例简介：

项目占地17.6万m^2，规划总建筑面积32万m^2。社区内建设1680套老年公寓，配套近7万m^2的医疗中心、护理中心、文体中心、商业中心和生活中心。社区注重营造生态、自然、舒适、安全的开放空间，打造符合老年人心理和生理特点的居住环境。

金东方鸟瞰图

金东方硬件配套设施

完备高品质的硬件建设

金东方颐养园围绕“在家是宾馆、出门是公园、就诊有医院、护理在家园、设施现代化、服务亲情化”的理念，合理规划布局，将1680套老年公寓与金东方医院、金东方护理院、生活服务中心和商业中心等形成完备的硬件设施系统，全方位满足老年人的各种需求。

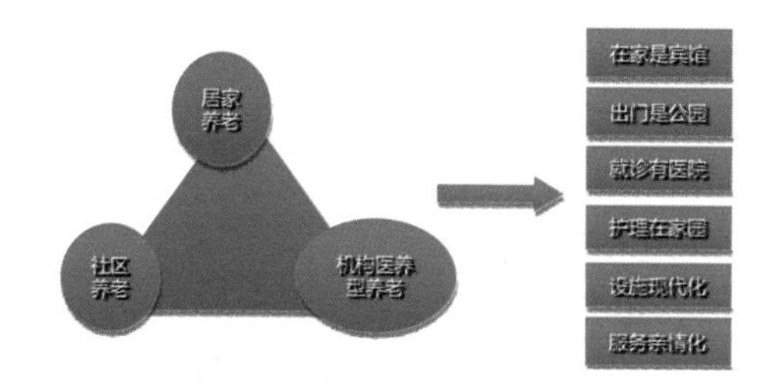

亲情人性化的软件配套

金东方颐养园以“小户大家、亲如一家”为服务宗旨，将传统的“管理物业”转变为“服务人群”，由“物质保障”转变为“精神提升”，借鉴美国持续照料退休社区（简称“CCRC”）模式，创建了“CCRC3+1”养老新模式，为居住老人提供健康服务、介助服务、医疗护理服务和全方位社区公共配套服务。

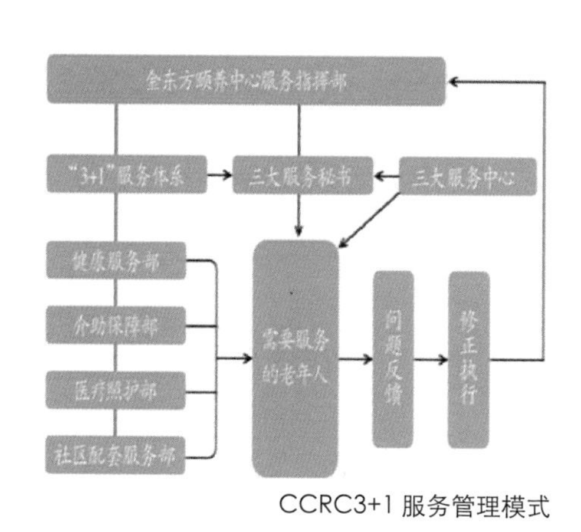

CCRC3+1 服务管理模式

租赁制的运行模式

金东方颐养园全部采取租赁制运行模式，承租人通过缴纳一定租金，令老人和家人长期租用老年公寓，满足居家亲情养老需求。承租人既可享有转租权，也可随时终止租用。这种运行模式一方面提高了老年公寓的使用率，另一方面又实现了项目的可持续发展。

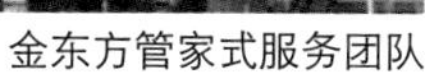

金东方管家式服务团队

老人们自发开展的丰富多彩的文化娱乐活动

各方声音：

其实之前没打算到这里养老，因为家里的条件也不差，下决心让我买金东方的会员房，最重要的原因是，这里有机构服务与医疗保障。在家里，最多请一个全天保姆。在这里是一个团队为你服务。

——金东方会员 郭女士

金东方将打造出中国第一、国际接轨、世界一流的绿色生态高品质银发消费养生社区。将是中国未来养老社区的智慧样本。

——《中国消费报》

撰写：李 强、张华东 / 编辑：肖 屹 / 审核：杜学伦

国家康居示范工程盐城钱江方洲案例

Improving Residential Quality-Case of National Peaceful Dwelling House Project in QianJiang FangZhou, Yancheng

钱江方洲住宅区局部实景图

案例要点：

近年来，住房城乡建设部通过创建国家康居示范工程，推动住宅建设综合品质不断提高。我省认真贯彻国家要求，大力推动国家康居示范工程创建，到2015年末，江苏国家康居示范工程数量占全国近六分之一。盐城钱江方洲项目是我省众多国家康居示范工程的一个代表，先后获得国家住宅区项目规划设计、建筑设计、施工组织管理、产业化成套技术应用四个单项优秀奖。

案例简介：

盐城市钱江方洲小区，总建筑面积 76.6 万 m^2，其中住宅总建筑面积 46.64 万 m^2，规划居住总户数 3851 户、1.29 万人。目前，整个住宅区已按国家康居示范工程规划建设标准全部建成，共有 3752 户入住。

环境宜居

居住区内住宅组团布局合理、层次分明；组团级“小社区”联系紧密有序；住宅建筑高多层错落有致，公共配套设施齐全；道路结构清晰，实行人车分流，交通流畅方便；中心绿地与组团和庭院绿地点线面结合，构成了整体统一的住区绿地景观系统，环境优美宜人，便于邻里交往、户外活动和健身休闲。

钱江方洲住宅区自然景观生态系统实景

绿色施工

精心制定绿色施工组织管理实施方案并严格组织实施；对照绿色施工相关标准要求，在工程质量、安全生产、文明施工等方面制定了具体的保障措施；施工中采用了表面耕植土利用、废弃材料循环利用、垃圾减量、环境污染控制等25项技术措施，确保工程建设质量优良，实现了建设工程全寿命期的精益建设。

表面耕植土收集利用

节能环保

项目在新型建筑结构体系、节能环保、新能源利用等技术应用方面进行了广泛的探索实践，共应用了15项成套技术、62项单项技术，取得了良好的经济效益和环境效益，其中太阳能光伏发电站技术在住宅区的应用，首开了盐城市和全省住宅建设的先河。

施工现场材料堆放有序

贴心服务

通过小区的局域网实现了小区安防、停车、电梯、消防、收费等管理的信息化和智能化；小区物业在实行客户服务中心“一站式服务”的同时，还增设了“物业管理专员服务”和其他温馨服务项目，另外还利用配套用房及有关设施建立了文化书屋、健康驿站、妇女儿童之家、百姓大舞台、志愿者工作苑、议事苑、低碳苑等服务阵地及功能展示室，受到了广大业主的充分认可和肯定。

太阳能光伏发电站采用的 HYW-300 型有机垃圾生化处理机

丰富多彩的社区生活

各方声音：

钱江方洲项目从总平面规划、建筑结构设计到基础设施配套以及实施的全过程，充分引用绿色、生态、环保、健康、可持续发展和以人为本等新理念，开发、推广应用住宅新技术、新工艺、新产品、新设备，打造出了规划合理、品质优良、环境优美、绿色环保的优质住宅小区。

——国家住建部住宅产业化促进中心原副主任 梁小青

小区像花园一样，植物特别多，空气很清新，太阳能热水器很方便，天气好的话11月份还可以在家洗热水澡，很省电、很方便。

——钱江方洲北区业主 车庄

撰写：李　强、徐盛发、王双军
编辑：肖　屹 / 审核：杜学伦

改善住区公共服务的苏州工业园区邻里中心实践

Improving the Public Services of Residential Area
-Practice of Neighborhood Center in Suzhou Industrial Park

案例要点：

许多城市的社区服务业临街线状布置，存在步行距离长、居民使用不便、难以形成公共空间、塑造社区文化等弊端。苏州园区邻里中心打破线状分散布局模式，在前期科学规划的基础上，按照大社区、综合组团、集中建设的模式进行功能定位和开发建设，将与居民生活息息相关的商业和公共服务设施集中布局，实现了邻里中心商业功能与社区便民公共服务的有机统一，满足了人们多层次的需求，提高了社区居民的生活质量和城市的环境质量。

案例简介：

苏州邻里中心与苏州工业园区同步建设。目前，全区建有地区公共邻里中心项目 18 个，每个项目均成为地区公共服务和社区文化的亮点，在满足居民在家门口享受便利生活的同时，用改善的公共服务带动了周边居民生活品质的提升。

邻里中心的集成服务

功能完善，集成服务

每个邻里中心根据周边人口和服务要求确定规模，确保至少 45% 的建筑面积用于公益等基础服务，综合配备银行、超市、邮政、餐饮店、洗衣房、美容美发店、药店、文化用品店、维修点、文化活动中心、菜场、卫生所、“社区工作站”、“民众联络所”等多项基本服务功能。在此基础上，根据居民消费层次的发展需求，因地制宜拓展服务功能，促进商业服务与社会公益服务的有机结合，形成“一站式”综合服务。

系统规划，合理布局

每个邻里中心在开发建设前，都根据服务半径和服务人口进行合理规划，确保了邻里中心建设的规模与服务的人口规模的匹配，避免了重复建设、资源浪费和恶性竞争，实现了经济效益和社会效益的最大化。与此同时，通过统一规划管理，一方面在中心内形成了合理的业态布局，另一方面实现了与城市各级商业中心的优势互补和错位经营。

建立机制，规范运营

苏州邻里中心遵循“政府引导、企业投入、市场化运作”的原则，由政府通过政策引导投资经营符合社区特点的公益性服务设施，由专业化的国资企业进行投入并进行市场化运作，提供商业服务，避免了单纯政府行为和商业行为的局限性，建设了集商业、文化、体育、卫生、教育等功能于一身的社区公益服务中心和商业服务中心，实现了住区邻里中心商业功能与社区便民服务的有机统一，在创造良好经济效益的同时也取得了较好的社会效益。

营造特色，塑造精神

每个邻里中心在提供标准化服务的基础上，根据每个不同住区的特点，通过差别化的空间设计，打造不同邻里中心的空间特色，塑造不同住区的场所精神，营造住区文化，增强住区凝聚力，拉近邻里之间感情，助力和谐邻里、和睦家庭的大社区建设，为更大区域范围内的居民提供精神归属地。

邻里中心的缤纷生活

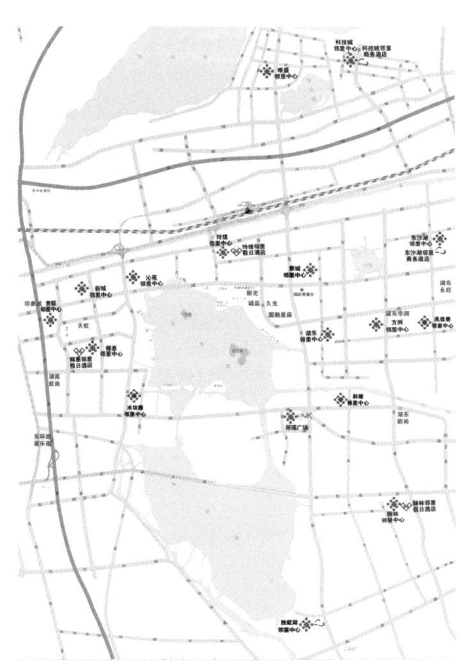

目前，每个邻里中心承担了半径 0.5 范围内为 0.6～1 万多户、2～3 万居民服务的功能，居民步行 10～15 分钟即可到达附近的邻里中心。这些邻里中心又与图中标红的各级商业服务中心形成了互补。

各方声音：

便民利民为民，借鉴创新发展。苏州邻里中心的实践和成功证明，社区商业能够在中国发展得更好！

——中国城市商业网点建设管理联合会社区商业工作委员会主任 董利

生活在园区最幸福的一点就是拥有邻里中心，不管是吃东西买东西或者是修理家电缝补衣物，在这里可以一站式搞定。现在，在邻里中心还可以交燃气费水费，周末还能带孩子在邻里中心的图书馆读书，在民众联络所玩耍，感谢邻里中心，让我们的生活更便利，更美好！

——园区居民

撰写：肖 屹 / 编辑：赵庆红 / 审核：张 鑑

05

江苏城市实践案例集
A Collection of Urban Practice Cases of Jiangsu Province

地上地下
完善交通和基础设施建设
Aboveground and Underground , Improvement of Transportation and Infrastructure Construction

交通设施和基础设施是城市发展的基本骨架和重要动脉，是保持城市活力、维持城市可持续发展的重要物质基础，是城市建设工作的重中之重。中央城市工作会议明确提出，提升建设水平，加强城市地下和地上基础设施建设。在《中共中央国务院关于进一步加强城市规划建设管理工作的若干意见》中，进一步提出了建设地下综合管廊、优先发展公共交通的具体要求。在当前新的发展背景下，城市发展尤其是功能提升面临着诸多新需求、新挑战，需要大力推进交通和基础设施的现代化，加大市政综合管廊的建设力度，加大地下空间的开发利用，实现其建设与运营方式的转变，增强其对经济社会发展的支撑保障和对产业发展的引领作用。

江苏作为城乡经济发达、城市与区域联系紧密、城市建设空间密集的省份，积极地通过现代化的城市交通和基础设施网络建设，提高对城镇化、经济与社会发展的支撑作用。江苏省《国民经济和社会发展第十三个五年规划纲要》提出，在基础设施现代化过程中需要坚持“适度超前、综合发展、提升效率”的原则，构建现代综合交通运输体系，完善现代基础设施体系，促进生产要素高效配置。

近年来，江苏高度重视高铁时代交通和城市空间重组的机会，高度重视国家推进地下综合管廊建设带来的基础设施改善机遇。结合区域交通的改善推进城际、城市交通一体化，加强综合交通枢纽建设，努力实现空间、功能、交通组织的一体化；致力构建公交优先的城市地铁网络、快速 BRT 网络，优化城市道路交通路网，努力缓解城市交通拥堵问题；致力扭转城市“重地上、轻地下”的建设局面，大力推进地下管网改造和综合管廊建设行动，加强地下空间开发管理，统筹协调地上、地下空间开发；大力提升基础设施建设运营管理水平，开展城市地下管网普查，构建地下管线管理信息系统，积极打造城市地下管线运营指挥监管平台。

5-1 ◎ 南京高铁南站的城际和城市交通一体化 | 224
5-2 ◎ 南京地铁网络的超前规划与实施 | 226
5-3 ◎ 常州快速公交 BRT 的系统构建 | 228
5-4 ◎ 连云港快速公交 BRT 建设与绿色新能源利用 | 230
5-5 ◎ 公交最后一公里的便民出行——南京公共自行车推广 | 232
5-6 ◎ 南通优化城市路网的“102030”工程 | 234
5-7 ◎ 苏州星海街地铁站地下空间综合利用 | 236
5-8 ◎ 无锡太湖广场地下空间复合利用 | 238
5-9 ◎ 南京新街口地区地下空间的综合利用 | 240
5-10 ◎ 泰州金融服务区地下空间整体开发利用 | 242
5-11 ◎ 老旧人防工程变身市政综合管廊——无锡探索 | 244
5-12 ◎ 苏州地下综合管廊建设和地下管线管理 | 246
5-13 ◎ 南京江北新区地下综合管廊规划建设 | 248
5-14 ◎ 徐州新沂市地下综合管廊工程 | 250
5-15 ◎ 苏州工业园区地下管线智慧信息系统 | 252
5-16 ◎ 常州地下管线三维管理系统 | 254

>> >

南京高铁南站的城际和城市交通一体化

Integrative Tansportation between Inter-city and Inner-city of Nanjing South Railway Station

案例要点：

高铁南京南站是全国规模最大的综合客运枢纽之一，京沪高速铁路、沪汉蓉铁路、宁杭高速铁路、宁安城际铁路等多条铁路干线交汇于此，站场规模达到“三场十五台二十八线”，站房面积达 28 万 m^2，设计年铁路旅客发送量 7390 万人次，高峰小时枢纽内换乘总量达 66000 人次，衔接 5 条地铁线和 20 余条公交线路，竖向采用 5 层布局，通过立体交通的组织、换乘流线的优化和停车空间的合理布置，搭建清晰、简洁、顺畅的交通流线，实现多种交通无缝衔接，各方式间平均换乘距离为 108m。是落实绿色发展等理念，建筑屋顶设置光伏发电一体化系统是目前全球最大的单体光伏建筑一体化项目，获国家“可再生能源建筑应用示范项目”称号。

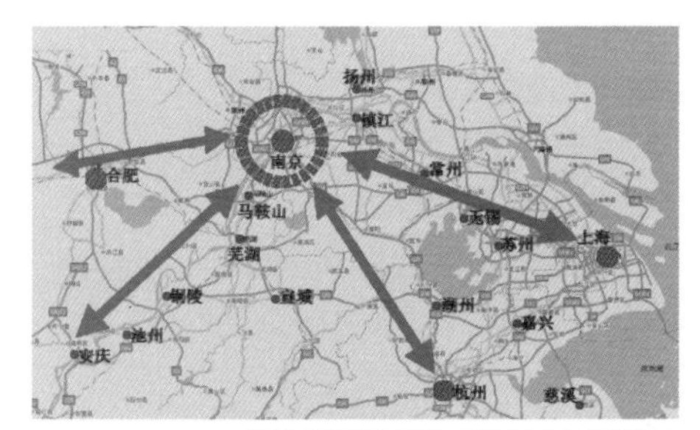

南京南站枢纽加强区域交通联系

案例简介：

南京市高铁站建设着力搭建无缝衔接的城际、城市交通一体化系统，整合铁路枢纽、公路枢纽和公交枢纽形成综合交通枢纽，加强南京与区域的交通联系，实现了区域和城市交通的一体化。同时，抓住高铁时代空间重构机遇，规划建设南站地区，加强主城区和江宁新区的连接，以高密度路网、小尺度街区、多层次公交体系，为枢纽和周边地区提供便利的交通条件，带动主城南部 164km^2 的整体功能提升。

南京市地铁网络规划图

区域和城市交通一体化

同步规划建设高铁车站、公路客运枢纽、城市轨道网络、城市公交系统和周边道路体系，较好地解决了南站枢纽快速集散、过境交通、周边地区发展等问题。以大运量轨道为枢纽交通和城市交通疏散的主体，规划 5 条地铁线和 20 条公交线衔接高铁站。地铁网络有机联结高铁站和航空港等综合枢纽，其中地铁 3 号线，连接南京南站、南京站和江北林场站三个枢纽。

带动地区功能提升

规划将南京南站地区定位为华东地区综合性交通枢纽地区，城市的标志性门户。南部新城中心的商贸商务综合片区，南站地区的规划建设，坚持交通引导发展（TOD）的理念，以高密度路网、小尺度街区、多层次公交体系和适度的静态交通供应体系为支撑，为枢纽地区提供便利的交通条件。带动主城南部 164km^2 空间的优化与整合，加强主城区与江宁新市区的联系和衔接。

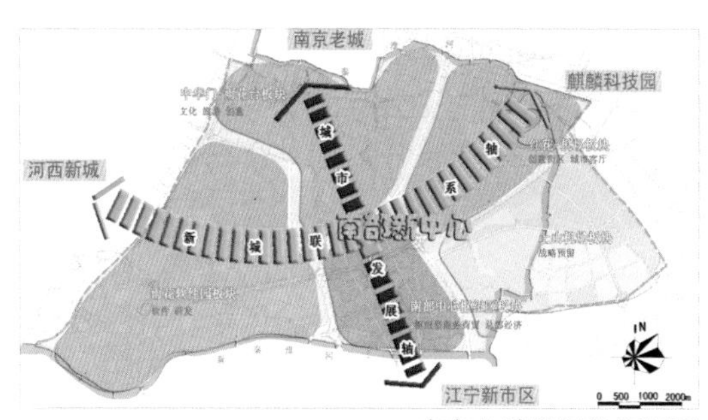

南京市地铁网络规划图

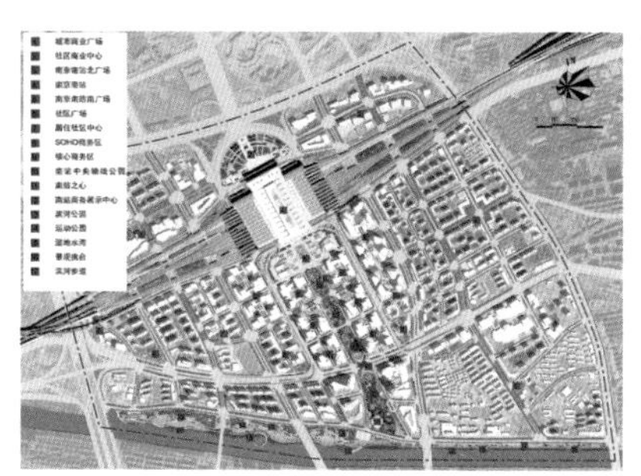
依托站前商务区，打造形成多层次的现代服务业，提升城市创新产业水平

多种交通无缝衔接

南京南站北接中心城区，南连东山新市区，5 条地铁汇集，70% 以上的客流采用公共交通方式疏导。在枢纽与外部衔接方面，充分体现以人为本原则，在平面上对不同交通设施进行紧凑布局、分区组织，紧凑安排公交、长途、出租车和社会车辆停放空间和动态流线，竖向上优化铁路、公交、地铁等交通方式的换乘组织，实现换乘方式无缝衔接，在轨道交通换乘上实现“同向同台”，使枢纽内各方式间平均水平换乘距离为 108m，平均垂直换乘距离为 14m。在场地规模巨大、客流量巨大的枢纽内实现了相对便捷换乘和客流及时疏解。

高架候车层 (22.40m)
站台层 (12.40m)
夹层 (5.50m)
地面层 (±0.00m)
地铁一层 (-9.20m)
地铁二层 (-15.05m)

枢纽体内立体空间布局和交通组织

南京南站枢纽便捷的换乘

南京南站地铁换乘大厅

南京南站枢纽集疏运交通组织

绿色能源利用

南京南站是可再生能源建筑一体化应用示范项目。12 万多 m^2 的屋顶面积铺设了太阳能电池板 3 万多块，是全球最大的光伏建筑一体化项目。每年可节省标煤 3138t，减少排放 CO_2 碳 8033t，减少排放 SO_2 约 53.57t。

南京南站屋顶光伏发电

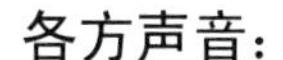
各方声音：

前段时间，我带了一些国外交通专家到南站进行了参观，大家都非常认同该站的“零换乘”方案，同时，南京南站引领国际的还有“小地块密路网”模式，这种模式是非常利于交通组织。

——全国工程勘察设计大师、东南大学教授 段进

从二层的站台直接下一层验票出站后，就可以看到东西各设有一个出租车候车区，可就近选择。从验票口走到的士候车区不过 1 分钟。

——乘客 石先生

撰写：施嘉泓、方 芳 / 编辑：王登云 / 审核：张 鑑

南京地铁网络的超前规划与实施

Advanced Planning And Implementation of the Metro System of Nanjing

案例要点：

公交优先是国际通行的大城市交通发展战略。公交优先战略不仅要落实到政策上、空间上，还要落实到发展时序上，在市民没有产生“小汽车依赖”之前形成便捷高效的公交服务。南京市借鉴国际大城市超前规划建设轨道交通网络的经验，提前进行规划预控、超前建设轨道交通。轨道交通的便捷服务促进了公交出行比例的逐步提高，缓解了城市交通拥堵。据高德地图发布的 2016 年第一季度全国城市交通拥堵指数，在 31 个省会城市中，南京位列第 21 位。同时，轨道网络的超前构建，有效拉近了主城区与外围组团的时空距离，引导了城市空间布局优化，对老城人口、功能的疏解和外围地区发展起到了关键的支撑作用。南京也因此成为全国“公交都市试点城市”。

1990 年制定地铁规划，2005 年 9 月南京地铁一号线通车

案例简介：

超前规划，优化城市空间布局

南京自 1980 年代起，在第一版市区公共交通线路及设施规划中，明确了地铁一号线的走向及控制要求，之后规划一直强调控制沿线走廊和衔接点。到 2005 年地铁一号线建成运营时，已有二十多年。经过多轮规划优化完善，现在的轨道交通线网规划包括线网布局、控地规划、一体化换乘设施规划以及站点周边城市设计，为轨道周边用地预控、换乘衔接、站点与周边功能整合提供了依据。地铁网络与城市结构相适应，对形成轴向多组团、多中心的城市空间结构起到了支撑和引导作用。轨道交通线网远景规划覆盖全市居住人口和就业岗位比例达到 80% 左右。

超前实施，引导外围组团发展

轨道线网规划必须前瞻、稳定，南京长期坚持通道和沿线空间的规划预控，线网的超前规划和多年规划预控，使得地铁后续的建设推进快速顺利，并且大大降低了建设成本，目前的数据表明，南京地铁建成的里程成本是国内最低的。

自 2005 年起的十年间，南京已开通 6 条轨道交通线路，运营里程 225km，居于全国第四位，仅次于北京、上海和广州。到“十三五”末，南京轨道交通线路将达 16 条，总里程约 596km。

南京市轴向组团空间结构图

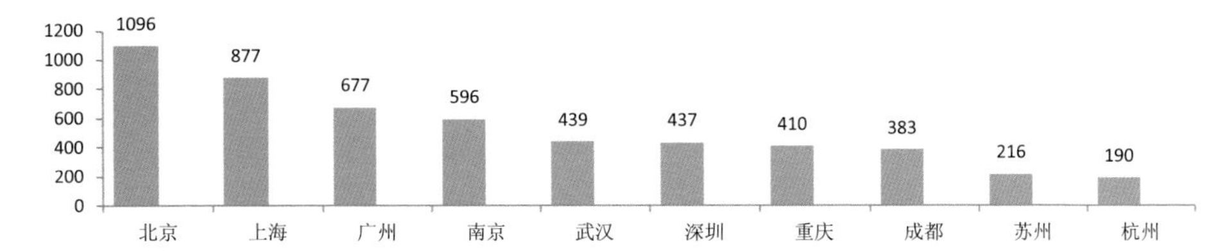

南京市轨道交通“十三五”获批项目建成后与国内其他城市对比图（单位：km）

提升效率，缓解交通拥堵问题

在规划地铁网络时，南京市坚持地铁网络与 P+R 停车场、公交站点、公共自行车停放点等配套设施的无缝衔接，公交换乘的便捷极大地提高了公交的吸引力。2016 年，地铁全网日均客流量约 220 万人次，占全市常规公交客运量的三分之一。公交的便捷减少了小汽车使用，使得中心城区主要道路年平均日交通量同比下降了 10.66%，高峰交通量同比下降了 7.86%。

集聚客流，引导地下空间开发

加强轨道交通与地下空间的一体化建设，有效拓展开发空间，引导城市核心区高强度发展。新街口地铁站通过 24 个出入口与周边商业建筑的地下空间连成一体，串联的地下建筑面积达 30 多万 m^2，形成了极具活力地下商业综合体。珠江路、湖南路、元通站等多处大型商圈的地下空间也与地铁站点无缝衔接，构建了使用便捷的商业中心。在方便百姓的同时，集约利用了空间，提升了城市的功能品质。

城市高峰拥堵延时指数排名

城市	排名	指数	变化
济南	1	2.097	↑+1
北京	2	1.979	↓-1
杭州	3	1.95	↑+1
哈尔滨	4	1.926	↓-1
重庆	5	1.912	↑+5
郑州	6	1.828	↑+7
深圳	7	1.816	↑+1
贵阳	8	1.808	新进榜
昆明	9	1.804	↑+2
广州	10	1.794	↓-4
佛山	26	1.694	↓-2
沈阳	27	1.684	↓-6
金华	28	1.683	↓-1
南京	29	1.68	↓-3
兰州	30	1.659	新进榜

名词解释：高峰拥堵延时指数

高峰拥堵延时指数等于市民高峰拥堵时期所花费的时间与畅通时期所花费的时间的比值。例如，济南的高峰拥堵延时指数为2.10，说明济南高峰时驾车出行的通勤要花费畅通下2.1倍的时间才能到达目的地。

2016 年第一季度全国城市拥堵指数排名

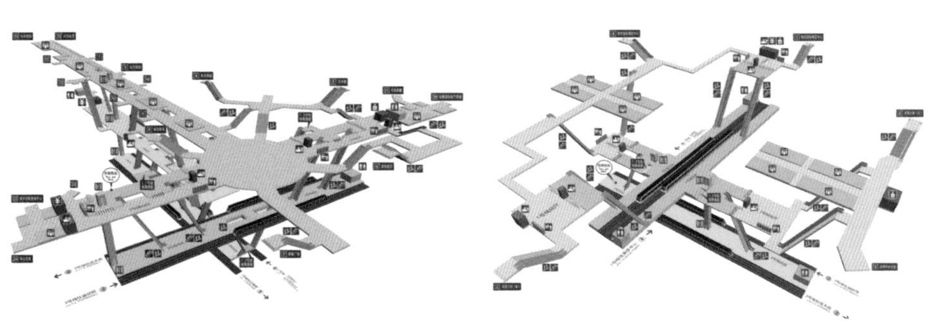
新街口站与元通站地下空间一体化开发

新街口站地下商业汇集大量客流

元通站周边形成河西商业商贸中心

马群高架地铁站与商业中心无缝衔接

南京轨道交通远景规划图

各方声音：

地铁是城市的“引擎、骨骼和血脉”，它完善城市交通网络，拉开城市框架，把城市变得越来越大。依托轨道交通网络，南京冲出城墙阻隔，形成多中心、开敞式的城市格局。

——南京市城市与交通规划设计研究院教授、博导 杨涛

我在南京奥体中心附近上班，家住浦口。地铁 10 号线没通之前，“上一次班，先打车到公交车站，再换乘公交到元通，路上至少花 1 个半小时。”地铁 10 号线开通之后，路上仅需 35 分钟。有了地铁，方便多了！

——南京市民 陆先生

翻开南京城市规划地图，数十条地铁线犹如人体的血管一般，从主城通达四方。条条“血管”里，奔涌着城市的未来。

——《新华日报》

撰写：施嘉泓、方 芳 / 编辑：王登云 / 审核：张 鑑

常州快速公交 BRT 的系统构建

BRT and “Livelihood Transportation” Construction of Changzhou

案例要点：

常州市快速公交 BRT 是我省第一个快速大运量公交系统，以安全、快捷、准点、舒适、低价的高品质服务极大地方便了广大市民。其创立的“中央专道、侧式站台，标线隔离、电子监控，十字加环、组合运营”模式，集高效率与灵活性于一体，有力提升了公共交通服务品质，取得了良好的综合效益。常州快速公交一号线获得中国土木工程学会颁发的詹天佑奖；常州市被建设部授予全国优先发展城市公共交通示范城市，达到交通畅通工程 A 类一等管理水平；常州公交被公共交通国际联合会授予国际推动公共交通贡献大奖。

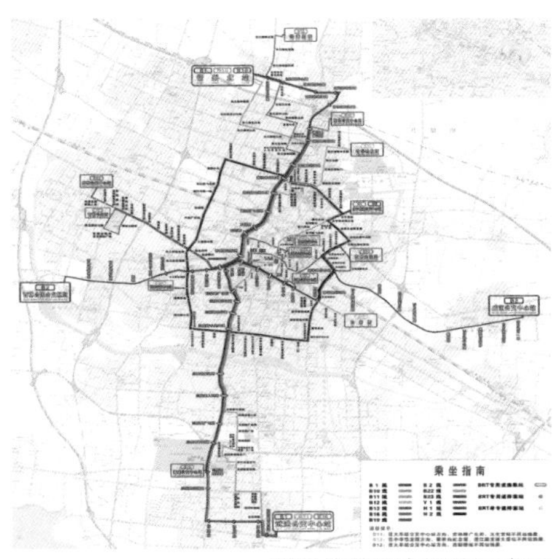
常州快速公交网络示意图

常州快速公交中央侧式站台

案例简介：

常州快速公交 BRT 于 2007 年开工建设，1 号线、2 号线、配套环线分别于 2008、2009、2010 年开通运营。2011 年，结合京沪高铁常州北站的开通和调度指挥中心的启用，1、2 号线分别延伸至常州北站和西林公园公交枢纽，实现了快速公交与京沪高铁和常规公交的无缝对接。至此，常州“十字加环”的快速公交骨架网络基本建成，实现了快速公交线网对城市行政中心、客运中心、重点学校、卫生服务中心、商业中心、公园小区、旅游景点等客流集聚点的有效覆盖，服务面积达 1874km^2，服务人口达 335.68 万人。

常州快速公交 BRT 系统具有大运量、快捷、安全、低价等特点，其百公里客运量为 544 人次，是常规公交的 2.34 倍；人均年服务乘客 9561 人次，是常规公交的 2.07 倍；车均日服务乘客 942 人次，是常规公交的 2.83 倍；平均速度为 21.75km/h，是常规公交的 1.45 倍；安全运营 1.53 亿 km，安全运送 7.82 亿人次；实行一元一票制，享受刷卡乘车优惠，主线和支线之间实行“同台同向”免费换乘。乘客对 BRT 营运服务总体满意度达 85.5%。

率先设置中央侧式站台

常州快速公交 BRT1 号线是国内第一条“中央侧式站台”公交线路，其专用道设置在道路中央，采用非固体隔离，车站在专用道两侧，车辆采用右开门形式，有效提升了 BRT 运行安全和运营效率。

建立线路组合运营模式

常州将快速公交 BRT 与常规公交进行一体化管理，优化调整快速公交 BRT 沿线常规公交线路，同时，将快速公交 BRT 站台安全门设置为可适应多种类型 BRT 车辆、BRT 支线车辆及常规公交车辆使用，为 BRT 主线、支线及常规公交的有效结合打下基础。通过整合公交系统资源，建立线路组合运营模式，提高了道路交通资源的优化配置水平。

交通指挥中心

实现智能化系统管理

常州快速公交 BRT 有效整合快速公交运营管理系统和乘客信息系统，自主研发了快速公交智能化系统，将交通信息、监控图像与交通指挥中心相联，有效提高了交通指挥和公交车辆调度能力。

常州快速公交 BRT 鸟瞰

各方声音：

常州快速公交这种“低能耗、低污染、低土地占用、低财政负担、低居民出行费用、高效率、高品质服务”的交通方式，将在推进中国公交优先和快速公交发展方面发挥巨大的示范作用。

——中国土木工程学会城市公共交通学会规划管理专委会秘书长 何志远

常州快速公交系统 1 小时断可以通过 12000 人左右，是对道路资源有效使用最有效的方式。除了有专用路权的保障外，快速公交还享有信号优先的“特权”。在专用道上，距离每个信号灯 80m 处都装有感应系统，快速公交车辆通过时，信号灯将自动实现“绿灯延时、红灯早断”，保证车辆快速通过。

——美国 3E 交通系统城市交通咨询专家 徐康明

常州快速公交太便宜了，刷卡只要 6 毛，而且环境也好，乘车也不是很挤；常州 BRT 方便、快捷、舒适，很好地将市、区行政中心和旅游景点、休闲娱乐场所、主要学校、医院都连接了起来，极大方便了我们常州市民的生活与出行；正是因为快速公交的便利，我才放心地买了离单位这么远的房子。

——常州市民

常州快速公交系统已成为常州的一张新的名片，该项目整体水平跻身国内外先进行列，在国内外产生了积极的影响。自开通以来，吸引了全国 100 多个城市 260 多批次及港澳、法国、美国等友人参观考察。国家有关部委领导、专家认为常州快速公交已成为快速公交的典范，对于国内外快速公交的建设和运营具有较好的示范作用。 ——人民网

常州市快速公交系统已形成“十字加环”网络，在多项先进科技成果及装备的保障下，快速公交车道的利用效率达到了社会车道的 2.5 倍，日客流约占全市公共交通客流总量的 25%。同时，沿线社会机动车的出行速度提高了 10% 以上，交通事故减少了 30%。 ——新华网

撰写：徐 建 / 编辑：王登云 / 审核：陈浩东

连云港快速公交 BRT 建设与绿色新能源利用

BRT Practice of Lianyungang

案例要点：

连云港快速公交 BRT 将大运量地面公交和绿色能源有机结合起来，是我省使用纯电动公交车线路里程最长的 BRT 公交系统，其线网、站点布置紧扣城市东西狭长、“一市三城”带状格局形态，提升强化了城市各组团间的通勤能力和互动联系，方便了广大市民交通出行，有效缓解了城市交通拥堵问题，让有限的城市道路资源发挥了很好的交通服务效益。

案例简介：

公交提档、出行更畅

2012 年第一条总长 34km 的 B1 线建成后，较常规公交全程乘车时间缩减三分之一，节省约 30 分钟，受到广泛欢迎，客运量迅速成长，由原日均 35000 人提高到了 72000 人，为加快 BRT 系统建设奠定了基础。目前，连云港 BRT 系统已开通二主五支一环 8 条线路，线路里程 210km，中间站台 41 对，日均客运量约 10 万人次，比常规公交运量增长 3-4 倍。据调查显示，市民对 BRT 系统建设的认同度为 88.7%，乘客对 BRT 系统的总体满意程度为 98%。

新能源车辆

科学建设、低碳环保

在规划、设计、建设、运营中突出“科技、环保、创新”，形成了以中央侧式站台、组合线路等为主要特色的快速公交系统，大力推广应用新能源电动公交车，购置246台纯电动车辆用于全线路运输保障，取得了良好的经济和社会效益。

效能管理、优质服务

严格绩效考核，激励优质服务。先后组织开展“乘坐BRT，感受新港城”活动，评选星级驾、站服务人员。同时根据BRT运行的规律、特点，运营企业积极应用信息化技术，强化交通安全指挥和车辆调度，确保BRT系统安全运营，不断提升服务质量。

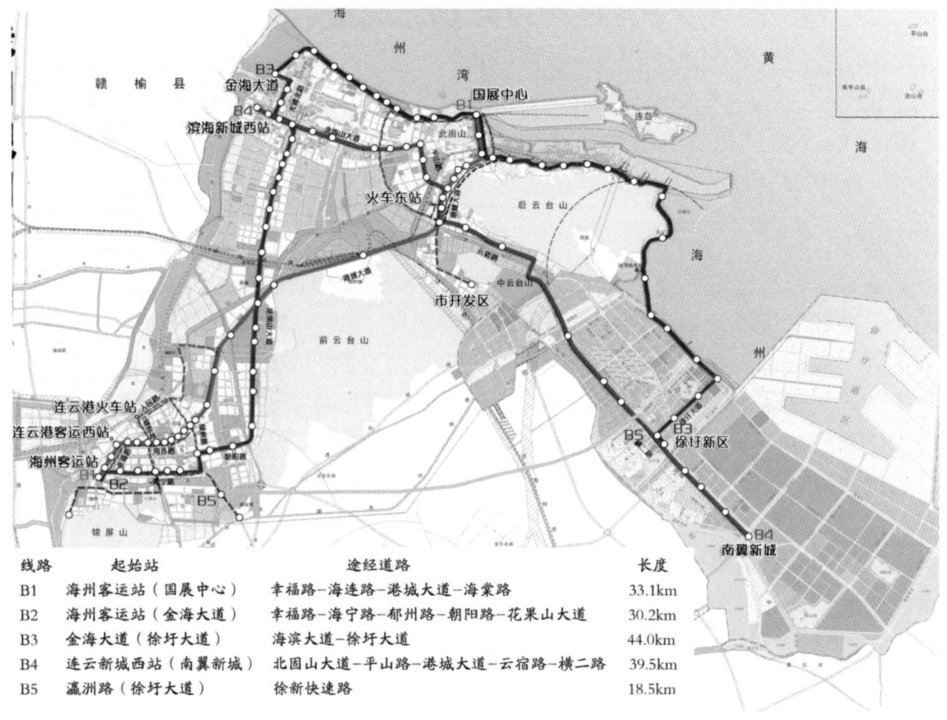

线路	起始站	途经道路	长度
B1	海州客运站（国展中心）	幸福路–海连路–港城大道–海棠路	33.1km
B2	海州客运站（金海大道）	幸福路–海宁路–郁州路–朝阳路–花果山大道	30.2km
B3	金海大道（徐圩大道）	海滨大道–徐圩大道	44.0km
B4	连云新城西站（南翼新城）	北固山大道–平山路–港城大道–云宿路–横二路	39.5km
B5	瀛洲路（徐圩大道）	徐新快速路	18.5km

连云港BRT公交线网规划图

调度指挥中心

BRT公交站台

各方声音：

连云港快速公交是目前江苏省建设周期最短的一条快速公交线。由西向东贯穿连云港整个城区。它的建设，对于改善公交服务、方便群众出行、促进城区之间互动发展都具有重要的推动作用。给其他城市公交发展起到了很好的学习作用。——东南大学教授 丁建明

快速公交的运行，有效改善了以往连云港城市公交发展落后的面貌。快速公交出行全程只要2元钱，每3至5分钟就有一班，整个线路行程时间又短，出门肯定选快速公交了。——连云港市民

快速公交一号线的开通，给市民出行带来新感受、新变化、方式改变习惯，速度拉近距离，时间赢得效益，让群众的生活更美好，自然有利于提高生活的质量和水准，对于提高市民的幸福指数产生正能量。——《连云港日报》

撰写：何伶俊、张海达、刘月婷
编辑：王登云 / 审核：陈浩东

公交最后一公里的便民出行
——南京公共自行车推广
Commuting The Last Mile of Public Transportation -Public Bicycle Project of Nanjing

案例要点：

公共交通运行效率高、环境污染少，是缓解城市交通压力的有效手段。但是，无论公交或是地铁站点，往往无法直接对接居民“点到点”的出行需求，换乘或步行的“最后一公里”因此成为众多市民放弃公交的“障碍点”。南京公共自行车的推广全覆盖和“B+R”（Bike and Ride）零距离接驳换乘，实现了公共自行车与公交站台、地铁站点的“无缝对接”，有效解决了公共交通出行的“最后一公里路障”，促进了公共交通使用效率的提高，增加了公交绿色出行的吸引力。同时，也为市民近距离出行和日常生活提供了便利。在城市小汽车拥有量快速增加的背景下，南京市公共交通机动化出行分担比例达到 59%，在同等规模城市中，南京交通状况相对较好，成为全国“公交都市”的试点城市。

案例简介：

南京城市规模大、机动车数量多，城市交通压力大。近年来通过大力实施公共自行车推广项目，形成了覆盖城区、布局合理、使用便捷的公共自行车服务网络。截至 2015 年底，南京全市先后投放公共自行车 40000 多辆，建成网点 1300 多个。同时，网点和车辆得到有效使用，日均租借自行车 15 万人次，日租借率高达 6 次 / 辆。而地铁站附近的 150 个公共自行车网点，平均每天有 3 万人通过公共自行车换乘地铁和常规公交。

站点与公交车站台零接驳

站点与居住区邻近布局，方便居民“家门口”出行

主城区站点（站点由新区向主城覆盖）

试点先行，规划引导全覆盖

自 2010 年起，南京市河西、江宁、仙林等地区先后开展公共自行车推广试点。随后，依据《南京市公共自行车专项规划》，打破行政区划，在全市统一规划和实施公共自行车推广项目。根据规划，2017 年底将实现公共自行车服务范围全市 11 个行政区全覆盖，实现主城区任意地点步行 5 分钟内均有服务网点。

便利出行，网点布设零距离

重点围绕地铁口和公交站台以及规模居住区、办公场所、公共设施布设网点，一方面推行“B+R”换乘模式和零距离接驳，扩大轨道交通和公交站点的辐射范围；另一方面方便居民“家门口”、近距离出行和生活需要。

使用便捷，即时高效零支付

通过刷卡实现借车还车，方便快捷，目前公共自行车“一卡通行”、市民卡、智汇卡均可使用。公共自行车 2 小时内免费使用。同时，通过预调查，平均每个网点设置 40 个锁车桩和 50 辆车，保障市民的即时租借和归还。

运营多元，低成本可持续

通过与银行合作，降低公共自行车公司发卡成本并取得部分收益；聘用小时工为网点管理员，提高工作效率，降低运营成本；利用站点广告资源，公开招标提高收益，弥补运营开支。以河西片区为例，通过广告经营等渠道即可基本实现收支平衡。

刷卡取车，即时高效

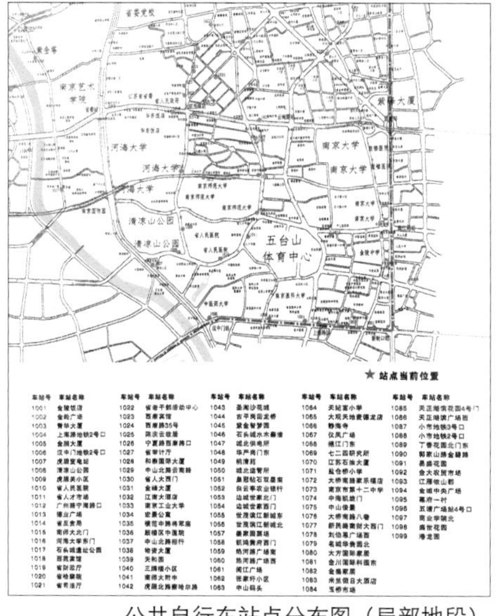

公共自行车站点分布图（局部地段）

步行 5 分钟可到达公共自行车网点

各方声音：

公共自行车是慢行系统以及打通“最后一公里”的重要一环，更科学的角度是从打造“慢行 + 公交系统”，培养人人形成交通文明的意识，这样整个交通生态环境才能更加科学。

——东南大学交通学院教授 过秀成

原来下了公交车或是出了地铁站，到家还有一两公里，乘出租不划算，打摩的不安全，如果遇到桑拿天或下雨下雪，或者手里拿着重的东西，这一公里有时真是难耐又无奈。现在好了，公交站、地铁旁、小区门口，到处有了公共自行车，租借又方便，现在出门没有那么多顾虑了，去个菜场超市什么的，也很方便，省时省力。

——南京市民 张女士

一夜之间南京大街小巷冒出来很多公共自行车服务点，公共自行车一下子走进市民的生活，解决了交通最后一公里问题。选择用市民卡、智汇卡开通公共自行车功能，不失为一种简单方便的选择。由于市民卡、智汇卡本身就带有公共交通功能和属性，是市民日常出行的支付首选，在此基础上增加公共自行车功能让市民无需额外携带一张新卡，大大方便了在各种公共交通工具之间的转换。

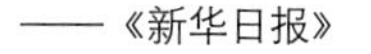

——《新华日报》

撰写：于　春 / 编辑：王登云 / 审核：陈浩东

南通优化城市路网的“102030”工程

Optimizing Urban Road Network of Nantong-The “102030” Project

案例要点：

为实现城市交通可持续发展，南通市确立中心城区机动车“10 分钟可以上高架、20 分钟可以上高速、30 分钟即可组团通勤”的交通出行目标，通过科学编制相关规划加强引导，系统实施包括 100 多个具体工程项目的“102030”交通畅通工程，优化城市空间结构、提高通行能力、改善交通环境、提升城市品位。根据高德地图公司发布的《2015 年全国 45 个主要城市交通年报》，南通是当年唯一一个交通拥堵得到缓解的城市。

案例简介：

近年来，南通市私家车拥有量每年以 20%的速度递增，交通资源需求急剧增加，路网系统不够完善、交通运行效率降低、交通管理方式落后等问题日益突出。为实现城市交通可持续发展，南通市通过实施“102030”交通畅通工程，着力解决影响城市交通畅通的突出问题，创造出令市民满意、便捷、高效、顺畅、安全的城市道路交通环境。

南通市城市综合交通规划

设定目标，系统谋划交通发展

为落实“102030”目标，南通市制定完善城市综合交通规划，以及快速路、公共交通、停车场、交通安全管理等一系列专项规划，以科学规划引导建设适应未来城市发展需要的现代化城市综合交通体系。在此基础上，系统制定包括工程类、公交优先类、交通管理类等 3 大类、总计 100 余项具体工程的“102030”交通畅通工程计划，着力推进规划、计划实施。

优化结构，完善道路网体系

通过“十二五”期间系统性实施建设，南通市逐步形成了较为完善的城市道路网系统，相继建成“一环一轴八射”快速路网系统、“四横五纵”交通性主干路系统和“二十横二十二纵”的主干路布局系统。此外，重视发挥支路的“毛细血管”功能，打通各类“断头路”形成完整路网，推进重要道口节点改造，按“片区化”思路强化城市支路网、老城区出入通道和疏堵工程建设。

重要道口节点改造效果

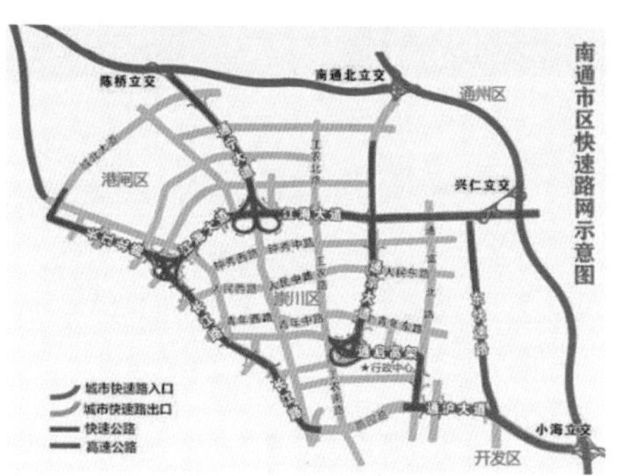

南通市区快速路网示意图

侧重于“快”，提升路网通行效率

将城市道路网规划目标从过去侧重于“通”(拉开城市框架)调整为侧重于“快”（让市民出行更方便快捷），重点加强了快速路网规划和建设，构建布局合理、密度合适的快速路网体系，提升整个道路系统的通行效率。自2009年开始建设第一条快速路，目前南通市已初步形成沟通城市各组团、总里程达83.4km的快速路系统，总里程跃居全省前列。

智慧建设，强化交通服务水平

推进交通智能化管理，创新交通运政巡查制度，将城市交通管理方式从“疏堵”转变为“预堵”。优先发展公共交通，扩大公交覆盖范围，新增62km公交专用道，同时通过实施绿波信号灯联控、支路微循环等措施提高公交服务水平。完善公交信息服务平台、交通应急协调指挥中心建设，启动南通交通云中心建设。积极推广公共自行车，妥善解决公交出行“最后一公里”问题，引导市民绿色低碳出行。南通还被国家和省列为新能源汽车推广示范试点城市，2015年末全市公共服务领域推广应用的新能源汽车达1120辆，数量居全省前列。

公交专用道

公共自行车

新能源汽车

各方声音：

南通市通过实施“102030”交通畅通工程，实现了平面交通向立体交通的转变，科学打造了“路网＋公交＋慢行”的交通体系，城市交通出行环境明显改善。

——东南大学交通学院教授 丁建明

我女儿在苏通园区工作，没有厂车接送，原来上下班都要花不少时间在路上，现在市区高架贯通了，她开车去只要20分钟，我们放心多了。平时朋友聚会也乐于去城市外围农家乐，不会堵在路上，真是方便。

——南通市民 施女士

南通市畅通指数在全国45个大中城市中排名第二，拥堵时间成本全省最低。

——高德地图《2015年度中国主要城市交通分析报告》

撰写：施嘉泓、赵 雷 / 编辑：王登云 / 审核：张 鑑

苏州星海街地铁站地下空间综合利用

Comprehensive Utilization of Underground Space of Xinghai Street Metro Station of Suzhou

案例要点：

苏州工业园区以城市轨道交通建设为契机，开展沿线地区地下空间和交通一体化规划，通过高效利用地下空间资源，破解城市发展空间瓶颈，并探索地下空间有偿使用制度，提高轨道交通站点地区土地综合开发效益，实现了轨道交通建设与土地利用的良性互动。率先建成的星海生活广场项目，采取与轨道站点同步设计、同步建设、同步运营的方式，形成了特色鲜明、人性化的地下商业综合体与无缝衔接的地下步行网络系统。

轨道交通站点入口

下沉商业广场

地面市民广场夜景

案例简介：

苏州轨道交通 1 号线东西横穿苏州工业园区 CBD 核心区，核心区内设置两个站点。为促进轨道交通沿线地区地下空间合理利用，提升土地综合开发收益，园区以地上地下空间整体开发为理念，通过科学编制规划，合理确定沿线地区地下空间的布局与规模，实现了轨道交通建设与土地利用的良性互动。

系统规划，围绕站点形成公共地下空间网络

2007 年，园区在全国率先编制轨道交通沿线地区地下空间专项控制性详细规划，在综合考虑原有地上规划、现状建设、站点设置等的基础上，优化细化站点设计，合理确定各个站点地区的地下空间开发定位、连通方案和建设规模。重点围绕各个轨道交通站点形成了总计 35 万 m^2 的公共地下空间网络，并串联起沿线众多原本分散、孤立的地块地下空间。大量地下空间的规划建设，有效破解了发展空间瓶颈和停车难、公共服务设施落点难等问题。

政策创新，探索地下空间有偿使用制度

为促进规划实施，园区积极探索地下空间产权制度创新，打破既有土地政策瓶颈，成功开创出地下分层土地使用权证政策，使地下空间可获得独立的土地权证，可依法进行转让、租赁等市场交易，从制度上保障了项目投资主体的权益，提高了社会资本参与地下空间建设的积极性，也实现了地下空间的有偿使用。

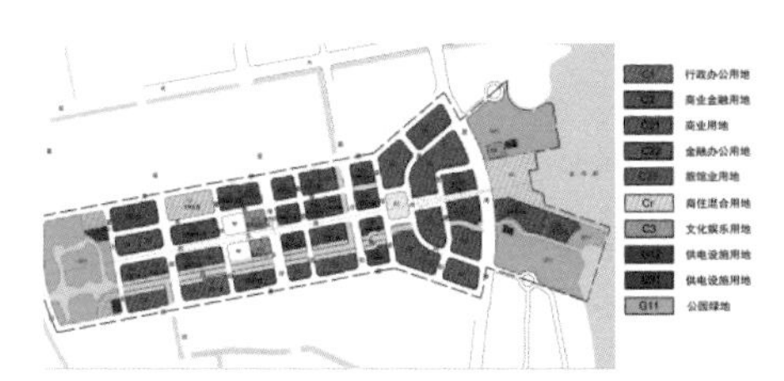

地上土地利用规划图

建成案例：星海生活广场

星海生活广场是在该规划指导下建成的第一个项目，也是苏州市第一个与轨道交通站点同步设计、同步实施、同步运营，并第一个获得独立的地下空间土地权证的地下商业综合体。项目分为南北两个区域，地下共三层：地面为开放式的市民广场，地下一层为商业与公共空间，地下二层与三层分别为站厅层和站台层。项目占地 2.3 万 m^2，总建筑面积 5.2 万 m^2，地下容积率达到 2.3。

地下空间利用规划图

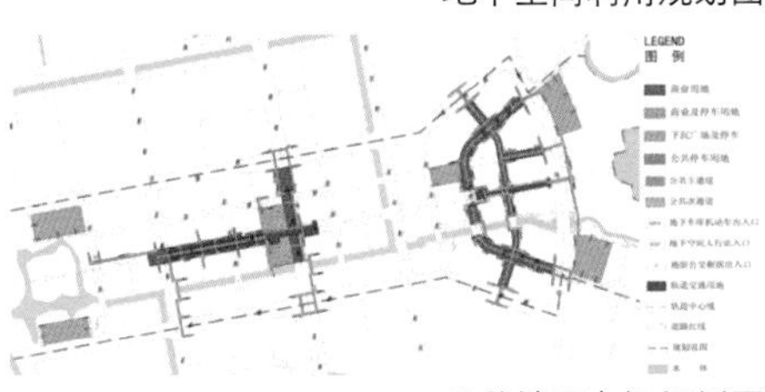

公共地下空间规划图

同步设计

项目与星海街地铁站同步设计，不但实现了各类功能的紧凑布局，而且提高了轨道交通的服务水平。如原有站点初步设计方案仅有不到 10 个连通出入口，通过深化设计扩大到近 30 个，市民通过地下通道便可直达站点周边各个楼宇，非常方便。

同步建设

项目与轨道工程同步建设，采用基坑统一围护、土方统一开挖、施工统一部署等方式，极大地节约了建造时间与资金成本，并总结出不少轨道交通站点地下空间开发建设的管理经验，为苏州市其他类似项目提供了示范引导。

星海生活广场连通示意图

同步运营

项目将轨道交通、便民设施和商业消费有机结合，不仅打造了“工作与生活换乘”的苏州商业新地标，还成为一处极具社会服务功能的“地下之城”，公共服务面积超过总建筑面积的一半以上，实现了社会效益和经济效益的双赢。

项目规划整体鸟瞰

项目与轨道站点同步施工

各方声音：

星海生活广场善于学习借鉴国际先进理念，较早涉足地下空间开发，成功规划建设并运营了中国第一个地级市地下空间轨道商业综合体，既是先行者又是创新者，值得业内同行学习。

——同济大学教授 束昱

星海广场设计的非常有特色，地面是个漂亮的市民广场，地下是个商业综合体，进出地铁都很方便，每天上下班都可以逛街，中午也可以在这里休闲。

——苏州市民 李女士

星海生活广场与轨道交通一号线同期运营以来，已让苏州市民领略到出行、工作、生活的便捷。目前的星海生活广场，已经成为市民出行、消费、休闲的好去处，园区群众文体活动的首选地和名副其实的“市民广场”。

——《苏州日报》

撰写：施嘉泓、赵 雷 / 编辑：王登云 / 审核：张 鑑

无锡太湖广场地下空间复合利用

Composite Utilization of Underground Space of Taihu Plaza, Wuxi

案例要点：

无锡太湖广场综合改造项目将原城市地面道路改建为下穿隧道，把车流引入地下，把地面空间还给市民，使原本分割的南北广场合二为一。同时通过地上地下空间立体化开发利用，将地下空间连通成网、功能配套成片，把原来被交通分隔的城市广场，改造为地面公园、地下商业、停车配套与公交换乘多位一体的城市中心公园，受到市民欢迎。

案例简介：

无锡太湖广场是一座大型城市广场，建成于2003年，位于城市的几何中心，占地67hm^2，周围布置着众多行政服务、公共文化、商业办公设施，但广场被城市主干道“太湖大道”分割成南、北两片，仅能通过一处地下通道连接，使用极为不便。2010年，为优化交通组织、提升广场功能、合理利用地下空间资源，无锡市实施了太湖广场综合改造工程项目。

还路于民，南北广场合二为一

为降低过境交通对广场的影响，项目确定了立体化改造、还路于民的思路，将太湖大道改为下穿隧道，将原有地面道路改造为绿地，使得原本分割的南北广场合二为一。经过改造，在实现城市交通更加顺畅的同时，也使得广场游憩空间更大、市民休闲环境更加优良。

改造前广场地区航拍图

改造后广场地区航拍图

优化功能，城市广场变为中心公园

为进一步提升广场功能与环境品质，项目采取了开放草坪、多种树木、增设座椅、增加休闲健身设施等多种方式，使得太湖广场从一个“给人看”的广场蜕变为“让人进”的城市中心公园，闹市里出现一片深受市民欢迎的自然休闲空间。

多层次利用，提高改造综合效益

为解决原广场地区交通不便、配套设施不足等问题，项目整体开挖地下两层空间：地下一层作为商业服务配套及通往地铁、公交、周边公建的连接通道，并通过数个下沉广场与地面相连；地下二层作为停车场及人防工程，为周边地区提供停车服务，缓解“停车难”问题。经过改造，城市不仅增加了 5.4 万 m^2 的地下发展空间，地下商业设施也因此与地铁、广场融为一体，有效解决了空间闭塞、缺乏人气等弊端，经济效益显著增加。

恢复为绿地的原道路区域

改造后的广场游憩步道

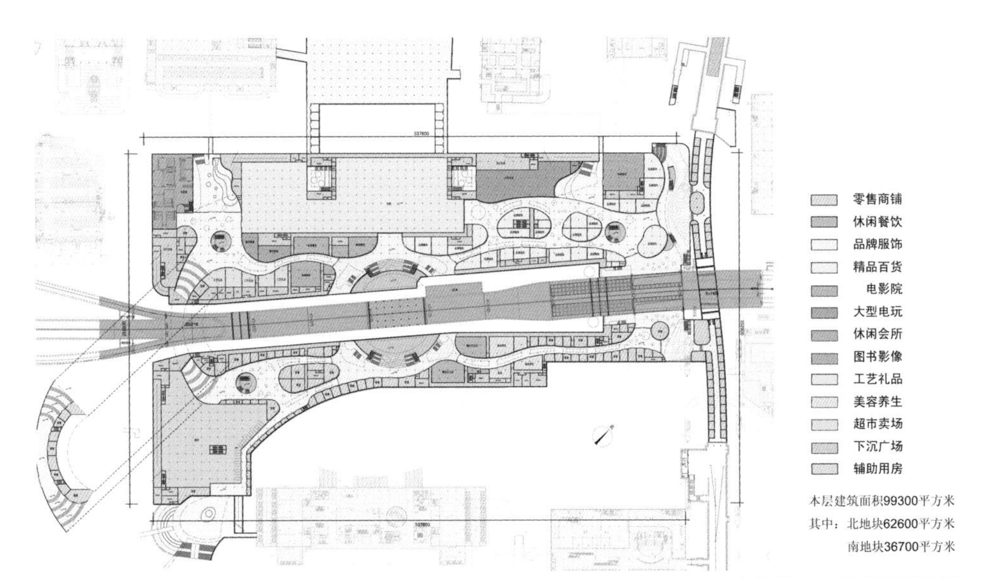

广场地下一层利用平面图

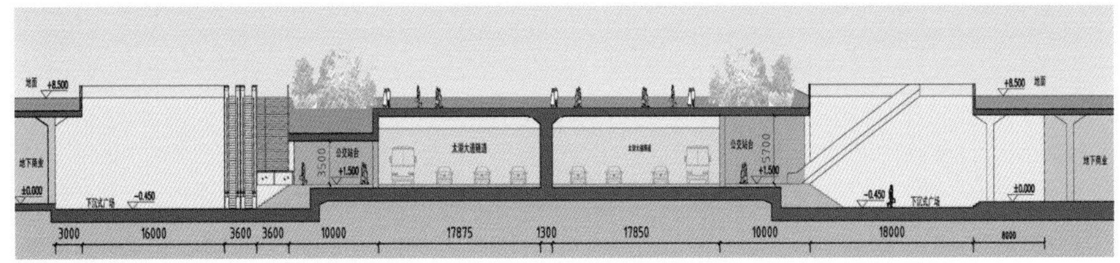

隧道后两侧地下空间利用剖面图

各方声音：

项目有效地降低了桥隧道路、轨道交通建设对城市建成区的影响，系统地实现了市民休闲、商业娱乐、交通换乘、停车配套、综合防灾等多种功能合理布置，并为城市广场注入了新的活力。

——江南大学设计学院副教授 史明

太湖大道从地底穿越后，太湖广场已合二为一，以前的硬质广场如今变成了城市中心公园，市民走得进、玩得好，也不怕太阳晒，不怕被雨淋。

——无锡市民 李先生

原本的广场是集散广场，给人看的；现在是打造中心公园，让人进的。现在的太湖广场已经变成一个南北互通的大广场，种了很多大树和大片草坪，市民休闲畅通无阻。

——《江南晚报》

撰写：施嘉泓、赵 雷 / 编辑：王登云 / 审核：张 鑑

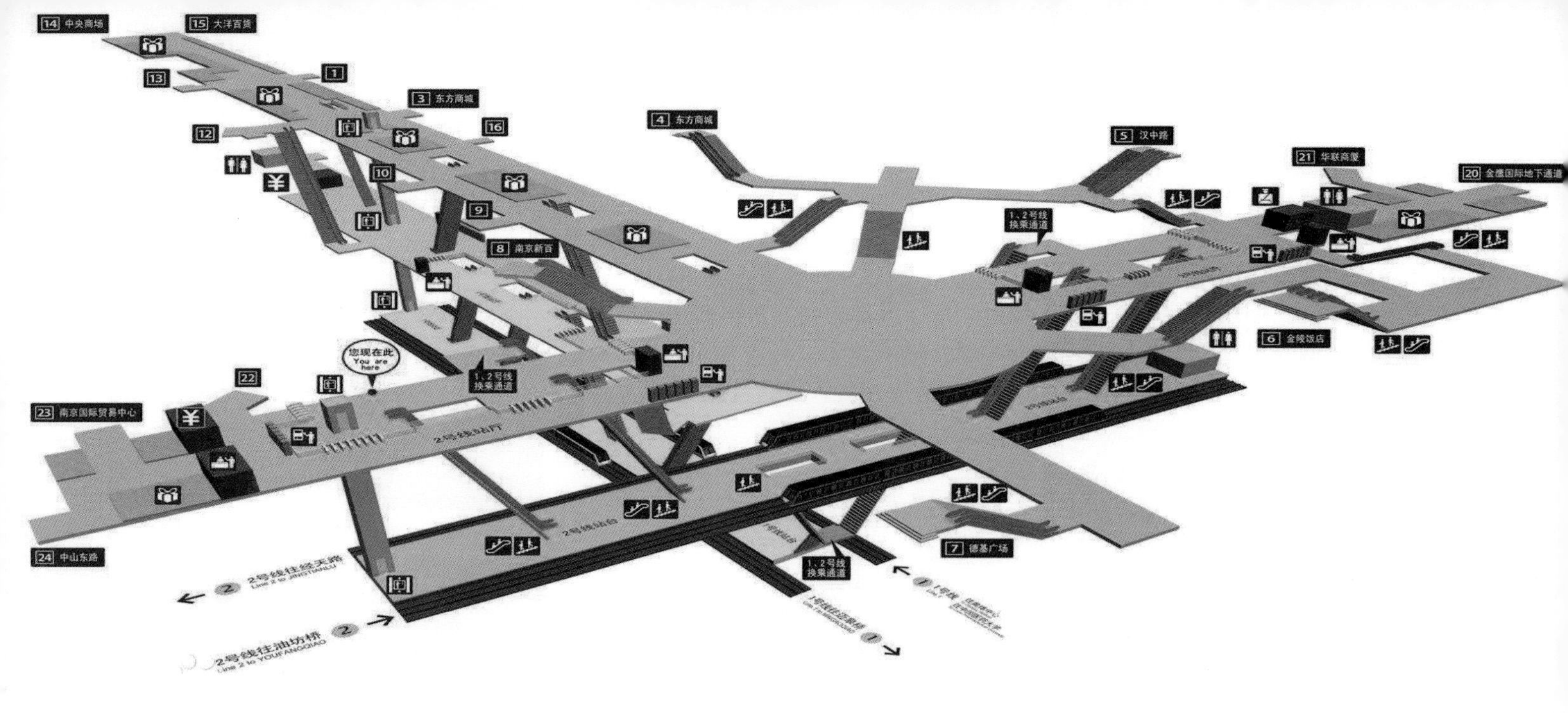

南京新街口地区地下空间的综合利用

Comprehensive Utilization of Underground Space of Xinjiekou Area of Nanjing

案例要点：

新街口地区是南京市城市中心，近百年来一直是南京商业最集中、最繁华的地区，也是土地资源最紧张、交通最拥堵的地区。为破解发展空间瓶颈，新街口地区建设“向天空要高度”、“向地下要深度”，但曾经这一地区的地下空间利用分散、孤立，未形成整合效应，地下空间的利用价值未得到充分发挥。近年来，南京市抓住地铁建设的契机，制定地下空间开发利用规划，合理引导地下空间资源开发利用，形成了地上地下有机贯通、功能形式多样的空间复合利用系统和步行系统，助推了城市中心区功能升级与环境品质提升。

案例简介：

新街口地区在地下空间开发利用规划引导下，以地铁建设为契机推动地上地下空间协调发展和整体开发。通过优化地铁站点设计，串联、整合、分散、孤立的各类地下空间，将其连通成网，提高了城市空间资源复合利用效率，破解了发展空间瓶颈，激活了地下空间巨大的开发价值。

地铁串联，促进地下空间联网成片

南京市地铁 1 号线和 2 号线在新街口交汇。为充分发挥地铁带动效应，在规划设计的引导下，抓住新街口地铁站的建设机遇，串联整合原本分散、孤立的各栋建筑地下空间，促进地下空间连通成网。建成后的新街口地铁站，是中心城区流量最大、换乘最便捷的地铁站，也是城市活动最活跃的城市地下空间。设有连接各个商业设施的近 30 个出入口，带动形成了莱迪、新百、德基广场等一批特色鲜明的地下商业街，有效拓展了新街口地区的发展空间。

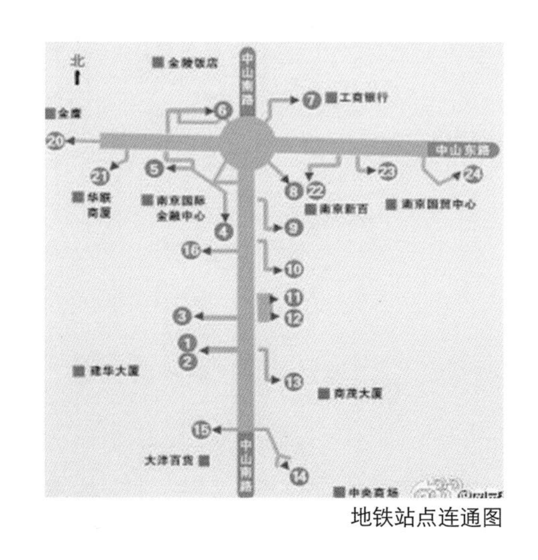

地铁站点连通图

莱迪地下商业街区

德基广场

上下衔接，实现地上地下整体开发

新街口地区通过持续开展相关规划研究和设计，形成了地上建设与地下空间开发相结合的发展方案。方案串联、整合、优化地下各类公共空间，保证了各项建设地上地下有机衔接，功能复合，相互补充，流线顺畅，使用便捷。目前，新街口已形成了 30 多万 m^2 有机联通的地下空间。根据规划，未来该地区将形成约 100 万 m^2 的地下空间网络系统。

改善交通，提升城市环境品质

通过地铁站的有机连通，新街口地区已形成了四通八达的地下步行网络，市民不出地面即可直达各栋建筑，乘坐地铁前来新街口成为市民出行的首选，公共交通的综合优势得到充分发挥，中心区交通状况、环境面貌得到改善。一个功能布局合理、空间利用高效、交通组织便捷的现代化城市中心区正在形成。

1990 年新街口地区

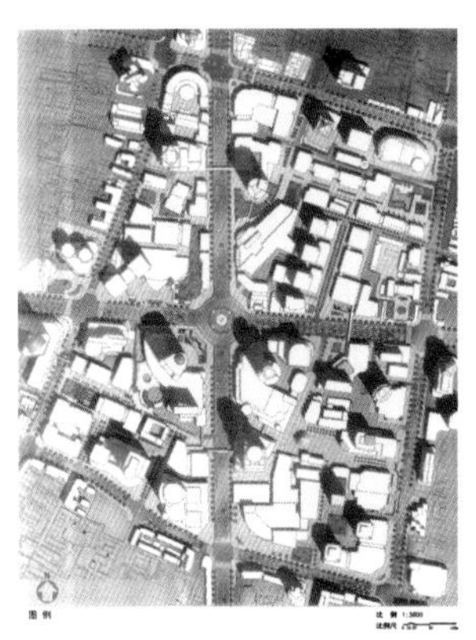
规划总平面

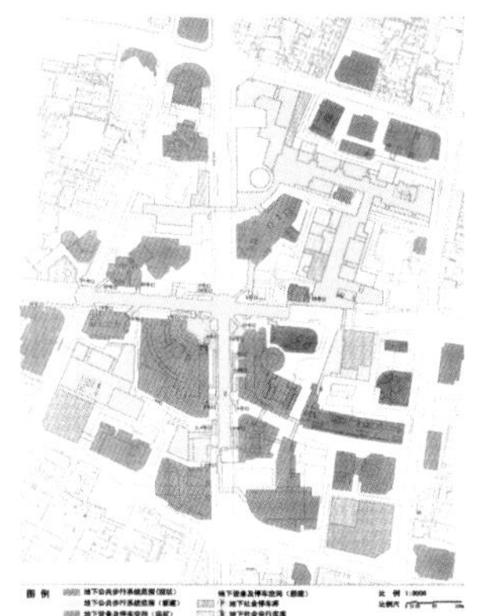
地下一层规划图

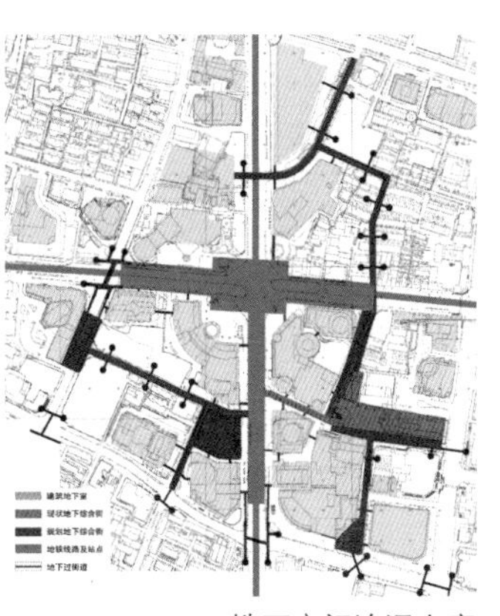
地下空间连通方案

2015 年新街口地区

各方声音：

新街口地区在地下空间利用、交通换乘一体化、地下人防与商业结合利用、地下空间运营等方面均处于全国领先地位，具有示范和引领意义。 ——南京工业大学教授 蒋伶

现在可好了，十字形交叉的两条地下通道，把新街口最繁华的几个大市场全部串了起来，上班方便，逛街更方便。 ——南京市民 王小姐

目前新街口地区地下商业设施联通成环，地铁站出口与周边商场地下楼层无缝对接，市民可通过地下通道到达任何一个商场，四通八达的地下空间深受广大市民和商家欢迎。 ——《南京日报》

撰写：施嘉泓、赵 雷 / 编辑：王登云 / 审核：张 鑑

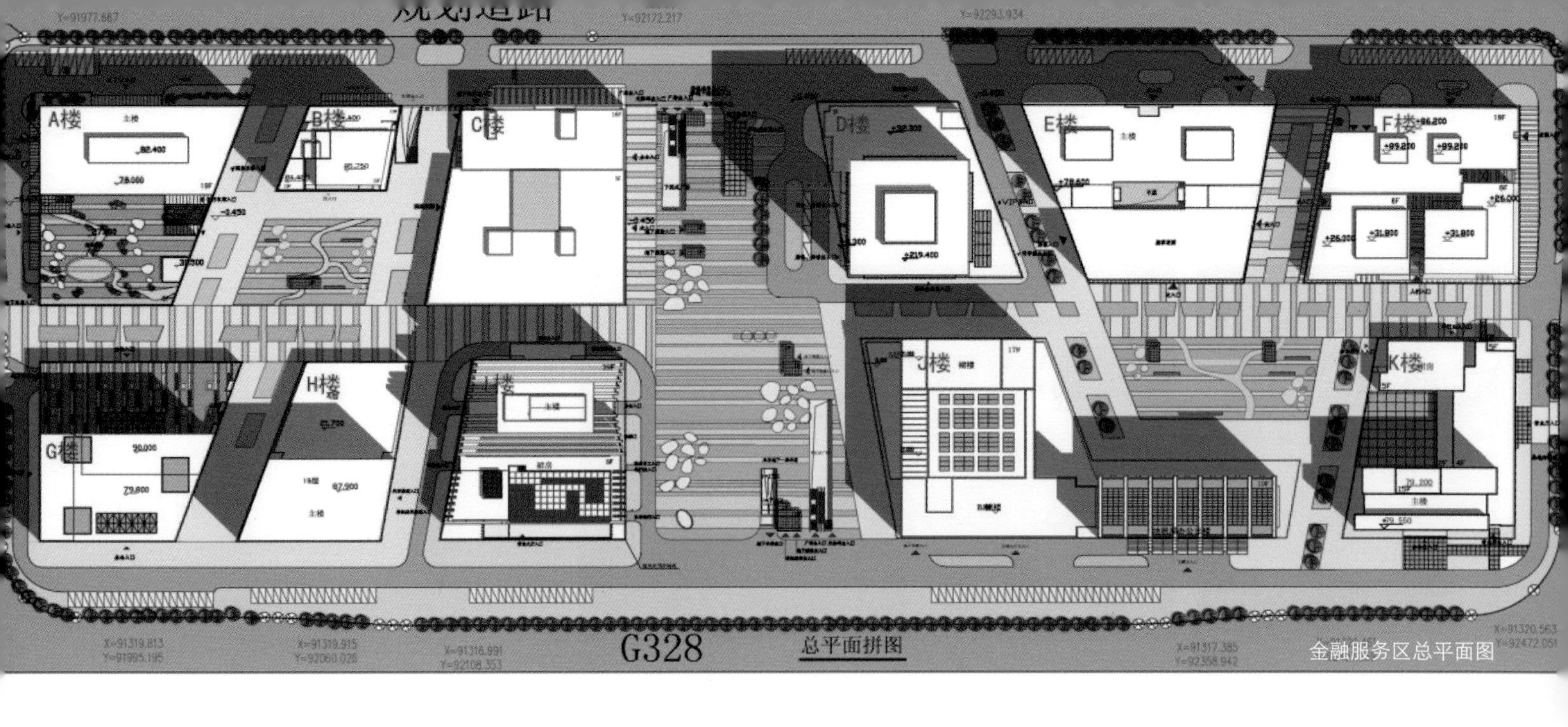

金融服务区总平面图

泰州金融服务区地下空间整体开发利用

Centralized Development and Utilization of Underground Space of Taizhou

案例要点：

泰州市在金融服务区建设中，改变以往地下空间各自开发的分散局面，在综合考虑街区内各地块项目投资主体需求的基础上，以街区为单元开展地上地下空间整体规划与设计，并由政府组织统一代建。该模式大大提高了地下空间的利用率和整体性，还可以降低建造总成本，优化地块交通组织与城市秩序，增加城市地上地下空间。

案例简介：

项目地点：泰州市政府南侧的周山河新城核心区域

项目性质：商业建筑

用地面积：11 万 m^2

建筑面积：总建筑面积约 71.6 万 m^2，其中地下约 18.7 万 m^2

项目投资：地下部分约 6 亿元

建设时间：地下部分 2014 年

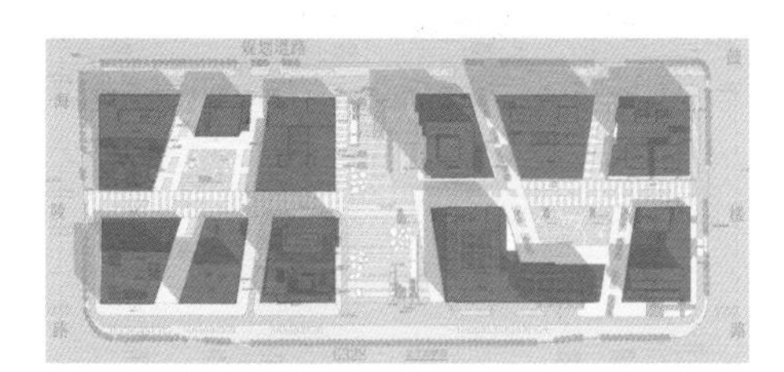
各自建设模式下的地下空间开发范围

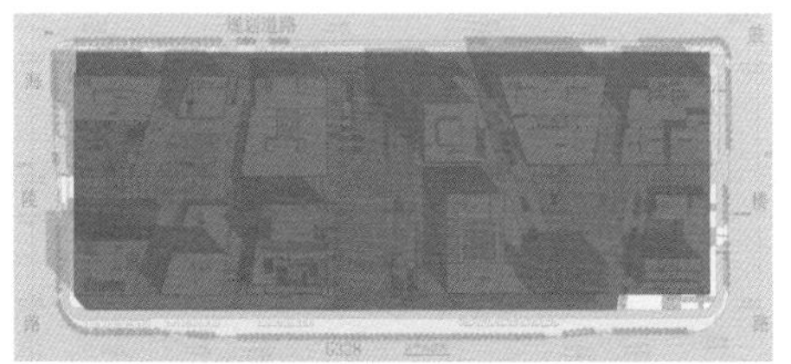
整体开发模式下的地下空间开发范围

金融服务区位于泰州市重点发展的周山河新城核心区域，项目规划以高层建筑为主，配套建设地下车库、银行金库和人防工程等地下空间。根据前期招商，有十多家金融机构提出入驻意愿，并提出了各自地下空间开发利用的初步建设方案，泰州市在此基础上制定了整体规划实施的优化方案。

整体规划设计，提高地下空间系统性

该区域是城市形象重点塑造地区，街区内建筑布局紧凑、业主较多，若由各地块独立建设地下空间，因用地面积、标准规范等限制，易产生单个项目地下空间局促、施工过程相互干扰等问题。为提高地下空间利用效率、优化交通组织，泰州市将原本各自独立的地下空间连接成片，形成了系统性地下空间设计方案，增加了近 10 万 m^2 的地下空间开发面积，是传统建设模式的 2 倍。

统一组织代建，降低建造成本

为加快建设步伐、降低建设成本，政府统一与街区内各业主签订代建合同，由市住房城乡建设局下属城市建设项目管理中心（事业单位）具体负责地下空间的整体建设。实践证明，该方式有效降低了业主承担的建设成本，并实现了地下空间资源的优化配置。

同步施工建设，缩短建设周期

为克服大体量、深基坑、防渗漏、不均衡沉降等技术难题，项目采取了地下空间一次开挖、浇注成型，地上地下工程同步推进、同步实施等建造方式，并成功实现了高质量、高效率、零事故。从项目开工到地下工程主体封顶，仅用时 6 个月，比各地块单独建设至少节约 12 个月的时间。作为泰州市乃至苏中地区最大的地下工程，创下了开挖面积最大、施工速度最快等多项记录。

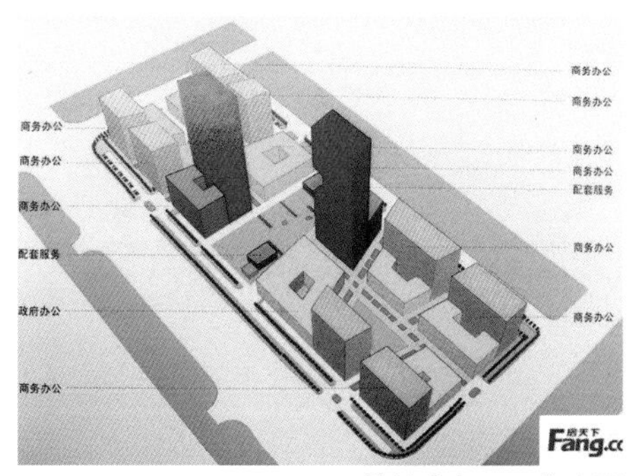

地块内各项目分布图

项目地下空间工程同步施工

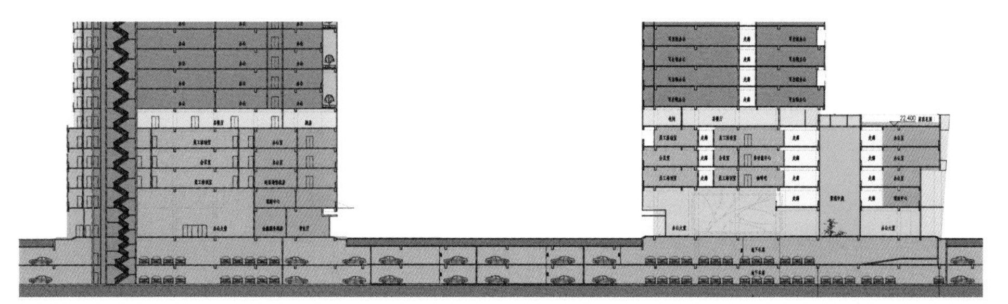
地下空间典型剖面图

各方声音：

开发利用地下空间，能有效缓解城市土地资源日趋紧缺的矛盾，而地下空间建设的不可逆性，又要求必须合理开发、高效利用地下空间资源。泰州市采用集中代建地下空间的建设模式，高效集约资源，提升城市品质。

——浙江大学教授 王纪武

政府出面统一建设地下空间，不仅降低了我们银行这栋楼的建设成本，也缩短了项目建设的周期，我们非常欢迎这样的创新做法。

——泰州某银行 郑经理

泰州金融服务区的地下空间建设，采取统一规划、统一设计、统一施工、统一管理的建造方法，成功实现高质量、高效率、零事故，极大地缩短了建设周期。

——中国江苏网

撰写：施嘉泓、赵 雷 / 编辑：王登云 / 审核：张 鑑

老旧人防工程变身市政综合管廊
——无锡探索

From Old Civil Air Defense Works to Municipal Utility Tunnels
-Exploration of Wuxi

案例要点：

无锡市崇宁路人防工程是一段已失去防护功能的老旧地道式人防工程。无锡市创新利用思路，在反复调研、精心设计的基础上，实施加固改造，将全长 1.4km 的拟报废人防工程改造为容纳电力电缆、雨污水管等多种管线的地下管廊。既节约了报废支出，又节省了市政工程建设投入，有效解决了电力、雨污水管线入地问题，变废为宝、一举多得。

案例简介：

无锡市崇宁路人防工程建于 1971 年，为砖混结构地道式人防工程，全长 1.4km，年久失修已失去防护功能。因该工程所处区域地下管线分布密集，不适宜采用开挖填埋式报废方式。为此，无锡市在组织力量对该人防工程和沿线市政管线进行深入勘测论证的基础上，确定将其加固改造为市政综合管廊。

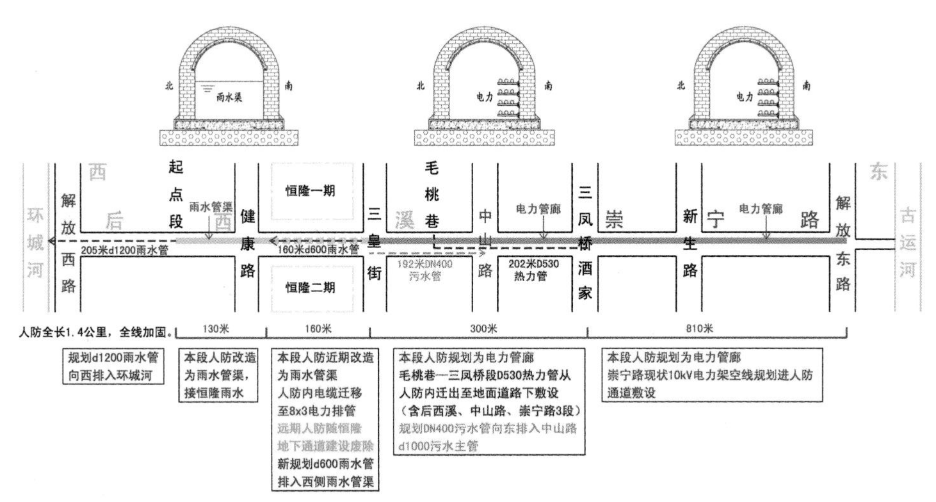

崇宁路人防工程改造后示意图

科学实施

改造工程采用挂钢筋网后喷注混凝土加固技术。通过改造，三皇街以西段作为崇宁路雨水管道，三皇街以东至解放东路段作为供电管道，并将隔热层老化、存在严重安全隐患的热力管道全部迁出，保障了入廊管线的运行安全。加固改造共投入人防专项资金约 500 万元，节约市政公用设施建设投入约 2000 万元。

管线入廊

工程改造完后，崇宁路雨水管道和恒隆广场雨污水系统全部入廊，解决了崇宁路反复开挖的“马路拉链”问题；实施完成了后西溪、崇宁路电力线路入地工程，消除了地面蜘蛛网式架空线，改善了城市空间品质，经济效益和社会效益显著。

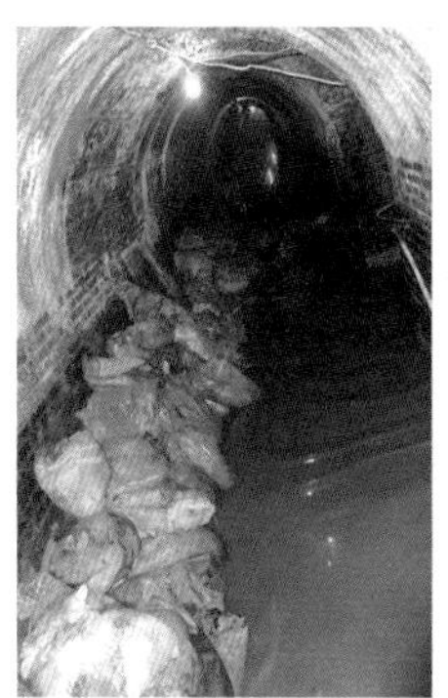

工程改造前后对比

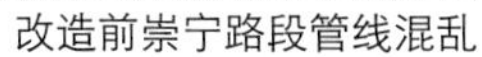

改造前崇宁路段管线混乱

改造后崇宁路段管线整洁

各方声音：

这种做法是“平战结合、服务民生”的典型，值得在全省民防系统进行推广。

——时任省民防局局长 苏振远

崇宁路经常被开挖，这次又因为市政公用管线改造而封闭施工，对老百姓生活产生很多不便，希望这次能彻底解决问题。

——无锡市民 吴先生

中心城区内排的雨水管线最早可追溯到 20 世纪七八十年代，当时敷设的管线已无法满足现在的排水需求。经过市政管网改造后，除了可使雨天的积水快速消退，其他如燃气、热力等管线经改造升级后，有效解决了设施老旧、破损、排布不合理等问题，使通信更通畅，水电气输送更到位。

——《无锡日报》

撰写：何伶俊、徐　建 / 编辑：王登云 / 审核：陈浩东

苏州地下综合管廊建设和地下管线管理

Urban Underground Utility Tunnel Construction and Underground Pipeline Management of Suzhou

“要合理布局地下综合管廊，以避免出现地上设施齐全、地下管线混乱、地面被反复‘开膛破肚’”。

——习近平总书记在中央城市工作会议上的讲话

案例要点：

如果说地面上的建筑是城市的“面子”，是城市重要的外在形象；那么城市给水、排水、燃气、电力、电信等地下管线就是城市的“里子”，长期以来，一些地区“重地上轻地下”，不注重提高地下管线的建设管理水平，使得“马路拉链”、城市内涝、管线事故等问题频出，极大地影响了城市的现代化发展。

苏州一直重视地下管线的管理与维护工作，较早加强了地下管线管理工作，成立了全国首个城市地下管线管理的专门机构——苏州市地下管线管理所，完成了中心城区范围内的地下管线普查工作，建立了基于 GIS（地理信息系统）的地下管线大数据信息管理平台；并率先探索建设地下综合管廊，于 2011 年建成投用了江苏省第一条地下综合管廊——苏州工业园区月亮湾综合管廊。2015 年，苏州市被确定为全国首批 10 个地下综合管廊试点城市之一。

案例简介：

重视地下管线管理

城市地下管线是指城市范围内供水、排水、燃气、热力、电力、通信、广播电视、工业等 8 大类 20 余种管线及其附属设施，往往涉及几十个产权单位，管理维护十分复杂。苏州建立地下管线综合管理市级联席会议制度，联合多部门推进实施，并成立了地下管线管理的专门机构——苏州市地下管线管理所，负责城市地下管线工程的日常管理和综合协调、查处违章建设等事宜。为进一步推进综合管廊建设，成立了地下综合管廊工作领导小组，一把手市长担任组长，常务副市长、分管城建副市长、市政府秘书长担任副组长。领导小组下设办公室，负责日常工作。

建立制度化管理办法

苏州目前已完成了中心城区范围内 6944km 的各类地下管线普查，建立了基于 GIS 系统的地下管线大数据信息管理平台，形成了动态维护管理机制；制定了《苏州市地下管线管理办法》，为地下管线规划建设、运行维护、应急防灾、信息共享等方面提供法规及政策保障。

率先探索建设地下综合管廊

苏州于 2008 年在全省率先探索建设地下综合管廊，2011 年 11 月在苏州工业园区月亮湾建成投用第一条地下综合管廊，管廊全长 920m，造价约 3000 万元，廊内集中敷设了供电、供水、供冷、通信等多种管线，为 120 万 m^2 商用、住宅建筑提供服务，是江苏省内首个建成的地下综合管廊。

月亮湾综合管廊监控中心

太湖新城综合管廊展示馆

桑田岛综合管廊

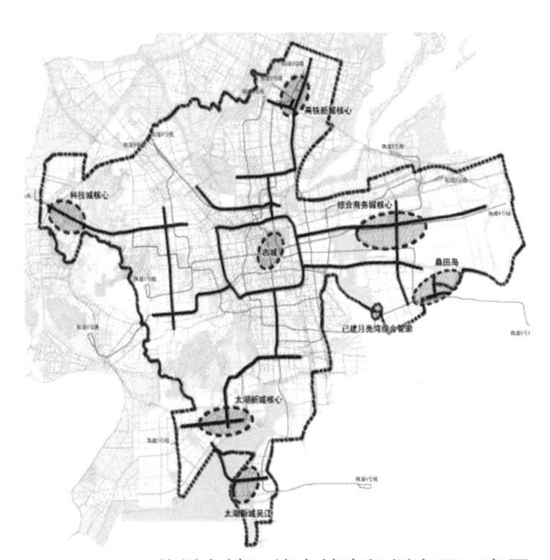

苏州市地下综合管廊规划布局示意图

系统推进地下综合管廊规划建设

先后编制完成了《苏州市地下空间专项规划 (2008 ～ 2020)》、《苏州市地下综合管廊专项规划》等多个专项规划，统筹实施地下综合管廊建设，规划 2030 年苏州市区建设地下综合管廊总里程将达到 175km。2017 年之前还将建成 4 条地下综合管廊，目前桑田岛综合管廊已经竣工，城北路、太湖新城启动区综合管廊已经开工，澄阳路管廊项目年内开工建设。

探索综合管廊良性建设运营机制

按 PPP 模式组建苏州城市地下综合管廊开发有限公司，市政府对该公司授予地下管廊特许经营权，承担市区地下综合管廊投资、建设、运营及维护管理任务。该公司由苏州城投公司、供电公司、水务集团及其他管线权属单位共同出资组建，有效地解决了各产权单位“入廊难”的矛盾，目前，自来水、供电、中国移动、中国电信、中国联通、江苏有线电视等管线单位已向苏州市政府递交入廊书面承诺并与“管廊公司”签订了入廊协议，凡在已建地下综合管廊区域范围内经过的各类管线，一律进入地下综合管廊。

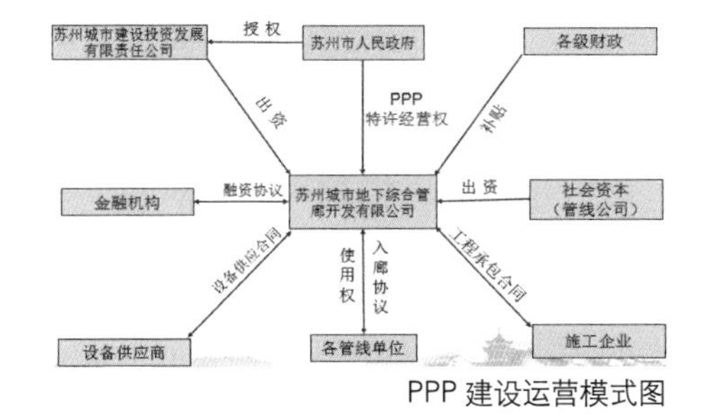

PPP 建设运营模式图

各方声音：

以传统方式建设的管线在维修时需要开挖马路，不仅施工难度高，而且影响道路交通，在管廊里维修就方便多了，另外管廊里的管线不会被挖断，维修次数很少。

——自来水抢修工人

走进独墅湖月亮湾商务区，你会发现，这里的道路格外平整，找不到一个窨井盖。天际由棱角分明的建筑物和绿树组成，看不到一条电缆线。因为这里的自来水管、供电电缆、通信电缆全部“住”在地下宽敞的地下管廊里。这就是苏州第一条城市地下公共空间基础设施——月亮湾综合管廊。

——《姑苏晚报》

撰写：闾 海 / 编辑：王登云 / 审核：陈浩东

南京江北新区地下综合管廊规划建设

Planning and Construction of Underground Utility Tunnel System in Jiangbei New District of Nanjing

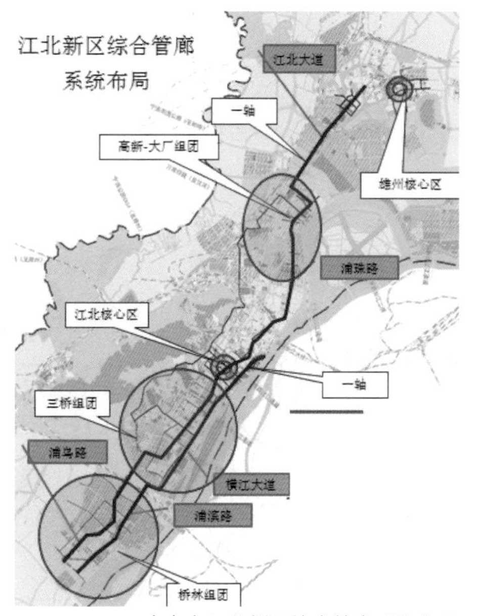

南京市江北新区综合管廊系统布局

案例要点：

南京市江北新区规划建设立足基础设施和现代化要求，超前系统规划建设地下综合管廊。根据规划，未来江北新区 10% 以上的主次干道，将同步建设地下综合管廊。规划建设里程达 241km，规模位居全省各类新区、开发区、园区之首。同时，运用现代信息技术、新型工艺、物联网技术，搭建地下综合管廊规划建设的 BIM+3S 智慧管理平台，努力把地下综合管廊建设成集约的管廊、智慧的管廊、生态的管廊。

案例简介：

南京市江北新区作为国家级新区，把基础设施现代化作为重要目标，在新区起步阶段坚持先地下后地上，把地下综合管廊作为新区建设的重要切入点大力推进。江北新区规划建设干支线综合管廊 241km。目前已建成一期管廊工程 10 km，2016 年还将开工建设二期管廊工程约 20km。

集约的管廊

江北新区综合管廊计划将电力、通信、给水、中水、垃圾、污水、雨水、燃气、空调热力管 9 种管线全部纳入。同时，加大管线之间空间整合，合同能源管理相关 PPP 模式推进实施电力管线入廊工程，计划通过将丰子河路、临江大道等高压线入廊，可以释放土地 500 亩，既可节约空间资源，还可置换产生较高土地价值。

多种市政管线进入地下综合管廊

智慧的管廊

管廊系统采用遥感、地理信息系统、全球定位系统和建筑三维信息模型BIM+3S一体化融合技术，实现地下综合管廊精细化设计，并贯穿规划、设计、施工和运营全过程。同时，通过整合物联网实施监测数据，优化应急处置方案，实现综合管廊在动态监控、预警分析和应急处置的系统化“智慧”运营。

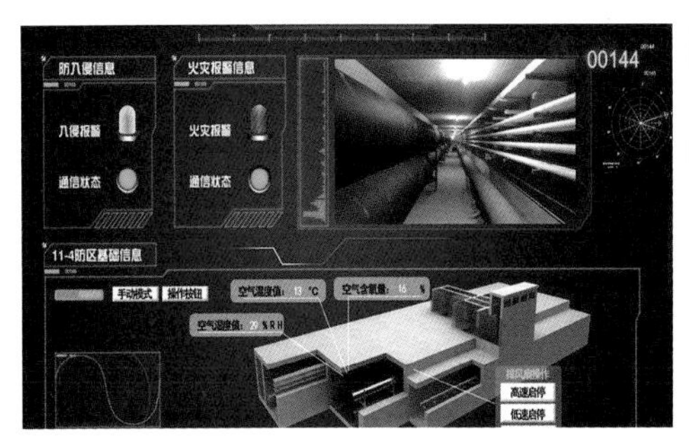

智慧管廊系统

生态的管廊

江北新区综合管廊按照海绵城市的设计理念，结合地表透水路面，生物滞留设备，中央景观绿道等地影响开发设施，在管廊内设置独立雨水仓、排放仓。通过渗透、滞留、调蓄、净化、利用、排放地面雨水，促进城市健康水循环。

专业管理的管廊

江北新区积极创新地下综合管廊建设运营管理模式，通过组建地下综合管廊建设管理有限公司，采用政府与社会资本合作（PPP）模式，吸引社会资本参与地下综合管廊投资、设计、建设和运营管理。

地下综合管廊与海绵城市建设相结合

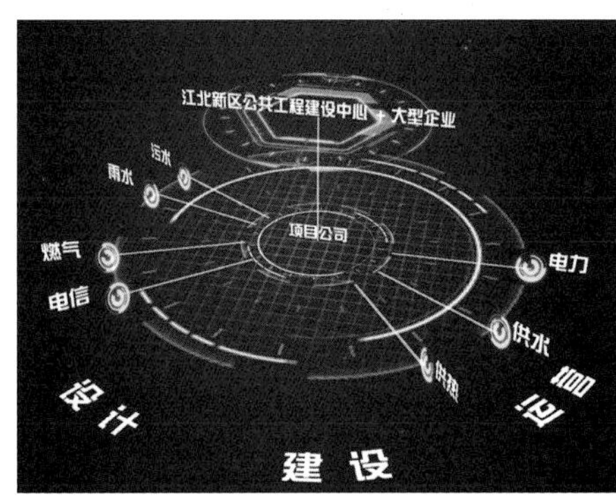

江北新区地下综合管廊 PPP 模式

各方声音：

一条马路，地下管线十几条，今天自来水公司来开挖一下，明天电力公司挖开，再恢复，这就是大家俗称的“马路拉链”。马路反复开膛破肚，劳民伤财。如果在地下建设宽敞的综合管廊，统一埋放各种线，马路便可免受经常开膛破肚之苦了。

——南京市民 李先生

综合管廊是江北新区的又一亮点，这种科学的“新生事物”能避免以往市政管线施工对路面进行的重复开挖。电力、燃气、雨水、污水、供水、通信、空调水管等全部进入地下综合管廊。

——《现代快报》

撰写：何伶俊、徐 建 / 编辑：王登云 / 审核：陈浩东

徐州新沂市地下综合管廊工程

Underground Utility Tunnel Project of Xinyi City, Xuzhou

案例要点：

新沂市在省内县级城市中率先系统编制完成地下综合管廊工程规划并有序推进实施，将综合管廊建设与道路改造同步推进，避免道路重复开挖，促进土地资源的高效利用。同时，积极探索管廊建设运营管理模式，组建新沂市地下综合管廊建设管理有限公司，通过政府授予特许经营权模式，努力实现管廊长效管理。

案例简介：

新沂市是苏北地区率先推进城市地下综合管廊建设的县级市。根据新沂市地下综合管廊工程规划，计划在主城区、沭东新区和经济开发区三个重点区域、十多条城市道路沿线，建设管廊约 52km。2011 年以来，已建成轻工路、徐海路综合管廊，共 5.5km。在 2016 年省级城市地下综合管廊试点专家评审中，新沂市综合评分在县级市中最高。

新沂市地下综合管廊规划平面图

有效解决马路拉链，保障管线安全运行

新沂市地下综合管廊容纳给水管、电力电缆、通信电缆、广播电视、消防水管等多种市政管线，有效解决反复开挖的“马路拉链”现象，逐步消除“蜘蛛网”架空线，实现地下与地下空间集约高效利用，管廊内建有通风、照明、消防、监控视频等附属设施，保障管线安全运行。

综合管廊内部效果图

综合管廊监控中心

合理制定技术标准，着力打造精品工程

按照“务实管用、适度超前”的思路，组织各方力量，开展需求分析，合理确定管廊建设标准，选择单仓、双仓和多仓等技术形式，坚持精心、精细、精致、精品的建设理念，推进工程标准化建设、规范化管理。

建立长效管理机制，提升运营管理水平

积极探索地下综合管廊建设的 PPP 建设模式，引进知名企业参与综合管廊投资建设，组建新沂市城市地下综合管廊建设管理有限公司，通过政府授予特许经营权模式，负责地下综合管廊投资、建设和运营管理。同时，制定出台符合地方实际的管线入廊规定和收费标准，提升管廊运营管理水平。

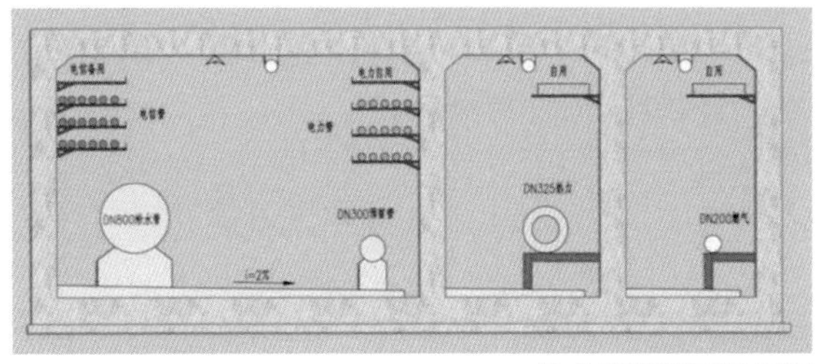
综合管廊断面示意图

工人在综合管廊施工现场

各方声音：

许多城市的路面常常是“你挖了我填，你填好我再挖”，造成了大量浪费。表面光鲜亮丽的背后，是城市地下基础设施的短板。如何筑牢“里子”，撑起“面子”？地下综合管廊建设是重要途径之一，应大力提倡。

——中国工程院院士 钱七虎

以前道路两侧总会看到横七竖八的通信、电力等各种架空线和线杆，既影响城市的整体美感，又存在安全隐患，现在城市漂亮了，出行带来了很多的安全感。

——徐州新沂市民 孙先生

路面下 4m，竟挖出高 3m、宽 4m 的“大洞”！新沂市区正修建的轻工路上让人好奇。这不是建隧道，也不是修地铁，而是为各类地下管线造“集体宿舍”——综合管廊，这项工程在苏北地区开了先河。

——人民网

撰写：何伶俊、徐 建 / 编辑：王登云 / 审核：陈浩东

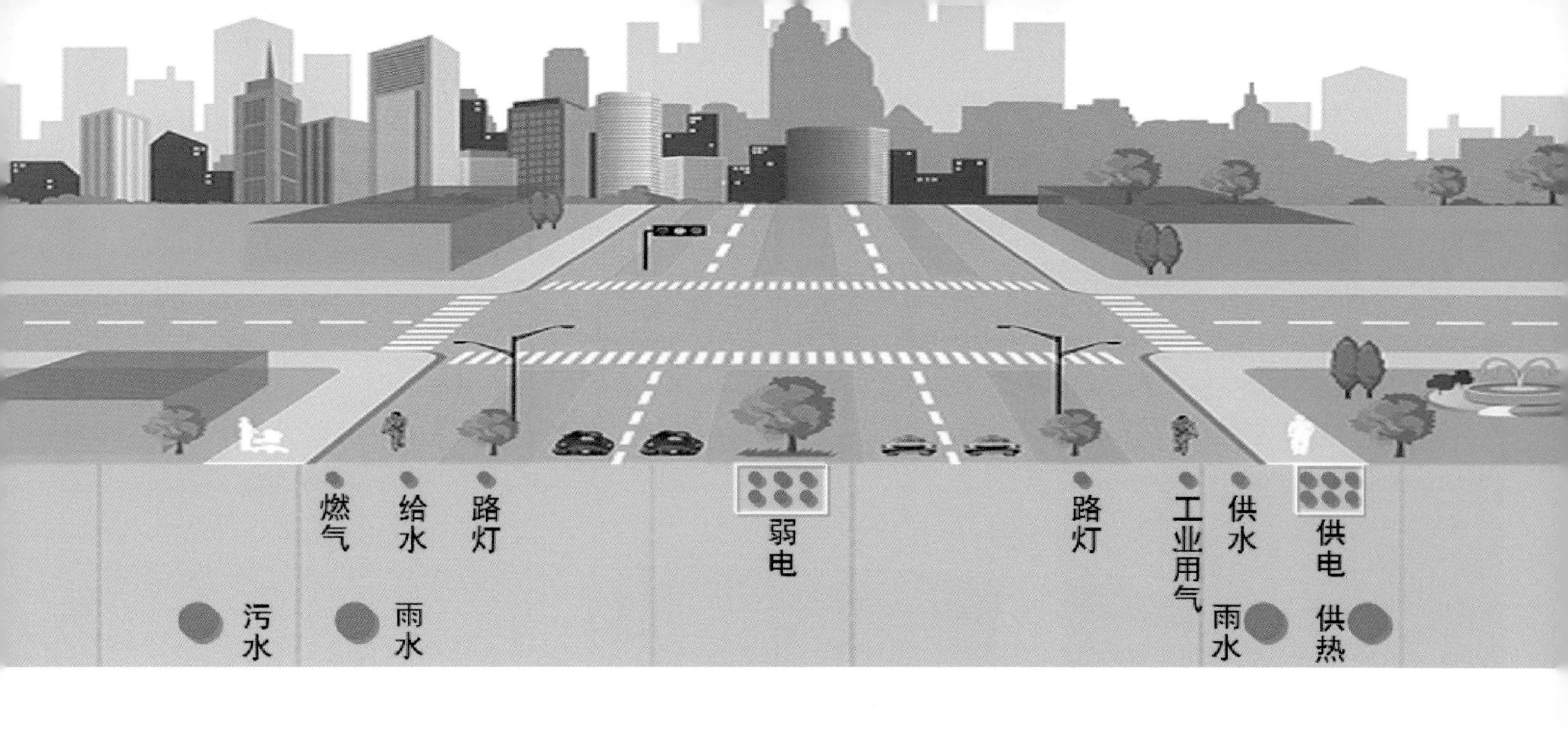

苏州工业园区地下管线智慧信息系统

Underground Pipeline Information System of Suzhou Industrial Park

案例要点：

苏州工业园区构建了地上地下、数据完整、实时更新、三维呈现的城市公共基础信息资源库和地理信息综合管理系统。系统基于 GIS 平台搭建，将城市规划、建设、土地、房产、基础设施、城市管理等各类信息统一整合，有效地将各种审批、监管、运营管理信息进行融合，实现了城市公共基础信息资源的统一管理，大大提升了城市基础设施的建设、管理、运营水平。

其中，地下管线数据库给每根地下管线都建立了“身份证”，并可根据管线变化及时动态更新，始终可提供最现时的“管线一张图”。通过把握科学规划、精细管理、信息共享、动态更新四个关键环节，实现了管线全生命周期的精细化管理，消除了因地下管线家底不明而导致的野蛮施工、道路反复开挖、事故频发等问题，切实保护了城市公共安全和人民群众的切身利益。

案例简介：

苏州工业园区始终坚持“先规划后建设、先地下后地上”的发展理念，早在 1998 年就开始通过信息化手段加强地下管线的规划建设管理，是全国最早启动并建成地下管线信息系统的地区之一。为破解各类管线信息系统重复建设、基础数据不统一、数据共享不及时等问题，园区建立完善了数据标准统一、信息部门共享的城市“管线一张图”公共信息服务平台（简称“政务云”）。通过该平台，园区以“管线一张图”为纽带实现各部门在管线规划、建设、管理与运营等环节的信息共享、工作协同，并形成了较为完善的地下管线精细化管理体系。

燃气管线专项规划图

科学规划，确保各类管线布局合理

为确保各类管线“落得下去、建的起来、用的安全”，园区在编制完成各类管线专项规划的基础上，组织编制了地下管线综合规划，统筹协调各类管线合理布局、“和谐共处”。在道路新建、改扩建前，依据规划进行管线综合设计，保证了管线建设的前瞻性、合理性和安全性。

精细管理，时刻保持管线信息准确

在管线建设阶段，规划建设部门依据规划要求、地形资料和现状管线信息审查管线报建方案，并将相关信息及时录入信息系统，提供给各有关单位共享和监督。新建的管线在覆土前必须进行现场核实，现场核实的管线数据在两周内再次录入信息系统，确保“管线一张图”系统中现状管线信息的完整性、真实性、准确性。

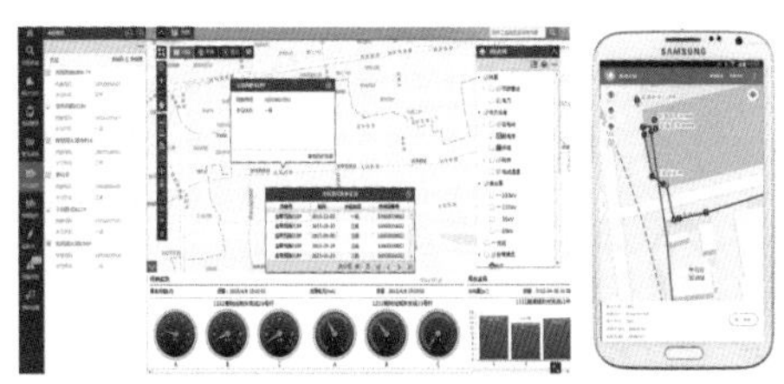

智能电网物联监测实时信息移动端巡查养护故障定位

运营监控，实时保障管线安全运行

为充分利用信息资源，建立了与各管线运营单位、数字城管指挥中心等部门间的信息共享机制，有关单位可实时获取管线运行信息，提高管线日常管理、应急反应、执法监督和指挥决策能力。如排水部门信息系统可随时获得管道的压力、流量、温度等信息，从而能及时发现、处理安全隐患，确保管线安全运行。

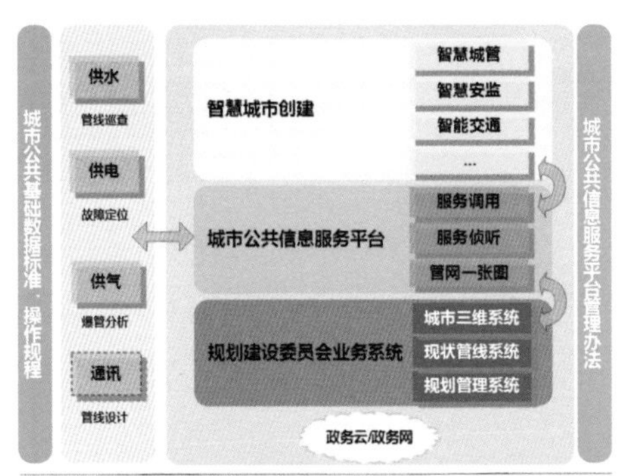

动态更新，及时发布管线变更信息

园区建立了信息推送制度，一旦出现管线报废、改线或规划审批管线调整、变更等信息，相关责任单位及时通过“政务云”平台通知各管线运营单位、规划建设部门，使有关单位可以第一时间掌握并及时采取应对措施，确保城市建设和运行安全。

“政务云”系统框架图三维展示看“家底”

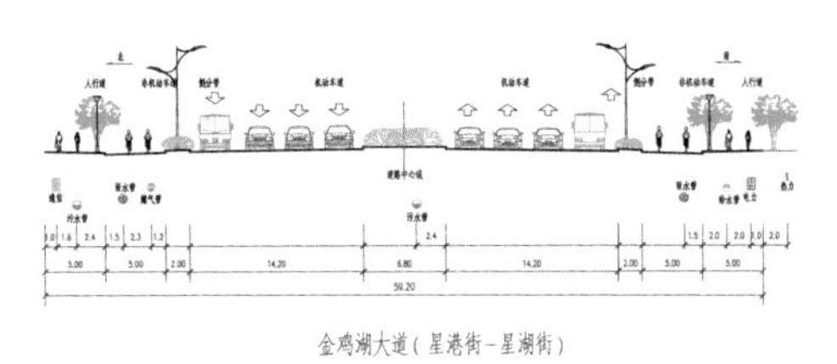

金鸡湖大道（星港街-星湖街）

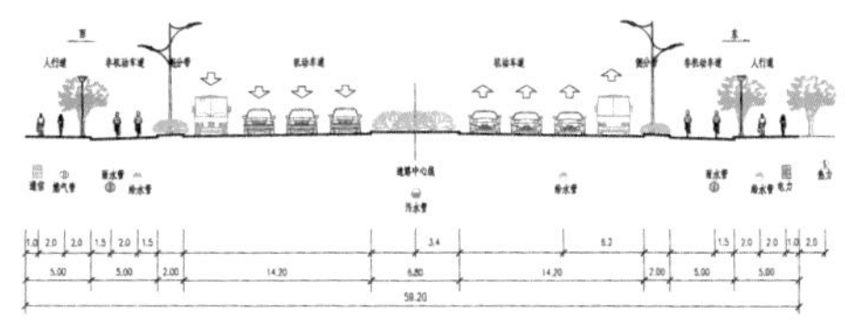

典型道路管线综合规划图

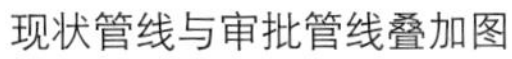

现状管线与审批管线叠加图

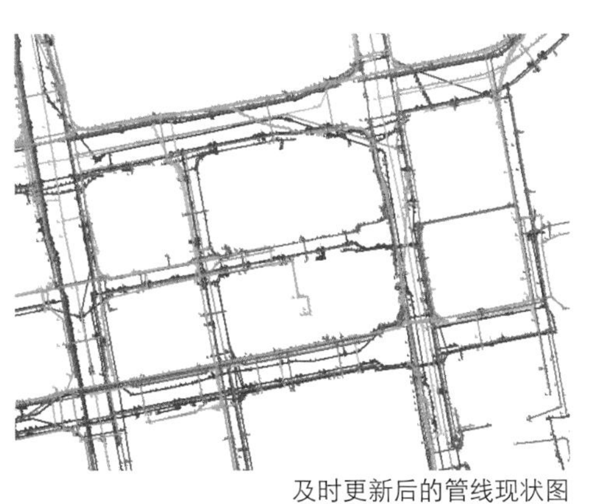

及时更新后的管线现状图

各方声音：

苏州工业园区地下管线信息系统是“小投入解决大问题”的成功典范。

——中国地理信息产业协会秘书长 丛远东

园区地下管线立足长远、秩序井然，与环境协调，不断气、不断电、不断水，我很放心。

——苏州工业园区市民 时先生

苏州工业园区通过多年持续建设地下管线信息管理系统，有效减少了“拉链马路”、“下雨看海”等现象，园区建设 20 年来无重大管线安全责任事故，地下管线管理方面是全国的典范。

——中国财经报道

撰写：施嘉泓、赵 雷 / 编辑：王登云 / 审核：张 鑑

常州地下管线三维管理系统

3-dimensional Management System of Underground Pipeline in Changzhou

案例要点：

常州市在整合各类地下管线“海量”信息数据的基础上，建立具有三维可视功能的地下管线综合管理信息系统。利用该系统不仅可以清晰、直观地掌握城市地下空间“家底”，还可广泛应用于城市地下管线的规划、建设、运营和维护管理工作，助推“智慧城市”建设，保障城市安全运行。

案例简介：

常州市城市地下管线综合管理信息系统，有效利用管线普查工作成果，运用三维可视化、大数据查询与分析等技术，清晰、直观地显示中心城区 8 大类 20 余种、总长近 1.9 万 km 管线的位置、相互关系等信息，为城市地下管线规划、建设和管理工作提供科学的辅助支持，改变了传统城市管理中的“差不多现象”和“拍脑袋决策”。系统荣获 2014 年度华夏建设科学技术奖、地理信息产业优秀工程金奖。

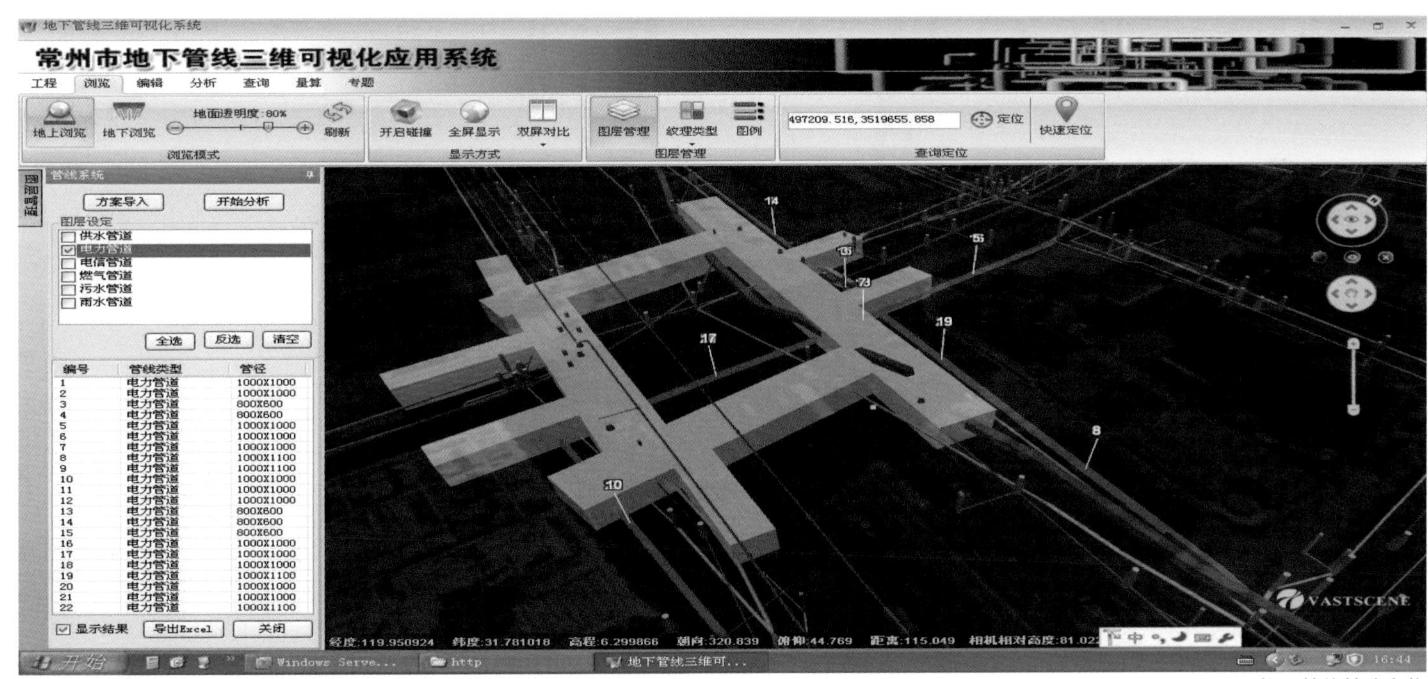

施工管线精确定位

优化设计、节省投入

利用该系统，各管线单位既可清晰、直观地开展管线规划、设计、施工等众多业务，又可有效优化设计，节约成本。在常州市地铁 1 号线建设过程中，运用系统从三维视角优化各站点站台设计，节省了数千万元的管线迁建费用；在常州市老城区危旧管线改造中，利用系统实现了管线精确定位、精细化施工作业，降低了改造资金投入和大面积开挖对市民生活的影响。

轨道交通站点设计三维模拟

共享应用、快捷方便

系统打破了条条块块各自建设的“信息岛”，实现了与常州市规划管理信息系统、“智慧常州”等系统间的互联互通。通过各部门间的共享应用，直接服务于城市地下管线建设、管理和维护等众多领域。在爆管事件抢修中，系统可通过对地形的模拟开挖，清晰、直观地向抢修人员展示事故管线与周边管线的实际距离，保障抢修任务安全、及时、顺利完成。

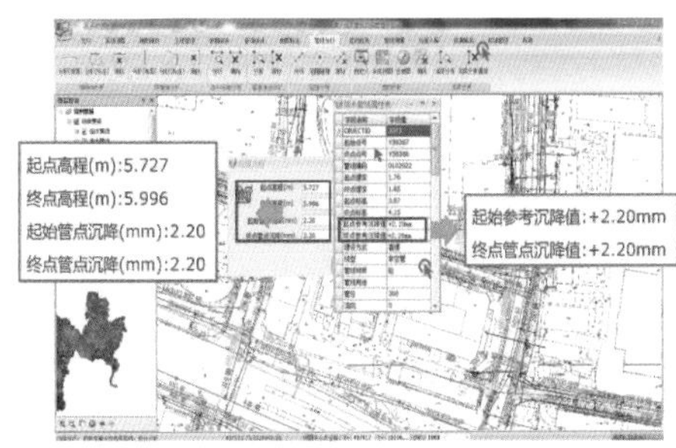

地面沉降对管线安全影响分析

监管并重、保障安全

系统可实时记录城市三维信息、管线历史变迁，监测易燃易爆管线廊道安全，及时跟踪预警废弃管线、危旧管线，还可以根据地面三维沉降变化对管线进行维护提醒，确保管网运行安全。系统具有对地下管线的使用时间、状况等进行监测的功能，一旦发现超期服役、具有安全隐患的地下管线，系统会及时通知有关部门进行维护改造。

管线施工模拟开挖分析路段

地下管线三维可视化效果

各方声音：

系统设计思路清晰、技术先进、功能完善、运行稳定、实用性强，具有创新性，达到国内领先水平。

——中国工程院院士 王家耀

有时候施工，你真不知道一挖下去会碰到哪根“地雷线”，现在可以清晰地看清现有管线的立体分布，很清楚，很直观，避免了因管线错挖而造成安全事故。

——常州排水管理处工作人员

项目应用广泛，在服务地铁等城市重大工程建设和系统推广应用方面都取得了重大突破，产生了良好的经济和社会效益。

——中国常州网

撰写：施嘉泓、赵　雷 / 编辑：王登云 / 审核：张　鑑

江苏城市实践案例集
A Collection of Urban Practice Cases of Jiangsu Province

科技建造
提高城市安全和可持续性
Technical Construction，Improvement of Urban Safety and Sustainability

城市是人口与经济、社会活动高度聚集的中心，对自然生态系统与基础设施等人工系统产生着巨大的压强，时刻面临着系统性、复杂性的挑战。要做到防患于未然，避危于无形，就必须不断提高城市的安全性、可持续性。中央城市工作会议明确提出城市发展“要把安全放在第一位，把住安全关、质量关，并把安全工作落实到城市工作和城市发展各个环节各个领域”，“提高城市发展持续性”。《中共中央国务院关于进一步加强城市规划建设管理工作的若干意见》中要求“切实保障城市安全”，“落实工程质量责任、加强建筑安全监管”，“发展新型建造方式”，加强资源利用。在坚实的安全基石之上，城市才能得以长久可持续发展。

江苏人多地少，经济增长与城镇化速度快，可持续发展面临着严峻的资源环境约束压力，城市建设模式和资源利用方式迫切需要转型。为了保证城市生活的安全与可持续，江苏高度重视城市建设、工程质量等在安全、环保等方面的潜在风险，努力提高城市安全保障能力；作为建筑业大省，大力推行绿色建造，致力推动建筑产业现代化。

围绕城市综合减灾、灾害应急管理，构建城市安全风险防范体系，推进防灾避难场所建设；建立质量安全监督管理体系，切实防范和化解工程质量风险；发挥优质工程示范引领作用，大力推动建设工程质量提高；由省政府出台《关于加快推进建筑产业现代化促进建筑产业转型升级的意见》，统筹整合部门资源，在财政、税费等各方面对建筑产业现代化予以切实的扶持；在“政府引导，市场主导”的原则指引下，因地制宜、分类指导、系统构建、联动推进，以科技进步和技术创新为动力，以新型建筑工业化生产方式为手段，着力推动建筑产业结构调整，加快推进建筑产业现代化，最大限度地减少建筑施工对环境的负面影响；各地积极实践垃圾综合利用，在生活垃圾无害化处理、生产垃圾资源化利用等方面进行有益探索，促进了城市发展的可持续性。

6-1 ◎ 推进建筑产业现代化的江苏探索 | 258
6-2 ◎ 推动建造质量提高——“鲁班奖”和“扬子杯”工程 | 262
6-3 ◎ 南通建筑产业现代化转型发展的努力 | 266
6-4 ◎ 工厂生产的模块建筑——镇江新区公租房 | 268
6-5 ◎ 装配式保障房——南京江宁区上坊青年公寓案例 | 270
6-6 ◎ 宿迁建筑隔减震技术应用实践 | 272
6-7 ◎ 综合避难场所一体化建设——泰州周山河防灾综合中心 | 274
6-8 ◎ 南通防灾避难场所的系统构建 | 276
6-9 ◎ 南京燃气安全管理体系的构建 | 278
6-10 ◎ 扬州“不淹不涝”和“清水活水”工程的持续推进 | 280
6-11 ◎ 苏州工业园区污水、污泥和余热的循环利用 | 282
6-12 ◎ 镇江餐厨垃圾与污泥的集合处理及资源化利用 | 284
6-13 ◎ 苏州餐厨垃圾无害化处理与资源化利用 | 286
6-14 ◎ 垃圾填埋场沼气发电——无锡实践 | 288
6-15 ◎ 城市废弃物的集中处理——徐州丰县静脉产业园 | 290
6-16 ◎ 南通垃圾区域化联动处置和信息化管理 | 292
6-17 ◎ 垃圾场封场后光伏发电——泰州案例 | 294
6-18 ◎ 常州垃圾分类处理的机制探索 | 296
6-19 ◎ 连云港建筑工地管理和扬尘治理 | 298
6-20 ◎ 信息化助推建设工程安全管理——江苏探索 | 300

>> >

推进建筑产业现代化的江苏探索

The Exploration of Jiangsu in the Promotion of Building Industry Modernization

李克强总理在中央城市工作会议中指出“我国建筑以混凝土结构为主，建造方式仍是现场砌浇筑、手工作业的传统模式，资源消耗大、建造成本高，又容易造成质量安全隐患。要大力推动建造方式创新，以推广装配式建筑为重点，通过标准化设计、工厂化生产、装配化施工、成品化装修、信息化管理，促进建筑产业转型升级”。

案例要点：

通过在工厂预先制作好建筑构件乃至房屋单元，最后在现场吊装，可以实现“现场的事情工厂做，室外的事情室内做，高空的事情地面做，危险的事情机器做”，大大增强了建筑施工的安全性，提高了劳动效率，减少了施工扰民，提升了建筑标准。江苏是国家建筑产业现代化首批试点省份，省政府率先出台了推进建筑产业现代化的意见，明确了建筑产业现代化发展的“时间表”和“路线图”，并坚持系统构建、联动推进，以抓政策措施落地、促体制机制健全为主线，以试点示范为突破口，在推动传统建筑产业转型升级的同时，带动了关联产业协同发展。

案例简介：

2014 年省政府出台《关于加快推进建筑产业现代化促进建筑产业转型升级的意见》，明确了江苏建筑产业转型升级的发展方向和目标，通过建立推进机制、创新政策制度、完善标准规范、开展示范引领、增进社会共识等举措，努力推动以“标准化设计、工厂化生产、装配化施工、成品化装修、信息化管理”为特征的建筑产业现代化发展。

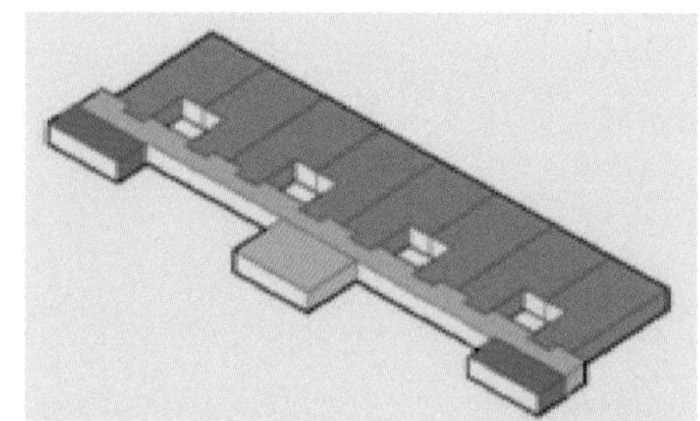

标准尺寸构件

标准化设计

包括建筑设计的标准化、建筑体系的定型化、建筑部品的通用化和系列化，便于产品的批量生产和施工安装，是实现建筑产业现代化的前提。

预制墙板生产

工厂化生产

将建造过程所需的构件、部品由施工现场现浇成型转为在工厂中预制生产。基于专业化的设备和管理，产品质量大幅提高，误差可从厘米级提高到毫米级，同时，生产成本和进度更加可控。

装配化施工

将构件、部品通过专业化物流运送至施工现场，并由大型起重机械进行吊装施工，可有效减少人工、缩短建造周期、降低扬尘和噪声污染。如镇江港南路保障房项目，单栋 18 层主体吊装耗时不到一个月，与采用传统施工方式建造的住房相比，施工周期减少约 50%、建筑垃圾减少 85%，综合效益显著。

预制楼板吊装

成品化装修

室内装修与建筑主体结构的设计、施工协同进行，可避免“二次装修”带来的安全隐患、重复劳动、资源浪费和环境影响等问题。如 2015 年全省商品住宅全部按成品住宅标准建设，可减少建筑垃圾 800 万 t，节省水泥 70 万 t、砂子 210 万 t、水 140 万 t，节约用电 2100 万度。

整体卫浴系统

信息化管理

依靠信息化手段，实现建造全流程相关环节的深度融合，解决各环节之间的脱节问题，可有效提高管理效率、建造效率和工程质量。如中南建筑产业集团通过远程指挥和监控系统，施工进度计划目标达成率提升了 10 ～ 15%，主体结构质量管理问题下降了 15 ～ 20%，材料、料具损失下降了 20%。

推进步骤：

系统谋划

明确“三步走”战略，将推进工作分为试点示范期（2015 ～ 2017）、推广发展期（2018 ～ 2020）、普及应用期（2021 ～ 2025）三个阶段。编制江苏省建筑产业现代化发展规划、江苏建造 2025 行动规划纲要，进一步细化发展目标和举措。

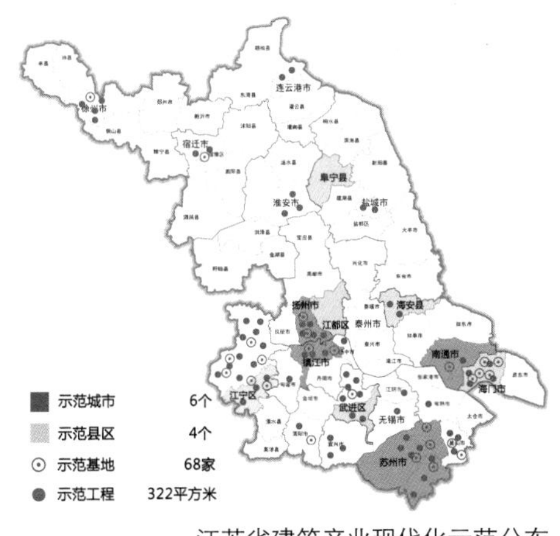

江苏省建筑产业现代化示范分布

联动推进

建立全省建筑产业现代化推进工作联席会议制度，促进建筑产业与工业、信息产业深度融合，推动装配式建筑、成品住房、绿色建筑联动发展。

示范引导

设立省级引导资金，推动产业基础较好的优势地区和龙头企业率先开展典型示范。目前，已培育 10 个建筑产业现代化示范城市、68 个门类齐全的示范基地、26 个各具特色的示范项目，覆盖了所有省辖市。

完善标准

完善与建筑产业现代化相适应的基础性、通用性技术标准，发布技术应用指南。成立专家委员会，加强工程应用指导，开展建筑产业现代化紧缺人才实训。

宣传普及

召开全省建筑产业现代化推进会，编制系列知识读本、案例集、宣传片，宣传建筑产业现代化的重大意义和政策要求，展示安全、可靠的现代化建造技术与产品。

培训宣传材料

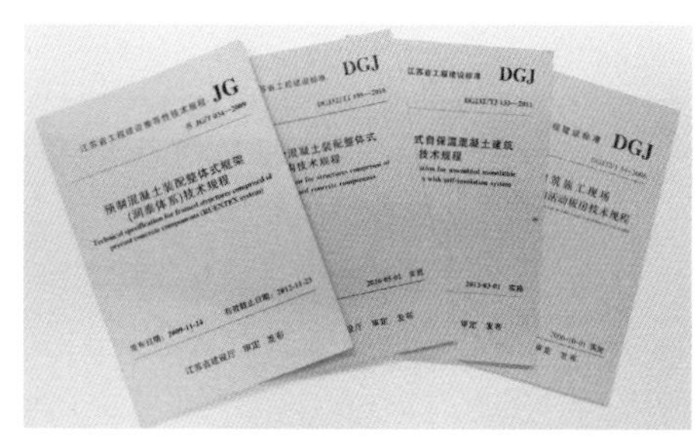

建筑产业现代化地方标准

工作落实：

完善配套制度

完善适应建筑产业现代化要求的招投标、工程计价、项目监理、质量验收等配套制度。制定建筑产业现代化监测评价办法，对各地工作推进和项目建设进行动态监测。

加强技术支撑

编制了《江苏省建筑产业现代化发展导则》《工业化建筑技术导则》，开展了《建筑产业现代化技术标准体系研究》，出台了一系列技术规程、设计图集。中南、大地、龙信等龙头企业通过引进、消化、吸收和再创新，形成了多种各具特色的结构体系和内装工业化技术体系。

培育龙头企业

支持省内骨干建筑企业适应现代化大工业生产方式要求，加快转型发展。积极引进国内外先进建筑行业企业，特别注重引进先进的技术装备和管理经验。通过培育与引进相结合，初步形成一批覆盖研发、设计、生产、施工等全产业链的龙头骨干企业。

设计企业——南京长江都市建筑设计股份有限公司：完成 7 种结构体系设计，11 项国家与省级建筑工业化标准、图集编制，26 个预制装配式建筑项目和 33 项建筑工业化发明和实用新型专利成果

集成应用企业——南通龙信建设集团：列入“国家住宅产业化基地”，拥有预制装配式整体框架结构、CSI 住宅体系等技术体系。预制构件工厂全部建成达产后可实现年生产预制构件 10 万 m^3，满足 60 万 m^2 装配式建筑需要

部品生产企业——江苏元大建筑科技有限公司：引进德国进口 SOMMER 建筑工业化预制件自动化生产线和配套的柔性钢筋网片加工生产线，建成国内先进的工业化住宅构件部品生产线，建设规模为年产各类住宅预制件 130 万 m^2

研发单位——东南大学：以“新型建筑工业化协同创新中心”为载体，聚合国内一流建筑工业化研发、设计力量开展协同创新研究。主编和参编了多项建筑产业现代化国家标准和地方标准，合作完成多个标志性示范工程

加大项目示范

据不完全统计，全省采用建筑产业现代化方式建造的在建项目面积超过 500 万 m^2，包括保障性住房、商品住宅、公共建筑和市政工程等各种项目类型。

苏州姑苏裕沁庭

主体结构采用钢结构装配式住宅建筑体系，建筑、结构、内装各部位均使用工业化生产的预制构件，预制装配率达 85%以上。项目现场没有湿作业，不使用模板，减少了施工污染，节约了木材、水、电等资源

镇江港南路公租房

全国首个 3D 模块建筑技术应用示范项目，主体地上建筑由工厂生产的模块围绕核心筒进行搭建，建筑施工、生产分别在现场与工厂同步进行。项目节约混凝土 80% 以上，节电 70%，节水 70%，节约钢材 15%，95% 的建筑废物料可回收利用

南通龙馨家园老年公寓

地上 3 层及地下部分为现浇，4-25 层采用装配式技术，预制率为 45.4%。实现无外脚手架、无现场砌筑、无抹灰的绿色施工，采用 CSI 体系，实现内装饰与主体结构的分离施工，项目达到绿色三星住宅标准

扬州华江祥瑞住宅项目

施工工地应用预制预应力马路板和围墙组件，采用工厂化生产、装配式安装方式，大大减轻了工程现场的环境污染，实现循环利用。采用预应力方式，比传统浇筑方式节约钢材 30% 左右

各方声音：

对江苏这样经济发达、城镇化水平领先的地区来说，推动建筑产业现代化已经到了能够大有所为的阶段，江苏出台一系列推动政策可谓是正当其时，也对传统建筑产业向现代化发展起到了决定性作用。

——东南大学教授 郭正兴

江苏建筑产业现代化以发展绿色建筑为方向，以新型建筑工业化生产方式为手段，以住宅产业现代化为重点，系统构建、联动推进成为一个重要原则。

——《中国建设报》

撰写：范信芳、金　文、王佳剑
编辑：费宗欣 / 审核：顾小平

推动建造质量提高
——“鲁班奖”和“扬子杯”工程

Promotion of Construction Quality-Luban Prize and Yangtze Cup Project

案例要点：

江苏是经济大省，也是建筑强省。在建筑市场竞争日趋激烈的环境下，需要弘扬精益求精、追求卓越的鲁班精神，突出优质工程的示范作用，强化工程质量管控，探索管理创新措施，推进质量技术进步，引导各地打造精品工程，提升建造品质。近年来，江苏按照“工程示范、现场管控、科技创新、管理突破”的工作思路，大力实施优质工程品牌战略，积极发挥典型样板带动作用，在整合省级优质工程、设立省级行政奖励—“扬子杯”工程质量奖的同时，将“鲁班奖”和“扬子杯”创建纳入住房城乡建设领域质量强省考核指标体系，并与建筑市场信用管理、招标投标相挂钩，引导各地强化建设工程质量管控，把绿色施工和“四节一环保”要求落实到工程建设全过程，推动工程质量水平的提高。截至 2015 年底，江苏累计荣获“中国建筑工程鲁班奖”204 项，占全国总数的 10%，累计创建“扬子杯”4672 项，有效提升了“江苏建造”的品牌影响力。

典型案例：

文化体育建筑

淮安周恩来纪念馆

南京奥林匹克体育中心体育馆

大庆铁人王进喜纪念馆

苏州博物馆新馆

苏州科技文化艺术中心

南通体育会展中心体育场

工业及医疗卫生建筑

酒泉卫星发射中心总装测试厂房

南京军区南京总医院门诊楼

阜宁人民医院扩建病房楼及附属裙楼工程

伊宁人民医院标准化建设工程

无锡人民医院儿童医疗中心工程

中国医药城（泰州）会展交易中心

办公建筑

北京第二中级人民法院审判楼

南京军区政治部五二九工程

苏州出入境检验检疫综合实验楼

江苏广电城

昆山高新技术创业服务中心大楼

无锡国检局检测技术大楼

酒店商业建筑

深圳世贸中心大厦

北京北方国际传媒中心

三亚凯宾斯基度假酒店

苏州金鸡湖凯宾斯基酒店

常州九州花园大酒店

苏州现代物流园大厦

住宅工程建筑

深圳红树西岸

重庆龙湖水晶郦城

上海嘉利浦江园

北京林萃公寓

上海仁恒河滨城二期 A 标

西安汇鑫花园

市政交通水利电力工程

江阴长江公路大桥

淮安淮河入海水道近期工程

海盐秦山三期（重水堆）核电站核岛工程

常熟电厂二期工程

苏州工业园区北环快速路东延二期工程

无锡 500KV 梅里变电站

各方声音：

鲁班奖是我国建设行业工程质量最高奖。鲁班奖的评选在建筑行业建立了一种文化氛围，这种文化氛围就是要弘扬精益求精、追求卓越的鲁班精神，通过创建工程精品，树立先进典型，充分发挥精品工程的示范作用，推广应用典型案例的好经验、好做法，从而带动全行业管理水平、质量水平普遍提高。

——住房和城乡建设部副部长 易军

建筑企业做出放心工程，争创优质工程，是本职所在，也是履行社会责任最基本的表现。建筑企业只有把工程做好了，才能立足于社会，做强和做久；建筑企业家只有建造出令人放心的工程，才能安身立命，无愧于心，不愧于天下。建筑企业和企业家唯有构筑起优质放心的工程，才是一种对国家和社会负责的态度，才是真正维护人民群众的切身利益，才能保持社会和谐稳定的发展大局。

——南通四建集团党委书记 耿裕华

江苏省以创建“鲁班奖”“扬子杯”等优质工程奖为契机，坚持“工程示范、现场管控、科技创新、管理突破”的工作思路，加强工程现场质量管控，探索工程质量管理创新措施，推进施工质量技术进步，强化优质工程的示范作用，全面提高全省建设工程质量水平和管理水平。

——《中国建筑报》

撰写：漆贯学、朱　伟 / 编辑：王登云 / 审核：顾小平

南通建筑产业现代化转型发展的努力

Efforts for Made for Transformation of Building Industry Modernization in Nantong

案例要点：

南通市是建筑大市和建筑强市，建筑业各项指标处于全国地级市领先地位，但也存在增长粗放、同质化竞争等突出问题，在经济新常态下，建筑业转型升级的需求更为迫切。近年来，南通市围绕建筑产业转型发展出台了系列扶持政策，引导骨干建筑企业先行先试，形成一批率先转型的建筑产业现代化龙头企业，积极培养建筑产业现代化工程示范，努力通过率先转型提升竞争力、促进可持续发展，保持南通建筑业在国际国内的竞争优势。2015 年南通成为省首批建筑产业现代化示范城市，海门市列入国家级住宅产业化综合试点城市。

案例简介：

政府引导，推动建筑产业转型发展

南通市按照保持建筑产业现代化转型发展在全省领先的目标定位，规划引导相关企业合理布局，推动形成“三城、四园、多基地”的建筑产业现代化发展空间格局。同时将预制率、装配率、成品住房比率等指标纳入地块规划设计要点，对装配式建筑项目给予 40 元 /m^2 的专项资金补贴，外墙预制部分建筑面积不计入容积率；明确在南通市区范围内购买全装修成品住宅，首付比例按最低标准执行，并给予补贴。力争到“十三五”末，装配式建筑占新开工项目的比例、新建建筑预制率、新建成品住宅比例分别达到 30%、30%、40%，建成 3 个国家级住宅（建筑）产业化基地。

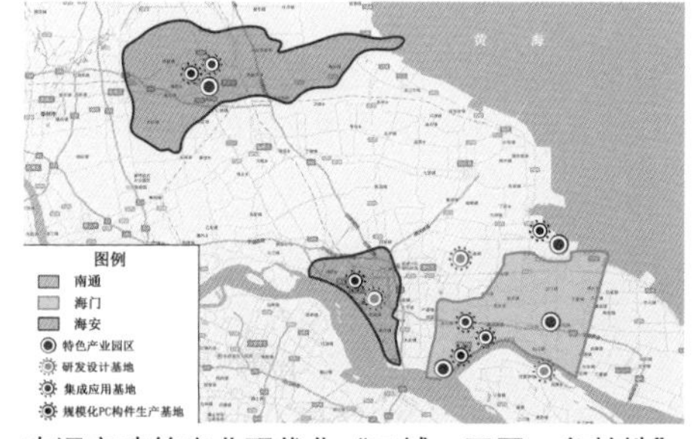

南通市建筑产业现代化“三城、四园、多基地”规划布局

骨干示范，引领建筑业企业转型升级

大型骨干企业积极发挥示范引领作用，着力实施多元化发展、走出去、技术创新等战略，不断加快建筑企业转型升级步伐。如中南集团突出多元化发展，由一家建筑工程公司转型升级为集轨道交通、市政路桥、综合管廊、隧道工程、地下结构、地下基础、矿山等工程投资建设的大型集团公司；南通建工集团加快走出去步伐，对外承包工程营业额逐年增长，先后承建了一大批影响力强的国际工程和国家对外援建项目；苏中集团结合承建 2010 年上海世博会英国馆机遇，加大施工新技术研发，荣获多项英国皇家建造师学会大奖和国家专利。

中南集团承建北京地铁 7 号线盾构工程

南通建工集团承建塞内加尔体育场项目

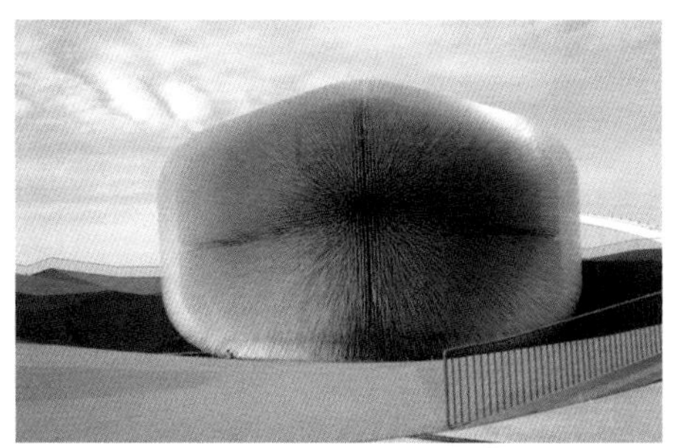
苏中集团承建“英国馆”项目

响应号召，骨干企业主动开展建筑产业现代化实践

· 龙信集团

龙信集团致力于从传统建筑承包商转型为住宅产业化整体服务商，率先推进建筑施工标准化、部品生产工厂化、现场施工装配化和装饰装修一体化。完成了龙馨家园老年公寓、龙信广场等住宅产业现代化示范项目。

龙馨家园老年公寓为国内第一个建筑高度达到 80m 以上、总体装配率超过 80% 的预制装配式老年公寓。建筑主体的墙板、楼板、楼梯、梁、柱全部在工厂流水线生产，运输到现场进行组装，有效节约施工用地，大大减少施工工期，降低财务成本。采用模块化拼装式装修技术，应用整体卫浴、整体厨房，减少了二次装修浪费和环境污染，项目达到二星级绿色建筑标准。

龙信预制混凝土构件厂

龙馨家园老年公寓装配式建筑项目

· 中南集团

中南集团建筑工业化发展有限公司是一家专业从事绿色建筑、装配式建筑产品设计、研发、制造、物流、装配等整体联动的建筑工业化企业，形成了先进的全预制装配楼宇技术体系，是建筑工业化产业发展的先行者，目前已完成 140 万 m^2 的装配式建筑。

中南世纪城项目共 32 层，总高度 101m，预制率超 90%，是目前国内建筑高度和预制率较高的装配式住宅。采用预制装配技术后，该项目建设工期缩短 1/3、人工节省 50%、木材节省 85%、用水节约 65%，同时避免了传统砌墙抹灰工艺易发的空鼓、裂缝等问题。

中南世纪城装配式建筑项目

各方声音：

南通全市范围内建筑产业现代化基本形成“333”格局：即通州湾中南、海门港龙信、海安华新 3 大产业化基地，海门中南世纪花城、龙信老年公寓、政务中心综合楼 3 大代表性项目，中南 NPC、龙信住宅产业化、江苏通创 3 个研发机构。此外，中南、龙信在市外重点投资开发了一批建筑产业现代化项目，在建及竣工装配建筑面积均超 100 万 m^2。

——中国江苏网

撰写：曹达双、刘红霞 / 编辑：费宗欣 / 审核：顾小平

工厂生产的模块建筑——镇江新区公租房

Module Building for Plant Production
-Case of Public Rental Housing in Zhenjiang New District

案例要点：

镇江新区公租房是我国首个模块建筑，获得第11届精瑞科学技术奖最高奖——白金奖。该项目一个建筑单元在现场由几个适宜运输的集成模块快速装配而成。与传统建筑相比，模块建筑将大部分现场施工移入工厂制造，节约了劳动力、减少了施工过程材料损耗、大大缩短了建设工期，可靠的工业化生产方式提高了建筑质量，集成的建筑技术提高了居住舒适度，是实现传统建筑施工方式向现代制造业转型发展的有效路径。

案例简介：

镇江新区公租房项目由现场施工部分和工厂预制的模块部分共同组成。该项目在现场完成地下车库以及地上核心筒部分施工，房屋单元预先在工厂生产集成模块，运输至现场后组装搭建，形成整体。与传统建造方式相比，该项目建筑工地现场十分整洁，地面没有钢筋、砂石等建筑材料堆放，几乎没有扬尘。

工业化生产

项目采用的预制集成建筑模块是根据标准化生产流程和规范化质量控制要求，由工人在工厂流水线上制作完成，其厨房、卫生间、管线系统、室内装修甚至清洁全部在工厂完成，施工现场只需完成建筑模块的吊装、连接、外墙装饰等施工，施工精度与质量管理水平远高于传统的现场作业。

工厂生产

工地吊装

装配化施工

项目建筑工地现场所需工人数量较传统施工大幅减少，建筑模块的吊装、连接仅需 8～10 名工作人员即可完成。在专业技术人员的指导下，施工建造质量更加稳定可靠。

绿色集成

项目在工厂完成 85% 以上的主体结构组装和 90% 以上的部品安装，建设工期比传统建筑工艺缩短 50% 以上，施工现场建筑垃圾减少 85%，而且 95% 的建筑垃圾可实现回收利用。

项目集成了多项绿色建筑技术，配备有复合材料保温板、中空玻璃窗、外遮阳卷帘、雨水收集回用系统、太阳能热水器等，严格执行国家建筑节能强制性标准，达到了三星级绿色建筑要求。

安全可靠

按照 7.5 度抗震设防标准制作的项目模型，历经 8 度、9 度地震试验，抗震效果良好，超过预期目标。经专家论证，认为该项目结构初步设计依据充分，采用的技术措施合理，能够满足建筑功能和安全要求。

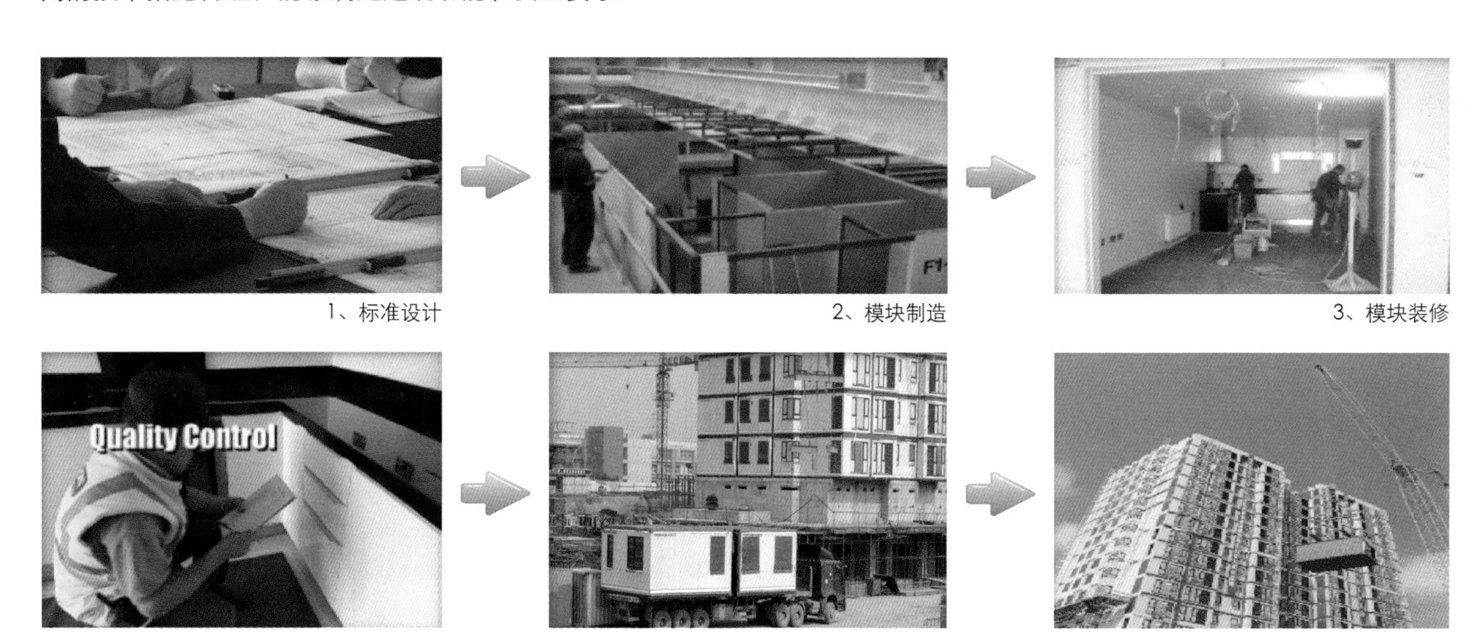

1、标准设计　2、模块制造　3、模块装修

4、模块验收　5、模块运输　6、模块吊装

各方声音：

我们中国建筑多年的梦想没想到在镇江悄悄实现了。 ——中国建筑工程总公司副总经理 刘锦章

模块建筑体系是制造业进入房地产行业的标志，也是中国改变传统建造方式的关键一步。

——住建部住宅产业化促进中心副总工程师 孙克放

这种方式建造的建筑质量可靠有保障，隔音保温效果更好，还不用自己装修，可以直接拎包入住，真是大大方便了百姓。 ——镇江市民 王先生

模块建筑体系不仅是建筑史上的突破，更赋予了大众一种个性化、绿色、人性化的生活方式，从设计到入住，渗入个性化的理念，全程环保亲和大自然，便捷省心，是未来住宅的发展趋势。

——《京江晚报》

撰写：费宗欣 / 编辑：赵庆红 / 审核：杜学伦

装配式保障房
——南京江宁区上坊青年公寓案例

Prefabricated Supportive Housing
-Case of Shangfang Youth Apartment in Jiangning District, Nanjing

案例要点：

保障房是为了解决中低收入家庭住房困难而兴建，为使保障房价格在中低收入家庭经济可承受范围之内，必须控制建设成本，常常也因低成本而被认为是低质量。为破解这一困局，近年来南京市在保障房建设中大力推广新型建造方式，使得保障房建设在资金投入和品质效益方面得到了双赢，让城市中低收入人群不但住有所居，而且住得更有品质，同时也通过政府投资项目率先示范，推动了建筑产业现代化。

南京江宁区上坊青年公寓是2014年全国绿色保障房建设工作会议推荐案例。建筑高度为 45m，地下 1 层、地上 15 层，建筑面积 10568 万 m^2。该项目采用装配式建造方式，建筑的柱、梁、楼板、阳台板、楼梯和女儿墙等全部在工厂预制生产，在施工现场装配安装，建造过程中无外模板、无脚手架，整体装配率超过 80%。保证了质量，缩短了工期，减少了保障对象的等候时间。项目整合应用绿色建筑技术、建筑信息模型（BIM）管理等创新手段，包括阳台壁挂式太阳能热水器、雨水回用、建筑节能优化、住宅全装修等，达到建筑节能 65% 标准和三星级绿色建筑标准，获得全国“绿色建筑创新奖”和“鲁班奖”。

案例简介：

绿色建造、保证质量

实现建筑设计标准化、模数化，结合装配式建造方式要求，实现建筑立面的个性化和多样化；建筑构件通过自动化生产线在工厂加工生产，运送到工地现场进行装配施工，并按成品房标准交付使用。建筑设计、构件生产、吊装施工和项目管理全过程采用了建筑信息模型（BIM）技术，使该项目的建筑设计水平、施工进度和质量、节能环保水平等比一般保障房有较大提升。

绿色标准、保证品质

该项目从节地、节能、节水、节材、室内环境质量和运营管理等六个方面进行绿色建筑规划设计。采用了活动外遮阳、围护结构保温、中空塑料窗、雨水回用、阳台壁挂式太阳能热水器、高强度钢筋、预拌混凝土和预拌砂浆等多种绿色建筑技术；选用适应当地气候和土壤条件的植物，实施了乔、灌、草结合的复层绿化，景观环境和谐美观；采用外廊式布局，充分利用自然光，公共区域实现节能照明和节能控制；设计应用了智能化系统，方便了居民生活，保障了安全居住环境；采取了土建装修一体化建设模式，应用整体卫生间，避免了二次装修浪费与污染，提高了工程建设效率。

应用阳台壁挂太阳能

节能环保、降低成本

上坊保障房项目采用“搭积木式”造房子，与常规建造方式相比，建筑垃圾减少 83%，材料损耗减少 60%，可回收材料 66%，降低施工能耗 50% 以上。

预支柱吊装施工

土建装修一体化建设

各方声音：

装配式住宅，作为当前住宅建设的新型技术手段，其本身已涵盖了产业化、工业化、工厂化的内容，是促使传统的建设方式向集约、节约、绿色、环保、科技等现代化建设方式转变的有效途径，是绿色建筑的新载体，值得大力推广。

——原住房和城乡建设部副部长 仇保兴

成果及示范项目工业化程度高、技术先进、绿色环保，用工明显降低、工效提高，住宅品质提升，对全省、全国建筑产业现代化的发展具有示范和指导作用，该成果整体达到国际先进水平。

——中国工程院院士 吕志涛、肖绪文

南京安居集团在不断加快住房保障建设的同时，从前期建设到后期配套全程助力绿色南京建设，通过推广绿色节能环保技术和建筑工业化、住宅产业化等各项措施，让我市广大中低收入市民不仅能改善住房条件，还能畅享绿色宜居生活。

——龙虎网

撰写：费宗欣 / 编辑：赵庆红 / 审核：顾小平

宿迁建筑隔减震技术应用实践

Application of Seismic Mitigation and Isolation Technique in Suqian

案例要点：

建筑应用隔震、减震技术可以在地震时有效吸收地震波能量，减少对建筑的伤害，提高建筑安全性。同时隔减震技术的运用可以通过建筑结构的优化减少结构构件体积，从而具有增加建筑物使用面积、节省工程造价等综合优势。宿迁市地处郯庐断裂带，高度重视隔减震新技术推广应用，建成了国内首座且体量最大的隔震文体建筑、首座层间隔震建筑、高度最高的消能建筑等一批示范项目，城市综合抗灾能力显著增强。

案例简介：

安全性能提高

隔震技术在建筑物的上部结构与下部结构之间设置隔震装置，隔离了地震能量向建筑上部结构传递。隔震装置具有巨大的消能能力，能保护建筑主体结构免遭损坏，提高建筑安全性。

减震技术在建筑结构中合理设置消能减震装置，能有效消耗地震输入上部结构的地震能量，降低建筑物的地震反应，达到减震抗震目的，提高建筑安全性。

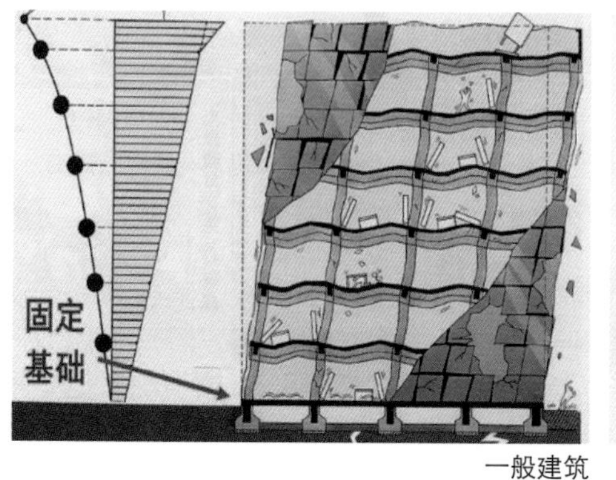

一般建筑

隔震
支座

隔震建筑

使用功能提升

传统的抗震技术一般是通过加大柱、梁截面和配筋等方法来提高建筑的抗震性能，往往需占用建筑使用面积，且对建筑跨度和功能布局有较大限制。而隔减震新技术具有方法多样、设计灵活、消能减震效果明显等特点，达到了建筑使用功能和抗震性能的双提升。

经济效益显著

采用传统抗震技术，由于增加了建筑构件截面和配筋，工程造价相对增加较多。而应用隔减震技术能有效降低建筑自重、节约建筑材料、缩短建设工期，从而降低建设工程整体造价。如宿迁海关检验检疫综合楼应用隔震技术后，上部结构的土建造价比采用传统抗震技术方案减少 400 万元；宿迁建设大厦应用减震技术后，结构造价节约了 100 万元。

宿迁建设大厦

带动科技创新

宿迁市大力推广隔减震技术，带动了科研机构、设计单位、生产厂家的科技创新，取得了丰硕的成果。南京市建筑设计研究院设计的宿迁海关检验检疫综合楼、宿迁苏豪银座项目，均获得全国优秀建筑结构设计一等奖；东南大学、南京工业大学隔减震研究成果获国家科技进步二等奖；宿迁文体馆抗震工程获省科技进步二等奖，并被国内外专家学者评为国内应用隔减震技术的标志性建筑。

宿迁苏豪银座项目

各方声音：

分析表明，宿迁市建设大厦采用框架—抗震墙结构加局部消能支撑体系，在 8 度（0.3g）多遇地震作用下的层间剪力较非消能减震结构有明显降低，在 8 度罕遇地震作用下最大层间位移角小于 1/220，具有较大的安全储备。——南京工业大学副校长、党委常委，土木建筑学科群首席教授 刘伟庆

我们的大楼据说是当时全国最高的隔震大楼，平时设备都在地下不影响正常使用，但万一地震来时都不用往外跑了，房间里面比外面还安全，因为我们的楼是隔震的。——宿迁市海关工作人员

宿迁属于 8 度区，在那里，由于设防烈度较高，同时，当地经济较为富裕，即是说，隔震减震技术的大量采用有了市场需求和经济基础，因此，当地很多建筑均采用了隔震减震技术。——《西南交大报》

撰写：周 慧、乔 鹏 / 编辑：费宗欣 / 审核：顾小平

综合避难场所一体化建设
——泰州周山河防灾综合中心

Integrated Construction of Shelters in Parks and Public Buildings
-Case of Comprehensive Disaster Preparedness Center in Zhoushan River, Taizhou

案例要点：

防灾避难场所是应对突发公共事件的一项灾民安置措施，由于火灾、爆炸、洪水、地震、疫情等重大突发公共事件具有偶发性，在平常城市建设中容易被忽略，造成灾害发生时的混乱。为改变这一局面，需要超前合理规划防灾避难场所，并结合城市建设统筹考虑，与其他公共空间、公共建筑配套建设，同步实施。泰州市抓住新区周山河街区的大型公园（天德湖公园）、公共建筑（泰州中学新校区、泰州市体育中心、泰州市新区人民医院、泰州市 110 指挥中心）规划建设契机，统筹推进防灾避难场所规划建设，打造成平灾结合、资源共享、灾后应急指挥等综合型中心防灾避难场所，提升了城市综合防灾能力，为应急救援、抢险避难、医疗救助和过渡安置提供了有力保障，成为全国领先的应急避难场所建设示范工程。

案例简介：

多类型功能整合

泰州市周山河防灾综合中心位于泰州市新区周山河街区，是泰州向南发展的核心区域。根据泰州市城市抗震防灾规划布局，该防灾综合中心位于海陵与高港防灾组团的分界处，具有承上启下，跨组团避难疏散的辐射功能。防灾综合中心占地 182hm^2，经设计充分利用场地型疏散场所面积约 39hm^2。根据各个防灾节点的实际情况，规划布局 14015 顶帐篷，可容纳避难人员 95954 人，人均 2.5～3.0m^2；同时，充分利用综合避难中心内的各类建筑功能，用于避难建筑的有 138321m^2。泰州市周山河防灾综合中心已经建设成为集灾后避难、应急医疗救护、防灾避难教育、抗震防灾综合展示和地震体验示范、日常管理和应急管理结合为一体的综合防灾管理体系示范工程。

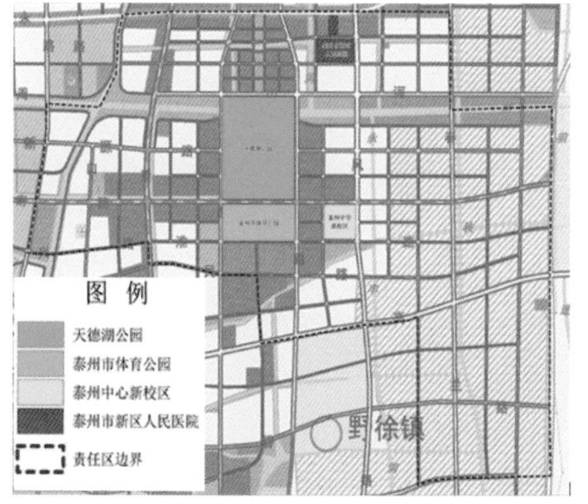

泰州市周山河防灾综合中心示意图

规划设计水平领先

泰州市周山河防灾综合中心规划建设时综合考虑了应对各类突发公共事件的综合防灾要求，整合利用公园、公共建筑等多个项目，进行统一布局和规划建设，不仅充分考虑了城市级别的应急指挥中心、应急医疗中心、应急物资储备中心、救援人员支持中心、宣传教育展示中心等城市防灾功能要求，而且对外来救灾人员规模、特殊群体固定疏散规模、老城区转移疏散规模等进行了预估和统筹安置考虑，将避难建筑和避难场地有效结合，各节点功能实现互补，成为可以满足多灾种、多阶段综合防灾利用的综合型中心避难场所。

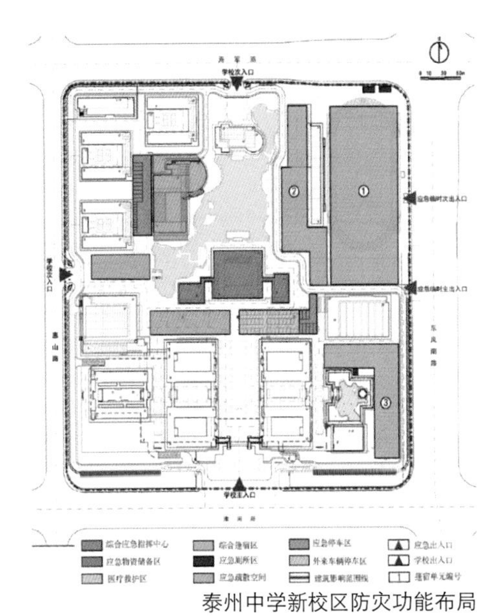
泰州中学新校区防灾功能布局

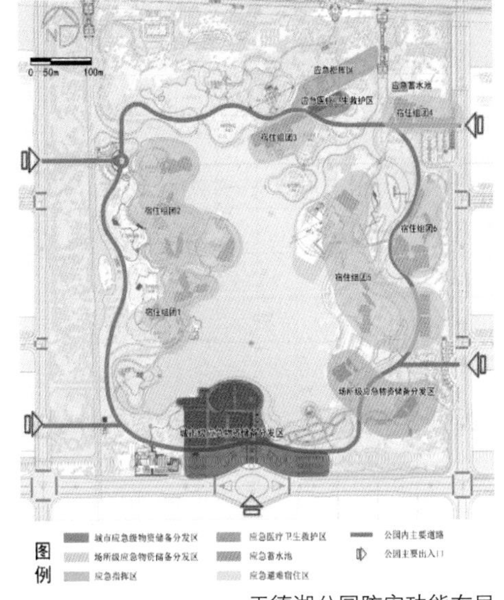
天德湖公园防灾功能布局

强化科普教育功能

利用天德湖公园内的科技馆打造抗震防灾专题科教馆，围绕抗震防灾科普知识宣传、抗震模拟体验、地震避险训练、房屋抗震设防和隔减震新技术展示等主题内容，综合利用计算机技术、数字多媒体、虚拟现实、机电一体化等现代科技手段，打造一个集科学性、知识性、趣味性、互动性、体验性于一体的抗震防灾科普教育平台，为抗震防灾科普教育、专业研讨、技术推广提供了示范服务平台，在国内首次实现了避难场所、宣传教育、避难演练和综合管理四位一体功能。

天德湖公园抗震防灾专题科教馆

各方声音：

建设防灾避难场所，是促进城市抗灾防御能力发展的重要组成部分。加强片区内多类型场所综合利用、共享防灾资源、提升场地防灾功能是未来片区防灾避难场所建设的主导模式，对节约社会资源、提高公共设施的防灾服务功能和效率，具有重要意义。 ——中国建筑标准设计研究院研究员 曾德民

通过亲身体验中心避难场所的防灾宣传和教育，不仅可以增加群众的防灾知识，而且可以提升居民的防灾意识。尤其是建设防灾教育基地，可以让学生获得学校以外的防灾知识和技能，在面临灾害时，可以做到临危不乱、沉着应对，科学合理地应对各种突发灾害事件，最大限度减少灾害带来的损失。

——泰州周山河片区市民

防灾避难场所是“城建新提升”的一项重要内容，平时承担居民休闲、娱乐、健身等正常城市功能，一旦发生自然灾害或其他突发事件及时转换成安全避难功能，这三者资源共享、功能互补，将极大地提升城市防灾避险能力、完善城市公共安全体系。 ——《泰州日报》

撰写：周 慧、乔 鹏 / 编辑：费宗欣 / 审核：顾小平

南通防灾避难场所的系统构建

Systematic Construction of the Disaster Shelters of Nantong

案例要点：

建设防灾避难场所，是提高城市防灾减灾能力、保护人民群众生命财产安全的重要措施，也是现代化城市的必备功能。近年来，南通市从总体布局规划、防灾避难场所建设、装备开发、日常管理与维护等方面进行全面探索和实践，推进防灾避难场所与公园绿地、体育场馆、民防工程同步设计、施工和投入使用，主城区初步实现步行 10 分钟即可到达避难场所，满足各类灾情的应急疏散和避难需求，达到全国领先水平。

案例简介：

实现主城区 10 分钟应急避难

编制了《南通市城市抗震防灾规划》、《应急避难场所布局规划》等专项规划。先后完成了滨江公园园博园、古港花都、南山湖等 3 个中心避难场所的建设改造任务，建成场地型固定避难场所 9 处、紧急避难场所 23 处；利用单建式地下民防工程和学校体育场馆分别建成 48 处建筑型避难场所。目前南通防灾避难场所避难总面积达到 369 万 m^2，城市人均避难场所面积超过 $2m^2$，可基本满足长期 17.4 万、中期 57.6 万、短期 100 万以上人口的避难需求，实现了城区防灾避难场所建设全覆盖。

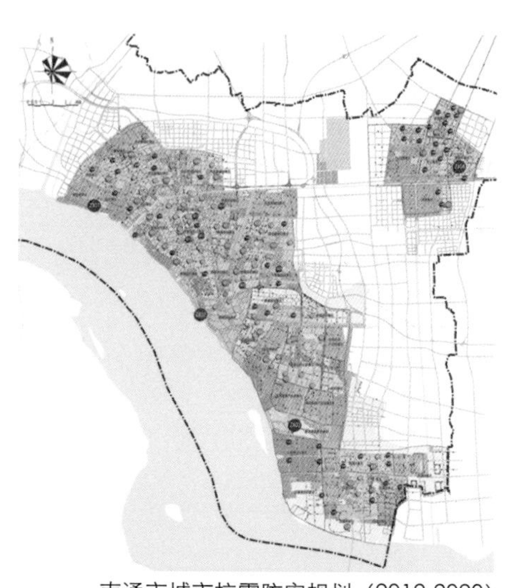

南通市城市抗震防灾规划（2012-2020）
——避难场所规划图

创新防灾避难场所建设机制

统筹城市建设与抗震防灾，建立了“政府主导、部门组织、典型示范、整体推进”的防灾避难场所建设机制。市政府出台规定明确：除不具备安全和防灾避难基本条件的，面积大于 $1000m^2$ 的城市公园、广场、绿地，均应分类同步建设场地型防灾避难场所；面积大于 $4000m^2$ 的单建式民房工程，均应同步建设建筑型防灾避难场所；建设防灾避难场所所需的费用，一并列入城建计划和工程费用。在防灾避难场所建设过程中，组织专家开展防灾避难场所方案设计技术审查，实现中心和固定避难场所设计审查全覆盖，严格按图施工，确保建设质量。

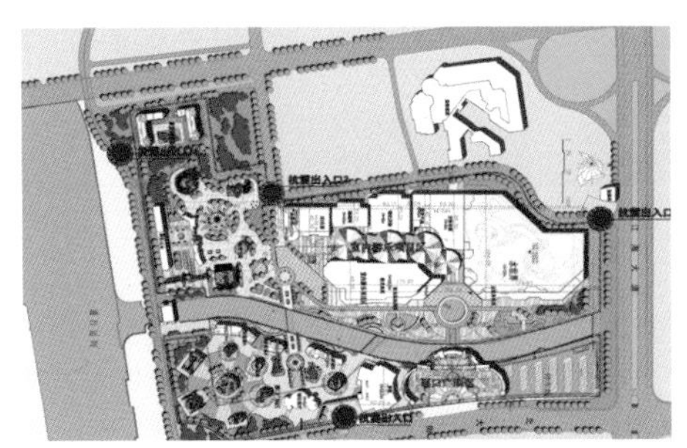

避难场所与体育场馆建设结合

避难场所与民防工程建设结合

避难场所与公园绿地建设结合

加强防灾避难场所日常管理

制定了《南通市应急避难场所建设管理办法》，定期、不定期开展防灾避难场所检查，明确管理责任主体，强化应急避难场所日常管理，做到管理规范，即时可用。通过研讨会、技术讲座等多种方式，宣传防灾避难场所的使用方法，组织开展应急演练，提高全民应急防灾避难处理能力。

应急电源、水源、排水、监控设备

定期开展防灾避难场所检查和应急演练

各方声音：

南通市防灾避难场所推广项目建立了防灾避难场所的规划、建设和管理体系，形成了场地、避难建筑相结合的避难场所体系，场所类型结构合理，符合国际上避难场所建设发展趋势，把避难场所建设与公共建筑和公园绿地建设相融合，开创了联动管理模式，建立了长效建设机制，避难场所中防灾设施建设成效突出，在国内率先研发配置应急制水设备，平灾结合，机制有效，符合国际先进理念，在国内处于领先水平。

——北京工业大学教授、博士生导师 马东辉

看到唐山地震、汶川地震给大家心里带来的恐慌和过渡期日子的难熬，心想虽说地震无情，人间有爱，但如果我们能有事先建设好的防灾避难场所该多好啊！现在好啦，看看附近利用公园、绿地、地下人防、公共体育设施、学校体育场馆建成的避难场所，我们悬着的一颗心终于可以放下了。谢谢党和政府给我们老百姓做的大实事和大好事！

——参加应急演练的群众

南通市首批应急避难场所工程通过竣工验收，南通成为全国较早实行应急避难场所建设的城市。

——中国江苏网

撰写：周 慧、乔 鹏 / 编辑：费宗欣 / 审核：顾小平

南京燃气安全管理体系的构建

Construction of the Gas Safety Management System of Nanjing

案例要点：

城市燃气安全使用对百姓生命和城市安全至关重要。为守卫好城市居民的生命红线，营造安全的城市环境，南京市结合实际积极创新，构建完善城市燃气安全管理体系。一方面通过率先建立燃气器具二维码信息化监管模式和强制实施入户安检制度，促进市场规范运作与用户安全用气，另一方面通过理顺体制、健全机构，推动燃气安全监管责任落实，努力为城市燃气运行安全提供有力支撑。

案例简介：

数字化管理燃气器具

建立了燃气器具安装合格证二维码信息管理系统，燃气企业和用户可以通过扫码立即了解器具安检和装置情况。该系统的运用，不仅提升了燃气企业的通气率，更迫使无资质的燃气器具安装维修企业、无上岗证的安装维修人员退出市场，对规范燃气器具的安装维修售后服务市场起到了积极作用。

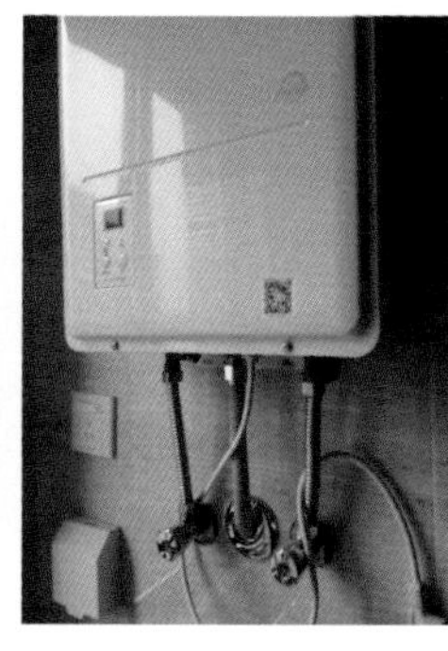

燃气器具安装合格证二维码

强制推行入户安检

修改完善了《南京市燃气管理条例》，保障了入户安检制度的强制施行。2015 年，全市燃气企业对 98 万户居民用户（管道燃气 76 万户、液化气用户 22 万户）进行了安检，帮助居民消除了燃气使用安全隐患。

引入第三方监管

委托市燃气协会聘请专家对燃气企业入户安检、“贯标”等情况进行抽查，扩大监管范围，增强检查效果。2015 年，共抽查燃气企业 11 家，民用现场入户检查 400 户，电话回访用户 3800 户，整改成果显著。

入户安检抽查

加强突发应急演练

市、区两级政府成立燃气安全事故应急管理指挥网络，要求企业定期组织应急演练。在全省首创“12+2”汽车加气领域应急演练制度，即加气站每月开展 1 次班组级应急演练，每半年开展 1 次站点级应急演练，有效提高加气站运营管理最基本单元——班组的应急能力。

“12+2”汽车加气领域应急演练

提升用户服务质量

市燃气主管部门编制了“三来”12345 受理工作手册，规范燃气投诉处理工作流程，提高用户投诉处理水平。同时，组织开展进社区志愿服务和广场宣传等活动，增强用户安全用气意识，帮助解决用户实际问题。

理顺体制健全机构

加快理顺燃气安全管理体制，向江宁、六合、浦口、溧水、高淳等五个新区下放燃气审批许可权、监管权、执法权，明确市、区两级管理责任，前移燃气安全管理重心。同时，注重市、区两级燃气安全管理机构建设，其中市级管理机构扩编至 35 人并积极引入高学历专业人才，以带动提升队伍整体业务素质。日常管理中，燃气管理部门联合安监、质监、公安、城管、环保等部门以及街道、社区等属地单位定期开展联合执法，形成强效监管合力，有力确保了监管成效。

各方声音：

煤气公司每两年便会定期到我家进行安检，目前已经检查过 4、5 次了。这些务实的“扰民”举措给我们带来了实实在在的安全，希望燃气处能够再接再厉，继续为我们市民提供更好的服务。

——南京市民 陈杨

身为建设行业条口记者多年，目睹了南京市燃气行业的变化与进步。在燃管处的努力下，我市近年来气安全事故大幅下降，这些主要得益于燃管处在创新管理工作方面推出的务实举措。为燃气人的努力工作点个大大的“赞”。

——《南京日报》

撰写：何伶俊、周敏珍、刘月婷

编辑：张爱华 / 审核：陈浩东

扬州“不淹不涝”和“清水活水”工程的持续推进

Continuous Promotion of the Flood and Waterlogging Prevention and Clear Water and Flowing Water Project

案例要点：

扬州是淮河入江水道主要所在地，承泄淮河 70% 以上入江的洪水，但因地势总体低平，市域面积 70% 位于江淮洪水位以下，故扬州城市防洪等级一直为国家最高等级。此外，在全球气候变暖的大环境下，由于城市区域环境变化、热岛效应明显，城区出现局地突发性暴雨渐成常态。扬州市紧扣民生需求，持续开展“不淹不涝”和“清水活水”工程建设，同步推进城市黑臭河道整治和水生态文明建设，既维护了“联合国人居奖”城市的荣誉，又为百姓创造了生态福利，为全国平原水网地区提供了可借鉴的治水模式。

案例简介：

关注民生，清晰定位

为解决城市雨后看海、河道黑臭难题，扬州市于 2011 年启动实施“不淹不涝”城市建设工程，又于 2014 年启动实施“清水活水综合整治三年行动计划”。两项工程自起始即被作为民生实事工程的重中之重，持续纳入市委市政府民生幸福一号文件加以推进。2015 年对两项工程的定位和目标再做拓展提升，将建成“不淹不涝”“清水活水”城市，作为创建全国水生态文明建设试点的衡量指标，以此促进城市防洪治涝系统的深化完善与城市河道生态环境质量的持续改善。

系统研究，明确重点

在全面梳理城区水系，并对全城积水点逐点调查、逐个分析的基础上，扬州市统筹考虑自然地理特点、水资源、水环境以及水生态系统条件，系统研究城市治水方略，确定了“把洪水挡在城外、把涝水排出城去、把活水引进城里、把雨水蓄积下来、把污水整治干净”的总体思路。据此，扬州市稳步实施城市排水管网改造、河道水系治理、排涝闸站配建和水生态修复工程。

不淹不涝项目分布示意图

理顺管网，整治积涝

在全省率先完成暴雨强度公式修订和城市排水专项规划修编，并从百姓反应最强烈、积水最严重的路段入手，分批实施积涝点整治。通过沟通城河水网、理顺地下管网，完善城市排水系统，提高城区内部除涝能力；通过建设古运河瓜洲站和扬州闸站，解决江淮高水位时中心城区外排问题。根据 2015 年中国城市竞争力蓝皮书，扬州市区排水管道密度指数居全国第 17、全省第 3，为扬州城市竞争力的重要加分点。

疏经通络，活水绕城

将市域内 139 条骨干河道纳入蓝线规划保护，市内河道（塘）全部落实“河长”。2014 年起，扬州市投入 100 亿元，用 3 年时间对城区 8 条黑臭河道进行全面整治、6 条河道进行清淤疏浚整治，同时根据水流水质情况，灵活调度泵站引水活水，促进水体有序流动和水生态自然修复。目前主城区东、中、西部水系已实现联通，古运河以西 90km^2 范围内，全长 140km 的 35 条河流实现活水环绕。随着水系的畅通，城市河道黑臭现象基本消除，地表水质普遍达到 V 类标准；并且雨水汇流加快，极大缓解了突发性暴雨对城市的排涝压力。

立体整治，修复生态

将环境整治与生态修复相结合，综合运用水下生态清淤、水中种植挺水植物等措施，从水下到岸上立体推进“不淹不涝”“清水活水”工程建设，增强河道蓄洪排涝能力和水体自净能力，以取得最大生态效益。同时，加强对重要湿地保护区和生态公园的规划设计，加快城市滨水绿地建设，恢复土地自身蓄水功能。

智慧管理，智能养护

2013 年起，对市区 310 km^2、2044 km 排水管网进行普查，涉及 1:500 管线图 3348 幅，共探测管线点 55 万个（其中隐蔽点 21.5 万个），在此基础上建成地下管线信息系统（GIS）排水管线数据库，并动态更新管网信息，实现了城市排水管网的可视化查询和智能化管理，效能大为提升。

“不淹不涝”和“清水活水”工程实施以来，扬州市已整治积水路段 65 个、易涝区域 3320hm^2，拓浚城市河道 27 条，建设和改造排水闸站 15 座，迅速提高了城市排涝能力。在 2015 年 8 月江苏遭遇的 50 年来最强暴雨袭击中，扬州市经受住了强降雨的考验，未发生主城区逢雨必涝和“城市看海”现象，城市河道水质也有了明显改善，百姓获得感进一步提升。

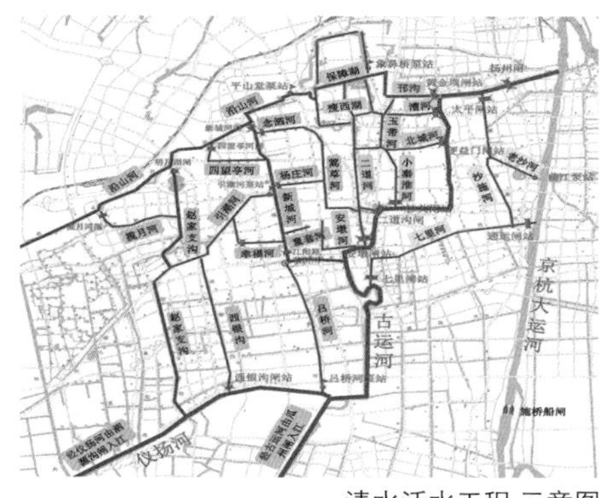

清水活水工程 示意图

整治后的沿山河

修建城市公园，恢复土地蓄水功能

3D 全景地下管线信息系统

除具有管线长度统计、管点数量统计、图幅统计等功能外，系统还具有空间分析功能，包括横纵断面分析、预警分析、管线埋设合理性分析、爆管事故影响范围分析和拆迁分析等。

各方声音：

政府将打造“不淹不涝”城市作为民生工程来推进，虽然不是显绩，但对城市发展和市民生活却影响深远，更彰显了一座城市的“良心”。

——城市竞争力蓝皮书编纂者、中国社会科学院财经战略研究院博士后 王雨飞

今年 6 月，扬州的降雨量累计 397.2mm，远远超过 140.5mm 的历史平均水平，其中，6 月 27 号 24 小时内降雨量就达到了 126.9mm。但是，扬州主城区都没有出现大的积水点。这一改观得益于扬州治城先治水的理念和多年不淹不涝城市工程建设。

——中央电视台 新闻联播

撰写：张爱华 / 编辑：赵庆红 / 审核：陈浩东

苏州工业园区污水、污泥和余热的循环利用

Sewage, Sludge and Waste Heat Recycling in Suzhou Industrial Park

案例要点：

随着城市生活污水处理能力和处理量的提升，污水处理厂的污泥量也迅速增加。如何对这些污泥进行无害化处置和资源化利用，是城市固体废弃物处置面临的一项重要课题。苏州工业园区合理布局污水处理厂、污泥处置厂、热电厂，对污水处理、污泥处置、热电联产等公用事业资源进行有效整合，将三个不同类型的公用事业项目，串联形成了“变废为宝、资源循环利用”的产业链，在污水处理领域探索出了一条“政府推动、市场运作、互利共赢”的循环经济发展之路，项目也因此成为省城建示范工程和“江苏省节能和循环经济项目”。

案例简介：

合理选址，科学布局

园区在国内首次采用“三位一体”方式集中规划布局污水处理厂、污泥处置厂、热电厂。污泥处置厂建设在热电厂内、紧邻污水处理厂，大大缩短了物料输送距离，并省去了新建污泥焚烧炉、冷却塔等设施，节约了建设成本。

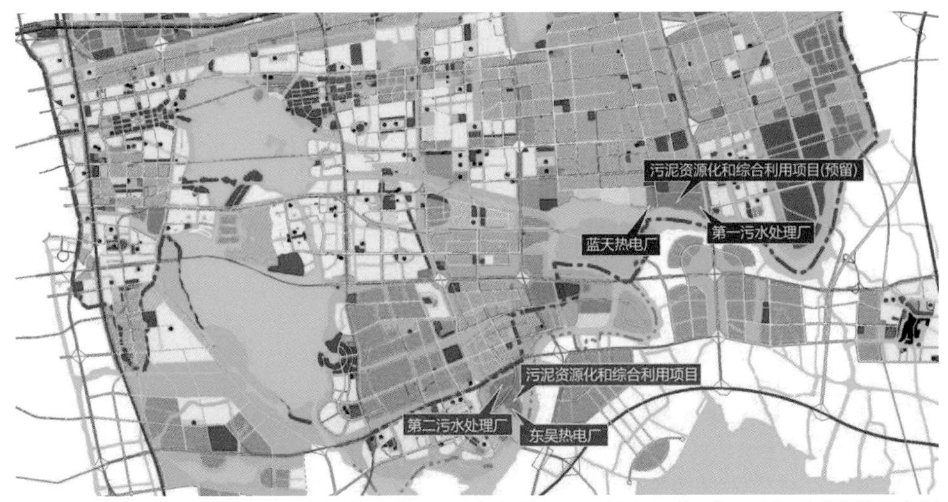

污水处理厂、污泥处置厂、热电厂“三位一体”联动设计示意图

产业协同，循环利用

污泥处置厂利用热电厂的余热蒸汽和污水处理厂的再生水干化污泥，干化后的污泥作为生物燃料用于热电厂焚烧发电，产生的蒸汽冷凝水回到热电厂循环利用，焚烧后的灰渣作为建筑辅材循环利用。“三位一体”的设计使得三个不同类型的公用事业项目实现了协同发展。

苏州工业园区
污水
污水厂
污水
湿污泥
再生水
污泥干化厂
建筑辅材
蒸汽
干污泥
热水
水泥厂
灰渣
热电厂

节能低耗，安全环保

园区采用国际上最先进的二段法干化工艺，破解污泥处理含水率居高不下的难题。对含水率 80% 的湿污泥，先用薄层蒸发器将其含固率提高至 40% ～ 45%；再经切碎成型后，用带式干燥机将其含固率提高至 70% ～ 90%。后段干化所用热能大部分来自前段干化所用蒸汽中回收的废热，与传统工艺相比，可节约 30%的能耗。为避免处置过程中产生二次污染，湿污泥全部用全封闭卡车运至污泥干化厂，产生的废气全部收集至臭气处理系统经处理达标后排放，产生的污水则排回污水处理厂再行达标处置。

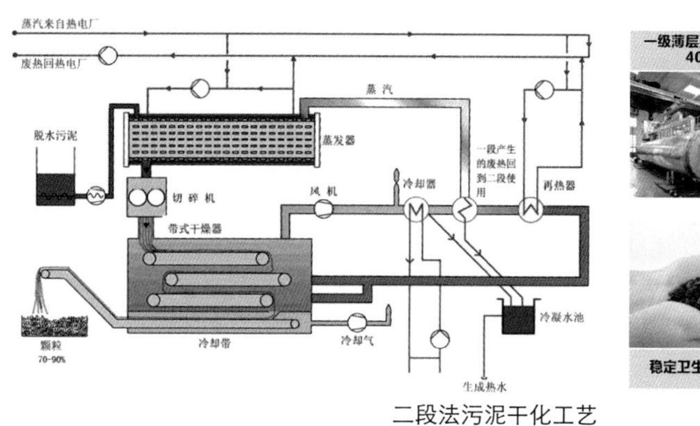

二段法污泥干化工艺

该项目一期工程建成后，每年可产生干污泥生物质燃料 2.4 万 t，节约标准煤 1.2 万 t，减排二氧化碳 3.1 万 t，可节约水资源 150 万 t；灰渣作为建筑辅材，可减少固体垃圾 1 万 t，真正实现了污泥的稳定化、减量化、无害化处置及资源化利用。

各方声音：

苏州园区的污泥项目在规划、工艺、管理上都做到了因地制宜，值得国内同行学习借鉴。

——时任全国人大常委会副委员长 韩启德

苏州中法环境的污泥项目在整个污泥领域里是位于前列的，“她”杜绝了照办照抄，并持续改进，让整个项目更加适用于园区本土。

——时任污泥产业战略联盟理事长 王锡林

污水处理厂、污泥干化厂和热电厂这 3 个看似不关联的企业，在苏州工业园区，却因污泥做“媒”成了邻居，污水处理剩下的污泥，进入干化厂制成可燃烧物，将燃烧物运到热电厂发电，灰渣送到水泥厂成为建筑辅材。又粘又臭的污泥通过“三厂联动”实现了 100%物尽其用。 ——《中国环境报》

撰写：何伶俊、周云勇 / 编辑：张爱华 / 审核：陈浩东

镇江餐厨垃圾与污泥的集合处理及资源化利用

Centralized Treatment and Resource Utilization of Kitchen Wastes and Sludge in Zhenjiang

案例要点：

提高餐厨垃圾和生活污水处理厂污泥的无害化处置和资源化利用水平，是当前城市固废处置亟需解决的两大难题，各地都在积极探索经济可行之道。2014年起，镇江市试行开展餐厨垃圾与生活污泥协同处置，率先对两类固废作一体处置设施方案，通过整合优化工艺与流程，协同提高了两类固废无害化处置和资源再生利用水平。这种协同处置模式对全国其他城市处理餐厨垃圾和污水处理厂污泥具有积极的借鉴意义。该项目于2014年被国家发改委、财政部和住房城乡建设部确定为国家第四批餐厨废弃物资源化利用和无害化处理试点项目。

案例简介：

一体布局，解决选址集约用地

镇江市于2012年开始筹建餐厨垃圾处置设施，因选址矛盾突出，历时一年多仍无进展。2014年该市将餐厨垃圾处置设施选址定于污水处理厂内，试行餐厨垃圾和生活污泥协同处置。此举有效解决了餐厨垃圾处置设施选址难题，节约了工程建设用地和建设投资，又便利了生活污泥输送和餐厨垃圾处置后续污水处理，不需新增污染源控制点。该项目为江苏首个一体规划设计的餐厨垃圾与生活污泥协同处理项目。一期建设规模为260t日处理能力，其中泔浆120t、地沟油20t、生活污泥120t。

项目建设地点示意图

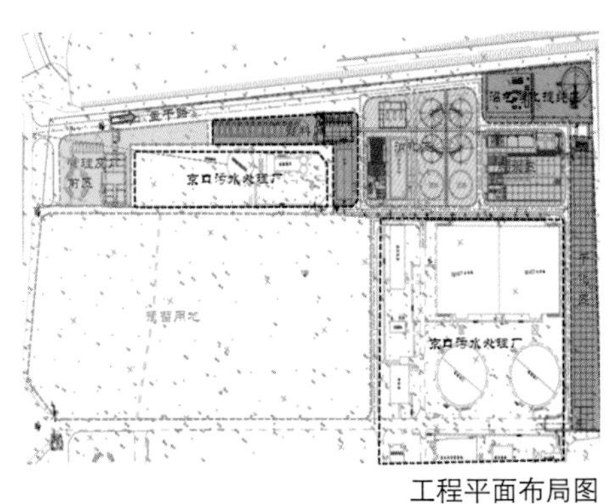
工程平面布局图

精选工艺，协同处置提升效能

餐厨垃圾富含有机质并易于降解，是一种很好的厌氧发酵基质，但因盐分高，会抑止厌氧消化反应；生活污泥盐分低，有机质含量也低，自身进行厌氧消化沼气产生率很低，经济效益差，适用度受限。镇江市根据项目特点，优化设计技术工艺，将餐厨垃圾预处理制浆、生活污泥高温热水解后，按 1:1 配比混合处理，使有机质和盐分中和，减小厌氧消化过程中有毒有害物质对厌氧微生物的抑制作用，提高处理成效并减少了成本投入。经测算，两者协同处置，产气量可提高 11.6%，出泥量可减少 4.7%；同时，沼渣脱水采用生物太阳能干化技术，工艺中无需添加石灰、混凝剂等药剂，保证了沼渣的稳定性和减量化，产生了“1+1 > 2”的效果。

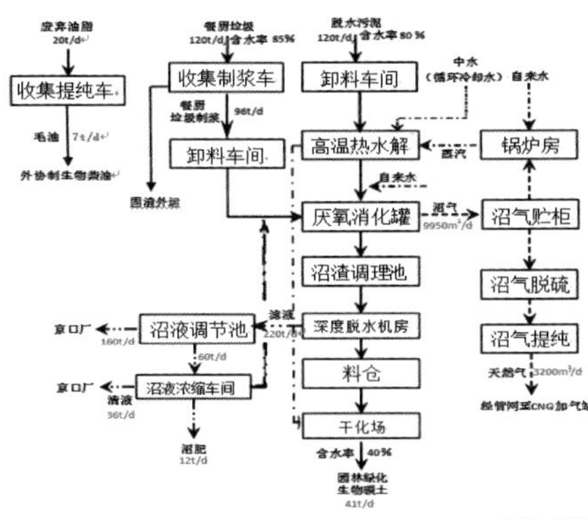

工艺路线图

餐厨和污泥采用“餐厨预处理 + 餐厨 / 污泥高含固厌氧消化 + 沼渣深度脱水干化利用 + 沼液厌氧氨氧化预处理外排污水处理厂 + 沼气净化提纯制天然气”工艺方案，废弃油脂采用“预处理提炼毛油 + 外协制生物柴油”工艺方案，整个处理过程近乎零排放

产物丰富，再生资源多途利用

项目运作后可产生油脂、沼气、沼渣、沼液等多种产物，镇江市将对其作最大化利用，形成完整的有机质碳循环链。废弃油脂经处理后形成毛油，交由有资质的运营商提炼成生物柴油；沼气除自用为热水解增温外，剩余部分经提纯加压后并入市政燃气管网；沼渣经高干脱水后，用于土壤改良、园林绿化等；沼液提纯作为液态肥用于苗木培育种植。经测算，协同处置后，260t 餐厨垃圾和生活污泥可以产生 8t 毛油、41t 沼渣、220t 沼液、3200m³ 的沼气。

餐厨垃圾收集车

收运车整体密封设计，可有效防止运输途中跑漏现象，避免二次污染。车辆下部设有大容积污水箱，可贮存压缩沥出的油水，实现固液初步分离；车辆还设有密封式排料装置，输送口与餐饮垃圾处理设备对接实现密封排料。收运车定时清洗，防止残留物产生恶臭

减降污染，积极应对邻避效应

鉴于餐厨垃圾处理过程中极易产生异味，镇江市将预处理系统前置，餐厨垃圾收集后即在收集车内进行全密封分拣制浆，并在 4 小时内送入厌氧密封罐中处理，最大程度减少臭气产生和散发。整个处理过程独立封闭，处理过程中产生的气体采用负压收集，通过除臭装置处理达标后再行排放，防止对周边环境和居民生活产生影响。

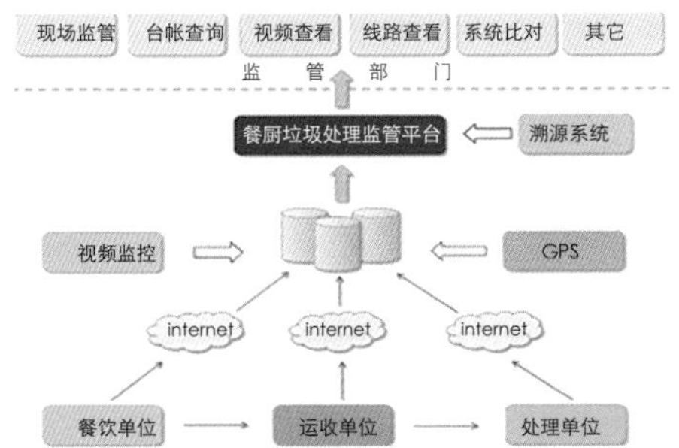

镇江市正在筹建餐厨垃圾处理综合监管平台，使餐厨垃圾收运处管理更加规范化、条理化、精细化，提高各类常规和突发事件应对能力

配套制度，构建良好市场秩序

为提高垃圾收运质量，镇江市大力推进餐厨垃圾源头分类。建立落实了餐厨垃圾排放登记、台账追溯、执法检查等管理制度，规范餐厨垃圾产生单位、收运处单位操作行为；建立完善了市、区、街道三级协同管理监督机制，确保餐厨垃圾“一条龙”规范收运处理，从源头断绝地沟油、泔水猪，保障居民食品安全。

各方声音：

该项目遵循“绿色、循环、低碳”的基本原则，采用“统一收运、集中处置”的方式，充分实现“减量化、无害化和资源化”，对于节能减排、改善城市环境具有重要意义。

——同济大学环境学院院长 戴晓虎

这个投资 1.6 亿元的国家重点项目，一期建设规模就打算每天“吃”完日产 140t 餐厨废弃物，把餐饮企业随意处置的烂菜皮、鱼骨头、煎炸老油、剩饭剩菜等，变成有用的沼气、沼液、沼渣和生物柴油，从而在镇江市服务业的尾端再造一条变废为宝、环保清洁的循环经济链。

——《镇江日报》、《京江晚报》

撰写：王守庆、夏　明 / 编辑：张爱华 / 审核：宋如亚

苏州餐厨垃圾无害化处理与资源化利用

Harmless Treatment and Resource Utilization of Kitchen Wastes in Suzhou

餐厨废弃物资源化利用设备

生物柴油生产设备

餐厨垃圾收运

案例要点：

推进餐厨废弃物资源化利用和无害化处理，是从源头斩断“地沟油”回流餐桌、餐厨废弃物直接饲养畜禽等非法利益链，保障百姓食品安全的重要举措，也是破解垃圾围城问题、保护环境的客观需求。苏州市于 2007 年起在全省率先推进餐厨废弃物处置工作，经多年实践，摸索建立起了一套高效的制度体系、技术路线和管理模式，并在此过程中构筑起了新的循环产业链，促进了循环经济发展和生态文明建设，为全国餐厨废弃物处置提供了样板。2011 年苏州市成为国家首批餐厨废弃物资源化利用和无害化处理试点城市；2014 年国家发改委、住房城乡建设部、财政部联合在苏州召开全国餐厨废弃物资源化利用和无害化处理现场会，推广苏州经验。

案例简介：

精研技艺，餐厨垃圾变废为宝

在国家和省级科研项目基础上进行技术研发，并在运行过程中不断优化调整处理工艺，提高产出效益。通过现行使用的“湿热水解 + 厌氧”技术，每处理 1t 餐厨废弃物（其中 1% 为废弃食用油脂），可产生沼气 80m^3、生物柴油 20 公斤，废弃物中的固性物则用于养殖蝇蛆做优质饲料蛋白，资源化利用水平全国领先。项目自 2010 年 8 月运行以来，累计处置餐厨废弃物近 60 万 t、废弃食用油脂 5 万多 t，产出沼气近 2000 万 m^3、生物柴油近 3 万 t、饲料原料近 10 万 t。项目全程环保运行，产生的废水、废气、废渣无害化处理后达标排放。

市场运作，收集运输处置一体化

创新采用“收运处一体化”运作模式，以特许经营方式委托终端处置企业对市区餐厨废弃物进行统一收集、运输、处置及资源化利用，减少了管理对象和管理环节，提高了管理效率。同时，建立财政保障机制，对收运进行合理补贴，并暂对餐厨废弃物产生单位免征餐厨废弃物处理费，引导餐饮企业依规交运，提高前端收运质量，保障终端设施运行。至 2015 年底，苏州市实现餐厨垃圾收运行政区域全覆盖，全市签约餐饮企业达到 5000 多家，终端处置设施每日稳定处置餐厨废弃物 350t 以上、废弃食用油脂 30t 以上，其餐厨废弃物收运覆盖率、处理设施运行稳定性全国最高。

法制管理，属地协同部门联动

以政府令出台了《苏州市餐厨垃圾管理办法》、《苏州市餐饮业环境污染防治管理办法》，并制定实施了《苏州城区餐厨垃圾收集、运输、处置监管考核办法》等配套制度。市政府专门成立了市餐厨废弃物资源化利用和无害化处理领导小组，分管副市长担任组长，市发改委、市容市政局、财政局、环保局、农委等部门和各区政府为成员单位。通过建立属地化两级政府管理体系，发挥部门联动优势，从源头确保了餐厨废弃物进入处置体系。

苏州持续开展打击非法收运餐厨废弃物整治活动，规范餐厨废弃物收运行为。2010 年来，共开展各种整治行动 30 余次，暂扣非法收运“黑车”150 多辆，截获餐厨废弃物和地沟油约 100 余 t。

智能监管，全程跟踪提高效率

综合利用传感器、RFID、3G 无线通信等物联网技术和传统的 GPS、GIS 等技术，建立了全过程管理信息平台，对餐厨废弃物的源头产生、运输过程和终端处置相关数据进行实时采集、统计和分析，大大提高了管理效率。

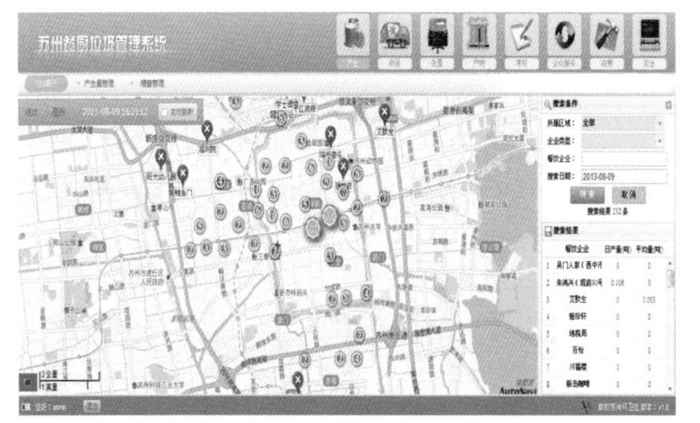

餐厨废弃物产生企业信息管理系统

餐厨废弃物车载称重系统

餐厨废弃物全过程视频监控系统

目前，苏州市每年可处置餐厨废弃物 11 万 t，避免使用这些废弃物饲养垃圾猪约 2 万头，大大降低了垃圾猪和地沟油回流餐桌的风险，保障了市民食品卫生安全；每年可削减 COD 排量 3000 多 t（餐厨废水 COD 含量按照 5 万 mg/L 计算），避免了餐厨废弃物不当收运和处置对环境的污染。项目先后获得“江苏省首批城建示范项目”称号和“住房城乡建设部华夏建设科技技术奖三等奖”等多项荣誉。

各方声音：

作为餐厨垃圾资源化利用和无害化处理的试点城市，苏州先行一步，提供了一个很好的样板。例如，出台了餐厨垃圾管理办法，在政府主导下，专业公司与餐饮单位签订协议，实现收运处一体化和市场化运作。

——全国政协副主席 韩启德

苏州市餐厨废弃物管理覆盖了收运处一体化全部环节，体现了全面解决城市餐厨废物的思路，选择的技术线路合理，理念先进，框架完整，技术可行，可操作性强。——北京工商大学教授 任连海

苏州市出台地方行政法规、实行市长负责制、多部门协调配合，以及联合打击非法收运、发挥市场化作用和处置企业能动性等方面的做法，体现出了在餐厨废弃物资源化利用管理方面的力度和智慧。

—中央电视台

苏州市在餐厨垃圾管理方面，形成了“属地化两级政府协调管理，收运处一体化市场运作”的餐厨垃圾资源化利用和无害化处理“苏州模式”。

——《人民日报》

撰写：王守庆、夏 明 / 编辑：张爱华 / 审核：宋如亚

垃圾填埋场沼气发电——无锡实践

Biogas Power Generation of Landfill Sites-Case of Taohua Mountain, Wuxi

案例要点：

城市生活垃圾中的有机物在填埋发酵过程中会产生大量沼气，主要包括甲烷、二氧化碳等温室气体，其中甲烷与太阳能、风能一样，是一种可再生清洁能源，但如任其自然释放与逸散，不仅会造成大气污染、带来温室效应、增加安全隐患，也是对能源的浪费。无锡市自主开发建设垃圾填埋气体发电项目，将有害易爆的沼气转换为电能并入城市电网，向居民提供清洁能源，化害为利、变废为宝，既消除了垃圾填埋场的安全隐患，又实现了对垃圾的绿色资源化利用，为改善大气环境质量以及促进循环经济的发展，提供了借鉴。

案例简介：

自主研建沼气发电

无锡桃花山生活垃圾填埋场是市区唯一的生活垃圾卫生填埋场，每日处理全市 2/3 的生活垃圾，沼气资源丰富。2004 年，无锡市在此填埋场附近建成全国首个自主开发建设的生活垃圾填埋气体发电项目。项目由气体收集系统、气体净化系统、气体发电系统和升压上网系统组成。通过沼气井收集气体，经收集管引至电厂进行预处理，将气体调整为合适比例后送入 CAT 燃气发电机燃烧发电，电力经升压、配电、送电后并网售电。该项目被列入国家再生能源鼓励和支持项目。

填埋场沼气井 ⇨ 管道收集 ⇨ 预处理系统 ⇨ 燃气发电机 ⇨ 电能并网

合理设计规范作业

立足建设运营、封场及封场后管理全周期，对生活垃圾填埋场进行全寿命设计。明确了场建阶段划分、填埋发展顺序、建设与运营交叉发展规划、雨污分流设计、填埋气体管理及生态修复等内容，规范了垃圾填埋作业要求并严格按规操作，为沼气回收利用奠定了基础。

高效收集高质提纯

桃花山垃圾填埋场沼气中甲烷比值达 60% 以上，开发利用价值高。无锡市采用成熟的膜覆盖技术以及水平加垂直加斜面的方式收集气体，作业方式简单且气体收集率高。收集的气体经过预处理系统的脱硫、脱硅、冷凝除湿、过滤、加压后，进一步提升了纯度，提高了燃烧效能。

收集气井图

预处理系统图

技改扩容提高效益

2014 年无锡市对该项目进行了技术改造，现日均消耗沼气 3 万 m^3、日均上网电量 4 万余度。2015 年该项目全年发电量达 949.4 万 kW · h，利用沼气 535.91 万 m^3，节省燃煤 3500t；上网电价按 0.636 元 /kw 计，年发电收入为 600 万元，年利润 200 余万元。2016 年无锡市计划投资 2000 万元对该项目再做扩容，进一步提高发电量、提升项目产出效益。预计扩容后 6 年可收回投资成本。

扩容和技术改造

各方声音：

垃圾填埋气体发电项目不仅有效解决了填埋气体所带来的危害，实现了对垃圾填埋场的环境控制，还有效的将废气转化成宝贵的电力资源，很好体现了循环经济的“无害化、减量化、资源化”原则。

——江南大学教授 杨海麟

对于沼气回收再利用发电，我觉得很好，不仅仅是产生效益，还减少了有害气体的排放，对我们来说空气质量也可以得到提高。

——周边群众

我市已构建较为完善的，由生活垃圾机械化收集、大中型集约转运和无害化资源化处理三部分构成的城乡生活垃圾收运处置体系。据介绍，目前填埋垃圾收集的沼气在每小时 1 千多 m^3，每天可发电 4 万 kW · h。随着收集技术的发展，收集的气量和发电量都会逐步增长。

——《无锡日报》

撰写：王守庆、夏　明 / 编辑：张爱华 / 审核：宋如亚

城市废弃物的集中处理
——徐州丰县静脉产业园

Centralized Treatment of Urban Wastes
-Practice of Venous Industry Park of Feng County, Xuzhou

案例要点：

为解决垃圾处理问题，并将其对周边环境和居民的干扰降至最低，徐州丰县于 2013 年起探索建设静脉产业园，对城市固废处理设施进行集中布局和综合运营管理，有效控制了对城市发展和环境生态的影响，最大限度地实现了固废的无害化、资源化循环处理，降低了运营成本，为中小城市推进固体废弃物统筹处理和资源循环利用，摆脱垃圾围城困局，提供了有益借鉴。

案例简介：

因地制宜 规划引导

综合考虑产业基础、城市布局、固废产生和环保基础设施等因素，科学确定静脉产业园发展定位，因地制宜规划建设综合类静脉产业园，构建再生资源回收利用体系。产业园总占地面积约 86.67hm^2，总投资约 19 亿元，入园项目包括垃圾焚烧发电、光伏发电、秸秆发电、污泥处理、餐厨垃圾处理、建筑垃圾、新型环保建材、粪便综合利用、有机肥、废旧汽车拆解、超浓污水处理等 11 个类别。

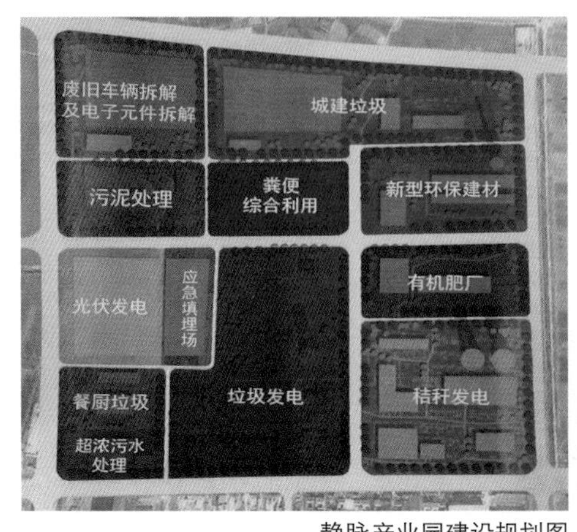

静脉产业园建设规划图

垃圾焚烧发电厂

合理布局 循环利用

对静脉产业园进行系统规划，合理布局项目位置和建设时序，按照逐一审批、分步实施的原则开展园区建设，确保各项目互相支撑、相辅相成，建立起内部有序的循环系统，对再生资源进行高效综合利用。静脉产业园于2013年启动建设，11个项目中，生活垃圾焚烧发电、光伏发电和超浓污水处理项目已于2015年相继建成运行，其中，生活垃圾焚烧发电项目为全省首个垃圾和秸秆混燃综合项目，于2016年5月正式并网发电。目前，秸秆生物质发电项目已开工建设，餐厨垃圾、污泥处理等项目筹建工作亦进展顺利。建成后的产业园将集节水、节地、节能于一体。

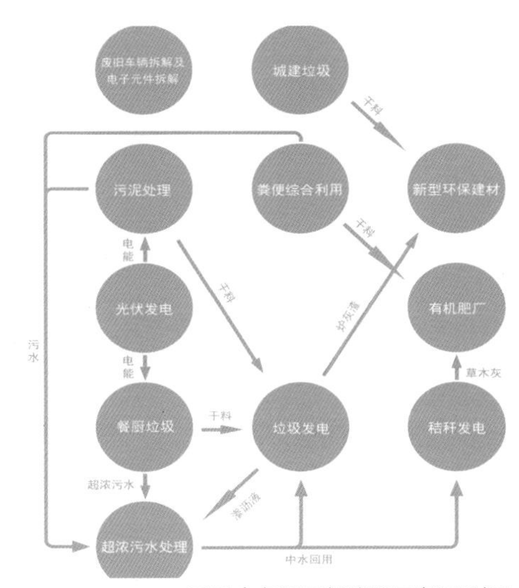

园区内各项目间资源可循环利用

节约集约 培育产业

2015年丰县实现了城乡垃圾收运处置一体化和市场化。在此基础上，丰县将加快建立完善固体废弃物统一处理和管理机制，依托静脉产业园打造“资源-产品-再生资源”的循环经济模式，培育循环经济全产业链，增强经济发展新动能。

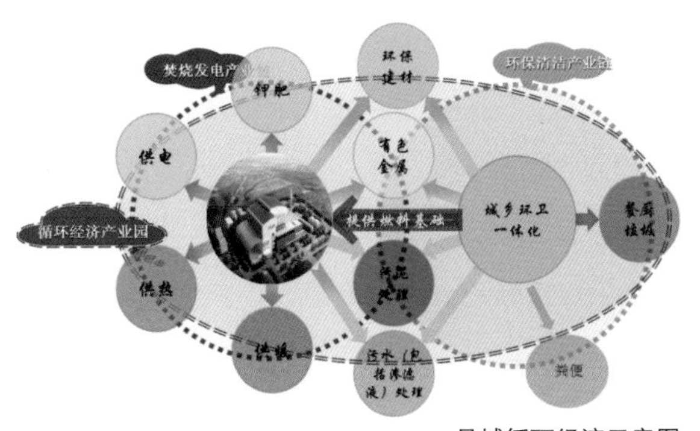

县域循环经济示意图

光伏发电项目

目前，丰县静脉产业园垃圾焚烧发电项目日处理垃圾约700t、农林废弃物约500t，城市和农村生活垃圾无害化处理率分别达100%和95%以上；超浓污水处理项目日处理规模120t。建设在垃圾填埋场上的光伏发电项目，总装机容量6MW，现已建好投产4MW，节约土地逾百亩，总投资约7000万元，可实现年收入858万元，经济效益、社会效益、生态效益十分明显。

各方声音：

丰县实行环卫市场化后，结合垃圾焚烧发电和供热，将餐厨、污泥、粪便、建筑垃圾等固废作为资源进行整合利用，建设可循环利用的静脉产业园，前景广阔，符合新型城镇化、城乡一体化发展要求。

——清华大学教授、博士生导师 吴占松

丰县国丰新能源垃圾焚烧发电项目近日正式并网发电。该项目的运营标志着丰县生活垃圾处理由填埋到焚烧的历史性转变，丰县从此彻底告别垃圾露天堆放，走向垃圾减量化、无害化、资源化处理道路。

——《新华日报》

撰写：王守庆、夏 明 / 编辑：张爱华 / 审核：宋如亚

南通垃圾区域化联动处置和信息化管理

Regional Linkage Treatment and Information Management of Wastes in Nantong

案例要点：

实行生活垃圾区域联动处置是避免垃圾处理设施重复建设、减少垃圾处理项目选址矛盾、节约利用土地资源的重要举措，也是提高垃圾处理设施运营效率、保障垃圾处理企业经济效益、促进垃圾处置产业良性发展的有效之策。南通市率先全面推行生活垃圾区域化联动处置，并强力推进城乡生活垃圾一体收运体系建设，通过开发信息化监管平台，对垃圾处置实施统筹监管，在全省率先实现了城乡生活垃圾无害化处理全覆盖，并有效节约了土地资源，保护和改善了生态环境，也为垃圾处理行业的健康可持续发展创造了良好的条件。

案例简介：

系统规划 科学布点

系统修编《南通市城市环境卫生专业规划》，按照“焚烧为主、填埋应急”的思路，合理确定垃圾处理项目类型和配建数量。综合考虑区域分布、垃圾产生量、运输距离、成本费用及污染防范等因素，将全市域分为中西部、南部、中东部、北部四个片区，科学布点各设施位置，明确各设施服务覆盖范围，确保生活垃圾可就近实现城乡统筹、区域统筹处理。

南通生活垃圾终端处置设施分布图

目前南通市共有 4 座生活垃圾焚烧发电厂、3 座生活垃圾填埋场，形成了“焚烧为主、填埋应急、四用三备”的集约化、一体化处置格局

城乡一体 集中收运

为提高生活垃圾收运质量、保障终端处理设施稳定运行、防止产能闲置，南通市加快建立完善县级统筹收运中转、市级统筹片区处理的城乡生活垃圾收运处置机制，构建起了城乡一体区域统筹的垃圾收运处理体系。市区建成运行了 4 座大型现代化生活垃圾中转站，101 个乡镇、1348 个行政村建成了 84 座镇村生活垃圾中转站，城乡生活垃圾集中收运覆盖率 100%。

打破区划 共享资源

在全国率先推进区域性垃圾焚烧发电项目建设。2008-2011 年，陆续在如皋、启东、海安、如东 4 个城市分别建成投运区域性生活垃圾焚烧发电项目。其中，位于如皋的南通区域生活垃圾焚烧热电联产项目为全国首座区域性生活垃圾焚烧发电项目，负责处置南通市区以及邻近的泰州靖江、姜堰等地生活垃圾；位于海安的项目在负责处置南通市域相关地区生活垃圾的同时，还对盐城东台等地生活垃圾作统筹处理。区域性处理设施均实行属地管理。通过设施资源共享，不仅避免了重复建设，节约了土地资源和投资成本，而且因垃圾处置量的增加提高了产出效益，缩短了成本回收期。

高标改造 提升效能

高标准对所有垃圾终端处置设施进行环保升级改造，提高综合治污效能和资源循环再利用水平。经技改扩容，全市 4 座生活垃圾焚烧发电厂处置能力大幅提升，现已达 4800t/ 日，预计至 2017 年将达 6800t/ 日；处理设施无害化等级全部达到 2A 以上，排放的废水、废气和废渣均达到甚至优于国家环保标准，实现了全程环保处置；垃圾焚烧产生的电能、热能为周边企业生产和居民生活提供了清洁能源。2015 年南通市生活垃圾焚烧处置占比达 79%，居全省第一；4 座生活垃圾焚烧发电厂全年供热 61 万 t、并网发电 4 亿多度。

创新手段 智能监管

2015 年，在南通市生活垃圾监管系统基础上，如东县在全省率先建成运行了生活垃圾焚烧发电厂运营实时智能化监管平台，实时采集垃圾处置及污染物排放（垃圾渗滤液、烟气、飞灰、炉渣）数据和环保耗材数据，并对重点区域、重点业务流程进行实时监控。其中，对垃圾焚烧过程中二噁英的在线趋势分析及预警等多项技术，填补了国内空白。该项目大大提高了政府部门对垃圾处置运行全过程的监管效能，客观上也促进了企业自律，有利于垃圾处置行业的持续健康发展。

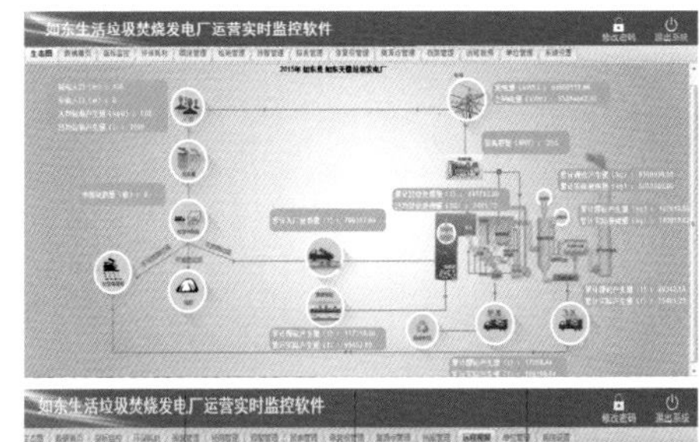

运营实时监控

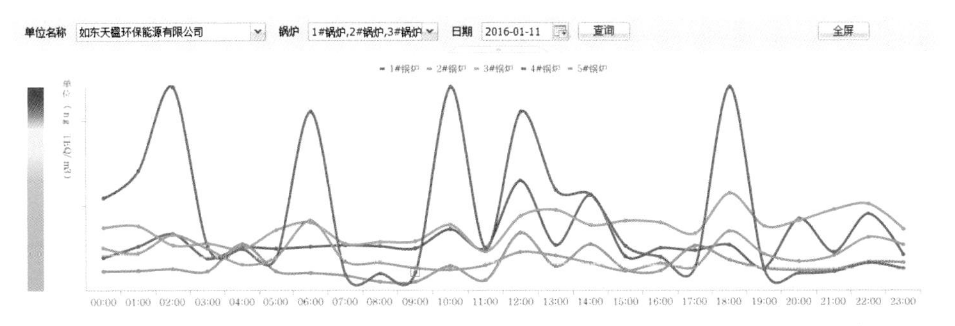

二噁英在线趋势分析

各方声音：

南通垃圾焚烧项目存储设施和垃圾处理工艺达到了国内先进水平，各项工艺排放指标，符合国家环保标准，生活垃圾焚烧处理有效地保护了生态环境，推动了生活垃圾的资源化利用，值得推广。

——浙江大学教授 李小冬

该生活垃圾焚烧发电信息化管控服务平台在二噁英在线趋势分析及预警方面填补了国内空白，该课题在如东县城管局的应用具有很强的示范作用，课题成果达到国内领先水平，建议加大推广应用。

——南京工程学院院长 王红艳

如东率先对垃圾焚烧项目运行实施全过程监控。科学到位的环保监管，是强化企业自律的手段，是取信于民的根本，是解决问题的根本出路。

——中央人民广播电台

撰写：王守庆、夏 明 / 编辑：张爱华 / 审核：宋如亚

垃圾场封场后光伏发电——泰州案例

Photovoltaic Power Generation of Closed Dumping Area
-Case of Taizhou

案例要点：

城市生活垃圾填埋场往往位于城市近郊，且占地面积较大。在满库封场后若不加以有效利用，则是对土地资源的极大浪费。泰州市将垃圾场封场土地再利用和绿色能源发展有机结合，将光伏发电项目引入完成生态修复的垃圾填埋场，提高了土地资源的集约利用水平和城市的绿色能源利用水平。

案例简介：

规范封场，环境影响降到最低

泰州市罡杨生活垃圾卫生填埋场占地约300亩，2015年上半年按环保标准进行规范化封场处理和生态修复。经对垃圾堆体进行详细勘探后，泰州市采用HDPE膜作为覆盖系统保证垃圾堆体稳定、实现雨污分流、减少渗沥液产量，并改建垃圾渗沥液调节池，使之完全封闭。封场覆盖杜绝了垃圾产生的异味对环境的影响，将垃圾填埋场变成了一块环境优美的生态绿地。

封场前

封场后

立体开发，极致利用土地资源

封场工程开工之初，泰州市即研究场地后续利用方案。2015 年，市城管局和海陵区政府携手，成功引进中国核工业建设集团建设光伏发电项目。在不破坏封场覆盖主体结构的前提下，在封场层表面浇筑钢筋混凝土构架，用于安装光伏发电设施。通过抬高光伏组件安装高度，在其下覆土层种植百合、虫草参等喜阴农作物，使光伏发电与生态农业有机结合，实现土地资源利用最大化。

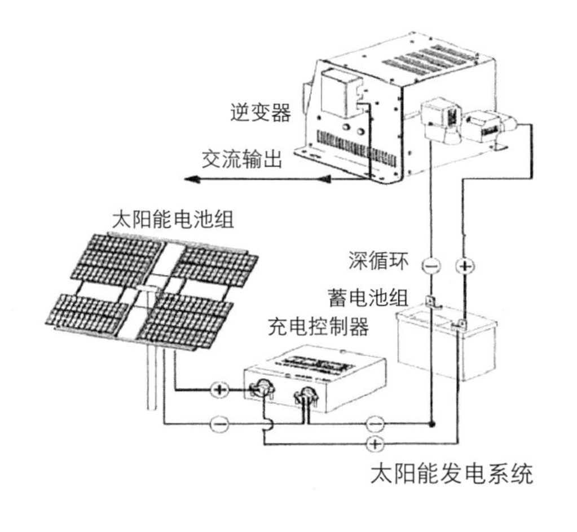

太阳能发电系统

光伏组件安装及生态农业种植

光伏发电站升压站

效益显著，发电和环保双提升

光伏项目总体规划 40MW。一期工程 20MW 于 2015 年底建成并网发电，目前日均发电 6 万度，至 2016 年 3 月累计发电 468 万度，发电收入 478 万元；二期工程装机容量为 20MW，计划 2016 年底并网发电。全部建成后，每年可提供电量 4796.11 万度，节约标煤约 1.46 万 t，减排二氧化碳约 3.9 万 t、SOx 约 297t、NOx 约 100t。

各方声音：

泰州生活垃圾卫生填埋场在封场后采取技术措施，在不破坏封场覆盖主体结构的前提下，建设太阳能光伏发电，使宝贵的土地资源得到充分利用，值得推广。　——上海市市政设计研究院总工 王艳明

政府对我们百姓负责，不仅严格按规范要求建设运行垃圾卫生填埋场，还按规范要求进行封场，有始有终。现在还利用填埋场进行光伏发电，既环保又使当地获得收益，造福人民。

——项目附近村民代表 宫怀山

撰写：王守庆、夏　明 / 编辑：张爱华 / 审核：宋如亚

常州垃圾分类处理的机制探索

Exploration of Wastes Classification Treatment Mechanism of Changzhou

案例要点：

当前，城市垃圾产生量居高不下且增长迅速，垃圾“围城”已成为当前城市管理的顽疾，影响了城市的可持续发展。尽管近年各地综合运用多种措施，努力提高垃圾无害化处理能力，但处理方法仍是以填埋或焚烧为主，不仅占用了大量土地，还造成资源浪费和环境污染等问题。对此，常州市采用分类回收、资源化利用的方法，处理建筑垃圾、餐厨垃圾、园林绿化垃圾，大大减少了城市垃圾量，还形成了资源利用的新经济增长点。

案例简介：

建筑垃圾资源化利用

建筑垃圾经分选、破碎、筛分加工后，大多可作为再生骨料资源重新利用，对解决建筑材料生产资源短缺问题意义重大。武进区政府采用 PPP 模式投资运营了全国规模最大的建筑垃圾资源化利用项目，年处理建筑垃圾 160 万 t、可节约填埋堆放用地 40hm^2，年生产砌块砖 40 万 m^3、预拌砂浆 30 万 t、再生骨料 40 万 t。再生产品广泛应用于“绿色建筑”、“海绵城市”、“生态水利”等工程中。该项目列入 2015 年江苏省节能循环经济和资源节约重大项目，获得 2015 年江苏省住房城乡建设厅科技成果二等奖。

专业化拆除

自动化分解

资源化利用

多元化产品

餐厨垃圾资源化利用

常州市制定出台了《市区餐厨废弃物管理办法》，采用特许经营方式建设常州市餐厨废弃物收集、运输及综合处置项目，被确定为全国第二批餐厨废弃物资源化利用和无害化处理试点城市。目前已建成运行常州餐厨废弃物综合处理系统一期工程，每天可处理食物残渣200余t、废弃食用油脂40余t。餐厨废弃物通过“预处理＋厌氧消化＋沼气发电”的处理工艺用来发电，经过处理的废弃食用油脂还可提炼成生物柴油，实现餐厨垃圾的高效资源化利用。

餐厨废弃物处理厂全貌

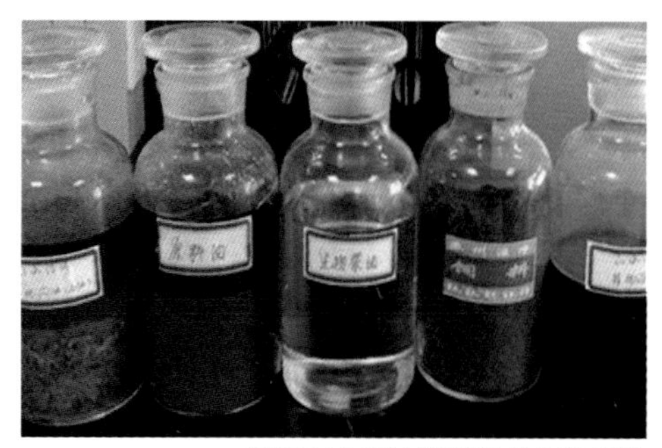
用废弃食用油脂提炼的生物柴油

园林绿化垃圾资源化利用

常州溧阳市开展了园林绿化垃圾的循环利用工程。将树枝粉碎后与草屑、树叶等垃圾进行堆肥处理，再将处理后的成品用于园林绿地的土壤改良、乔灌木的栽植和花卉的生产，将废弃物转变为可利用资源，实现了“变废为宝，还肥于绿”。一方面减轻了城市垃圾清运负荷，减少了园林废弃物对环境的影响，另一方面也大大节约了绿化管养成本，有效缓解了管养资金压力，具有投资少、回报高等优点，实现了经济和环境效益的双赢。

绿化垃圾处理后形成的“营养土”

各方声音：

该项目创新性地提出了多种环保节能技术与措施有机复合的整体解决方案，改变了传统粗放式的建筑垃圾再生处理方式，实现了建筑垃圾再生处理的绿色生产，在国内同类项目中具有显著的示范效应，为我国开展建筑垃圾资源化利用提供了成功经验。

——中国工程院院士 缪昌文

常州市在推进绿色建筑示范集聚区建设中，将建筑垃圾资源化利用作为建设生态城市、推动绿色发展的重要抓手，对改善城市生态环境起到了积极作用。

——九三学社中央副主席 赖明

作为全国第二批餐厨废弃物资源化利用和无害化处理试点城市，江苏省常州市通过完善管理机制、落实处理责任，重视过渡期处置，加快处理设施建设等方式，为餐厨废弃物无害化处理和资源化利用奠定了良好的开端。

——中国城乡环卫网

以前经常看到小区周围的马路上堆有建筑垃圾，砖块、木条、塑料等什么都有，影响了环境和城市形象。有了这种变废为宝的技术，就再也不担心建筑垃圾处理，政府应该大力推广。

——湖塘十里社区 王女士

溧阳于2011年在鸡笼山设立园林绿化废弃物消纳处理点，最先试行绿化垃圾循环使用模式“城市版秸秆还田”。

——《常州日报》

撰写：费宗欣 / 编辑：张爱华 / 审核：顾小平

连云港建筑工地管理和扬尘治理

Construction Site Management and Dust Control in Lianyungang

案例要点：

建筑工地管理规范有序是保障工程质量和施工安全的重要举措，建筑工地扬尘管控也是大气污染防治的重要内容。连云港市将建筑工地管理和扬尘治理列为市委“十大民生”工程，并纳入市政府重点项目，提出了规范化管理和扬尘治理行动“8个百分百”的目标，即建筑工地围挡率、施工现场远程监控率、施工道路硬化率、裸土覆盖或绿化率、出入口冲洗设备率、车轮冲洗干净率、拆除工程洒水降尘率、渣土运输车辆公司化、智能化、密闭化率达到100%。工地管理和扬尘治理行动开展后，连云港市建筑工地管理规范性大大提高，建筑工程扬尘达标率上升到90%，助推了建筑安全和环境水平的提高。

案例简介：

工地治理制度化

制定出台了《连云港市建筑工地管理和扬尘污染防治管理办法》，明确了建筑工地远程监控、工地围挡、裸土覆盖、车辆冲洗设施、渣土运输、道路硬化等具体要求，构建长效管理机制。并组织编制标准化图集，开展标准化工地项目示范，定期召开示范工地现场观摩会，加强对建筑工地治理工作的指导与检查。

连云港市建筑工地扬尘治理宣传图册

建筑工地全自动洗轮机

施工现场道路硬化及绿化

工地治理信息化

出台《连云港市建筑施工现场远程视频监控系统管理规定》，建立施工现场远程视频监控系统，要求建筑工地出入口、工地最高点（如塔机顶端）安装 2 个以上监控摄像头，将工地现场施工情况、安全措施、扬尘情况纳入远程实施监控，提高监管效能。

工地治理机械化

施工现场出入口配备工程自动洗轮机，有效杜绝渣土车带泥上路。自动洗轮机自身配有沉淀池，将冲洗渣土车产生的泥浆过滤，节水又环保。施工现场场区内推广使用环绕式喷淋、洒水车降尘，可根据施工现场实际情况调整喷洒时间，使建筑工地不间断地处在水雾覆盖之中，确保降尘效果。

施工现场喷淋系统

施工现场远程视频监控系统

各方声音：

虽然住在建筑工地附近，却没有见到漫天的灰尘，周边道路上也没有抛洒的垃圾、泥土，空气质量还是不错的，很好奇采取了什么好办法！

——工地周边居民 钱女士

我市开展建筑工程扬尘治理行动后，全市建筑工地施工环境明显改观，取得了成效，有效维护了空气环境质量，保障了广大群众身心健康。

——《连云港日报》

撰写：漆贯学、许旭明 / 编辑：费宗欣 / 审核：顾小平

信息化助推建设工程安全管理——江苏探索

To Reinforce the Construction Safety Management by Informationization -Exploration of Jiangsu

案例要点：

安全生产，责任重如泰山。近年来，江苏积极引入信息技术，构建完善建设工程安全监管体系。在省级层面率先开发建设了建设工程项目现场监管信息系统，并指导各地因地制宜探索建立适宜的安全管理模式，陆续建成了淮安“1+3”安全监控体系、南京“E路安全监督系统”、常州“轨道交通安全风险管理系统平台”等一批各具特色的监管系统。通过省市两级信息平台的互联互通，江苏实现了对建设工程项目安全生产的实时动态管控，有力促进了各方主体安全生产责任的落实，既提升了监管效率、又降低了监管成本，为保障全省建设工程安全生产形势总体平稳提供了支撑。

案例简介：

安全生产与建筑市场的信息化联动管理

在各地开展加强安全管理工作的基础上，江苏率先开发建设了建设工程项目现场监管信息系统，并与各地建设工程安全管理信息系统互联互通，初步形成了覆盖全省的安全管理信息网。该系统可以自动采集建设、施工、监理等参建单位负责人在岗、离岗信息，适时分析施工现场安全生产管理情况，有效解决了项目人员脱岗、职责不清、管理混乱等问题，推动企业安全生产责任制的落实。系统数据与招标投标和违规处罚系统自动对接，促进了建筑市场与安全生产的联动管理。

淮安“1+3”安全监控体系

淮安市自2010年起在全市建筑行业全面推行“1+3”安全监控体系，即“一个方法”和“三个机制”。“一个方法”是指事故隐患和职业危害监控方法，其将安全生产的关口前移、重心下移，落实企业负责、发动职工全员参与，把各类事故和职业危害隐患置于在控、可控状态，化解事故隐患和苗头。“三个机制”是指事故隐患和职业危害的动态管理、持续改进、系统评价机制，为“一个方法”的有效实施、可靠运转提供保证。

“1+3”安全监控体系建设，用制度规范了企业的主体责任、从业人员的行为责任，规范了建筑施工企业各层次人员的安全管理行为，将事故隐患和职业危害掌握在可控状态。推行安全监控体系以来，淮安市建筑行业未发生一起重特大安全事故和群死群伤事故，在全省建筑安全生产目标责任考核中，多次获得优秀等次。

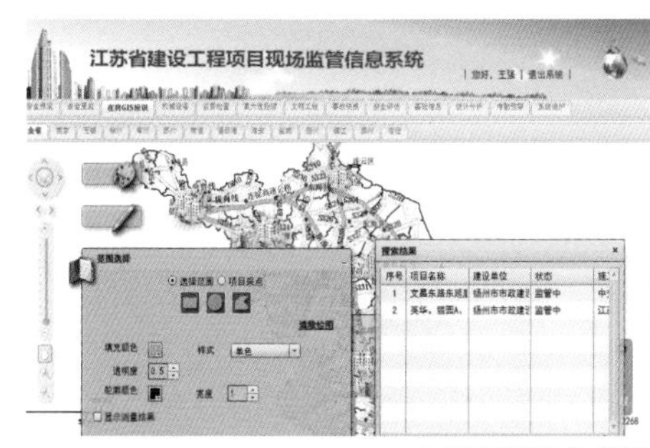

人员在岗定位标识

南京工地视频监控管理

南京市“E路安全”监督系统具有地磅监控、桩基监控、办公区监控和车辆监控等功能，实现了对工地现场的全方位监控。系统配套的移动执法终端是一款协助安监机构人员对工程进行安全检查的设备，安监人员可运用该终端完成日常检查、重大危险源监控、开工条件检查、远程视频监控等功能，显著提高了工作效率。

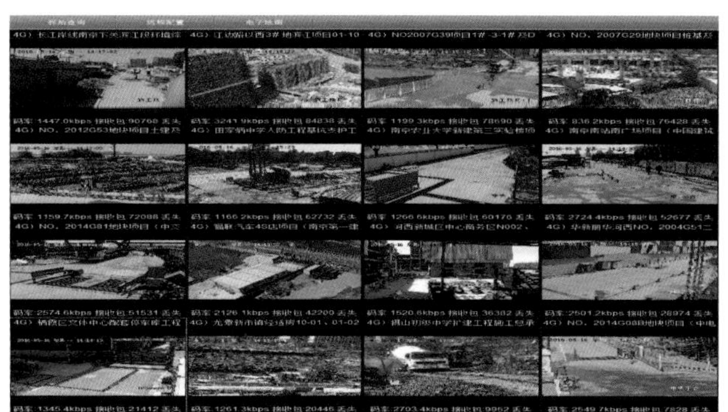

管理人员采用移动执法终端进行现场拍照取证、开单等监督工作

常州专项工程风险管控

常州市轨道交通工程建设安全风险监控中心针对地铁1号线一期工程，运用规范化、系统化、信息化和可操作的风险管理模式，远程接入所有作业点现场施工高清视频、盾构施工实时数据，对参建人员考勤现场管理、工程监测数据和各参与单位报送信息等进行实时监控，并对风险预警进行及时会商，提高了安全风险管控的整体技术和管理水平，有效控制了安全事故的发生。

各方声音：

从江苏省文明工地观摩会上获悉，由省住建厅与中国移动江苏分公司联合开发的LBS系统（建设工程项目现场监管信息系统）目前已在徐州建筑工地上试点，通过信息技术转变建设工程安全监管模式，实现建筑市场与施工市场的联动管理。

——人民网

现在有了施工人员定位管理系统（LBS），我们每天几点上工地，什么时候离开都清清楚楚，这就要求我们必须要落实带班制度，这对于抓好安全生产工作非常有效。很多事故的发生就是因为没有很好地落实领导带班制度，主要管理人员长期不在岗，安全生产的责任没有得到有效落实。

——江苏安和建设有限公司项目经理 周晶

淮安“1 + 3”安监体系的核心是以人为本，全员参与，群众性与专业性相结合，把生产事故和职业危害隐患行之有效地置于严密科学的监控之中，从根本上增强了企业职工的安全意识和安全保障，有效地防止了各种不安全因素和行为。

——中国江苏网

撰写：夏 亮 / 编辑：王登云 / 审核：顾小平

江苏城市实践案例集
A Collection of Urban Practice Cases of Jiangsu Province

07

改革创新
提升城市管理和治理水平
Reform and Innovation , Improvement of Urban Management and Treatment Level

城市发展是为了市民，城市发展成果应由全体市民来共享。城市的健康发展离不开具体而微的建设、运行与管理，需要紧密依靠包括广大市民在内的社会各方力量协治共管。为了实现“城市，让生活更美好”的目标，中央城市工作会议要求在“建设”与“管理”两端着力，转变城市发展方式，完善城市治理体系，提高城市治理能力；要“彻底改变粗放型管理方式”，“统筹政府、社会、市民三大主体，提高各方推动城市发展的积极性”，“推进改革创新，为城市发展提供有力的体制机制保障”。《中共中央国务院关于进一步加强城市规划建设管理工作的若干意见》中，也从推进依法治理城市、改革城市管理体制、完善城市治理机制、推进城市智慧管理、提高市民文明素质等五大方面，描绘了“创新城市治理方式”的基本路径。

经历了改革开放后三十余年的快速发展，江苏目前已进入以人为核心、以提高质量为主的新型城镇化阶段，城市转型发展已成为时代新主题，相应的城市管理和治理也面临着新的要求。面对这些新局面、新问题，按照中央“推进国家治理体系和治理能力现代化”的总体要求，近年来江苏省积极探索实践，努力提升城市管理和治理水平。

健全完善城市治理的法律法规，建立治理标准体系，规范治理行为，努力实现城市治理法治化；通过各种形式，向市民普及现代城市管理的理念和意识，培育市民精神，鼓励社会各界力量共同参与城市治理；健全基层治理体系，加强基层社区公共服务设施建设，推动政府治理、社会调节、市场参与、居民自治的良性互动；改进城市管理和执法，统筹协调规范管理与惠民便民的关系；切实改善民生设施，疏堵结合，改进市容面貌管理；多措并举，推动整洁有序的洁净城市建设；适应现代城市建设管理的需要，建设覆盖全省的城市管理信息化系统，积极推动智慧城市建设。

7-1 ◎ 城市治理的法制化探索——《南京市城市治理条例》| 304
7-2 ◎ 宿迁市民精神培育的探索 | 306
7-3 ◎ 淮安清河区社会治理的探索 | 308
7-4 ◎ 宿迁社区民生服务设施建设运营模式 | 310
7-5 ◎ 邻里街坊——南通崇川区社会治理的基层平台 | 312
7-6 ◎ 社区服务从“单机版”到“云服务”——南京浦口区泰山街道滨江社区管理服务模式创新 | 314
7-7 ◎ 基于数字化城管网络的社会治理一体化——南京栖霞区仙林街道实践 | 316
7-8 ◎ 常州百姓城管的有益探索 | 318
7-9 ◎ 宿迁“一街三方”的城市管理联动 | 320
7-10 ◎ 徐州探索构建城管与公安联动机制 | 322
7-11 ◎ 常州菜市场的惠民提升工程 | 324
7-12 ◎ 宿迁菜场提升工程和流动摊点“三集中” | 326
7-13 ◎ 让流动摊贩有个固定的家——盐城实践 | 328
7-14 ◎ 无锡户外广告和店招标牌规范化管理 | 330
7-15 ◎ 洁净城市的实践——盐城案例 | 332
7-16 ◎ 洁净城市的实践——扬州案例 | 334
7-17 ◎ 苏州张家港市“城市 e 管家” | 336
7-18 ◎ 便民智慧的“互联网 + 城市服务”——南京案例 | 338
7-19 ◎ 城市管理的信息化——江苏数字化城市管理全覆盖实践 | 340

>> >

城市治理的法制化探索
——《南京市城市治理条例》

Exploration of Legalized Urban Governance

-Urban Governance Rules of Nanjing

案例要点：

我国的城市管理水平与现代化城市的发展要求仍有不小差距，城市管理体制不顺，法制建设有待加强，管理与被管理者之间的矛盾冲突时有发生，运动式、突击式执法方式备受民众及舆论诟病。

2012年出台的《南京城市治理条例》是我国第一部综合性城市治理地方法规，南京市以此为依据推动建立从“城市管理”向“城市治理”、从“部门管理”向“联合管理”、从“多层执法”向“属地管理”的城市治理体系，并细化制定了《南京市城市综合治理指导标准》。全市城乡 6500km^2 范围的平面、立面、空间（空气质量）、水体、地下设施等管理对象，划分为城市道路、街巷、市政设施、居民小区、单位责任区、公共交通、建筑工地等33类管理单元，落实到每个管理的责任单位和监管部门，努力推动全社会共同治理城市局面的形成。

案例简介：

转变理念，由管理变为治理

重塑管理者和被管理者的关系，弥合管理者与被管理者的对立，坚持以人为本，强调公众参与，突出非强制性执法、减少伤害，强调政府、社会与公众的共治共管，市民既是被管理者、也是管理者，城市管理不再是单向运作，而是管理者与被管理者的互动。

市民志愿者参与日常管理

城市管理与城市治理的对比

	城市管理	城市治理
理念	秩序、权威、平安、稳定	人本、人文、民主、法治、高效、和谐
主体	政府	政府为主，公共部门、非政府组织、企业、社区基层组织、志愿组织等共同参与
权力	权力垄断、单向运作	权力分享、双向互动
方式	政府权力与管制	政府管制、分权与授权、多方谈判、协商与合作、社区自治等刚柔相济的治理机制和方式
规范	法律、法规、规章、政策	法律、法规、规章、政策、协议、自治规则等
效果	暂时的、表面的管理效果	长效、高效、稳定、系统的治理效果

搭建治理载体，保障公众参与

设立城市治理委员会，通过自愿申报、材料预审和公开分类摇号，推选城市治理委员会公众委员人选。公共委员包括专家代表、社会组织代表和市民代表，占城市治理委员会成员半数以上，达到促进市民百姓、专家学者有序参与，畅通传达公众诉求的目的。

专家代表、市民代表、社会组织代表组成的公众委员观摩现场

规范治理措施，实现依法治理

立法明确了8项重点城市管理事项、39条具体操作条款，对城市管理中群众反映突出的问题，规定了管理主体、管理标准、执行程序和惩戒措施，从制度上解决了以往城市管理中出现的越位、缺位、交叉执法等问题。

统筹治理环节，提高治理质量

整合行政处罚权，规定各部门之间的衔接程序，构建横向到边、纵向到底的执法责任网络，消除了地区之间、部门之间、上下游之间的管理真空、执法盲区。严格规范执法程序、明确了查处措施、强化了执行保障，提高治理质量。

明确治理标准，实现规范管理

制定《南京市城市综合治理指导标准》，形成涉及管理标准、劳动定额、工作制度、责任落实、考核评价、组织协调等方面的标准化体系。

垃圾中转站标准化作业现场

道路标准化作业现场

道路标准化维护现场

现场讲解标准化环卫作业工具要求

市检验检疫局召开标准化现场会

各方声音：

城市治理标准化建设，依据法律法规，明确了城市治理范围和内容，统一细化和量化了管理标准，界定了各部门、单位的工作职责，建立起全社会共同参与城市治理的体制、机制和制度，标志着我市城市治理将逐步进入全覆盖、精细化、长效化有序轨道。 ——南京工业大学副教授 王卫杰

开展城市治理标准化，使我们小区的环境干净了，周边道路、广场每天也很整洁，我们要倍加珍惜环境，自觉遵守文明行为，主动关心、爱护我们的城市。 ——南京自由职业者 赵健

政府提出基本标准、各管理单元加以细化，使得城市管理实现多元参与、有章可循。城市事务管理分解到两万多个管理单元，根据各自情况分别施以不同标准，体现了市民友好型、适用性原则，有助于城市实现从点到线、到面的有效管理。 ——《新华日报》

撰写：王守庆、杨诚刚 / 编辑：费宗欣 / 审核：宋如亚

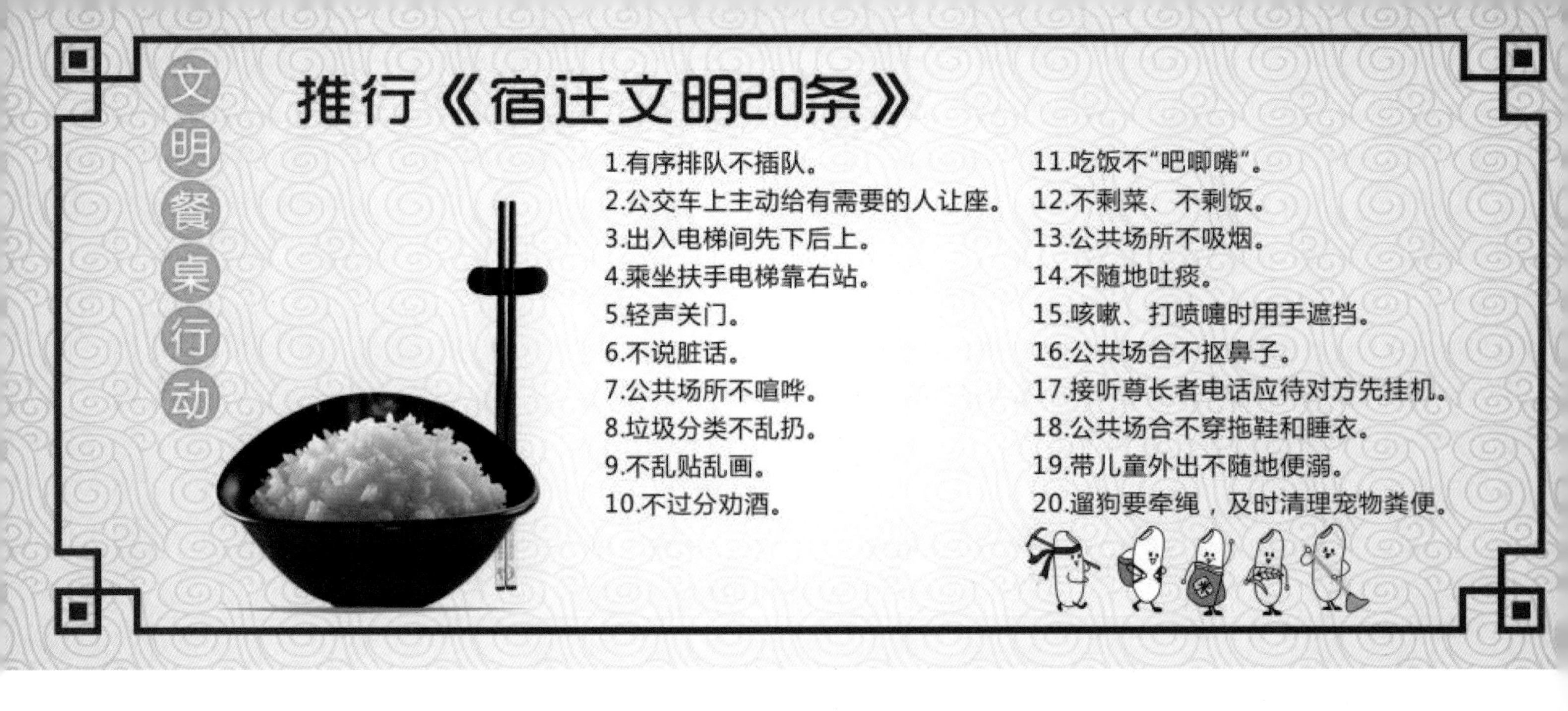

宿迁市民精神培育的探索

Exploration of Cultivating the Citizen Spirit in Suqian

案例要点：

市民的行为规范和文明程度直接影响老百姓的生活和城市的形象。宿迁市从治理闯红灯和车辆乱停放入手，把“交通规矩”作为打造“宿迁规矩”的第一步，相继在广场舞管理、农贸市场管理、养犬管理、小广告整治等方面建规立矩，并针对市民日常生活中最常见最细微的不文明行为，制定出台《宿迁文明 20 条》，使市民形成强烈的规则意识，唤起百姓的文明自省，这不仅有效减轻了城市管理难度，也有效提升了城市文明水平。有力助推了宿迁市成为国家卫生城市、中国人居环境奖城市、省优秀管理城市，并且由“江苏省文明城市”一步跨入“全国文明城市提名城市”行列。

发动社会参与，营造浓厚氛围

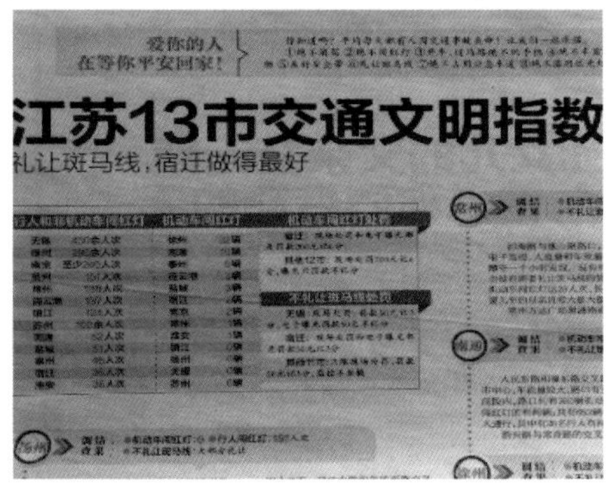

爱你的人 在等你平安回家！

江苏13市交通文明指数

礼让斑马线，宿迁做得最好

交通文明指数全省第一

案例简介：

把“交通规矩”作为打造“宿迁规矩”的切入点

一方面强化机动车礼让斑马线。明确不礼让斑马线的六种情形，通过“网、报、台”等载体持续宣传。制定《机动车礼让斑马线整治执法标准》，针对不礼让斑马线违法行为多发的路口、路段，集中警力严格执法。对无警时段机动车不礼让斑马线违法行为进行常态化抓拍。

另一方面，深入持续开展行人、非机动车闯红灯专项治理行动，有效减少“中国式过马路”现象。明确车辆分区停放、泊内停放、同向停放、车头一条线停放要求，对街面各类车辆乱停放行为进行严管重罚，让广大市民树立强烈的规则意识。

“五定标准”让广场舞不再任性

出台了《宿迁市市区广场舞活动管理暂行办法》，明确了地点、时间、音量、职责、措施“五定标准”，对广场舞活动进行全面规范。通过出台办法、明确标准和规范管理，宿迁市区 110 处群众自发形成的广场舞地点，均能够做到规范有序开展，因广场舞活动产生的矛盾相比以前大幅减少，现在基本没有举报投诉。

组织广场舞领舞者培训

循序拓展规则，完善配套建设

先后制定出台了《市区“五小行业”经营管理规范》《市区农贸市场经营管理规范》《市民文明行为规范》《市区居住小区管理办法》《市区养犬管理办法》《市区非法小广告整治管理办法》等 7 个规范性文件，全方位、多角度为城市立规。持续完善各类配套设施建设并严格管理，市区所有慢车道停止线和斑马线处均标注有“越线处罚”和“礼让行人”标识；在道路两侧施划各类停车泊位 3 万余个；高标准新建改造 15 个超市化菜场；新建东吴尚城、湘江路等一批室内标准化疏导区，引导摊点入室规范经营；对市区 20 个老旧小区进行全面改造、213 个小区物业进行整治提升；新建停车设施 61 处，新建改建三类以上公厕 402 座，新增或更换果壳箱 1.5 万余个。

施划道路停车泊位标线

出台系列宿迁规矩

《宿迁文明 20 条》推行工作获得 2015 年江苏省思想文化工作创新奖

细节入手建立“文明公约”

紧扣社会主义核心价值观，围绕深化全国文明城市创建，创新宣传推行《宿迁文明 20 条》，大力开展“文明倡导”“文明劝导”“文明规范”“文明实践”四大行动，唤醒市民的文明自省，提升市民的文明素质，使文明成为宿迁吸引投资、创业、旅游的新城市名片。

各方声音：

每次到外地出差，看到那么多闯红灯的人，就特别为宿迁自豪。咱们的交通文明指数全省第一！

——宿迁市民 张先生

也不是哪个人的力量，这些顾客起到很大作用，他们感觉环境好了，自觉性就提高了，像乱扔烟头、垃圾、随地吐痰等不文明行为就少了，一下子都变得文明多了。 ——新园农贸菜场经理 宋伟

如今，随着城市不断发展，宿迁市区商业活动多了，噪音谁来控制？沿街商铺如雨后春笋般出现，装潢生产的垃圾如何处理？这些城市在发展进程中急需解决的困扰，如今有了解决之道。“宿迁规矩”让宿迁市民自己给自己立规矩、定标准、设红线、成方圆，为解决“城市痛点”提供了良方。

——人民网

撰写：费宗欣 / 编辑：赵庆红 / 审核：杨洪海

淮安清河区社会治理的探索

Social Governance Exploration of Qinghe District, Huaian

案例要点：

淮安市清河区扎实开展区、街道、社区三级社会管理服务中心规范化建设，全面率先启用省综治信息系统标准模块，通过整合行政资源、社会组织资源、志愿者资源，出台社区网格工作规范，建立完善分级办理、考核奖惩、协作配合、安全保障等工作机制，创建日排查、周研判、月会办的工作模式，四年来累计排查化解各类问题矛盾纠纷 120030 件，办结 119550 件，群众满意度达 98.5%。其做法先后在全国、全省推进会上作经验推介，并获得全国社会管理创新奖。

案例简介：

清河区地处淮安市的中心城区，社会治理服务任务逐渐加重、难度逐步增大，主要呈现“三大特点”：一是外来人口多、人员流动性大，社会治安综合治理任务重；二是城市化进程不断加快，大量的拆迁安置、项目建设极易引发新的矛盾，维护稳定任务重；三是辖区市场、商场等人员密集场所较多，安全监管工作任务重。针对这些特点，清河区努力探索、率先而为，探索社会治理模式创新。

以“系统化”思维，优化总体布局

清河区社会治理体系构建了层级分明的组织架构，建立了高效便捷的管理体系。承担社会管理任务职能的区政法委、信访局等 38 个相关部门或科室集中办公，职能整合，成立了矛盾调处、法律援助等十大平台，并与社区网格互联共通，与市民服务中心联网，确保第一时间交办，及时解决群众诉求。同时，建立与之相配套的奖惩机制，通过周督查、月考核、季点评，增强各级参与主体的责任意识，充分调动起社会方方面面的积极性、主动性和创造性。

清河区社管大厦接待大厅

以“多元化”举措，推动协同创新

清河区强力推动网格管理，结合住宅区分布状况，将区内 7 个街道 38 个社区划分成 181 个网格，每个社区网格配备“1+N”管理服务团队。注重发展社会组织，在全市率先成立公益孵化基地，培育各类公益性、服务性、管理性社会组织，实现公共服务提供主体和方式的多元化。同时，大力推进群众自治，激发社区居民的管理动力，变服务对象为自治主体，鼓励民事民议、民事民办、民事民管，实现政府治理与基层群众自治的有效衔接和良性互动。

清河区网格划分治理模式

以“精品化”追求，提升内涵品质

清河区在全省率先建设社会治理信息平台，与省综治信息系统标准模块完整融合，加强对社会治理网格的组织领导，强力推进基层党建网络和社会治理网格的深度融合。大力推动治理项目微创新，着力打造“一社一特、一格一品”的基层特色服务。如富强社区大力开展法制宣传、强力推进基层民主，成为清河首家国家级民主法制示范社区；向阳、沈阳路社区充分发挥基层党组织作用，打造了党建网络和社管网格融合的示范点。

清河区社会组织孵化基地

以“民本化”服务，赢得群众满意

清河区社区推行“全科受理、全能服务、全程代办、全程帮办”的服务方式。同时，根据不同人群的需要，各网格定期开展活动，大力倡导邻里相识、相知、相助、相亲的社会新风尚，不断提高广大居民群众的道德素质和社区的文明程度。新建 1200 个高清视频探头，搭建社会面监控主干网，组织公安专职巡防力量负责社区主要出入口及重点部位的治安防范。

清河区党建社管“两网融合”

清河区社区“四全”服务

各方声音：

社区老人因患关节炎、长期坐轮椅，洗澡无法自理，网格队员钱丽萍、董春梅得知此情况后，迅速联系好浴室，帮老人洗上了舒心澡。老人感动地说：“能在这个居委会当居民，真是我的福气啊！”

——清河区长西社区居民 王素珍

清河区做网格化管理，特点明显，采取集中办公，集中梳理，集中服务三个集中，方便群众，有效整合了资源，包括机构建设这方面都做的相当不错，有很多自己的创新，也有很多自己的一些方法，所以这方面我觉得他作为社会治理创新的典型是值得推广的。

——《小康》杂志社长兼总编 舒富民

撰写：王登云 / 编辑：肖 屹 / 审核：宋如亚

宿迁社区民生服务设施建设运营模式

The Construction and Operation Mode of Community Liveli Hood-Service Facilities of Suqian

案例要点：

社区服务是城市公共服务的内容之一，以往社区服务设施大多各自选址、分散建设，容易产生布局不合理、覆盖不足、使用不便、运营困难等问题。习近平总书记在中央城市工作会议上指出：“一些城市越建越大、越建越漂亮，但是群众生活越来越不方便”，反映出很多城市在发展过程中，对社区服务设施规划建设重视程度不够。

建设功能完善的社区服务场所，为居民提供便捷优质的公共服务，是落实以人为本发展理念、推进新型城镇化的重要体现。宿迁市从系统编制规划着手，形成符合本地实际的社区服务设施布局方案与建设标准，引导原本分散的公共服务与商业服务向社区中心、邻里中心集中，并采取灵活方式加快建设步伐，系统推动社区民生服务设施规划建设，实现了为居民提供便捷优质社区公共服务的目的。

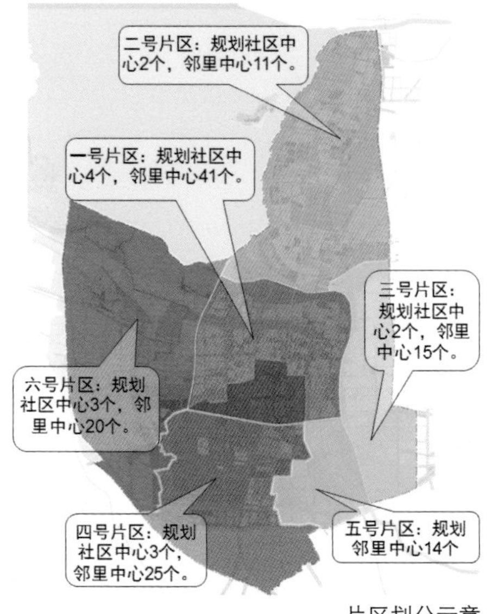

片区划分示意

案例简介：

系统规划，优化设施布局

宿迁市由于建市晚、底子薄、财政能力有限，社区公共服务设施历史欠账较多。为提高社区公共服务水平，宿迁市制定了《宿迁市区社区民生服务设施规划》，在充分掌握现状问题与市民需求的基础上，确立了“10分钟生活圈”为建设目标，以社区中心、邻里中心为载体的城市社区民生服务设施发展思路，采取“分片控制、分级配置、分类布点、分期实施”的策略，规划形成以7个街道级的社区中心、62个居住区级的邻里中心为基础，市、区级设施衔接配套的公共服务设施网络体系。制定了《宿迁市城市社区服务设施规划建设指引》，明确各级社区中心、邻里中心的建设标准，在保证行政服务、超市菜场、文化服务等基本功能基础上，增加了医疗卫生、居家养老、网购投递等新功能新需求，使社区中心、邻里中心成为邻里守望相助、交流交往的人性化社区公共活动空间。

多策并举，加快建设步伐

依据规划制定了分期实施计划，引导各社区结合实际情况因地制宜采用改建、配建和新建三种方式加快设施建设步伐，并将具体项目落实到城市建设年度计划。同时，配套出台相关激励与优惠措施，大力引导原本分布零散的商业服务、文化演艺、教育培训、休闲娱乐、体育健身等市场经营性项目向社区中心、邻里中心内集聚。采用“PPP 模式”等方式，鼓励社会资本以不同形式灵活参与社区服务设施建设与运营，有效减轻了政府财政负担。

社区层面服务设施建设指引

明日邻里中心

位于苏宿工业园区，由政府投资新建，占地 1.2hm²，总建筑面积 1.8 万 m²。项目在设计阶段就优先将商业服务设施布局在商业价值较高的区域，从而吸引大量市场经营性项目入驻，并用租金来维持邻里中心的日常运营管理。该方式既丰富了邻里中心的项目配置、提高了服务水平，也降低了原本分散的沿街商业对城市交通、城市形象、城市管理的影响。

外景

一站式社区服务中心

棋牌活动室

黄河社区中心

位于市经济开发区，是政府采取“PPP 模式”新建的社区中心，总建筑面积近 3 万 m²，可提供 19 大类 60 多项全方位、多角度的便民服务。项目配套的菜场经营面积达到 9000m²，是宿迁首家、苏北领先的标准化菜市场。

外景

菜场

特色美食街

楚苑邻里中心

位于城区南侧大片新建居住区内，是利用原有小区闲置的售楼部改建而成，着重增加医疗卫生、儿童活动、居家养老、阅读放映等社区亟需的民生服务功能，实现了“小投入解决大问题”。

外景

儿童活动室

居家养老

各方声音：

在当前供给侧改革的背景下，宿迁创新社区民生服务设施建设模式，提高了公共服务设施覆盖范围与服务水平，也有效减轻了政府负担，为其他城市提供了宝贵经验。——江苏省规划院总规划师 袁锦富

只要进了社区中心，“油盐酱醋茶、衣食住行娱”各项设施一应俱全，还有咱们老年人的活动中心，确实非常方便。

——宿迁市民 胡女士

宿迁将规划建设 62 个邻里中心，以解决中心城区人文关怀缺乏、社会福利与保障设施等社区民生服务设施配套不足问题，增强市民的认同感和归属感。

——《扬子晚报》

撰写：施嘉泓、赵 雷 / 编辑：费宗欣 / 审核：张 鑑

邻里街坊——南通崇川区社会治理的基层平台

Neighborhoods - Fundamental Platform of Social Governana in Chongchuan District, Nantong

崇川区社区分布图

案例要点：

社区服务，繁杂琐碎，千丝万缕，和民生息息相关。南通崇川区以居民自治管理为核心，推动政府基层管理资源下沉，将全区 108 个社区进一步细分为 828 个邻里和 208 个街坊，其中邻里以居民小组为基础，以 0.1 到 0.6km^2 为半径，由 150 户到 300 户居民构成，通过居民议事会制度实现邻里自理；街坊由分布在城市主次干道上 500m 长的沿街商户构成，通过街坊联席会实现街坊共治。

案例简介：

2013 年以来，南通市崇川区以城市基层社会治理体系和治理能力建设为着力点，通过创设邻里和街坊，织密社区治理单元，凝聚整合社会各方力量，组织引导居民参与基层社会治理，增强了参与合力，化解了社会矛盾，提升了治理实效。近三年，社区邻里街坊组织议事 3000 多场，9.5 万人次参与，解决实际问题 5300 余件，受理矛盾纠纷总量下降 14%。

搭建基层自治平台

在社区层面，全区 108 个社区按照统一的标准体系，建成了具有“一校两厅四室”（社区学校、一站式大厅、居民议事厅、党群活动室、社团工作室、文体活动室、卫生服务室）、集 60 余项功能的社区公共服务中心，打造了服务社区居民的实体化平台。在邻里街坊层面，邻里普遍设立理事会和服务处，街坊普遍设立议事点，在给居民提供便民服务的同时，也提供了群众共同议事的场所。

千禧园和爱邻里服务中心

天勤家园邻里服务中心

推动群众自治管理

每个邻里建立居民议事会制度，通过召开居民议事会、居民代表大会和邻里评议会，自主解决邻里事情，做到“小事不出邻里”。街坊则整合企业商户、社区邻里、行政执法、志愿者等各方力量，成立文明促进会，民主选举街长，通过建立健全联席会议制度，共同议事。

促进管理力量下沉

南通崇川区全面精简下放社区的工作事项和台账，让社区干部腾出精力将社区服务下沉至邻里街坊。通过整合共管、专业、志愿三组服务力量，组建信息、保洁、保安、调解、巡防等 9 类服务人员，履行好服务、信息、自治三项基本职能。构建起志愿服务、公共服务与社会服务有机结合的为民服务体系，共组建邻里服务队伍 796 支，组建街坊专业服务、志愿服务和综合执法队 624 支，实现了服务群众零距离。

互爱互敬邻里服务处

乐悠邻里服务处内景

街坊日常活动

街坊议事店

桃坞路街坊街景

街坊议事

各方声音:

小邻里实现大共享。

——中共中央党校教研部课题组在《中国党政干部论坛》撰文

崇川区着力推进社区公共服务设施建设，充分调动社区内各种社会力量参与服务的积极性。

——《人民日报》

撰写：肖 屹 / 编辑：赵庆红 / 审核：杨洪海

社区服务从“单机版”到“云服务”——南京浦口区泰山街道滨江社区管理服务模式创新

From “Stand-alone Service” to “Cloud Service” - Innouation of Community Service Model in Binjiang Community,Taishan Subdistrict,Pukou,Nanjing

民政部调研社区管理

案例要点：

随着经济社会的持续发展和人民生活水平的不断提高，居民对社区管理服务的项目需求越来越多、标准要求也越来越高，传统的社区管理服务模式已难以适应形势发展需要。南京浦口区泰山街道滨江社区以帮助社区居民获取更为丰富的服务为根本目标，创新管理服务模式，改变依靠社区干部和居民自身服务来实现的传统方式，而是利用有效的制度设计最大限度地对接已有的社会和市场资源，让社区不再是自我服务的“单机版”，成为完全融入大社会大市场的“云服务”终端。这样的模式不仅深刻地改变了社区治理的开放程度，让居民生活更加丰富便捷，也为城市中社区经济、共享经济的发展带来广阔的市场空间。

社会化服务大厅

案例简介：

社区管理服务下沉进小区

泰山街道滨江社区在新建商品房小区探索组建社区二级服务站，推进服务站和政务服务、社会化服务、社会组织促进、精神文明建设、党员服务等“一站五中心”建设，将社区管理服务直接延伸到住宅小区。通过完善社区管理组织架构，使居委会更专注于民主自治、反映社情民意、调解社会矛盾、促进社会组织发展等社会服务功能。

金陵图书馆明发滨江分馆

让社区成为社会化服务资源的连接器

泰山街道滨江社区从建设之初，就把工作重心定位在管理服务上，结合社区实际，强化制度设计对接社会和市场资源，采取补贴或仅收取保本房租的方式，积极引进社区居民需要的各类社会服务，让社区不再是自我服务的孤岛，而是居民需求与社会化服务网络的节点和连接器。其中的金陵图书馆分馆，不再是社区自己采购图书的模式，而是社区负担物业管理、金陵图书馆负责内部设备和图书维护，这样图书实现了定期更新，最大限度地满足了社区居民的阅读需求。在社区养老方面，引入微利的专业社区养老机构，社区收取保本房租，养老机构负责提供服务，让养老餐厅和养老活动达到标准星级服务水平。对于社会化服务大厅，社区收取管理费用补贴整体运行，引入了家政、青少年教育课程、旅游、理财、早教等贴近居民需求的营利性服务公司，并为将来共享经济中的相关社区经济类型入驻预留了空间。

小星星培训班

居民参加服务站花卉种植培训班

强化社会化管理服务监管

为提高管理服务水平，社区结合评比等活动强化对各类社会服务的评价和监督，扶持和引导志愿服务组织、老年人组织、群众性文体组织、慈善组织等社区组织有序开展活动，提升社区治理功能和活力。目前社区在仅有 6 名工作人员的情况下，管理 4000 多 m^2 的服务站，除保障常规的政务服务外，还为社区居民提供了阅览、养老、家政、教育、理财等 30 多项社会化服务，并逐步实现了营收平衡。

舞蹈协会在服务站排练舞蹈

手把手教青少年写书法

党员志愿者开展义诊活动

各方声音：

在新建小区建立社区服务站，强化社区建设管理和便民服务网络建设的大胆实践令人振奋，值得肯定和推广。

——民政部政权司副司长 王金华

在小区建社区服务站，使小区群众遇事有人管、倾诉有人听、权益有人保，拉近了社区与我们的距离，另外各项物管服务也更周全、方便了，我们很高兴。

——浦口明发滨江新城小区居民

社会管理创新是“幸福泰山”的亮点和特色。按照“扁平化、网格化”管理要求，泰山进一步完善人口信息化平台，推进人口管理全覆盖和基本公共服务均等化。同时加快实施小区二级服务站建设，实现了管理重心下移，社区服务前移。

——《南京日报》

撰写：赵庆红 / 编辑：肖 屹 / 审核：杨洪海

基于数字化城管网络的社会治理一体化
——南京栖霞区仙林街道实践

Social Governance Integration Based on Digital Urban Management Network
-Practice of Xianlin Subdistrict, Qixia District, Nanjing

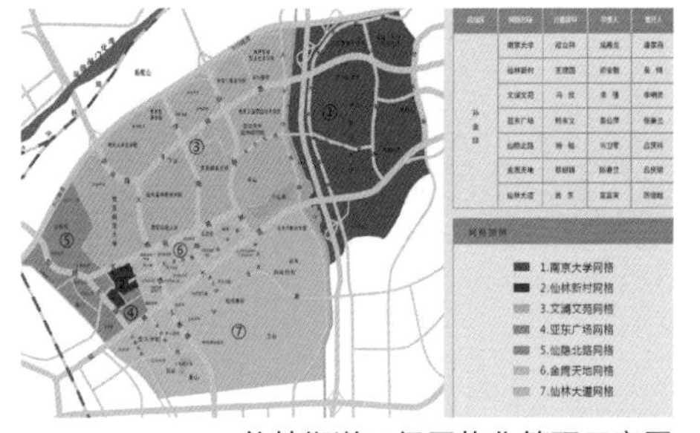
仙林街道三级网格化管理示意图

案例要点：

做好基层城市管理工作，探索提高城市管理执法和服务水平，对改善城市秩序、促进城市和谐、提升城市品质的作用日益突出。南京栖霞区仙林街道大力推进城市管理重心下移，在科学配置干部人力资源、发动社会群管群治上下功夫，通过组建覆盖全街道的三级管理网格、实行干部网格管理责任包干，积极调动社区各方参与管理和监督，将基层城市管理由条线分治变为网格共治、由政府监管变为全员防控、由被动处置变为主动治理。同时从完善常态化、精细化的“数字化”城管入手，强化信息联动，建立快速发现问题、快速解决问题的工作机制，既未增加基层干部人手，又增强居民的归属感和向心力，有效提升了城市管理水平，城市管理连续 60 多个月排名南京市第一名。

案例简介：

仙林街道辖区 32.67km^2，有近 1700 个驻街单位和居民小区。近年来，该街道着力推行“数字化”城市管理，结合体制机制创新，向网格化、信息化、社会化等“五化融合”方面延伸拓展，强化群管群治，服务管理责任包干到人，探索形成了网格覆盖、多元联动、快速处置、服务为先、和谐发展的基层新型城市管理模式。在街道社区干部人员、经费投入不增加的基础上，实现了小事不出网格、大事不出社区、突发事件不出街道，先后荣获“全国社会管理体制创新优秀成果奖”、“全国基层社会管理创新示范街道”、“江苏省城市管理示范路、示范社区”等称号。

仙林街道社会管理工作网格化示意图

仙林街道“六化融合”城市管理创新体系图

“网格化”让每个干部都有“责任田”

分别以社区、管理量、驻街单位为单元，将辖区划分成 7 个一级网格、114 个二级网格、1660 个三级网格。街道、社区干部全部下沉到三级网格中，并实行干部网格管理责任包干，让每位干部由管理一方面工作的“专员”变为负责城市管理、群众工作、民生保障、公共安全、平安法治、流动人口、发展平台、科教人才、精神文明、区域党建等网格上十方面联动管理的“通员”。

“标准化”让城市管理更加精细

制作《城市治理工作一点通》口袋书，印发《致驻街单位、居民群众一封信》，令城市治理标准要求家喻户晓。成立城管工作站，每个社区设立城市管理服务窗口，公开服务热线。组建“盯得紧”督导考核队每天到网格进行巡查督导，并及时通报结果，督促问题整改。

“口袋书”

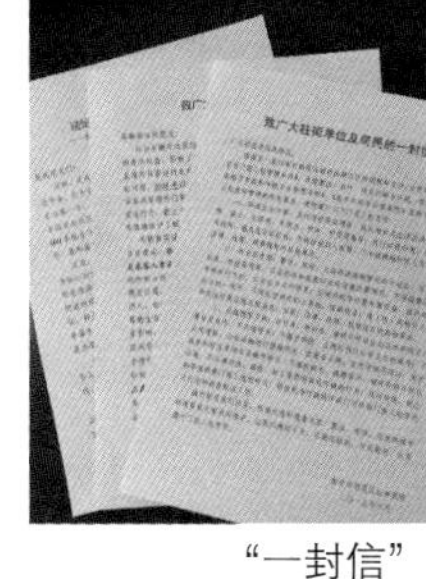
“一封信”

“盯得紧”督导考核队

实时监管视频

“信息化”给和谐治理提供平台

依托信息系统，整合派出所、交警、物业等单位进行实时视频监管，及时发现问题并下达落实整改。在居民小区门口和重点路段设立“社情民意服务站”，市民发现问题即可按动服务按钮反映情况。一级网格配备 2 名问题整改员，每人配备“城管通”，负责下发“整改菜单”和接受整改后的图片信息。

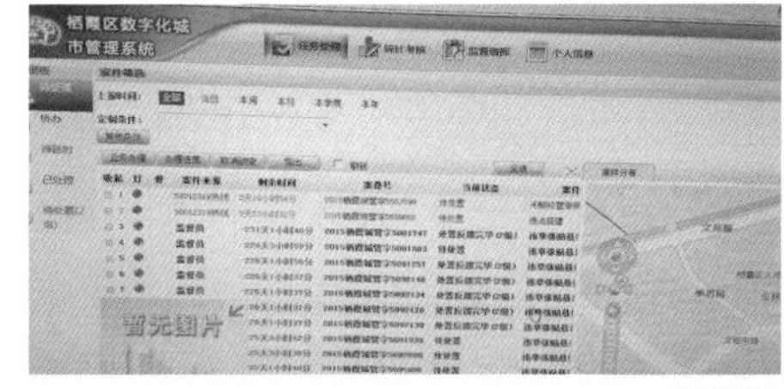
城管通

“社会化”给城市管理减轻压力

开展“每日走访”服务，督查驻街各单位履行市容环卫责任区制度情况。选派物业工作人员担任社区监督委员会主任，社区干部兼职物业监督委员会主任，实现物业、社区双向监督。每季度组织开展“星级物业评比”活动，激励物业做好小区内部设施管养、绿化保洁和拆违控违等工作。

每日走访

“群众化”给城市治理增添活力

街道组建 3700 多人的“三长五员”（网格长、楼栋长、党小组长，宣传员、物管员、卫生员、治安员、文体员）志愿者队伍，进网格、进楼栋。同时组建 30 支共 150 人的“万家欢”巡逻服务队，监督小区环境卫生、控违、治安、邻里互助等工作。成立网格“草根奖”协会，引导企业和驻街单位自愿出资 326 万元，冠名设立 12 个奖项，先后评选奖励各类网格草根楷模 3450 个、“优秀网格城管志愿者”682 人。

志愿者在行动

各方声音：

我觉得仙林街道城市管理有几方面成就：一是在社会治理创新上取得了重要的成果，二是在群众路线实践过程中创建新的模式，三是社区现代化管理的典范。——最高检检察理论研究所副所长 谢鹏程

仙林街道的城市管理工作是南京最好的，生活在仙林我们很幸运，希望越来越多的居民朋友参与到这项工作中来。

——东方天郡小区 喻小萍

仙林街道以网格化管理为平台，以创建平安社区为抓手，跨界合作、资源整合、全民参与、持续改进，实现了沟通无障碍、管理无盲点、服务无遗漏、安全无隐患、和谐有保障。——《南京日报》

撰写：赵庆红 / 编辑：肖 屹 / 审核：宋如亚

常州百姓城管的有益探索

Useful Exploration of Common-People-involved City Inspection in Changzhou

召开“城管找差团”活动新闻发布会

案例要点：

推进国家治理体系和治理能力现代化，落实到城市管理体制上，需要推动城市管理向城市治理的跨越。突出市民参与，实现城市共治共管和共建共享是城市治理的重要内容。为此，常州市以实现“公众参与、全民城管”为目标，积极搭建城市管理和市民群众的沟通平台，通过组织开展一系列的体验式活动，开拓了市民参与城市治理的渠道，形成了良好的参与氛围，让市民直观感受到城市管理的内容、过程和成效，提高了群众对城市管理工作的知晓度、参与度和满意度。同时，试点开设城管巡回法庭，说法、普法，调解执法矛盾，方便群众参与听证、庭审，提高了市民的法制意识，减少了城管执法者与被执法者之间的矛盾和对抗。

案例简介：

“城管找差团”：让政府部门知道群众需要什么

2010 年，常州市组织开展“我爱我家 城市管理百人找差团”活动，通过现场找差和网络找差两种形式，在全市 160 条主次干道和 6 个城市主要出入口，围绕城市长效综合管理等十三项事件以及城市管理的热点难点问题找差。自组织活动以来，常州市年均找差 1799 个。所有问题通过“12319”市城管监督指挥平台派单给相关部门进行处理，有效回应了百姓关切。

学校组织学生参与“城管找差团”活动

69 岁的市民邵启林经连续四年参加“城管找差团”

“城管之旅”：让百姓知道政府部门在干什么

常州围绕“百姓体验城管”，推出“城市长效管理之旅”“城管执法之旅”“市容环境提升之旅”“跟着垃圾去旅游”“餐厨垃圾哪去了”5条“精品线路”，内容涵盖数字城管、执法、环卫、市容等方面。每年有超过5000人参与活动，参与对象为广大市民群众、志愿者、机关干部、行风监督员、媒体记者、网民、学生、城管服务对象等。活动让市民了解了城市管理工作主要内容和工作流程等，增进了市民对城管的理解。

“城市长效管理之旅”：体验数字化城管和考评监督

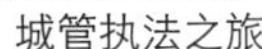

城管执法之旅

市容环境提升之旅

跟着垃圾去旅游

餐厨垃圾哪去了

“城管巡回法庭”：让政府部门与市民共享法治保障

城市管理巡回法庭专职处理市容环境卫生管理、市政管理、城市绿化管理、环境保护、工商管理等方面的行政处罚强制执行案件，不服城管部门处罚决定提起的行政诉讼案件以及起诉城管部门不履行职责的案件，同时负责开展法制宣传教育活动。巡回法庭的投入运行，为城市管理提供强有力的司法保障，提升了城市管理执法效率，提高了市民的法治意识。

接待当事人来访、咨询，提供法律服务

依法行使审判职能，及时作出裁决

各方声音：

通过这些体验，我们更加理解城管部门治理城市的相关措施，以及城管人员为城市环境的辛苦付出。我们要理解人与人相处时的互相尊重。懂得理解，我们的城市建设才能更和谐美好。

——常州市民 高淼

撰写：王守庆、杨诚刚 / 编辑：肖　屹 / 审核：宋如亚

宿迁“一街三方”的城市管理联动

Interactive Urban Management Method With Multi-party in Suqian

案例要点：

长期以来，城市中的乱停乱放、店外经营、流动摊点现象屡禁不止，成为城市管理的难点问题，虽然城管部门不断加大执法管理力度，但缺乏有效的行政强制措施，管控乏力、效果甚微。对此，宿迁市整合公安、城管、交通管理部门力量，成立联合执法小组，建立“一街三方”联勤共管机制，对街道秩序实施联动管理，解决了部门管理协同问题。同时，将规范引导与强化执法相结合，制定实施“宿迁规矩”，促进市民文明习惯的加快养成，使部门执法的“单一作为”变为群众参与的“互动行为”，有效解决了街道秩序乱象，改善了市民出行和生活环境，提升了群众满意度。在省文明委组织的设区市城市文明程度指数测评中，宿迁居苏北第一，交通文明指数居全省第一。先后创建成为国家卫生城市、中国人居环境奖城市、江苏省优秀管理城市，并成为“全国文明城市”提名城市，在2015年底国家统一组织的全国文明城市年度测评中，在全国100多个地级城市中位居第二。

案例简介：

整合力量、建立制度，形成管理合力

宿迁市从公安、城管、交通管理部门分别抽调执法人员，混编成8个执法小组，每个执法小组配备8～10人，全面脱离原工作岗位，实行集中办公，统一调度、统一行动，形成了管理合力。同时，建立“五定一包”工作制度，即定人、定责、定时、定标准、定区域和包街面秩序，让人人都有责任田。

联合对负责区域内的街面秩序问题实施管理

动态巡查、依法行政，提高执法效能

联合执法小组每天进行不间断、高频率巡查，全时段、全方位抓好管控，始终保持高压态势，第一时间发现、处置突出问题。同时，对影响街面秩序的违法违规行为，全面实施首次即罚、顶格处罚等刚性措施，该暂扣的坚决暂扣，该处罚的坚决处罚，确保依法行政。

依法暂扣占道经营物品

清理占道宣传广告牌

发动参与、培育规矩， 形成良好氛围

制定出台市民文明行为、居住小区管理、农贸市场经营管理、“五小行业”经营管理以及小广告管理整治和市区养犬管理等七个方面“宿迁规矩”，给文明行为树规范、定红线，让市民行为在“规矩”下更加规范、文明，不断推动“宿迁规矩”向“宿迁习惯”转变。同时，由城管执法人员、公安交巡警、社区干部群众、城管志愿者等共同参与，深入开展文明劝导行动，对各类不文明行为进行现场查纠，促进市民文明习惯的加快养成，大力营造文明和谐的社会氛围。

广大市民积极参与城市管理活动

城管志愿者现场参与街面秩序管理

各方声音：

现在的宿迁比过去明显整洁有序很多，车辆停放很规范，一些占道经营的摊点基本看不到，市民的文明意识有很大提高，生活在这样一个美丽的城市感觉越来越有一种幸福感。

——宿迁市民 姚军

撰写：王守庆、杨诚刚 / 编辑：肖 屹 / 审核：宋如亚

徐州探索构建城管与公安联动机制

Construction of Urban Management and Public Secnrity Linkage Mechanism in Xuzhou

案例要点：

城管执法中行使的大部分是行政处罚权，处罚权与强制权的分离，致使城管执法难现象时有发生。对此，徐州市探索通过整合城管和公安力量，建立联动机制，提高了城市管理绩效，全市1.2万余处占道摊点得到有效消除，同时也为“平安徐州”建设提供了强力支持，市区治安案件发案率同比下降34%，2015年徐州名列中国最安全城市30强榜单中第4位，被评为“江苏省优秀管理城市”。

案例简介：

徐州市制定《徐州市城市管理行政执法协作规定实施方案》，在市区31个街道办事处全面建立查处一体和快捷联动的工作机制，将市区合理划分为64个巡区，并在重要路口、问题高发区域设置50个城管岗亭，针对城市管理问题，共同发现、共同处置问题，构建执法互联互动、双向督导核查、考核奖惩、定期沟通和后勤保障等机制，有效破解当前城管依法执法困局，提升了城市管理效能和解决城市管理难点问题的能力。

构建执法互联互动机制

城管执法的巡查区域与巡特警、交警的巡逻区域结成互助巡区，平时工作互不干扰，在需要时相互协助。城管部门和公安机关相互配发“警务通”和“城管通”，共同巡查发现问题，并及时互联互通，形成有效的配合机制。同时，公安机关对城管执法中遇到的阻挠公务、暴力抗法的，能够及时、快速地进行保障，实现互联互动。

正在使用“警务通”执法

城管执法人员与巡特警在巡区内巡查执法

构建双向督导核查机制

21 名市巡特警支队人员，分 7 个组，在各自巡区内每天对数字化城管派遣案件整改和日常市容秩序管理等情况进行督导检查，并及时反馈检查结果。同时，100 名数字化城管网格信息员对相关部门的案件整改落实情况实施核查。

巡特警对市容秩序管理进行督查

构建考核奖惩机制

公安辅警队员发现并反映城市管理问题，城管执法人和协管员发现并反映违章停车等交通违法行为，在给予发现上报人员奖励的同时，按照对等原则，扣除责任巡区小组绩效考核工资，同时纳入市对各区城市管理工作考核体系。

构建定期沟通机制

市公安局与市城管局定期召开联席会议，各公安分局与各区城管局每季度召开一次联席会议，辖区派出所与街道办事处每月召开一次联席会议，定期通报阶段性工作成效，研究需要共同解决的问题，协商下一步工作。

城管岗亭配置微波炉、饮水机、医药箱等便民服务设施

构建后勤保障机制

在市区设置 50 座城管岗亭，作为城管队员、交警、巡特警等的日常办公地点，统一外观、标识和办公设备，内部通电话、通网络、通监控，配备便民服务设施，为值岗人员统一配餐，塑造了城市管理工作新亮点。

检查日常工作台账

现场协商解决城市管理问题

城管岗亭分布图

各方声音：

道路畅通了，出行方便了，生活也更舒心了。20 多年的老问题，终于给治住了。

——徐州市小区居民 周发启

如何解决城市管理中小贩不怕管、城管执法软的尴尬？今年 4 月 15 日起，徐州市城管局与公安局启动城市管理行政执法协作机制，推行巡查一体，联动执法。5 个月过去了，现如今暴力抗法的少了，维护了城管执法的严肃性；重点区域老大难的占道经营管住了，赢得了市民点赞。 ——人民网

撰写：王守庆、杨诚刚 / 编辑：肖 屹 / 审核：宋如亚

常州菜市场的惠民提升工程

The Project of Market Improvement in Changzhou

案例要点：

常州市针对原有菜市场存在的环境卫生脏乱、建设标准较低、硬件设施简陋、市场管理粗放等问题，自 2007 年起实施菜市场惠民提升工程，财政累计投入 9 亿元资金，到 2015 年全面完成了城区 109 座菜市场的改造。城区所有菜市场均实现了“五化”目标，即购物环境商场化、现场管理制度化、食品卫生安全化、商品价格大众化、菜场设施人性化。常州菜市场改造工程被评为 2007 年常州市为民办实事十大工程，得到市民群众的普遍称赞。

案例简介：

科学规划，统一建设标准

2007 年，常州市率先编制《市区菜场布局规划》和《农贸市场布点专项规划》，根据人口分布和服务半径合理配置全市菜市场网点布局，优化菜市场规模结构。出台《常州市市区菜市场建设规范》，分“内部提升、原址改造、搬迁移建、规划新建”四种形式，明确菜市场外立面、停车场、马路市场取缔等外部环境标准要求，对菜市场内的柜台、墙体、地面、水电、消防、配套设施、检测设施、公用设施等均制订了详细规范。

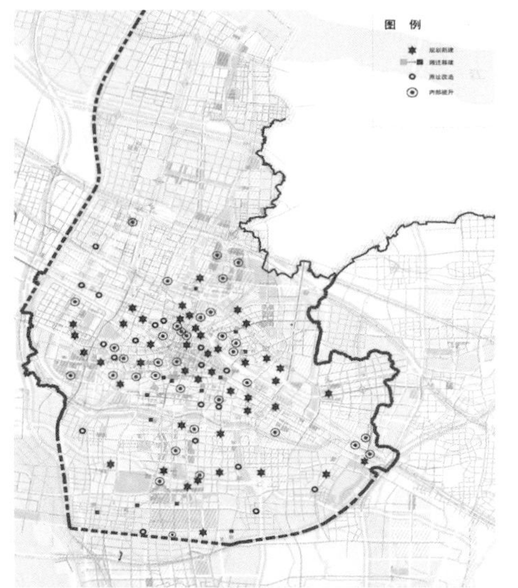

常州菜市场建设规划

明确政策，保障项目建设

市政府出台《关于加强市区商业网点建设管理的意见》，明确菜市场为新建小区的城市基础配套设施，新建项目建设用地规划条件应符合《常州市市区菜市场建设规范》要求，配套建设的菜市场项目应与主体项目同步设计、同步建设、同步验收、同步交付使用。建成后的菜市场产权划归辖区人民政府所有，由所属街道统一使用和管理。

健全制度，创新运营模式

菜市场经营管理交给街道，租金收益全部归街道所有，有力调动了街道管理的积极性，做到了职责与利益的统一。建立和完善了菜市场管理制度，规范经营行为，解决了市场中食品卫生、商品摆放、日常保洁等老大难问题。

放心便民，完善长效机制

按比例配足照明设备，新增了机械通风、安全监控、灭蝇设备、休息椅、电子显示屏、自动扶梯、自动遮阳设备和电动感应门等硬件设施，为市民买菜营造方便舒适的环境。将原先市场周边的蔬菜、水果、小商品等摊点纷纷引入菜市场合法经营，既满足了社会化需求，又有效防止乱设摊点影响周边环境。将菜市场纳入数字化城管管理，每天随机抽取菜场进行对标检查。建立农药残留检测、活禽经营“三道防线”、猪肉经营索证追源等制度，切实保障食品卫生安全。严格监管经营行为，杜绝擅自提高摊位费、管理费的行为，让市民吃上经济实惠的“放心菜”。

菜市场内部改造前后对比

菜市场外部改造前后对比

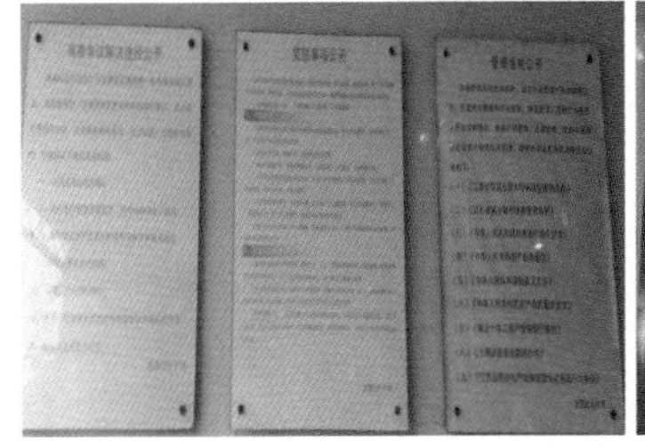

管理制度上墙

“今日菜价”公示

蔬菜残留农药检测

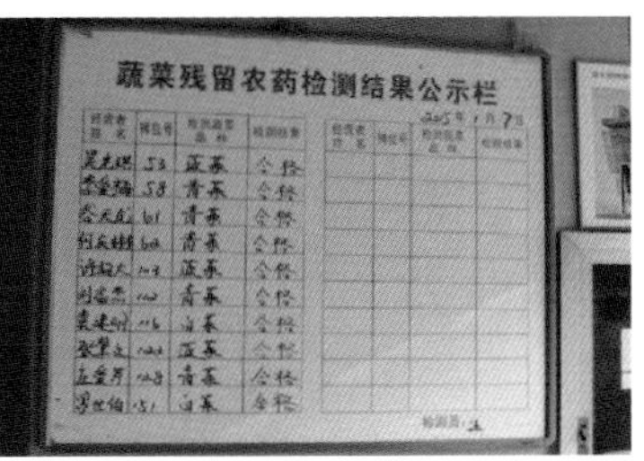

蔬菜残留农药检测结果公示

各方声音：

常州菜市场环境这些年来有了翻天覆地的变化，买菜环境好、上二楼还有自动扶梯，食品卫生、质量服务有保障，政府真是为老百姓办了一件实事。

——常州市民 王鉴华

《常州：菜市场“好而不贵”》——在常州逛菜场，如同逛超市，玻花地砖、电子监控、自动扶梯、休息座椅、保安巡视，样样齐全。买菜舒心了，价格依然平民化、大众化，这赢得老百姓交口称道。

——《新华日报》

撰写：王守庆、夏　明 / 编辑：费宗欣 / 审核：宋如亚

宿迁菜场提升工程和流动摊点“三集中”

Food Market Improvement Project and Pedlars’ Concertration Construction of Suqian

城东农贸市场改造前后对比

恒佳菜场改造前后对比

案例要点：

买菜是居民必不可少的生活环节，但往往容易成为流动摊贩不规范经营以及“脏乱差”的起因。宿迁市通过老旧菜场改造和给流动摊贩安“家”，为老百姓创造了干净整洁的买菜环境。通过采取统一组织、统一标准、统一设计、统一监管、统一验收的“五统一”措施，实施了城市中心区 90% 以上老旧农贸市场超市化改造；采取疏堵结合的方式，把流动摊点向室内标准化疏导区集中、向周边菜场集中、向大型商业配套餐饮区集中的“三集中”方式，为摊贩或困难户提供了稳定的经营场所，既改善了市民群众菜篮子购物条件，也缓解了流动摊点占道经营的问题。

案例简介：

系统实施老旧菜场升级改造

针对中心城区所有菜场，从老百姓使用最多、最“脏乱差”的菜场做起，分步推进市区标准化菜场建设和升级改造。两年新建改造 15 个农贸菜场，让市民享受到了超市化的购物环境。第三方测评显示，公众对老旧菜场改造工作满意度达 95.98%。

统一组织——市委市政府成立市“两场一街一中心”建设工程指挥部，负责老旧菜市场改造工作的组织协调和统筹推进，明确改造资金由市、区两级财政和市场开办者三方，按照“2：3：5”的比例分摊。

统一标准——制定出台《宿迁市市区标准化菜市场建设与管理规范》，对菜市场的硬件设施和软件管理等方面进行全面规范。

统一设计——对所有纳入升级改造的老旧菜市场，严格按照标准化菜市场建设规范进行统一规划设计，规划设计方案在广泛征求社会各界意见后实施。

统一监管——市规划、城管、商务、工商、公安、农委等单位按照职责分工，安排专人对工程按图施工、施工质量、施工工艺等情况进行蹲点督促指导。聘请市人大代表、政协委员、业主代表、群众代表等社会各界人士进行监督。

统一验收——制定出台《宿迁市市区标准化菜市场改造工程考核办法》以及配套的实施细则，对菜市场改造竣工项目进行统一考核验收，严格兑现奖补政策。

系统解决流动摊贩占道经营

对城区流动摊点进行了摸底调查，结合老旧菜场标准化改造、大型商业综合体建设、标准化疏导区建设，统筹规划，采取“三集中”模式，引导流动摊点入“室”规范经营。常态化开展由公安、城管、交通运输部门共同参与的“一街三方”联合执法集中行动，对流动摊点、占道经营等行为实施动态严管，有效解决了交通秩序、市容环境、食品安全等问题，也方便了市民。

流动摊点向周边菜场集中——结合老旧菜场标准化升级改造，把菜场附近路边经营的油炸食品、熟食凉菜摊点，引导到菜场内经营。

流动摊点向大型商业配套餐饮区集中——鼓励大型商业综合体配套设置小餐饮集中经营区，将周边小餐饮吸引商场进行统一规范管理。

流动摊点向室内标准化疏导区集中——属地政府投资建设一批室内标准化疏导区，以低收益出租的方式，把周边占道经营的流动摊点疏导到室内经营，并实行统一设施布局、统一餐具清洗消毒、统一油烟处理、统一卫生监管、统一服务规范的“五统一”管理制度。

经营熟食凉菜规范前后对比

东吴尚城摊贩中心建成前后对比

湘江路标准化疏导区建成前后对比

各方声音：

市区老旧菜市场改造具有改造彻底、注重细节与实效的特点，真正体现了人性化、便民化、精细化。这种标准化改造的做法、“五统一”的推进措施和人性化、精细化的理念值得在类似改造项目中推而广之。

——宿迁市人大环资委副主任 高长亮

在菜场改造提升前，农贸市场内昏暗潮湿，到处弥漫着一股异味，一到雨天，市场内更是泥泞不堪，买菜时都得穿着雨靴进出。现在市场内生熟分开，购物区域设置就像超市、商场一样，而且还在出入口处设置了手推车，真实方便多了。

——宿迁市民 陈女士

政府集中规划经营，俺们不像以前那样要躲躲藏藏了，可以踏踏实实做生意了。

——流动摊贩 王女士

改造后的菜市场，内部分布整齐划一，经营分类分区，地面干净整洁，摊位结构布局合理，全新的环境让人眼前一亮，买菜可以像逛超市一样舒心。

——中国江苏网

在湘江路餐饮一条街内经营的46家经营者就好像生活在一个“大家庭”中，每天早晨6点开店经营到晚上12点关门，按照“统一管理、统一布局、统一消毒、统一着装、统一考评”的管理要求，在有水、有电、有空调的环境下，奏响幸福乐章。

——中国江苏网

撰写：费宗欣 / 编辑：赵庆红 / 审核：宋如亚

让流动摊贩有个固定的家——盐城实践

Providing Permanent Residences for Street Pedlars - Practice of Yancheng

案例要点：

流动摊点在一定程度上给市民生活提供了便利、活跃了城市经济，但也因随意占道、妨碍交通、影响市容等行为让市民反响强烈。流动摊点经营人员中，也有不少是下岗职工、城郊失地农民、残疾人等社会弱势群体，不能简单用取缔的方法解决问题。盐城市城管部门转变执法理念，创新管理方式，变被动管理为主动服务，采取“疏堵结合、以场换路，化堵为疏、标本兼治”的治理理念，引导规范流动摊贩入场入点安“家”，有效化解流动摊贩与城市管理的矛盾，做到还路于民，实现了解决民生问题与提升城管水平的双赢。

盐城市区便民疏导点分布图

案例简介：

科学布点，便民一张图

利用闲置厂房、待建地块、沟河改造填埋以及道路两侧适当场地，投入近8000万元在市区规划建设18处综合性场内疏导点和7处专业性路内疏导点，共设置摊位2775处，疏导安置从业人员近6500人。场内疏导点设置摊位经营项目包括特色餐饮、夜市排档、百货水果、地方特产等；路内疏导点在不影响行人、车辆通行的前提下，利用道路两侧适当地段，统一划线定点，统一经营装具，设置经营品种相近的摊点群，经营项目主要为百货水果。

按照“主干道严禁、次干道严控、小街巷规范”的原则，设置功能性便民服务点700多处。其中，修理类服务点380处、放心早餐点270处、邮政报刊亭67座。考虑到夏季市民消暑纳凉和春节年货市场供给需求，利用城市广场边缘、次干道的一侧空地以及大型住宅区内适当场地，合理设置便民西瓜摊点和冬季年货摊点。

健康路美食汇

剧场路小吃街

耿伙新村夜市疏导点

人文关怀，服务一条龙

印发了《致市区流动摊贩一封信》，并结合少数民族、外地人员流动摊贩的实际情况，译成多种文字，有针对性地加以发放，凸显人文关怀，有情有理地规范。开展“机关干部到一线当队员”活动中，抽调了 40 名干部陆续下到基层执法中队和环卫站所一线，按照每天一小时、每周一天到一线当城管队员，骑自行车参与执法巡查，帮助发现问题、解决难题。城管、卫生、工商、公安等部门联手，在各类临时疏导点统一配建停车场、公厕、照明、消防、给排水、排污、油烟净化处理等设施，满足经营需求，确保经营业主进得去，留得下，稳得住。

教育劝导流动摊贩

致市区流动摊贩一封信

致市区流动摊贩一封信

致市区流动摊贩一封信

健全制度，管理一手册

出台《盐城市市区临时便民服务点和疏导点管理规定》、《盐城市市区便民疏导点标志标识管理规定》、《盐城市市区便民疏导点经营秩序管理制度》和《盐城市市区便民疏导点卫生管理制度》等管理制度，制定《市区便民疏导点管理标准》《市区便民服务点管理标准》等管理标准，对市区便民疏导点设摊经营“定时定点定规矩”，从标志标识、经营秩序、卫生管理等进行规范，引导便民摊点有序、卫生、规范设摊。

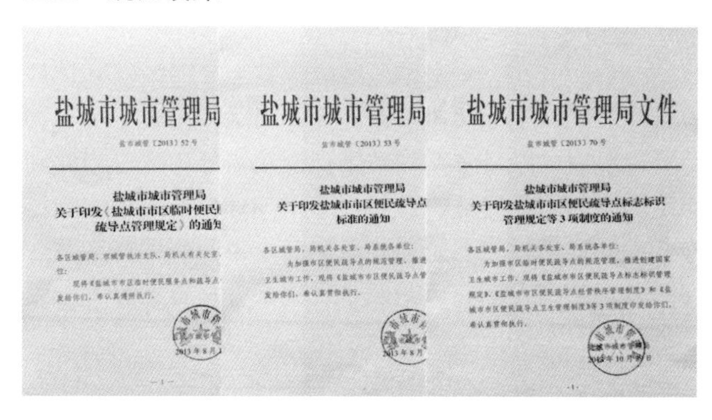
盐城市城市管理局

盐城市城市管理局
关于印发《盐城市市区临时便民服务点和疏导点管理规定》的通知

盐城市城市管理局

盐城市城市管理局
关于印发盐城市市区便民疏导点标准的通知

盐城市城市管理局文件

盐城市城市管理局
关于印发盐城市市区便民疏导点标志标识管理规定等3项制度的通知

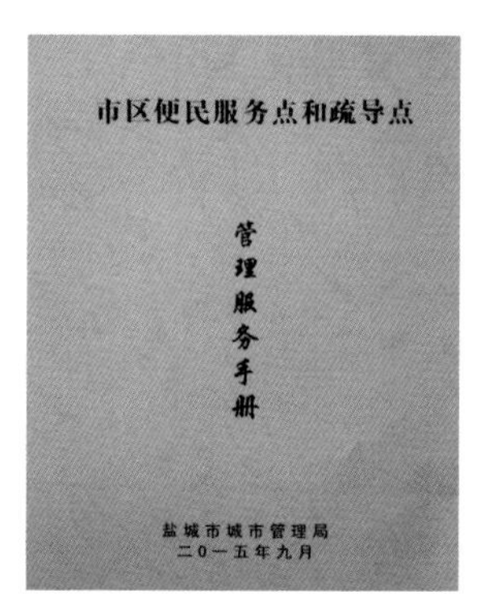
市区便民服务点和疏导点

管理服务手册

盐城市城市管理局
二〇一五年九月

各方声音：

一个城市，三分靠建设，七分靠管理。对流动摊点占道经营采取集中整治的同时，要考虑失业者、无业者等弱势群体利益。采取堵疏结合、妥善安置，既解决流动摊贩影响市容、堵塞交通等问题，又使弱势群体的生活生计得到保障，调和城市“面子”和老百姓“肚子”之间的矛盾。

——盐城师范学院教授 朱广东

政府专门在市区商业核心区开辟疏导安置点，安置场所设施齐备，人气很旺，我们入室经营后很安心。过去在马路边摆摊子，风吹日晒，被城管撵着四处打游击的情况一去不复返了。

——剧场路美食林摊主 邱女士

民生优先，让流动摊贩有尊严地生活。我市规范化规模化建设便民疏导安置点，为草根弱势群体提供一个安心舒心的“民生市场”，值得点赞。

——《盐阜大众报》

撰写：王守庆、夏 明 / 编辑：费宗欣 / 审核：宋如亚

无锡户外广告和店招标牌规范化管理

Standardized Management of Outdoor Advertising and Shop Billboard in Wuxi

案例要点：

户外广告是现代城市繁荣的重要标志，城市“户外广告怎么建、标示引导怎么设、店招标牌怎么做”等问题既关系城市市容市貌，也反映城市管理水平。近年来，无锡市通过完善城市户外广告规划体系，细化户外广告设置规范，推进户外广告提前设计，深化户外广告空间资源公开出让，强化监督考核等举措，使户外广告设置管理与行业发展步入了规范化的轨道。

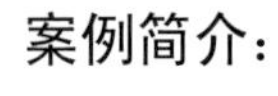

案例简介：

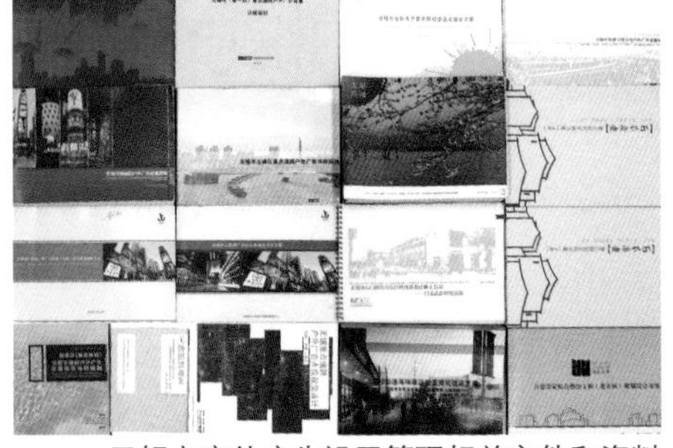

无锡市户外广告设置管理相关文件和资料

“三规”联动 构建户外广告设置管理体系

一是明确规定。2012 年通过修订《无锡市市容和环境卫生管理条例》，从法律的层面明确了户外广告管理原则。二是完善规划。无锡市陆续出台了《无锡市区户外广告阵地（设施）设置规划》以及《无锡市重点道路户外广告设置详细规划》等 5 项专项详规，确定城市各重要区域、道路、节点户外广告的整体定位和城市户外广告设置的总体要求。三是细化规范。制定出台一系列规范性文件，编制出台了《无锡市店招标牌设计案例汇本》，明确了各类户外广告设置的规范与要求，为户外广告日常管理提供了具体的依据。

关口前移 把好广告店招设计品质关

对各类新建大型综合体、超市等商业项目的户外广告设施和店招标牌全面实行统一规划、先行设计，设计方案由专家和相关部门论证、评估，确保各类广告布局科学、设计合理并具可操作性。6 年来，全市实施户外广告提前设计的项目已达 139 项，恒隆、万达、苏宁、宜家等知名大型企业户外广告均纳入了管理范围。

新建改建区域规划设计方案论证现场

部分论证项目文本

市场运作 优化城市空间资源分配

明确了户外广告出让实行“五区一体”的管理模式，由市里搭建统一的运作平台进行管理。规范户外广告空间资源出让的工作程序、合约文本以及出让定价、安全检测等一系列制度，每一次公开出让，都严格按照既定程序执行，确保整套出让流程公平公正、公开透明。将户外广告出让收益的 50% 返还给场地方，作为租用其建筑物的使用费。在此基础上，明确了户外广告空间资源出让收入的市、区收益分成比例。

户外广告牌整治后

户外广告阵地（设施）使用权公开拍卖现场

完善监管 保障广告管理有序开展

按照属地管理原则，采取季度暗查、年终明查的方式对户外广告开展监管，监管情况纳入全市城管年度绩效考核，考核分值占年度城管绩效考核总分的 13%，对各区户外广告违规审批、收费的现象实行一票否决。同时发挥市民寻访团、义务监督员以及媒体等社会力量的监督作用，多管齐下，全面提升户外广告日常管理水平。与此同时，结合全省城市环境综合整治，定期开展户外广告专项整治，几年来累计拆除各类过期、违法广告近 3.2 万余处，总计约 34 万余 m^2，夯实了户外广告长效管理的基础。

监管指挥

违法广告整治现场

各方声音：

万科酩悦“生活中心”2012 年 1 月份交付，滨湖城管部门 2011 年 11 月份就与我们对接，主动了解生活中心的设计定位，并从城市景观与日常管理的角度，对区域店招标牌及户外广告设施的设置方案给出建议，既尊重商业街区特色风格，又符合城市容貌标准，这种“换位思考”、提前对接的工作方式更令人接受。

—— 万科商业地产运营管理有限公司商业总监 孙荫周

撰写：王守庆、夏 明 / 编辑：肖 屹 / 审核：宋如亚

洁净城市的实践——盐城案例

Exploration of Clean City - Practice of Yancheng

案例要点：

干净整洁的城市环境是人居环境的重要组成部分，是城市精神的外在体现，也是生态文明时代下城市竞争力的重要内容。与江苏其他城市相比，盐城市拥有的海岸线最长、沿海滩涂面积最大、海域面积最广，加上季风气候明显，空气流动性较好。虽有此基础，盐城市仍坚持推进“洁净城市”治理行动，综合采用调整产业结构、发展清洁能源、管控扬尘污染、打造城市绿肺、整治“牛皮癣”、加强法制保障等措施，促进城市发展方式转型，在保持经济增速的同时，实现了全市空气质量的稳定向好与人居环境的持续改善，进一步增强了发展后劲。

案例简介：

产业调结构，能源转方式

遵循绿色、循环、低碳发展理念，盐城市以智慧科技和节能环保为方向，加快产业结构调整，重点培育汽车全产业链、新能源汽车、环保科技、清洁能源、大数据等“高、轻、新”产业，改变以火电、化工、冶金、机械等为主的偏重偏低产业状况。全市化工企业由735家减少到336家，市区内重污染企业全部关停或入园进区集中治理。同时，盐城市积极推动传统产业层次提升，努力扼制工业污染源。在重点行业提标改造、燃煤锅炉整治、港口岸电建设等方面实施了700多项大气污染治理工程项目，实现了水电、钢铁、水泥等重点行业脱硫脱硝全覆盖。此外，盐城市还大力发展清洁能源，全市建成的陆上风电项目和光伏发电项目并网容量居全省前列，目前新能源发电量已占全市用电总量的17%。

电除尘器以及脱硫脱硝系统

引进新能源电动汽车生产线

风力光伏发电设备

着力控扬尘，全程管渣土

为防控施工扬尘污染，盐城市制定出台了《盐城市建筑施工现场扬尘控制管理办法》，全面推行绿色施工和网格式、精细化的城市道路保洁模式。市政府还专门安排资金，对市区混凝土搅拌车和建筑渣土运输车强制性进行新一轮环保改造，确保建筑物料与渣土清洁运输。为提高渣土运输管理成效，盐城市在建立部门联动监管机制、组建联合执法队伍的基础上，开发建设了集审批和监管功能于一体的渣土管理信息集成平台。全市渣土运输通过集成平台实行网上审批，审批通过后，运输路线、时间等信息第一时间推送各管理部门；集成平台智能采集车辆超载、超速行驶、违规倾倒、乱停乱放、不按指定时间和路线行驶等违规行为，生成影像证据并形成报警信息，分别通知执法队处理和环卫部门清理；执法信息纳入管理记录，作为今后渣土运输审批的依据。

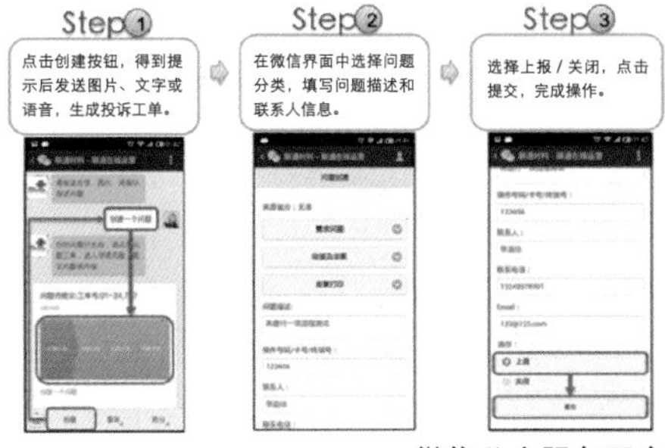

微信公众服务平台

为防范噪音扰民，盐城市将渣土运输时段限定在每日 6:00-18:00，禁止夜间运输。同时，设立举报热线、建立微信服务平台，方便市民反映问题，并通过微信平台向市民反馈查办结果，加强与市民的互动，助力实现“百姓城管”

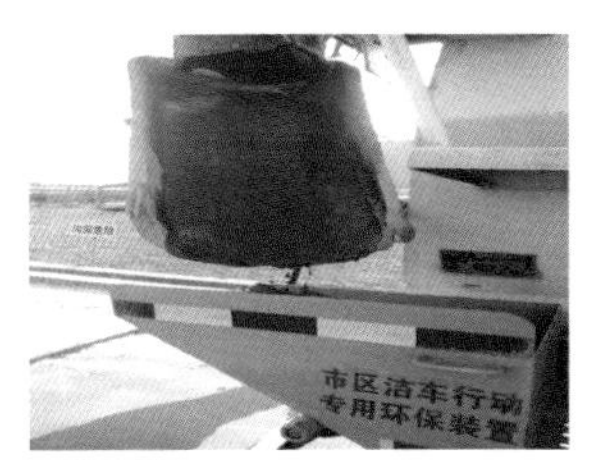

混凝土搅拌车防污改造装置。滴漏出的混凝土可经锁定的卸料槽，直接流入到承料斗，承料斗可容 155kg 重物，可清洗、可翻转、可更换

渣土运输车车箱顶部加装钢质平滑折叠式全封闭顶盖，车辆启动马达采用分线电路触点装置，顶盖不密闭、车辆不启动

渣土管理信息集成平台构架

城乡增绿化，市容保整洁

开展“绿色盐城”建设行动，倾力打造绿色家园。市区先后建设了 80 个街旁绿地和 171 个城市公园，新建和完善绿色通道 4000 多 km，新增城镇绿地 5661 hm^2。为维护市容整洁，2013 年市里专门成立市区野广告专项治理办公室并设立清除保洁队伍，对市区野广告进行集中专项整治。一方面，将市区 17 条主干道、公共广场划分成若干网格，进行全日制巡回保洁；另一方面，城管、公安等部门与三大通信运营商立足职能，即时予以停机处理和行政处罚；同时，落实街道社区责任，建立街道、社区、物管公司沟通联络机制，构建起日常管理巡查合力，实现了对野广告的长效管控。

城市绿地

法制保长久，预警促防范

2015 年盐城市被省人大赋予地方立法权，其首个立法项目即为《盐城市绿化条例》，并经省人大批准于 2016 年 3 月 1 日起正式施行。《条例》对加大城乡统筹绿化建设以及加强永久性绿地保护提出了明确要求，并设定了城市新建区和旧城改造区的规划绿地面积量化指标。2016 年，市人大又将《盐城市扬尘污染防治管理条例》确定为年度立法项目，进一步为洁净城市建设提供法治保障。与此同时，盐城市积极构建机制防范应对重污染天气，建立了线性回归预测模型以及多部门会商机制，加强对重污染天气过程的趋势研判以及污染源成因的分析，及时发布预警信息，引导公众做好防护，并为环境管理提供技术支撑。

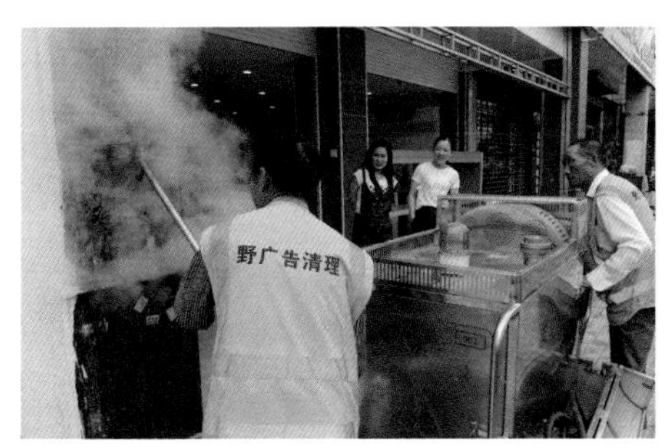

清理“牛皮癣”

各方声音：

空气质量整体上感觉非常好，改善空气质量的成效也很明显，根据大气源解析得到的结论来看，采取的措施非常有针对性。

——创建国家环保模范城市评估专家组意见

市区现在正在建高架路，常看到渣土运输车来来去去的，但是真蛮干净的，不象老早一路走一路掉泥了，这和我们城管部门加强渣土运输管理，创新管理手段是分不开的。

——退休干部 王大明

撰写：肖　屹、张爱华 / 编辑：赵庆红 / 审核：顾小平

洁净城市的实践——扬州案例

Exploration of Clean City - Practice of Yangzhou

案例要点：

环境卫生是城市管理工作的重要组成，也是一个城市文明程度的直接体现。2007 年起，扬州市在全国先行实践环卫作业市场化运作，把城市所有街道、背街小巷及沿路市容环卫保洁全部推向市场，运用市场机制大大提高了环卫作业质量。为提高监管成效，扬州市将承包制度引入城市管理，促进管理责任落实到人、职责落实到位。在强化城市道路静态保洁的同时，扬州市还注重对渣土运输动态行为的监管，以有力的组合拳解决了渣土运输管理中的老大难问题，为城市环境卫生稳定向好提供了有力保障。

案例简介：

整合职能，“一把扫帚”扫到底

长期以来，由于城市环境卫生管理多头，路面垃圾被环卫工人扫入沿路绿化带、被园林工人从绿化带倒入下水道、又被市政工人从下水道清掏出来再堆放回路面的现象时有发生。为从根本上解决此类问题，扬州市梳理整合各部门职能，将原来分散在园林、城管、爱卫办、街办社区的绿化保洁、“牛皮癣”清除、街巷保洁等工作，全部划归城管环卫部门负责，实行专业队伍“一家管”，并将相关作业经费随管理职能一并转移，建立起了市区环卫保洁“一把扫帚扫到底”的长效管理机制。

市场运作，保洁质效大幅提升

在全国率先全面推进环卫作业市场化运作。将市区划分为若干作业单元，以公开招标的方式，将道路清扫保洁权与沿路两侧绿化保洁、“牛皮癣”清除作业捆绑打包，引入优质环卫企业进行市场化运作；街巷保洁则由物业企业竞标承接进行物业化管理。由城管部门对中标企业作业质量进行监督考评，考核结果每月通报，与作业经费拨付、评先评优挂钩并实行末位淘汰，被淘汰企业两年内不得进入扬州环卫市场。目前，市区内已有 325 条、约 1300 万 m^2 主次干道和 938 条、100 多万 m^2 街巷实行了“三位一体”市场化综合运作，市场化覆盖率超过 95%；市区主干道日保洁时间达 18 小时、次干道达 16 小时、街巷达 10 小时，市内每天 8:30 后看不到“牛皮癣”，保洁质效大为提高。

扬州市人民政府办公室文件

扬府办发〔2007〕159 号

关于全面推进市区道路清扫保洁

市场化的通知

广陵区、维扬区、邗江区人民政府，市各委、办、局（公司），市各直属单位：

为切实提高城市综合管理水平，深化环卫行业改革，加快环卫事业发展，今年以来，各区、管委会根据市政府的总体部署和要求，积极开展道路清扫保洁市场化试点，8月份起先后有8条道路实行了清扫保洁市场化运作，迈出了环卫作业市场化的第一步。从3个多月的运作情况来看，道路清扫保洁的效果明显提高，达到了预期的目的。为进一步开放环卫作业市场，建立完善的市场化运作机制，落实长效管理措施，全面提高环境卫生质量，创造一流人居环境，现就全面推进市区道路清扫保洁市场化通知如下：

扬州市人民政府办公室文件

扬府办发〔2010〕33 号

市政府办公室关于进一步加强背街小巷

环境卫生保洁工作的通知

广陵、维扬、邗江区人民政府，市经济技术开发区管委会：

为进一步推动全国文明城市创建工作，改善人居环境，提升城市品质，切实解决市区背街小巷环境卫生长效管理问题，现就进一步加强背街小巷环境卫生管理工作通知如下：

一、高度重视背街小巷的环境卫生保洁工作

扬州是一座拥有2500年建城史的历史文化名城和优秀旅游城市，数量众多的古街古巷是扬州城市的一大特色。近年来通过实施古城保护和环境综合整治，城市的街巷风貌进一步凸显。随着“精致扬州”建设的深入推进，街巷的环境卫生保洁工作显得较为滞后，与创建文明城市的要求和广大市民的期盼存在较大差距。加强背街小巷的环境卫生保洁工作非常迫切和必要。各区政府（管委会）要高度重视背街小巷的环境卫生保洁工作，把背街小巷的环境卫生保洁工作摆上重要位置，像重视主干道卫生保洁一样重视背街小巷的卫生保洁，切实加强背街小巷的环境卫生管理。要结合文明城市的创建，成立背街小巷环境卫生专门工作机构，落实各项措施，认真解决背街小巷环境卫生管理问题，研究建立背街小巷的长效管理机

对主次干道绿化保洁，市财政按照绿化保洁面积每年 1 元 /m^2 的标准进行补助，不足部分由区财政补足

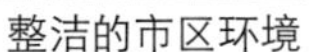
整洁的市区环境

整洁的背街小巷

整洁的老旧小区街巷

路段承包，市容管理责任落实

将承包制度引入城市管理，实行市容管理路段承包责任制。把市区主要道路划分成若干段承包给所有城管执法队员，并在重要地段、商业区、旅游景点设定若干定人定点管理岗，每个岗点安排2名执法队员，将管理要求和责任细化到个人，实施定点固守。市局机关组建巡查小组每天10多个小时不间断巡查，巡查考核结果每周通报并与城管队员综合考核挂钩，切实增强了城管队员的责任心，提高了环卫问题解决效率，市容管理水平显著上升。

管控渣土，确保全程清洁运输

为保障道路清洁，扬州市严抓建筑渣土运输管理，严格实施渣土运输准入制度，并成立市建筑垃圾管理办公室，整合公安、城建、房管、交通、环保等多部门资源，集中力量对建筑渣土运输进行高效管理。其中，部分地区还制定实施了“先进笼子后规范”政策，每月对运输企业进行考评，考评优秀的优先向建设工地推荐，考评连续2个月不达标的，暂停半年运输资格，倒逼“笼内”车辆迅速整改到位，使全市运输车辆违规行为快速下降55%；同时积极推行“互联网+”综合治理模式，开发了建筑渣土和建设工地数字化管理平台，所有运输车辆（包括商品混凝土车）配套安装北斗定位系统，并在建设工地、城郊出入口及重要道路等安装“全球眼”系统和扬尘实时监测系统，对建筑垃圾的运输处置进行全过程监管。

打造平台，“百姓城管”稳步推进

注重引导市民参与城市管理，将城管服务热线“12319”、公安“110”、政府服务热线“12345”、手机彩信和“中国·扬州”门户网站等整合到数字化城管平台，方便市民参与，促进管理顽疾解决。此外，扬州市还每年举办与市民面对面活动以及“环境美化日”“向城市管理陋习宣战”等活动，向市民宣传环境卫生知识；并设立环境卫生“金扫帚”奖，既奖励先进又呼吁全社会尊重环卫工人劳动成果，营造良好社会氛围。

数字化城管平台

各方声音：

“市场化”不是全新的玩意，关键是环卫的“扬州模式”正视了市场化的局限，通过“看得见的手”将市场化的负面效应予以最大限度的控制。

——《新华日报》

加强施工扬尘和渣土运输污染治理工作是我今年的一件提案，被列为市领导督办件。可喜地看到，这项整治行动效果明显，解决了城市一大顽疾，特别是实行了信息化管理，比较有力度。

——民革仪征市总支部主委 严华

仪征针对渣土运输涉及广、矛盾多以及部分管理对象自觉性不高等问题，充分发挥现代数字技术优势，建立了渣土运输车辆信息库和建设工地数据库，完善了从渣土产生、运输、处理以及渣土车辆停放全覆盖的监控网络体系，并将系统监控信息作为行政处罚、诚信管理的依据，有效消除了管理对象的侥幸心理。

——《江苏法制报》

撰写：王守庆、夏 明 / 编辑：张爱华 / 审核：宋如亚

苏州张家港市“城市 e 管家”

“Urban e-Butler” of Zhangjiagang, Suzhou

系统界面　公共自行车网点锁柱二维码

案例要点：

2005 年，住房城乡建设部在全国启动数字化城管工作。经过多年努力，江苏已在 2015 年底率先实现县级以上城市数字化城管系统全覆盖。然而，传统的数字化城管多是部门专有的专业化系统，老百姓参与互动较少。张家港市在数字化城管系统运行的基础上，率先开发“城市 e 管家”APP，市民可通过手机免费下载软件，上传身边的城市管理问题，数字化城市管理平台对其进行处理并反馈结果，由市民进行评价。升级后的“城市 e 管家”还增加了手机扫码借还公共自行车、停车场点和公厕点引导功能，该系统搭建了政府与市民直接沟通交流的平台，人人都可成为城管问题信息采集员和办理情况评判员，极大地方便了政府与市民在城市管理工作中的互动，享受各类城管公共服务，令生活更便捷。

案例简介：

张家港市“城市 e 管家”手机端软件于 2014 年 1 月 15 日正式上线运行，市民通过智能手机免费下载 e 管家软件，直接拍摄、上传城市管理问题，通过数字化城管系统交由专业部门进行派遣、办理，并反馈结果。同时实现手机端借还公共自行车，停车场点、公厕点引导服务功能，自动推送动态信息，为市民提供了更高效、更优质的政府服务。待运行稳定后，全市用户数将达 20 余万人。

手机 APP 拓展市民参与城市管理

“城市 e 管家”手机端软件在各大手机应用市场同步上架，也可以通过扫描“二维码”方式快速安装。采取上报城管问题使用流量免费、成功立案后奖励 0.5 元话费、根据上报案件数量开展百名“城市好管家”评选活动等激励手段，引导市民参与城市管理。

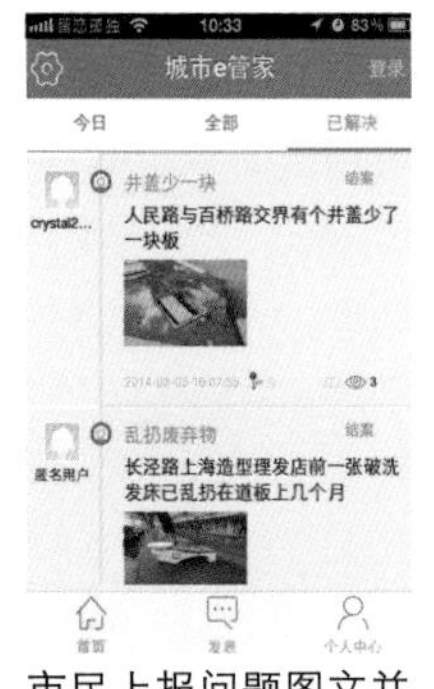

市民上报问题图文并茂、形象直观

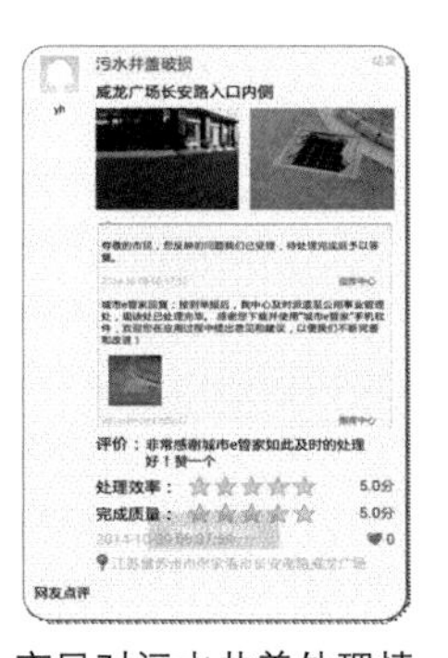

市民对污水井盖处理情况打分

建立完善数字化城管快速响应机制

市民通过“城市 e 管家”反映的问题可通过软件快速定位地址，通过数字化城管系统交由专业职能部门按时限办理并反馈结果。市政府成立了“城市 e 管家”公众交互系统领导小组，制定了考核细则，规范各部门工作流程，对各专业部门和区镇的工作效率实施量化监测和排名，并纳入市级机关考核评价体系及区镇绩效考核体系。

指挥中心受理问题

相关部门现场处理问题

城市管理问题巡查上报更加高效

以往数字化城管必须要借助“城管通”，由专人专网上报。“城市 e 管家”大大降低了上报门槛，普通市民通过智能手机即可实时上报，大大提高了查报城管问题的效率。上线运行至今，由市民上报的各类城管问题已近 4 万余件，查处数量大幅增加。此外，由于系统对市民上报问题的类别不设限制，突破了原先数字化城管平台的专业部门范畴，专业部门由原先的 50 家增加为现有的 69 家。

提升市民对城管工作的认同感和对城市的归属感

市民反映的问题得到及时解决与反馈，提高了市民对城市管理工作的认同感。由市民进行满意度评价，使得市民由原先的被动消极围观转变为积极主动参与，产生归属感，更加融入城市。城市新市民或外地游客也可以和本地市民一样享受“城市 e 管家”的功能和服务，提升了对城市的归属感，推进公共服务均等化。

市民主动咨询“城市 e 管家”操作流程

责任部门加强日常巡查管理

市民清除广告招贴

“城市 e 管家”志愿者自发组织活动

各方声音：

这个系统用起来很方便，通过这个系统有关部门及时解决了我反映的小区油烟扰民问题，还反馈了处理结果。

——张家港市小区居民 张云

这是智慧城市管理的新举措，市民把城市管理问题拍照上传，指挥中心将问题直接分派到相关部门，推进问题的实质性解决。

——人民网

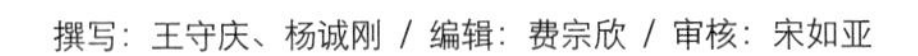

撰写：王守庆、杨诚刚 / 编辑：费宗欣 / 审核：宋如亚

iPhone/Android手机扫描二维码

"我的南京"城市公众信息服务平台

便民智慧的"互联网 + 城市服务"——南京案例

Convenient and Smart "Internet + City Services" - Case of Nanjing

平台设"我的家园"和"城市频道"两个板块，为市民提供各类政务服务和生活信息

案例要点：

伴随信息化时代的到来，以互联网为主的信息技术应用日益普及，通过智慧城市建设，推动城市管理模式创新，提高城市运行效率，改善城市公共服务水平，成为信息化时代城市转型发展的新方向。南京在推进智慧城市建设的过程中，开发建成了"互联网 + 城市服务"的实名制公众信息服务平台——"智慧南京 · 我的南京"手机 APP。通过整合政府多部门和公共事业单位的相关服务资源和权威信息，向公众提供社保、医疗、交通、旅游、政务、资讯等多类型的信息服务，使广大居民能够足不出户享受快捷服务和生活便利。同时，平台的建设和移动互联网大数据的搭建，为政府提供了科学决策的支持，促进了政府职能转变和政务服务创新。项目自 2014 年 8 月上线使用以来，因便捷实用，用户快速增长，平均每分钟用户使用量超过 5000 次，平台集成度和用户规模均居全国第一，获得了国家信息系统优秀成果一等奖和江苏省科技进步奖，是智慧江苏重点示范工程和江苏省十佳 APP 项目。

案例简介：

立足需求 + 整合资源，提供便民政务和生活信息服务

目前，"智慧南京 · 我的南京"APP 已有 24 家政府职能部门、22 家公共事业单位、18 家企业在平台上接入社保、公积金、公安、交通、环保、信用、金融等多领域的"信息惠民"服务，提供在线服务共 97 项，开创了政府服务民生的新渠道。 市民在"我的家园"频道可以一站式查询公积金、社保、驾照、车辆等信息。如为市民推送公积金、住房补贴、住房贷款等缴存明细和借贷情况；也包括违章信息查询、在线违章代缴等个性化信息服务。平台解决了市民以往查询个人信息需要多个网站访问、多个账号注册、多次登录的问题，真正实现了"一次认证、一号申请、一窗受理、一网通办"，受到市民的广泛欢迎。目前，实名认证用户 114.2 万，平均日活用户达到了近 20 万，利用第三方支付平台完成违章缴费、公共事业缴费 2000 多万。

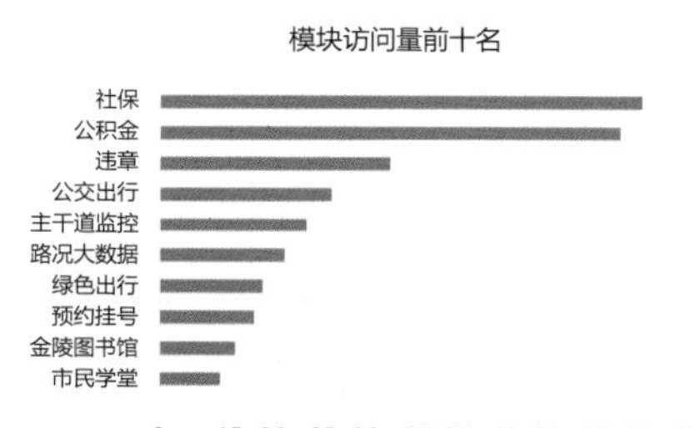

平台各类信息访问量

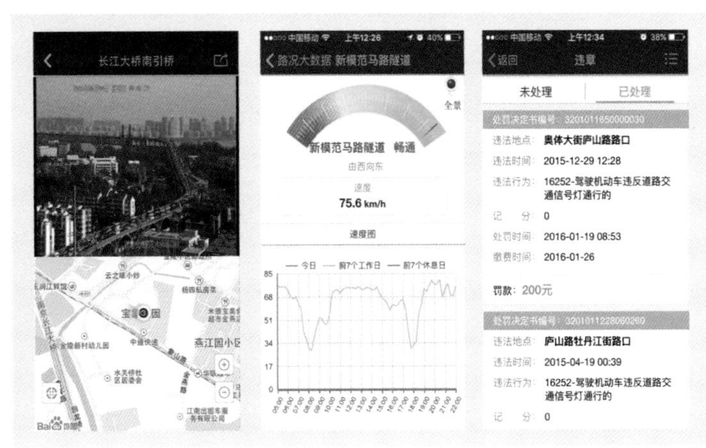

实时路况及违章查询

就医预约挂号与出行方式查询

搭建大数据平台，支撑政府决策优化和服务创新

“智慧南京·我的南京”APP不仅是面向公众提供一站式城市服务的信息平台，更是政府和社会汇聚信息流反哺城市大数据资源的平台。通过汇聚百万级用户行为数据，建立丰富的数据模型，挖掘数据价值，为政府决策形成了良好的数据支撑，促进政府部门进一步改善公共服务，支持创建有预见性的政府。如人社局、公安交管局、行政服务中心等多个部门根据大量终端用户的需求，有针对性地调整优化政务服务形式和流程，提升服务效率，优化服务体验，改善公共服务，引导了政府服务创新、流程创新。平台在提供便民惠民服务的同时，也大大减少了公积金、社保、交管等服务部门的电话及柜台工作量，提高了城市公共服务效能，实现了政府服务从“广播式”到“精准个性化”的转型发展。

平台归集整合了市民绿色出行的数据，开通了激励低碳出行的绿色积分商城，市民乘坐公交、地铁、租借公共自行车，或选择步行方式出行，都可以在“我的南京”平台领取绿色积分。如果在重污染天气响应环保减行的倡导不开私家车，可以双倍获取绿色积分。以此引导和激励市民转变出行方式，共建绿色低碳城市。

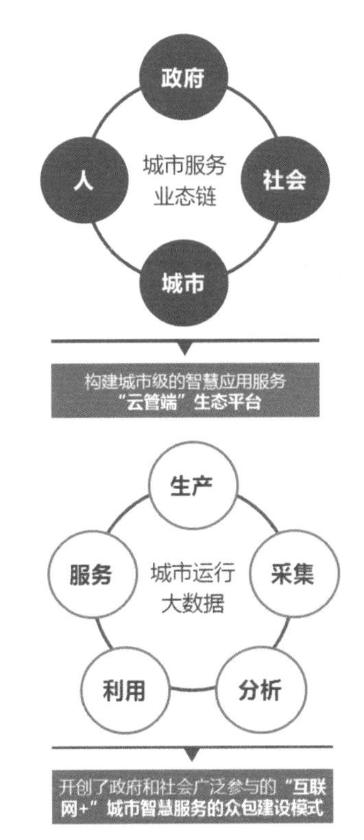

城市智能门户将“政府、社会、城市、人”有机组合为一个城市服务业态链，构建了城市级的智慧应用服务“云管端”生态平台。初步形成了城市运行大数据的生产、采集、分析、利用、服务的良性循环，开创了政府和社会广泛参与的“互联网+”城市智慧服务的众包建设模式。

拓展平台应用，创新城市众包建设模式

项目形成了全实名认证“虚拟市民卡”平台，进而通过数据累积形成个人“诚信卡”。如诚信度高，可享受电动车免租金、借书免押金、先看病后付费、小额贷款免担保等便利服务。如南京银行结合专家模型和大数据分析手段，研发了全程在线的网络消费信用贷款产品，依托“我的南京”APP的实名认证、人脸识别和个人信用，实现了申请、审核、放款全线上5分钟内完成，实现了移动智能放款，为市民的消费性贷款提供便利和优惠，取得了显著和经济效益和社会效益。延伸的社会服务吸引了众多企业和市民参与，实现了城市公共服务APP从政府“唱独角戏”向众包建设模式的转变。

各方声音：

这个APP太实用了，现在我和老伴儿到医院看病，每次都用“我的南京”的“预约挂号”功能提前挂好号，再也不用在窗口排队了。而且每天出门活动时还可以用APP来查询公交车到站的时间，看到公交车快到时再下楼去乘车，不用干等着耗时间。公交不方便的地方可以选择骑公共自行车去，还可以在手机上先看看站点有没有车可以借，避免扑空。真的很方便！

——南京市民 王先生

撰写：于 春 / 编辑：赵庆红 / 审核：顾小平

城市管理的信息化
——江苏数字化城市管理全覆盖实践

Informationization of Urban Management
-Practice of Full Covering Digital Urban Management of Jiangsu

案例要点：

2005 年，住房城乡建设部在全国开展数字化城市管理试点工作以来，江苏坚持因地制宜、分类指导，推动各地积极利用现代信息技术，加快数字化城管建设，实现城市管理数据的采集、处理、分析、显示、评价全流程和城市管理各相关部门全方位的数字化，有效推动了城市管理效能的提升，促进了政府决策的科学性、前瞻性和民主化。目前，全省已率先实现县以上城市数字化城市管理系统全覆盖。同时，通过数字化城管建设着力构建“大城管”格局，建立完善职责明确、责权统一、监督有力的考核评价体系，提升城市管理规范化、标准化、精细化和长效化水平。

召开全省数字化城管工作座谈会研究推进数字化城管系统建设

案例简介：

借力推动，加快市县数字化城市管理系统建设进度

省委省政府将数字化城市管理工作作为衡量城市管理工作的重要内容，全省城市环境综合整治“931”行动明确到 2015 年底，全省县级以上城市要实现数字化城管的全覆盖。

省市联动，把好数字化城市管理系统建设质量关

各地本着“管用、够用、好用、实用”的原则，坚持“统一标准、因地制宜，创新求实、科学评价”，合理选择系统架构、运行模式和管理机制，整合现有信息化资源，鼓励通过设备租用、委托建设等形式开展系统建设，并采用开放市场、公开招标方式降低一次性投资成本，采取外包服务、租用托管等形式降低维护成本。省里按照统一的建设标准，对各地数字化城市管理系统建设实施方案进行评审，并对试运行达 6 个月以上的项目进行指导和验收，确保系统稳定可靠运行。

住建部专家评审数字化城管系统建设方案

建成运行的泰州市数字化城市管理平台

规范运行，发挥数字化城市管理系统作用

推动数字化城管规范化运行与理顺城市管理体制机制相结合，将数字化城管考核结果纳入政府部门效能考核，建立责权统一、职责明确、操作规范、处置顺畅、监督有力的城市管理综合考评体系，形成了“齐抓共管”的管理合力。同时，通过划分单元网格作为城市管理的基本单元，运用地理信息技术对城市部件进行编码和定位，有效解决了城市管理中发现和处置事件不及时的问题，提高了城市管理效率。此外，整合城市管理资源，扩展应用子系统，利用物联网、云计算、大数据等技术，为推进智慧城市建设奠定了基础。

常州市政府每月点评城市长效综合管理工作

信息监督员在巡查网格内发现上报问题

各方声音：

街面秩序变好了，市政设施维修变快了，我们的生活更好了。以前看到市政设施损坏、垃圾堆放等问题，都不知道该找谁反映，现在不用我们反映问题都解决了。

——太仓市桃园社区居民 荻惠芬

按照去年底下发的《中共中央国务院关于深入推进城市执法体制改革 改进城市管理工作的指导意见》要求，到 2017 年底，所有市、县都要整合形成数字化城市管理平台。截至目前，江苏已率先完成答卷，实现了数字化城管系统县以上城市全覆盖。

——人民网

撰写：王守庆、杨诚刚 / 编辑：肖 屹 / 审核：宋如亚

08

统筹协调

规划推动美好城乡建设

Planning Domination，Overall Development of Region and Urban-Rural Area

习近平总书记在中央城市工作会议上指出，“规划失误是最大浪费，规划折腾是最大忌讳”。城乡规划在城乡发展中起着统筹协调的基础性作用。中央城市工作会议明确要求提升规划水平，增强规划的科学性和权威性，同时提出统筹规划、建设、管理三大环节，提高城市工作的系统性等一系列要求。《中共中央国务院关于进一步加强城市规划建设管理工作的若干意见》也从依法制定城市规划、严格依法执行规划等方面，要求进一步强化城市规划工作。中国发展正面临着深刻的转型和变革，在这样的关键时期，规划工作要认识、尊重和顺应城乡发展的规律，切实发挥好规划管长远、谋未来、保底线的重要作用，为统筹城市与区域发展、系统推进城乡转型、有效破解“城市病”和全面建成小康社会做出更大贡献。

江苏近年来不断加强城乡规划编制和实施管理，建立覆盖城乡的多层面、多类型规划体系，积极推进城乡规划依法行政和改革创新，通过规划的统筹协调来推动美好城乡建设，努力提升新型城镇化发展质量，认真践行习近平总书记提出建设“强富美高新江苏”的要求。江苏具有经济密集、城镇密集、人口密集等高密度发展的省情特点，面临着区域与区域之间、城市与城市之间、城市与乡村之间协调发展压力大的现实挑战。为此，江苏进行了多方面的积极探索，有针对性地加强规划对城乡、区域空间统筹部署的引领作用，贯彻“紧凑型城镇，开敞型区域”的总体空间发展战略，努力探索一条适合高密度地区的可持续城镇化路径。

呼应国家宏观战略发展格局，以省域城镇体系规划统领区域差异化发展，引导沿江、沿海、沿东陇海城镇群紧凑布局；坚持不断完善城乡规划编制和实施体系，提高规划的法定性、权威性、稳定性，推动“一张蓝图干到底”；积极推动常住人口市民化实践，重视不断完善城市尤其是新区的综合功能；加强跨行政区的社会经济、生态环境、基础设施合作，统筹区域、城乡一体化发展，促进重大基础设施与公共服务设施共建共享，推进城乡基本公共服务均等化，努力形成城乡发展一体化新格局；优化镇村布局，强化特色发展职能与要素集聚，培育重点中心镇，出台《江苏省小城镇空间特色塑造指引》，指导各地塑造各具风韵、业态创新的特色小镇；抓住互联网带来的城乡发展关系重构的机会，推动小城镇和乡村活力发展；分类推进乡村人居环境整治，加大农村生活污水治理力度；在保护乡土文化和乡村风貌的基础上，推进美丽乡村行动，促进农村发展和农民致富，努力在推进城市现代化建设的同时，实现城乡、区域间的统筹协调发展。

8-1 ◎ 高密度地区的城镇化空间战略——江苏省域城镇体系规划（2015-2030）| 344
8-2 ◎ 一张蓝图干到底——江苏城市总体规划的制定和管理 | 348
8-3 ◎ 将以人为本落到规划实处——江苏控制性详细规划编制和管理 | 352
8-4 ◎ 城市规划的稳定性和连续性——苏州工业园区的范例 | 354
8-5 ◎ 推动城市新区功能完善的探索——盐城城南新区实践 | 356
8-6 ◎ 苏州昆山市常住人口市民化探索 | 358
8-7 ◎ 城乡发展一体化背景下的乡村空间优化——江苏优化镇村布局规划 | 360
8-8 ◎ 无锡江阴市城乡公共服务一体化实践 | 364
8-9 ◎ 江苏城乡统筹区域供水规划及实施 | 366
8-10 ◎ 南通城乡统筹区域供水实践 | 370
8-11 ◎ 无锡宜兴市市政公用城乡一体化实践 | 372
8-12 ◎ 城乡生活垃圾统筹治理——盐城盐都区案例 | 374
8-13 ◎ 徐州邳州市城乡一体的环卫服务 | 376
8-14 ◎ 引导小城镇特色化发展——《江苏省小城镇空间特色塑造指引》| 378
8-15 ◎ 城镇化进程中小城镇分类发展引导——苏州吴江区案例 | 380
8-16 ◎ 从“淘宝村”到“淘宝镇”——徐州睢宁县沙集镇案例 | 382
8-17 ◎ 融合产业发展的美丽乡村建设——无锡惠山区阳山镇案例 | 384
8-18 ◎ 尊重农民意愿的全域村庄环境整治行动——江苏实践 | 386
8-19 ◎ 美丽乡村建设的经营之道——南京江宁区案例 | 390
8-20 ◎ “互联网 +”乡村发展与重塑——宿迁沭阳县庙头镇聚贤村案例 | 392
8-21 ◎ 农村生活污水全域治理的探索——苏州常熟市实践 | 394
8-22 ◎ 小厕所 大民生——镇江丹徒区世业镇农村生活污水治理 | 396

>> >

高密度地区的城镇化空间战略
——江苏省域城镇体系规划（2015-2030）

Urbanization Space Strategy of High Density Area - Practice of Jiangsu Urban System Planning (2015-2030)

案例要点：

江苏是中国人口密度最高的省，如何在人口密集、城镇密集、资源环境约束大的背景下，同时保持优良的人居环境和生态品质，江苏以“一个主体、两类空间、三个层次、四种网络”探索高密度地区的城镇化空间战略。一个主体，就是突出城市群的主体作用，有序引导人口、产业及各类要素向城市带、城镇轴、都市圈等地区合理集聚；两类空间，就是根据生态基底状况和资源环境承载能力，统筹布局“紧凑型城镇”和“开敞型区域”；三个层次，就是要充分发挥中心城市、小城镇、村庄的不同人居功能，促进大中小城市和小城镇、村庄合理分工、互补发展；四种网络，是指要通过构建公共服务、现代交通、信息通讯和生态廊道网络，形成多中心、均等化的城乡基本公共服务体系，高铁、城市轨道和其他交通方式有机链接的综合交通体系，高效链接全球、区域、城乡的现代通讯体系，以及以城乡生态空间为基础、以绿道风景路相串联的生态网络体系。

2015 年 7 月，国务院批复同意了新一轮《江苏省域城镇体系规划（2015-2030）》，要求按照《规划》确定的全省城镇化空间战略，坚持“协调推进城镇化，区域发展差别化，建设模式集约化，城乡发展一体化”的新型城镇化道路，形成“带轴集聚、腹地开敞”的区域空间格局，构建特色鲜明、布局合理、生态良好、设施完善、城乡协调的城镇体系。

“带轴集聚、腹地开敞”的全省城镇化空间格局

案例简介：

《江苏省域城镇体系规划（2015-2030）》全面对接“一带一路”、长江经济带建设等重大国家战略，紧密结合江苏省情和城镇化发展需要，根据江苏山水环境、生态基底状况和资源环境承载能力，统筹布局城镇集聚地区和绿色发展地区两类空间，差别化地确定与区域发展相适应的发展方式、目标和策略。

保护区域生态基底，构建开敞空间

苏南丘陵地区和苏中苏北水乡地区是江苏重要的区域性绿色开敞空间，是江苏大地景观特色的重要组成，拥有优越的自然资源本底。保护两大区域性开敞空间，对江苏可持续发展、平衡高度城镇化地区的生态安全格局，具有重要的作用与意义。

· 苏南丘陵地区实施绿色发展战略，形成差别化发展路径

苏南丘陵地区地处太湖西部，包括宜兴市、溧阳市、金坛市、高淳区、溧水区的全域范围以及句容市的茅山镇和天王镇，约 $6700km^2$，区域内低山丘陵、湖荡、平原交错分布，城镇空间交相辉映，山、水、田、城错落有致，美丽乡村若隐若现。《规划》引导该地区实施绿色发展战略，从特色产业、特色镇村、特色交通、特色景观、特色文化等方面，探索将开敞空间的生态资源优势转化为经济发展动力，形成高度城镇化地区开敞空间的差别化发展路径。

· 苏中苏北水乡地区明确规划管控要求，保育生态资源本底

苏中苏北水乡地区地处淮河流域，包括淮安市区、涟水县、盱眙县、金湖县、泗阳县、泗洪县、高邮市、宝应县、兴化市，约 $20045km^2$，水网密集，河湖密布，水面率达 28.6%，水域总面积 $5690km^2$，占全省的 1/3。《规划》强调城镇点状发展和特色发展，避免城镇连片蔓延对生态空间的侵蚀，构建“山水绿底、城镇镶嵌”的总体空间形态。《规划》保护白马湖等湖泊湿地，推进盱眙南部山体生态修复，建设环洪泽湖等区域风景路和滨水蓝道网络，充分利用山水特色资源，形成融合环保、运动、休闲和旅游等多种功能的蓝绿休闲空间。

苏南丘陵地区绿色发展案例——无锡宜兴龙池山

苏中苏北水乡地区绿色发展案例——淮安台湾农民创业园

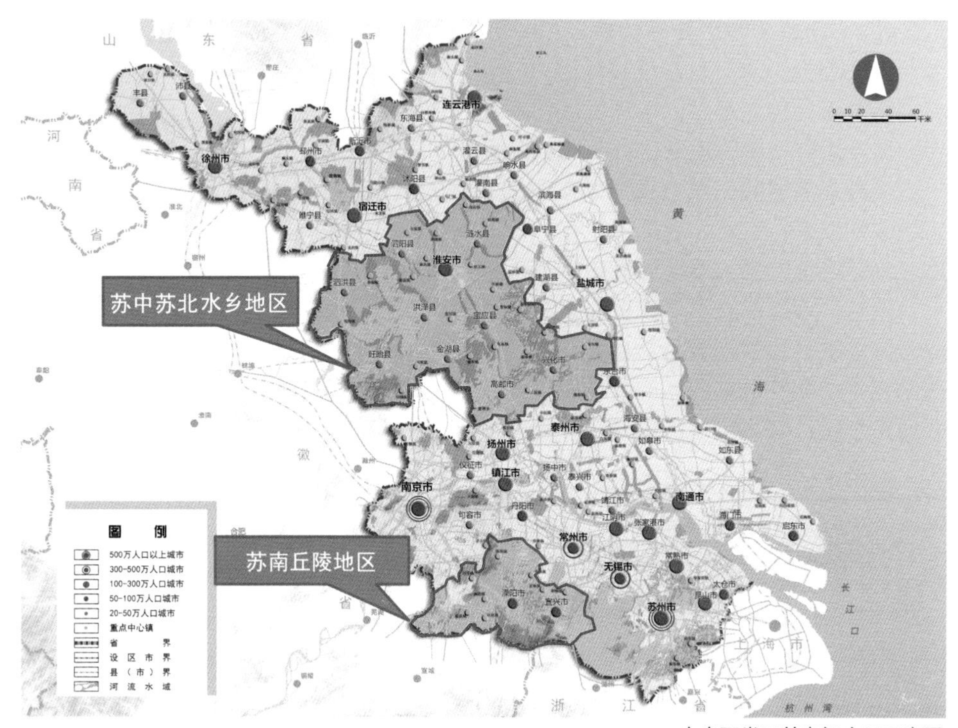

全省两类开敞空间布局示意图

宜兴南山竹海

金坛茶园风光

兴化万亩垛田

宝应湿地公园

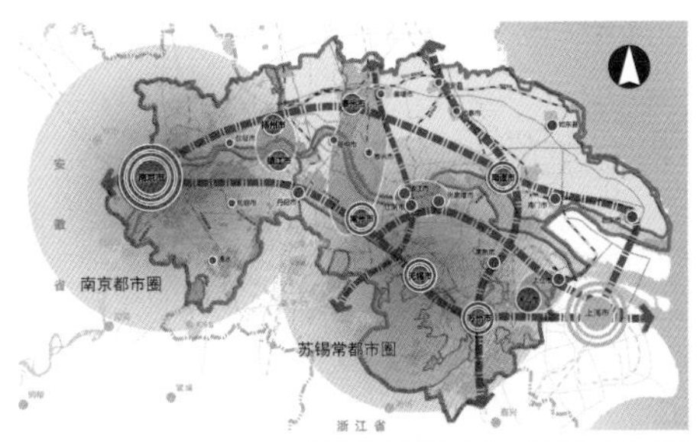

沿江城市带的城镇空间结构

促进带轴集聚，形成紧凑城镇空间

·沿江城市带的发展协同与跨江合作

江苏沿江城市带是长三角城市群的核心组成部分，在长江经济带发展中具有承东启西的关键作用。针对江苏沿江地区城市高度密集的特征，《规划》提出积极推进该地区转型发展、创新发展，促进跨江融合发展，形成以特大、大城市为主体，空间集约高效的都市连绵地区，成为长江经济带的关键段落。

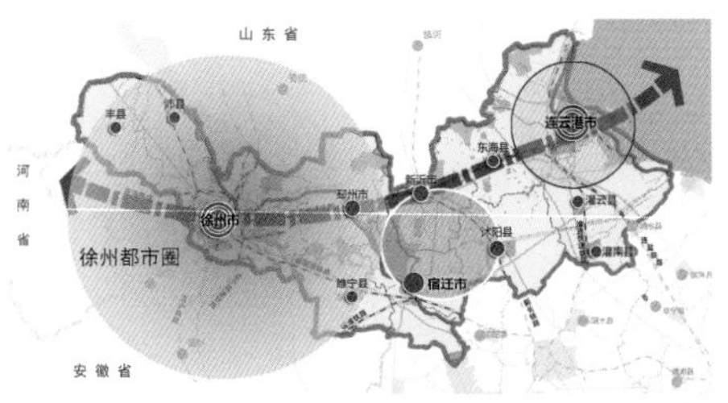

沿东陇海城镇轴的城镇空间结构

南京城市滨江生活岸线建设提升空间品质

泰州长江大桥的建成使泰州与常州、镇江步入“同城化时代”

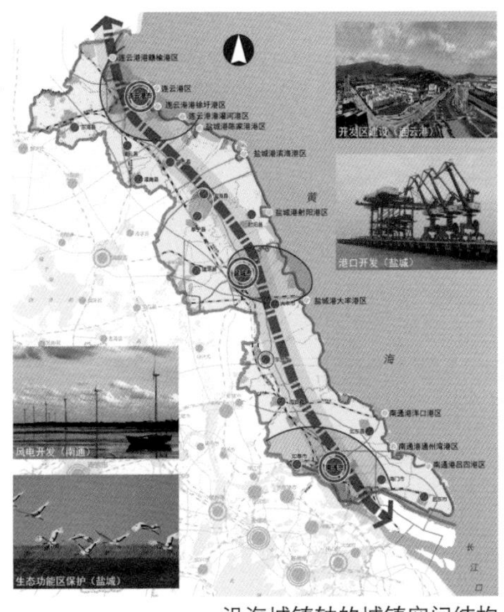

沿海城镇轴的城镇空间结构

·沿海、沿东陇海城镇轴的战略推进与培育

江苏沿海地区处于我国沿海、长江和陇海兰新线三大生产力布局主轴线的交汇区域，沿东陇海地区处于丝绸之路经济带和21世纪海上丝绸之路的交汇点。《规划》提出加强沿海、沿东陇海城镇群培育，推进港口、产业和城镇融合发展，形成以新型工业化为重点、快速发展的新型城镇化地区。

·三大都市圈的规划协同与跨省共建

江苏先后两版省域城镇体系规划提出建设南京、徐州和苏锡常都市圈，推动区域联动发展，引领区域基础设施和公共服务设施共建共享，加强生态环境保护，建立相邻地区的重大事项协商机制，促进全省区域协调发展。

南京都市圈成立了“南京都市圈城市发展联盟”，从松散协作走向制度联盟，成为国内联动发展态势最好的都市圈之一。苏锡常都市圈在交通、基础设施等方面的空间协同不断加强，与上海开展了有效的跨界协调。徐州则大力推进区域中心城市建设，努力带动苏鲁皖豫接壤地区低谷崛起。

徐州城市建设不断优化，对跨省接壤地区吸引力增强

省际共建地铁：上海 - 昆山轨道交通 11 号线是国内首个跨省（直辖市）城市轨道交通项目

构建“四种网络”，有机联络省域城乡

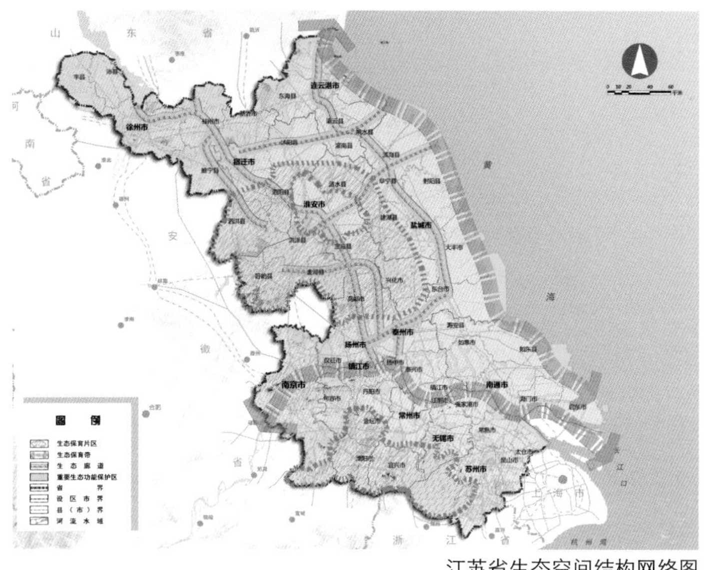

江苏省生态空间结构网络图

江苏省区域风景路规划图

· 生态结构网络保育环境基底

落实和实施国家区域生态环境保护战略，以全省各类生态红线区域为基底，加强各类保护区保护，形成“两片、两带、四廊、多核网状”的生态结构，强化生态保育功能，协调城镇空间拓展与生态保护的关系，建设生态防护林，形成全省生态防护的“网状结构”，维护生态系统完整性。

· 区域风景路网络促进转型发展

规划建设沿江、沿海、沿大运河、沿故黄河以及环太湖、环洪泽湖、环里下河地区的全省区域性风景路系统，连接自然保护区、森林公园、风景名胜区、旅游度假区、城市郊野公园、文物保护单位和城乡居民聚居区，优化区域景观格局、改善居民生活品质、促进旅游业发展。在省域规划的指导下，苏浙两省联合编制了环太湖风景路规划，于 2012 年正式启动环太湖风景路建设；编制了江苏省大运河、故黄河风景路规划，为风景路建设提供了指导。

· 综合交通网络分区引导发展

区分网络化发展地区、核心放射状地区、走廊发展地区、优化发展地区等四类不同类型交通分区的交通网络优化布局，统筹协调交通设施建设与城乡空间利用，引导形成紧凑型城镇和开敞型区域。

· 基础设施网络引导城镇集聚

以“节约、安全、差别化、现代化”为原则，发挥区域基础设施对城镇布局的引导作用，引导人口、产业向城市带（轴）地区集聚，加强各种基础设施廊道布局协调与统筹，与城镇、产业布局配套成网，严格控制基础设施廊道安全保护范围，减少对城镇布局的不利影响。

被联合国列入“国际重要湿地”的江苏大丰麋鹿国家级自然保护区

环太湖风景路（苏州段）

大运河风景路（扬州段）

各方声音：

江苏坚持以“紧凑型城镇、开敞型区域”的空间布局思路来引导全省新型城镇化推进，是务实和创新相结合，既具有较强的操作性，又符合当前转型发展的趋势和理念；注重均等化和差别化相结合，既强调了全省要达到的总体水平，也注意到了差别化；同时，以空间为核心统领全省城乡整体发展，从不同的城乡空间层次、组织、结构形态，来解决城镇发展的各类问题。

——南京大学教授 崔功豪

撰写：施嘉泓、陈小卉、丁志刚
编辑：闾　海 / 审核：张　鑑

一张蓝图干到底
——江苏城市总体规划的制定和管理

In Accordance with One Blueprint
- Compilation and Management of Urban Master Planning in Jiangsu Province

城市规划在城市发展中起着重要引领作用，考察一个城市首先看规划，规划科学是最大的效益，规划失误是最大的浪费，规划折腾是最大的忌讳。

——习近平

案例要点：

城市总体规划是对一定时期内城市性质、发展目标、发展规模、土地利用、空间布局以及各项建设的综合部署，是引领和控制城市发展、配置和管理城市空间资源的重要依据和手段。在推进新型城镇化和城市转型发展的背景下，江苏按照中央要求，与时俱进创新规划理念，充分发挥城市总体规划的战略引领作用，通过科学编制与依法实施城市总体规划，统筹协调城市经济、社会、环境、文化等发展，实现“一张蓝图干到底”。

案例简介：

改革开放以来，江苏高度重视城市总体规划的编制、审批和实施工作。20 世纪 80 年代开始启动全省第一轮规划期至 1990 年的城市总体规划的编制工作，之后根据不同发展阶段的经济社会情况和城镇化发展要求，动态完善城市总体规划的编制和实施要求，为统筹引领城市发展、人居环境改善和功能品质提升发挥了规划支撑作用。

江苏省城市总体规划编制审批情况表

<table>
<tr><th>城市</th><th>审批机关</th><th>编制参与主体</th><th>编制程序</th></tr>
<tr><td>南京、无锡、徐州、苏州、常州、南通、扬州、镇江、泰州</td><td>国务院</td><td rowspan="4">城市人民政府
相关部门和单位
规划设计单位
专家学者
公众等</td><td>实施评估、纲要、成果、公示、人大审议、省政府审查、国务院审批</td></tr>
<tr><td>连云港、盐城、淮安、宿迁</td><td rowspan="2">江苏省人民政府</td><td rowspan="2">实施评估、纲要、成果、公示、人大审议、省政府审批</td></tr>
<tr><td>县级市</td></tr>
<tr><td>县</td><td>省辖市人民政府</td><td>实施评估、纲要、成果、公示、人大审议、市政府审批</td></tr>
</table>

增强城市总体规划的战略性，发挥规划统筹引领作用

编制城市总体规划，要系统地对城市发展目标、功能定位、区域协调、产业布局、生态环境等涉及城市发展的诸多重大问题进行专题研究，并组织开展公共设施、综合交通、空间特色、历史文化等各类专项规划编制工作。在此基础上进行统筹协调，综合确定城市性质、发展目标和空间战略，科学配置空间资源，划定禁止、限制、适宜建设的地域范围，明确城市“道路和市政设施黄线”“河道水面保护蓝线”“各类公园、防护绿地等开敞空间绿线”“文化和历史建筑等保护紫线”等“控制线”，明确用地布局、公共服务、综合交通、市政设施、历史文化、绿地系统、综合防灾等规划内容，为建设和谐宜居、富有活力、绿色安全、各具特色的现代化城市提供规划依据和空间支撑。

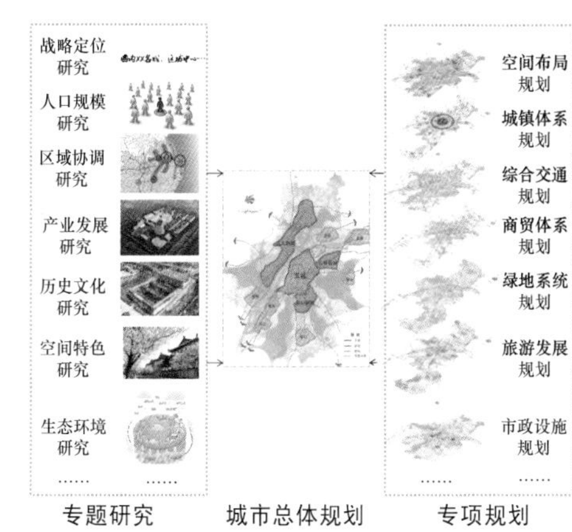

南京市城市总体规划修编，共开展了21项专题研究和24个专项规划

增强城市总体规划的科学性，促进城市建设水平提升

编制城市总体规划要落实创新、协调、绿色、开放、共享的发展理念，把以人为本、尊重自然、传承历史、绿色低碳等基本原则融入规划编制全过程。积极引导城市空间由外延扩张为主向内涵提升和外延合理拓展并重转变，配合城市产业转型升级，鼓励建设用地复合利用和功能混合布局；创新城市存量空间再开发措施，补齐社区服务、绿地、停车等公共设施短板，推动城市空间品质提升；充分发挥地下空间在拓展发展空间、缓解交通拥堵、保障基础设施运行等方面的作用，推动“立体城市”建设。

发挥城市总体规划的基础平台作用，加强与经济社会发展、土地利用、环境保护等相关规划的协调与衔接，形成指导城乡空间发展的“一张规划蓝图”。同时，要坚持开门规划，积极采用自上而下和自下而上相结合的工作方式，充分调动相关部门、基层组织等参与规划编制，广泛听取专家学者和社会各界意见，在各种利益协调上寻求最大公约数。

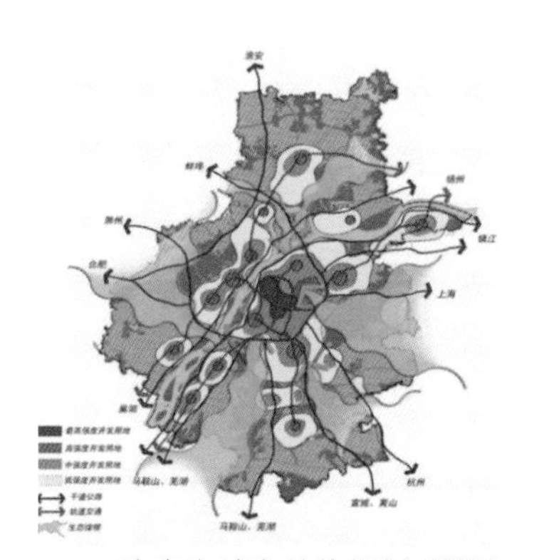

《南京市城市总体规划（2011-2020）》按照节约增长、生态优先、交通导向、城乡统筹等理念，明确了紧凑发展的都市区格局，构建了特大城市的开放型空间结构

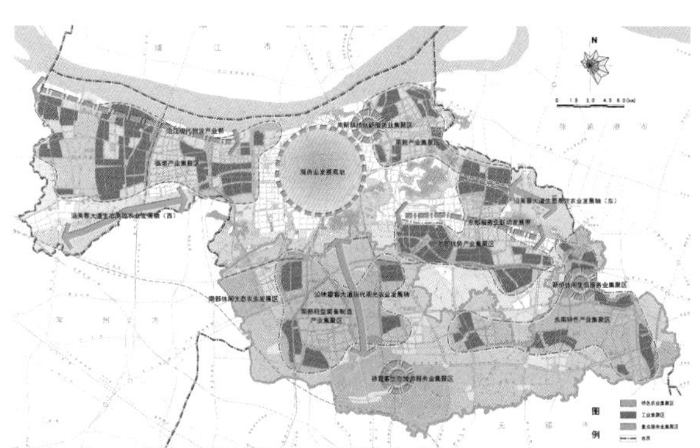

《江阴市城市总体规划（2011-2030）》以现代化为发展目标，以转型发展为主线，通过城市能级提升和产业、交通、空间等方面的转型，为江阴实现现代化提供了清晰的规划蓝图

增强城市总体规划的严肃性，确保“一张蓝图干到底”

依法加强城市总体规划的编制和审批管理，认真落实本级政府编制、社会公众参与、同级人大审议、上级政府审批的规定。经批准的城市总体规划，由上级政府、同级人大和社会公众监督实施，任何单位和个人不得擅自修改。目前，江苏9个国务院审批城市总体规划的城市，由住房城乡建设部派驻督察员，监督城市总体规划的执行情况，其余城市也将按照国家要求逐步派驻省规划督察员开展监督检查，切实维护城市总体规划的严肃性，确保“一张蓝图干到底”。

· 国务院审批的城市总体规划

南京

国家主要的科教基地、综合性产业基地、交通枢纽和历史文化名城，长江航运物流中心，长三角地区重要科技创新中心、现代服务中心，南京都市圈核心城市。

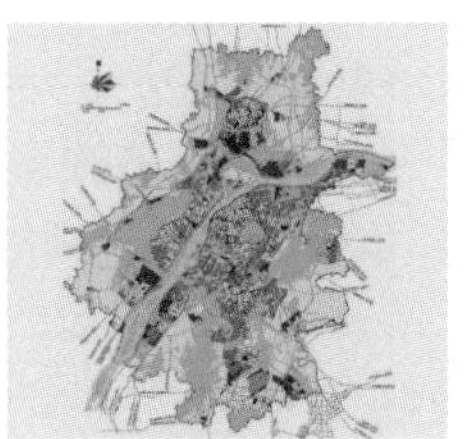

土地利用规划图

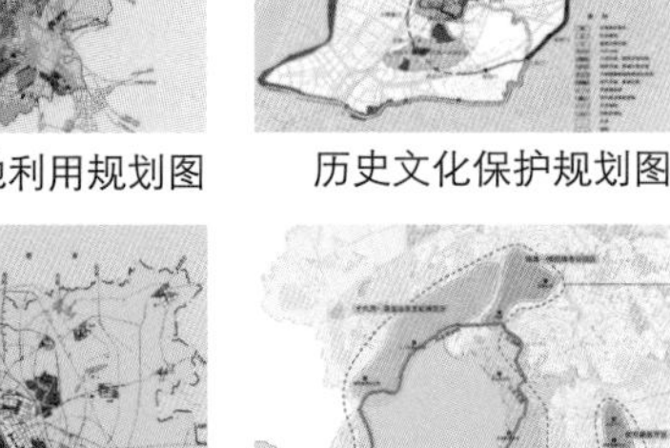

历史文化保护规划图

无锡

国家高新技术产业基地、先进制造业基地和风景旅游城市，长三角区域中心城市，苏锡常都市圈核心城市，现代化湖滨花园城市。

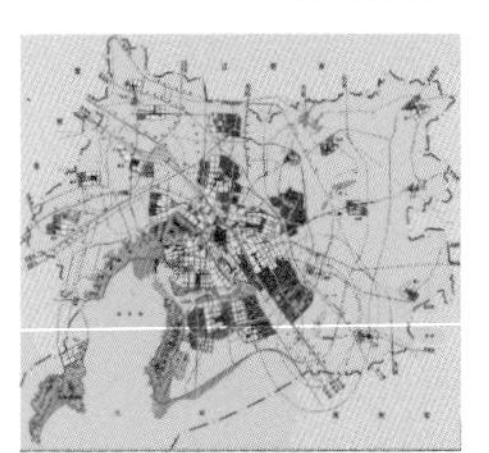

土地利用规划图

特色空间控制与引导图

徐州

全国重要的综合性交通枢纽，长三角区域中心城市，淮海经济区商贸物流中心，徐州都市圈核心城市。

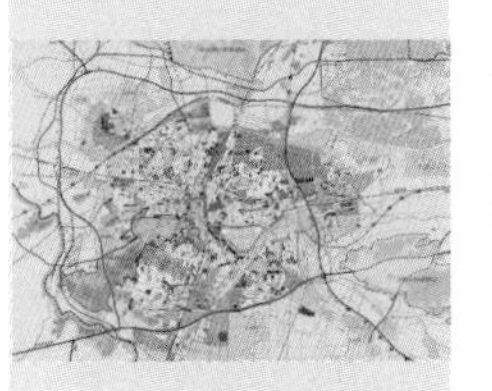

土地利用规划图

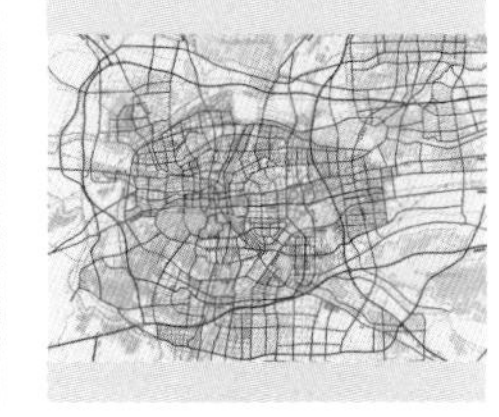

道路系统规划图

常州

国家高新技术产业基地，创新创智型城市和文化旅游名城。长三角重要的中心城市之一，苏锡常都市圈核心城市。

土地利用规划图

市区四区划定图

苏州

国家高新技术产业基地、创新型城市和风景旅游城市，长三角区域中心城市，苏锡常都市圈核心城市。

空间结构规划图

土地利用规划图

南通

国家历史文化名城，江海交汇的现代化国际港口城市，长三角北翼的经济中心和门户城市。

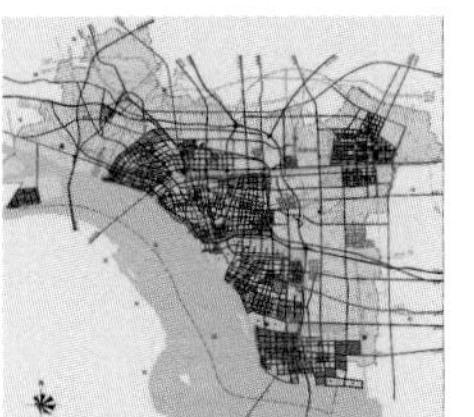

土地利用规划图

综合防灾减灾规划图

扬州

国家历史文化名城，沿江先进制造业基地，长三角先进制造业基地、旅游休闲与生态宜居城市。

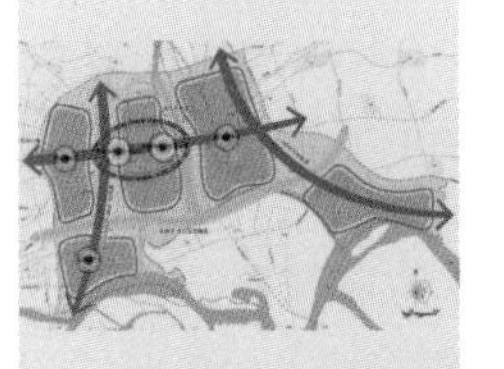

空间结构规划图

土地利用规划图

镇江

国家历史文化名城，长三角先进制造业基地，现代山水花园城市，重要的滨江港口、风景旅游城市。

土地利用规划图

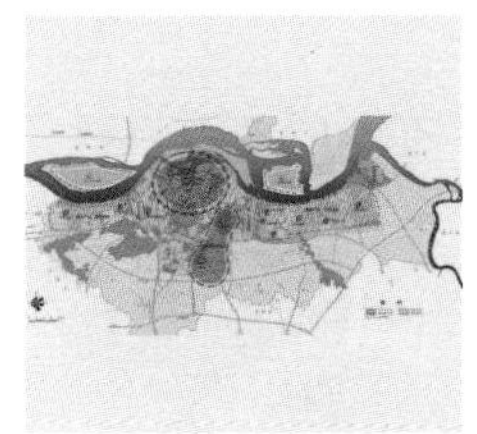

产业布局规划图

泰州

国家历史文化名城，中国医药名城，长三角先进制造业基地，滨江生态旅游城市。

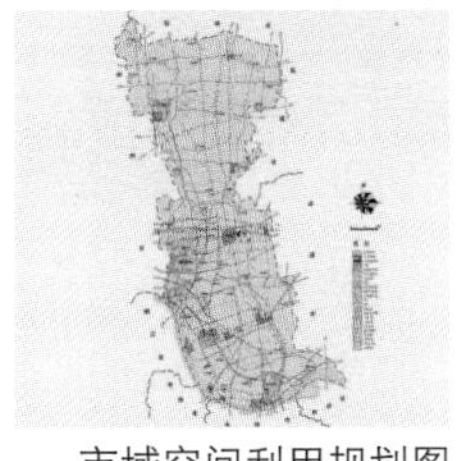

市域空间利用规划图

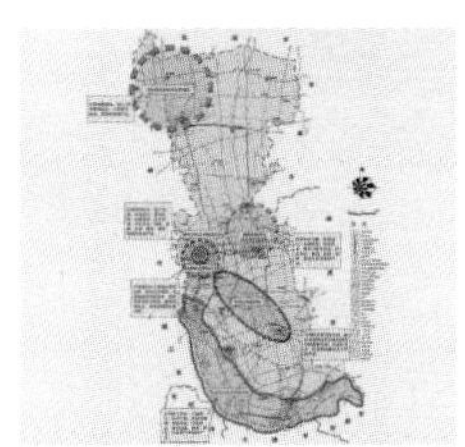

市域旅游发展规划图

· 省政府审批的城市总体规划

连云港

我国沿海中部沟通东西、连接南北的区域性中心城市，现代化的港口工业城市和海滨旅游城市，区域性国际物流枢纽。

土地利用规划图

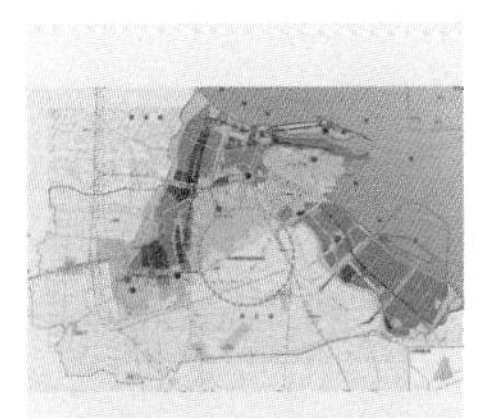

城市设计要素和密度分析图

淮安

国家历史文化名城、生态旅游城市、长三角北部地区交通枢纽和先进制造业基地、苏北重要中心城市。

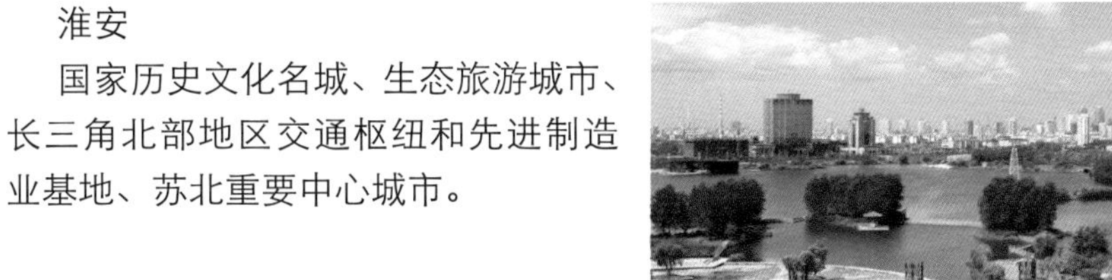

市域城镇体系空间结构规划图

土地利用规划图

盐城

东北亚特色物流转运基地、长三角新兴的工商业城市、沿海湿地生态旅游城市。

土地利用规划图

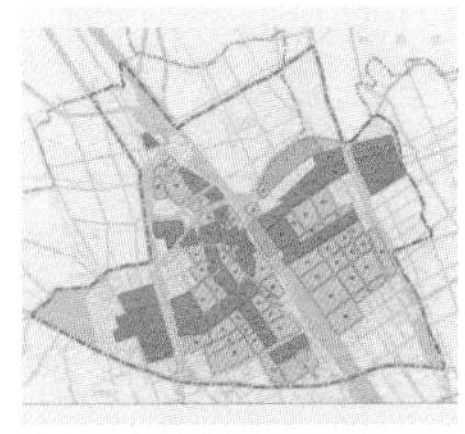

城区交通分区图

宿迁

长三角北部的先进产业基地、东陇海地区中心城市之一，以轻型工业为主导、现代旅游休闲服务业为特色生态园林城市。

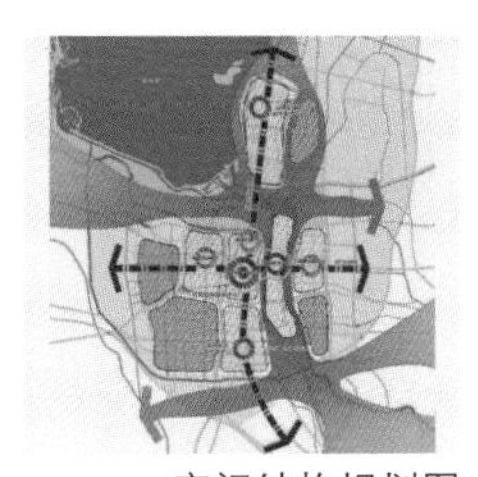

空间结构规划图

土地利用规划图

撰写：施嘉泓、杨红平 / 编辑：闫　海 / 审核：张　鑑

将以人为本落到规划实处
——江苏控制性详细规划编制和管理

Implementing Urban Planning Blueprint in Every Piece - Compilation and Management Human-oriented of Regulatory Detailed Planning in Jiangsu Province

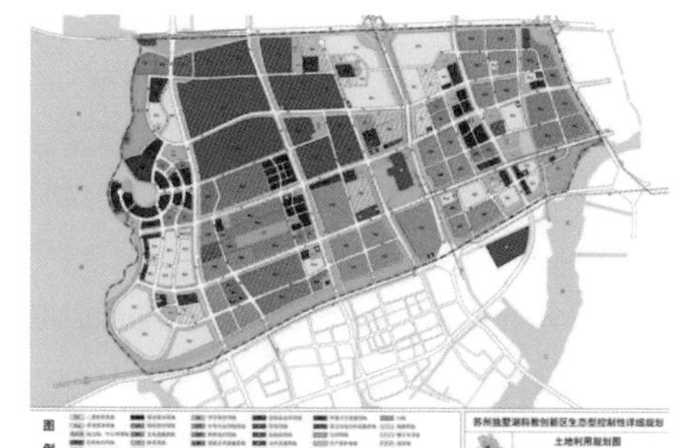

苏州独墅湖科教创新区控制性详细规划

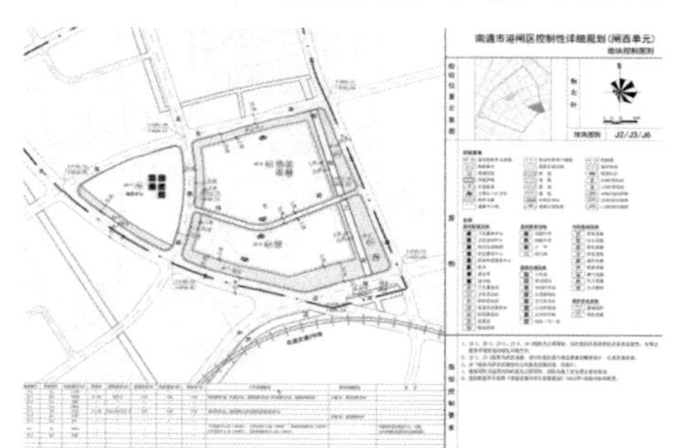

控制性详细规划分地块图则和控制指标要求

南通市建设项目规划条件

规设　　号

报建单位					控制指标	停车泊位指标	居住（/户）	机动车	
项目名称（地块位置）								非机动车	
控制指标	用地性质		建筑性质				公建（/万平方米建筑面积）	机动车	
	地块控制坐标							非机动车	
	用地面积	约　平方米					其他说明		
	容积率				建筑退让	退道路红线			
	建筑密度					退河道控制线			
	建筑面积		不含地下建筑面积。			退用地边界			
	绿地率					其他			
	建筑控制高度				公建配套要求				
	建筑间距				景观要求	建筑高度			
	室外地坪标高					建筑风格			
	出入口方位：	人行				建筑色彩			
		车行				其他			

控规的指标要求具体落实到开发地块的规划条件，包括：用地性质、容积率、建筑密度、绿地率、建筑高度；退道路红线、用地边界、蓝线绿线、建筑间距；出入口位置、机动车停车位、城市设计要求等

要加强控规的公开性和强制性，着力解决城市规划不深不细、难以成为基础设施和建筑物建设依据的问题；要加强对城市的空间立体性、平面协调性、风貌整体性、文脉延续性等方面的规划和管控。

——习近平

案例要点：

控制性详细规划是指导城市建设和空间利用的直接依据，是保障民生、提升人居环境和塑造空间特色的重要抓手。江苏高度重视以控制性详细规划落实上位规划要求，落实公共设施安排保障公共利益，融合基础设施、公共服务、生态环境、空间特色、历史文化等综合要求，强调在控制性详细规划中具体落实以人为本的要求，实现多规划的衔接，并落实到土地开发的规划条件中，将规划蓝图落实到每一片土地。

案例简介：

强化统筹协调，指导城市科学建设

控制性详细规划一方面要落实城市总体规划确定的发展目标、规划指标、空间布局、设施配套等要求，一方面要加强与土地利用规划、生态红线规划等的具体衔接，深化公共设施、综合交通、基础设施、抗震防灾、历史文化、地下空间等专项规划的内容。通过优化用地功能和空间布局，明确道路红线、基础设施黄线、城市绿线、水体蓝线以及公共管理和服务设施等规划内容，提出每一个地块具体的建设控制和引导要求，保障各类设施落地，指导城市科学建设。

严格规划管理，规范土地开发利用

“控制性详细规划是规划实施的基础，未编制控制性详细规划的区域不得进行建设”。依据《城乡规划法》，在国有土地使用权出让前，应当依据控制性详细规划，明确地块的位置、使用性质、开发强度等规划条件，作为土地出让合同的组成部分。未确定规划条件的地块，不得出让国有土地使用权。规划条件是审查规划设计方案、核发建设工程规划许可证、进行建设项目规划核实的依据，确保控制性详细规划的要求在各个具体建设项目中得以执行。

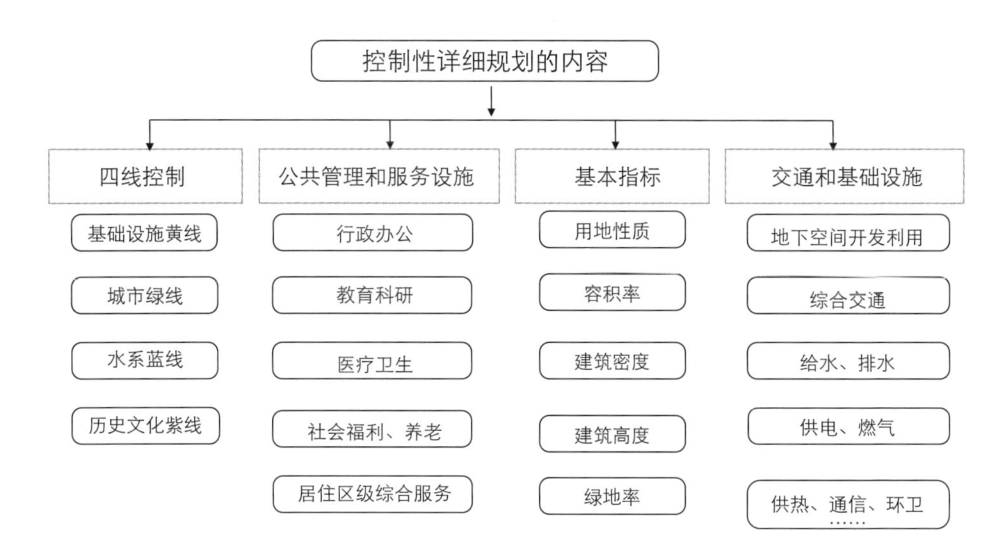

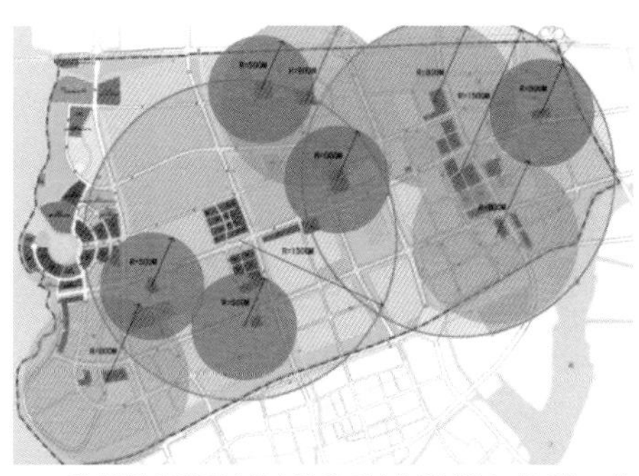

苏州独墅湖科教创新区控制性详细规划：公共设施规划明确医院、养老院、体育馆、文化馆，以及组团中心、邻里中心、便利中心和商业街等的布局

苏州独墅湖科教创新区控制性详细规划：教育设施规划按照幼儿园服务半径不大于300m，小学服务半径不大于500m，中学服务半径不大于1000m的原则，明确中小学和幼儿园的布局、班数、用地规模

落实民生设施，保障公共服务水平

为保障人居环境质量，方便市民生活，控制性详细规划要对与市民生活息息相关的教育、医疗、养老、体育、文化、商业、绿地等公共服务设施，按照合理的服务半径和配置标准，明确设施的位置、规模和建设要求，确保市民生活配套设施的落实到位。

运用城市设计，塑造城市风貌特色

控制性详细规划是塑造城市景观风貌、提升空间品质的重要抓手。在控制性详细规划中要充分运用城市设计的理念和方法，提出景观节点和廊道、重要街道和界面、广场和滨水地区等开放空间的规划控制和引导要求，明确建筑高度、体量、风格、色彩以及空间、景观等方面要求，引导形成具有地域特色的城市风貌，引导建设具有时代特征的精品建筑。

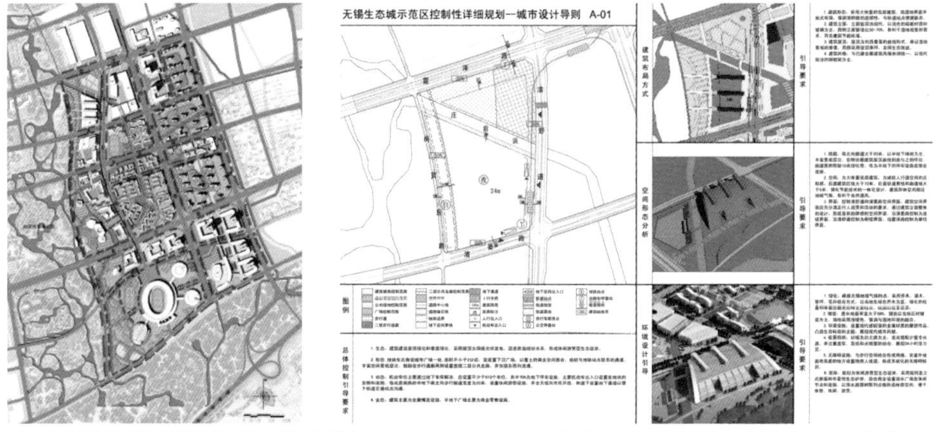

无锡生态城示范区控制性详细规划：明确视廊、界面、广场空间、绿化景观、雕塑小品、城市家具，以及建筑高度、体量、风格、色彩、材质等规划要求

践行绿色节能，促进低碳生态发展

近年来江苏积极推进节约型城乡建设，围绕低碳生态、海绵城市建设、地下空间开发利用等方面，探索在控制性详细规划中明确建筑节能、雨水利用、海绵体建设等方面的控制和引导指标，以提升环境效益和资源利用效益。

控制性详细规划低碳生态指标

绿色节能相关控规指标	规定性指标	引导性指标
土地管理	地下容积率	用地混合度
建筑管理	可上人屋面绿化比例	建筑贴线率
	太阳能设施屋顶覆盖率	裙房建筑高度
交通控制	慢行线路出入口方位	公交站点覆盖率
	自行车停车位	干道过街设施平均间距
生态环境	地面透水面积比例	本地植物指数
	下凹式绿地率	绿地乔木覆盖率
资源利用	雨水留蓄设施容量	雨水回用占总用水量比例
	中水设施配建方式	中水回用占总用水量比例
	太阳能热水普及率	光伏发电负荷

撰写：施嘉泓、方　芳 / 编辑：闾　海 / 审核：张　鑑

城市规划的稳定性和连续性
——苏州工业园区的范例

The Stability and Sustainability of Urban Planning
-The Example of Suzhou Industrial Park

独墅湖隧道

邻里中心

案例要点：

《中共中央国务院关于进一步加强城市规划建设管理工作的若干意见》明确要求“要强化城市规划工作，增强规划的前瞻性、严肃性和连续性，实现一张蓝图绘到底”。

苏州工业园区地处苏州古城东部，是中新两国合作项目。园区自 1994 年开发建设至今，始终坚持“规划先行”“无规划不建设”“规划即法”。确立超前、先进、合理的规划编制理念，有效促进资源整合、合理布局空间；采取简洁、高效、统一的规划管理方式，将园区规划执行到位，实现一张蓝图绘到底。稳定的规划有力支撑了科学发展，经过 22 年开发建设，苏州工业园区综合发展指数位居全国国家级开发区前列，已成为中国发展速度最快、最具国际竞争力的区域之一。

案例简介：

富有远见的规划蓝图

在 1994 年国内开发区普遍处于“边开发、边规划”的阶段，“苏州工业园区一张总体规划蓝图 3600 万元”的消息，曾引发了人们的震惊和怀疑。这张规划蓝图不是一张简单的、充满幻想的效果图，而是统筹考虑了“现在和未来”“总体和具体”“战略和战术”“长期和短期”“理念和操作”等各个方面的综合结果。苏州工业园区规划采取刚性控制和弹性预留的模式，保证了园区开发建设与最初蓝图基本一致。22 年后再回首，规划确定的刚性内容全部得以实施，科学的布局使各种生产要素和资源配置始终井井有条，换来的是巨大的资源节约效应。

1994 年动工之前的规划手绘图

跟上时代的动态规划

为了适应经济、社会和城市发展步伐，园区先后编制了 4 版规划。但每一次规划编制并不是推翻上一轮规划成果，而是在原有规划基础上针对新的问题、新的发展要求进行动态更新、滚动优化。首版总规拉开了园区建设框架，基本确定了刚性内容和弹性预控；2001 版总规加强了住宅和设施配套，完善城市功能；2006 版总规开始研究产业转型“退二进三”的实施路径，对产业和功能转换提出了对策；2012 版总规是对存量规划的探索，更加注重城市品质提升和民生改善。弹性预控、产居平衡、产城融合、保障生态等思维贯穿了园区的空间布局，促成了规划技术思路的延续性，引导了规划管控的一贯性。

圆融中心

李公堤

2012版
国际领先的高科技园区
国家开放创新试验区
江苏东部国际商务中心
苏州现代化生态宜居城区

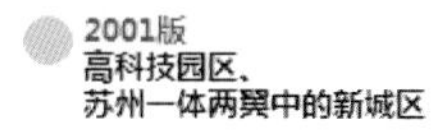

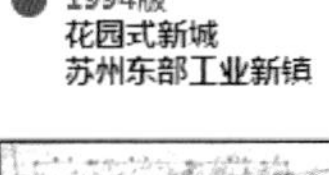

1994版规划拉开了园区建设基本框架

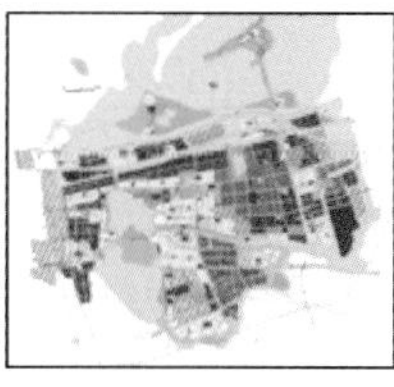

2001版规划加强住宅和配套建设，快速完善城市功能

2006版总规推进产业和功能转型升级

2012版规划更新式发展存量规划，根据注重品质提升和民生改善

4 版规划虽各有侧重，但重要基础设施和功能布局保持一致

坚如磐石的规划制度

1994 年园区就确定了依法从严的规划管理制度，规划一经确立，即成为所有部门必须遵守的法规。为杜绝人为因素凌驾于规划之上，防止随意开发、盲目建设，苏州工业园区设计了一整套规划管控制度，将政府批准的规划公之于众，授权规划师审批各类规划申请，行政管理层不能干预正常的规划审批，技术管理层无权更改已通过法定程序确定的规划。规划主管部门采用会审制度和信息化管理方式，从技术理念、组织动作、法律制度 3 个方面，共同构成园区规划管理体系，从制度上杜绝了“拍脑袋决策，拍胸脯保证，拍屁股走人”的乱象。

各方声音：

园区的规划具有前瞻性、科学性，园区形成了很多资产，要通过精细化、人性化、艺术化设计来提升，让已经形成的资产升值，要把人、城、产交融起来。——中国城市规划设计研究院院长 杨保军

说到生活，SIP（苏州工业园区英文缩写）这个名称太具有误导性了，不了解它的人，一定会望文生义把它想象成与其他工业园无异的厂房，烟囱集聚地！亲眼看过之后才会发现，这分明就是小新加坡么！这里有邻里中心，有苏州鸟巢，有摩天轮公园，有金鸡湖，有李公堤，有天虹，久光，亲民的欧尚，沃尔玛，有时代广场，有独墅湖，有双语主持婚礼的教堂，有地铁，有高铁，有公私立医院，有高教园，道路宽广，环境优美，国际化使 SIP 的人气越来越旺！——苏州工业园区 黄先生

园区开发至今已有 20 年，领导班子调整过多次，但开发区发展格局与当初规划设计几乎一模一样。正是有着这样的法治思维，苏州工业园区才能实现“一张蓝图干到底”。——《人民日报》

撰写：施嘉泓、何舒文 / 编辑：费宗欣 / 审核：张 鑑

推动城市新区功能完善的探索
——盐城城南新区实践

Exploration on Promoting Functional Improvement of City New District-Practice of Chengnan New District of Yancheng

城南新区发展定位

新区控制性详细规划

新区城市设计方案

案例要点：

建设城市新区，是国内外诸多城市在快速拓展进程中通常采用的空间策略。但也有不少城市新区冒进建设、产业与人口未能及时跟进，成为“空城”、“鬼城”。如何在城市拉开框架的同时，及时谋划、吸引相关产业，形成产城融合的活力新区，是许多城市面临的共同问题。盐城市城南新区通过科学制定规划，围绕“一张蓝图”，构筑发展“框架”，加快基础设施配套建设，鼓励行政办公设施率先入驻，增加市场发展信心。经过 10 年的持续努力，新区功能不断完善，已成为盐城新的重要增长点。

案例简介：

盐城市是江苏省域内面积最大、下辖县市最多、海岸线最长的省辖市，但多年来中心城区规模小、产业基础薄弱，难以发挥中心城市的辐射带动作用。为破解“小马拉大车”问题，盐城市以打造沿海新兴中心城市为目标，将城南新区作为做强中心城市、构筑大城市框架、实现城市功能与结构双提升的重要区域。

科学规划，推动“一张蓝图干到底”

城南新区在 2006 年规划建设之初，就注重吸取国内外新城新区发展的经验教训，坚持“先规划后建设”的理念，充分发挥城市规划对新区建设的引领作用，合理确定各类设施与用地布局，努力从“源头”上杜绝规划折腾，推动“一张蓝图干到底”。

基础设施先行，打造优良宜居创业环境

新区在做好征收补偿、土地储备等工作的基础上，依据规划确定的分期建设时序，先期进行城市道路、绿化景观、市政管线等基础设施建设，夯实新区发展所必需的“硬件”支撑平台。同时市政府制定政策鼓励行政办公、公共文化、教育科研等公共设施入驻新区，增加新区人气和市场吸引力。

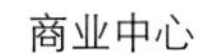

商业中心

居住环境

办公区

2005 年新区卫片

建设中的新区中心——聚龙湖

2015 年新区卫片

加强产业支撑，提高新区发展活力

近年来新区积极促进产城融合，相继引进建设了金融城、科教城、大数据产业园、都市工业园等一大批新兴产业集聚区。以大数据产业园为例，华为、黄海云谷、甲骨文等国内外知名企业先后入驻，累计建设项目 123 个，总投资近 145 亿元，已初步形成数据存储、云计算、数据应用等产业链。产业的发展促进了新区的发展，解决了人口就业问题。目前，城南新区建成区规模已突破 $50km^2$，人口突破 40 万人，初步实现了“智慧新城、生态新城、现代新城”的规划发展目标。

大数据产业园

盐城金融城

都市工业园

各方声音：

城南新区的发展，承载着盐城市建设沿海中心城市的重任，实践证明当初的规划决策是正确的，目前的建成效果是成功的。

——南京大学教授 崔功豪

城南新区的环境和配套在盐城是一流的，以前这里是荒郊，现在高楼林立，有大城市的感觉了，办事、买菜、出行等都很方便，还有公园，所以我们愿意来城南买房置业。

——盐城凤鸣缇香业主 花先生

城南新区把“智慧、生态、现代”作为新城定位，用信息化推进现代金融、智慧产业、总部经济和现代商贸等产业发展，构建起苏北一流智慧产业高地，有力促进了新区建设和区域辐射带动。

——《新华日报》

撰写：施嘉泓、赵 雷、何舒文
编辑：阎 海 / 审核：张 鑑

苏州昆山市常住人口市民化探索

Exploration on the Urbanization of Permanent Resident Population in Kunshan, Suzhou

案例要点：

新型城镇化的核心是人的城镇化，城市的发展离不开所有人的参与，城市的发展成果同样也应惠及所有人。习近平总书记指出，“提高城镇人口素质和居民生活质量，把促进有能力在城镇稳定就业和生活的常住人口有序实现市民化作为首要任务”。

昆山是中国快速城镇化的一个奇迹，是江苏快速发展的一个缩影。短短几十年，昆山从江南小镇发展为大城市，外来人口（127 万）急剧增长并已远远超过本地户籍人口（79 万）。在快速成长过程中，昆山努力解决人的城镇化问题，推进外来人口市民化政策保障的制定和落实，在逐步实现“共处一地、共创繁荣”愿景的同时，也推动了城市转型发展和社会和谐稳定。

案例简介：

改革开放以来，昆山积极外引内联，自费办开发区闯出一条“昆山之路”，成为中国第一个人均国民生产总值突破 4000 美元的县级城市；与此同时，昆山高度重视城市规划建设管理，2010 年因人居环境的显著改善荣获联合国人居环境奖。昆山较早认识到外来人口在融入城市的过程中，常常存在缺乏身份认同、归属感，获取公共资源难等问题，在落户、居住、就业、教育等方面开展了多样化的“市民化实践”，有序推动新市民与户籍居民的权利平等，推动新市民实现“文化本土化、身份市民化、服务均等化”。

落户有途径

先后出台了《昆山市户籍准入登记暂行办法（草案）》《昆山市大专以上及技术技能人才落户管理暂行办法》《市政府关于印发昆山市大专以上及技术技能人才落户管理暂行办法的通知》等多项人口落户政策，有序引导外来人口市民化，持续优化人口结构，具有合法固定住所、稳定职业或生活来源基本条件的人员，均可以办理落户。

“新昆山人”服务中心

居住有质量

为了给“新昆山人”营造一个温馨的“家”，让他们感受到“心安之处就是家”，积极开展“新昆山人”集居地和企业内部公寓的治安管理、环境卫生、文化建设、配套服务等方面的建设，涌现出一批规范有序、优质高效建设的示范点，如巴城创业生活社区、锦溪镇“新昆山人文化俱乐部”等。

“新昆山人”文化俱乐部

就业有选择

拥有稳定的工作，才能拥有稳定的生活。昆山充分发挥政府促进就业的职能，免费为用人单位和求职者牵线搭桥，提供各项就业服务。人社部门把每周二作为公共招聘直通车日，每年组织开展“春风行动”招聘活动，开设青年专场招聘、“三八架金桥，春风送岗位”等特色招聘专场，给“新昆山人”送岗位、找工作。昆山市还加强就业创业政策宣传、维权指导、职业技能培训等各项工作，营造良好的就业环境，促进“新昆山人”更广泛和谐的就业。

教育有政策

“要让一家人在一起”。昆山针对以务工为主体的外来人口年龄结构相对年轻、子女需要上学的特征，于 2010 年、2015 年相继出台《关于进一步加大对外来工子弟学校扶持力度的意见》《昆山市新市民子女公办学校积分入学办法（试行）》，每年投入 2000 万元，用于 9.6 万外来人员随迁子女的教育补助。夫妻双方中一方在本市居住一年以上，有合法稳定职业、合法稳定住所的非昆山籍人员符合入园、入学年龄的子女，均可以凭借积分申报公办学校，满足外来人口随迁子女的教育需求。

巴城创业生活社区

服务有保障

实施社会保障惠民工程，形成与“新昆山人”居住年限挂钩的公共服务提供机制，推行新市民积分管理，对“新昆山人”医疗保障方面进行激励，在职业培训、权益保障等方面给予帮助，推进“新昆山人”社保扩面征缴，促进“新昆山人”身份融合。同时，将“新昆山人”卫生服务纳入经常性工作范围，在预防接种、妇幼健康等方面逐步提供与本地居民同等服务。昆山市 2014 年医疗卫生财政预算内支出 94929 万元，囊括了“新昆山人”。新市民在第二故乡——昆山，享受到普惠均等的公共政策，感受到宾至如归的亲和氛围。推进常住人口市民化的探索，昆山尚在努力进程中。

各方声音：

在政府设立的农民工业余学校，不仅提供了职业技能培训，还提供了篮球、乒乓球等体育活动空间，极大丰富了我的业余生活。

——“新昆山人”

昆山市深入开展“新昆山人”关爱活动，改进就业服务、解决子女就读、建设廉租房、创新参政机制、扩大社保覆盖、加强教育培训等一系列措施，促进“新昆山人”在更高水平上实现“文化本土化、身份市民化、服务均等化”，增强“新昆山人”对城市的认同感，在共建共享中提升城市文明程度。

——中国新闻网

撰写：施嘉泓、何舒文 / 编辑：闫　海 / 审核：张　鑑

城乡发展一体化背景下的乡村空间优化
——江苏优化镇村布局规划

Optimization of Rural Space in View of Urban-Rural Development Integration Background
- Optimization of Town and Village Layout Planning in Jiangsu Province

案例要点：

建设社会主义新农村，基础是规划。习近平总书记强调，要规划先行，遵循乡村发展规律。伴随着城镇化进程的推进，农村人口将会相应减少，如何遵循城乡发展规律、在改善乡村基本公共服务的前提下实现乡村人口“精明收缩”和乡愁记忆的永久留存，是城乡发展一体化推进必须回答的重大问题。江苏把优化镇村布局规划作为城乡统筹规划的重要内容，作为引导乡村公共资源配置的重要手段，作为推进城乡发展一体化的有效举措，全面推进落实。江苏优化镇村布局规划强调保护乡村原有形态和肌理，落实“慎砍树、禁挖山、不填湖、少拆房”等要求，不强求撤并村庄、不强推农民集中和上楼，在分析发展条件的基础上将现状自然村分为重点村、特色村、一般村三类，分别引导建设“康居村庄”、“美丽村庄”和“整洁村庄”。规划制订采用“自上而下”和“自下而上”相结合、尊重民意的工作方法，并通过差别化的实施政策引导，推动公共资源的合理配置和公共服务的“精准”投向，实现公共资源投放有对象、服务设施配套有标准、乡村建设有侧重的城乡统筹发展目标，让农村和城市居民共享经济社会发展成果。

案例简介：

江苏省城镇化率自 2000 年（42.3%）至 2015 年（66.5%）累计提高了 24.2 个百分点。在城镇化进程中，千万农民进入城镇居住生活，一部分自然村庄逐步消亡，但是还有大量的村庄仍会长期存在。虽然乡村人口在缩减，但是经济社会文化仍要发展、人居环境需要改善、公共服务水平还要不断提升。为在乡村人口“精明收缩”的背景下优化乡村空间布局，因地制宜地引导乡村实现公共服务提升、人居环境改善、乡村特色凸显和农民就近就地就业的综合发展目标，江苏在上一轮镇村布局规划的基础上，按照国家建设美丽乡村的新要求，于 2014 年开始按照“村级酝酿、乡镇统筹、县市批准、省厅备案”的工作程序，系统推进全省优化镇村布局规划工作。

		规划分类	建设目标
现状自然村庄	规划发展村庄	重点村	“康居村庄”
		特色村	“美丽村庄”
		一般村	“整洁村庄”

完善设施，改善乡村公共服务

根据本地经济社会发展状况和城镇化进程，综合考虑村庄区位、人口变化、现状基础等因素，合理确定未来乡村发展的重点和方向，为“十三五”期间全省涉农地区公共资源配置、公共财政投向和城乡基本公共服务设施建设提供规划依据，实现城市反哺农村、城镇公共服务与基础设施向农村地区延伸的目标。

分类指导，提升乡村人居环境

以实现综合发展为导向，在充分尊重农民意愿和村民委员会意见的基础上，将现状自然村庄分为重点村、特色村和一般村，相应制定差别化的实施引导政策，分别按照“康居村庄”“美丽村庄”和“整洁村庄”的建设目标，指导农村人居环境整治改善。

保护乡韵，凸显地域乡村特色

充分尊重农民生产、生活习惯和乡风民俗，保持完整的乡村肌理结构，尽可能在原有村庄形态上改善居民生活条件，增强乡村发展活力，注重培育和保持乡村特色，保护好乡土文化和乡村特色风貌，实现乡愁有所寄。

产业引导，促进农民就近就地就业

充分关注农村产业发展、农民致富需求对乡村地区生产、生活空间的影响，通过优化城乡空间结构与各项设施配套建设，为农业现代化、乡村旅游、传统手工业发展等提供空间条件，以促进乡村实业发展，让留下来的农民能够就地就近就业致富。

《江阴市镇村布局规划》编制组在乡村基层调研、听取意见

重点村：建设“康居村庄”，推进基本公共服务均等化

“重点村”是指现状规模较大、公共服务设施配套条件较好、具有一定产业基础、可为一定范围内的乡村地区提供公共服务的村庄。“重点村”作为城镇基础设施向乡村延伸、公共服务向乡村覆盖的中心节点，规划引导建设成为“康居村庄”，配置规模适度的管理、便民服务、教育、医疗、文体等公共建筑和活动场地，引导建设必要的道路、给排水、电力电信、环境卫生等配套设施。通过“重点村”的合理布局和设施配置，引导形成城乡均等的公共服务设施体系，增强城市对农村的反哺能力，加大公共资源向农村倾斜力度。

村内空地整治前后对比

仪征新城镇林果村大圩自然村位于新城镇东北部，总面积 270 余亩，共 106 户、415 人，是规划确定的重点村。近年来村内新建了便民服务中心，内设文化活动室、图书室和老年活动室等；建设了健身广场、公厕各 1 处，新增绿化面积 3 万 m^2、污水管网近 2000m、窨井 170 座、微动力污水处理泵站 1 处，新安装路灯 12 盏，新建水泥路 1160m、青石板路面 160m、鹅卵石路面 280m、面包砖路面 700m，被评为“江苏省三星级康居乡村”，成为林果行政村村域的公共服务中心。周边其他自然村的村民基本能够实现步行 10 分钟达到村公共服务中心。

新建绿地游园

村庄内部道路整治前后对比

村庄内水系整治前后对比

金坛市薛埠镇上阮自然村现有居民 97 户、330 人，是规划确定的重点村。通过编制实施村庄规划，新建村级服务中心 700m²，内设文化活动室、老年活动室和图书室等，新增停车场 1 处、公厕 3 处，修建道路 2200m，新建绿地游园 1 处，新建垃圾房 1 座，敷设污水管 3200m，污水处理设施 1 座，村民生活环境和公共服务大大改善，成为“江苏省三星级康居乡村”。

特色村：建设“美丽村庄”，留下乡韵、记住乡愁

“特色村”是在产业、文化、景观、建筑等方面具有特色的村庄。规划引导“特色村”建设成为“美丽村庄”，在保护既有村庄特色基础上，着力做好历史文化、自然景观、建筑风貌等方面的特色挖掘和展示，发展壮大特色产业、保护历史文化遗存和传统风貌、协调村庄和自然山水融合关系、塑造建筑和空间形态特色等，并针对性地补充完善相关公共服务设施和基础设施，避免“贪大求全”，在增强乡村发展活力的同时实现乡愁有所寄。

村庄整体风貌

村内道路整治前后对比

南京市江宁区谷里街道世凹自然村地处牛首山西南麓，村内有丰富的山水资源以及历史文化资源，是规划确定的特色村。近年来，围绕美丽乡村建设和休闲旅游发展，建设居民休闲活动广场、游客接待中心、生态停车场，既改善了村庄环境，又彰显了山村特色，促进了乡村旅游发展，成为南京人周末休闲旅游的重要目的地之一，带动了村民致富就业。

村庄整体风貌

村庄水系整治前后对比

徐州市铜山区汉王镇丁塘村地处云龙湖西岸，东依丁唐山，西环玉带河，自然环境优美，是规划确定的特色村。该村结合沿河靠山的地形优势，清理垃圾和乱堆乱放，洁净水面和塑造滨水绿化，强化沿河、沿路建筑景观风貌改造，新建道路、活动中心等，实现了自然景观和村庄特色相互呼应，传统风貌与现代景观相互融合，创造了具有自然田园气息的村庄形象。

一般村：实施环境整治，建设“整洁村庄”

“一般村”是重点村、特色村以外的其他自然村庄。一般村虽不是规划发展村庄，但仍要通过村庄环境整治行动，达到“环境整洁村庄”标准并建立长效管理机制，村庄环境整洁卫生，道路和饮用水等能够满足居民的基本生活需求。

村庄环境整治前后对比

江都区丁沟镇腾飞村位于城镇规划建设用地范围内，是规划确定的一般村。在村庄环境整治行动中，实施了“三整治一保障”工程，主要包括清理河道、清运垃圾、清离草堆杂物、拆除废旧披棚、种植绿化植被和修建破损道路及围墙院落等，全村的生活环境面貌得到了有效改善。在整个过程中，村民参与了整治，亲历了变化，对于改善后的村庄环境充满自豪感，开始主动维护家园整洁。

村庄环境整治前后对比

灌南县五队乡三队村三队新村是规划确定的一般村。自 2011 年以来，全村实施“三整治一保障”工程，实施了清理河道、清运垃圾、清离草堆杂物、拆除废旧披棚、种植绿化植被和修建破损道路及围墙院落等工程，全村的环境面貌得到了改善。村庄坏境整治后，政府通过购买公益性岗位，从特困户、低保人员中聘请保洁人员负责维护村庄环境卫生整洁。

各方声音：

从农民实际需求出发，让农民充分参与规划制定，引导村民建房，不强迫迁村并点，是我们镇村布局规划的亮点。

——江阴市长泾镇副镇长 孙仲英

考虑到城镇化推进中一些村庄会集聚更多人口，一些村庄会逐步消亡，因此江苏强调以镇村布局规划为抓手引导实施村庄分类整治、渐进改善人居环境。

——《中国建设报》

撰写：施嘉泓、赵 毅、赵 雷
编辑：闻 海 / 审核：张 鑑

无锡江阴市城乡公共服务一体化实践

Practice of Urban-Rural Public Service Integration in Jiangyin, Wuxi

案例要点：

推进城乡基本公共服务均等化，是坚持以人为本、保障和改善民生的需要，也是统筹城乡发展、促进社会和谐的基础。江阴经济发达，连续多年位居全国百强县第一方阵。2015 年末，江阴城镇化率接近 70%，常住人口人均 GDP 达 17.6 万元，已进入工业化、城镇化中后阶段。在快速城镇化的进程中，江阴立足经济社会发展和城乡空间格局，以基本公共服务均等化为导向，以布局均衡、门类齐全、保障到位为目标，引导实现基本公共服务设施在城、镇、村的合理布局，优化公共服务设施配置、提高公共设施服务水平，有序实施基本公共服务均等化，为城乡居民的生活服务带来了实实在在的便利。

案例简介：

规划引导城乡基本公共服务均等化

《江阴市城市总体规划（2011-2030）》按照城乡统筹、全域统筹的原则，遵循“方便使用、服务均好，分类引导、分级管控”的思路，在中心城区、镇、村庄分级配置文化、体育、医疗、教育、社会福利等公共服务设施，明确公共服务设施的配置内容、标准和空间布局引导要求，形成了覆盖城乡、层次分明的公共服务设施体系。依据城市总体规划，《江阴市镇村布局规划》进一步深化了乡村地区各类公共服务设施配置标准的研究，根据江阴经济社会发展阶段和乡村地区居民需要，按照规划发展村庄（重点村、特色村）和一般村庄的分类，配置公共服务和基础设施，细化空间布局和建设实施引导要求，为乡村地区基本公共服务均等化提供了规划保障。

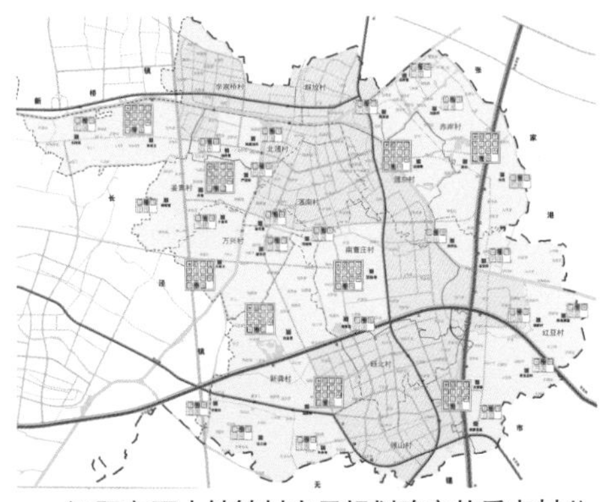

江阴市顾山镇镇村布局规划确定的重点村公共服务设施配置引导

公共服务均等化为乡镇居民带来“家门口”的便利

江阴各乡镇按照城镇规划推进建设实施，围绕公园绿地布局各类文化、体育、教育设施，打造文化休闲“客厅”。通过公共服务设施的优化布局和集中建设，城镇综合服务功能不断完善，城镇产业集聚和人口吸纳能力不断提升，有力地推动了“以人为本”的健康城镇化。

近年来，新桥镇分片建设社区中心，设立办事服务窗口、老年活动室、健身房、阅览室、社区卫生站、室外活动广场等，镇区居民不出社区就能享受较为健全的便民公共服务。同时，加快推进污水管网全接入、强电管线入地、垃圾分类收集与中转等，完善道路等基础设施，镇区全面实现自来水同城同网、天然气小区入户。城镇功能和环境品质的提升，促进了产业和人口集中集聚。

新桥镇街心公园建设

长泾镇是中国历史文化名镇，该镇坚持用“规划引领、城乡统筹、布局优化、人居适宜”的理念推动城镇建设。镇区医院、学校、养老中心、超市、商场一应俱全，通过均衡的公园绿地布局，形成了新老镇区居民 5 分钟健身圈。基础设施建设全面推进，实现了水、电、气、镇村公交全覆盖，农村雨污分流工程逐步实施，水环境得到有效改善和提升。

新桥镇教育设施建设

长泾镇历史文化保护

长泾镇新镇区建设

公共服务均等化使农民共享现代化发展成果

乡村地区根据优化镇村布局规划，因地制宜地布置医疗、文化、体育、绿地、休闲广场等设施，大大丰富和便利了群众生活，使农民共享现代化发展成果。经过合理布局，实现了所有的农村居民步行 10 分钟之内可达小广场、小游园，骑车 10 分钟之内可达综合公共服务中心，形成覆盖城乡、针对性强的公共设施配置体系。

中坝河南村是镇村布局规划确定的重点村。该村不断完善公共服务设施，整治村庄环境面貌。目前已建成了老年活动室、文化活动站、图书室、灯光健身广场、农贸市场，配套了便民服务超市、水果店、快餐店、理发店、农资供应点等商业服务网点，完成道路硬化 1.4km、铺设污水集中处置管网 0.8km、设置垃圾收集点 12 个，新建村庄绿地 2000 多 m^2，村庄公共服务水平得到明显提升，生活环境质量得到显著改善。

中坝河南重点村村容村貌

红豆树下村是镇村布局规划确定的特色村。该村配套建设了老年活动室、文化活动室、农家书屋、阅览室、文体广场、健身步道等设施，满足了村民基本文化休闲健身需要。同时，该村以红豆树为“魂”，以水蜜桃种植产业和花卉种植业两大现代农业基地为载体，积极探索发展乡村旅游，改善了乡村环境，提高了村民收入，获得了“无锡市美丽乡村”“江苏省生态村”等荣誉称号。

红豆树下特色村村容村貌

各方声音：

除了我的农村户口没变，其他全变了，我的生活早与城市同步了。 ——江阴村民

江阴坚持以城乡规划为龙头，以雄厚的产业基础为支撑，整合资源要素，突出基础带动，加快推进新型城镇化建设，促进城乡之间、城镇之间、农村之间的协调发展，因地制宜走出了一条独具特色的产城融合之路，城镇化建设、城乡发展一体化走在了全省乃至全国的前列。

——中央四套《走遍中国》

撰写：施嘉泓、何舒文 / 编辑：阎 海 / 审核：张 鑑

江苏城乡统筹区域供水规划及实施

Regional Water Supply Planning and Implementation in Jiangsu Urban-Rural Coordinate Area

案例要点：

饮用水安全是联合国千年计划的一项重要内容——使无法持续获得安全饮用水的人口比例减半。到 2015 年中国已经实现了第一阶段截止期的改善目标。乡村地区的饮用水安全历来是薄弱环节，为改善乡村地区的饮用水条件，江苏曾开展过多轮的农改水工程。通过农改水，基本达到了保障饮用水安全的目标。为在更高水平上保证农村居民的饮用水安全，推进城乡发展一体化，从 2000 年起江苏结合城镇密集、人口密集、地形平坦的省情，积极实施城乡统筹区域供水工程。打破城乡二元结构，打破行政区划限制，将城市水厂通过区域管网联通镇村，统筹规划和建设城乡供水设施，积极探索高密度地区的城乡一体化供水模式。通过各地持续十多年的不懈努力，至 2015 年底，江苏已实现城乡统筹区域供水乡镇覆盖率 97%，比例居全国各省第一，实现了城乡间“同源、同网、同质”供水。江苏城乡统筹区域供水和供水安全保障体系的构建，受到群众普遍欢迎和社会高度肯定，获得 2012 年度“中国人居环境范例奖”。

案例简介：

农村居民用上了和城里一样的自来水

城乡统筹区域供水工程实施以前，江苏镇村主要依托 7200 多个镇村小水厂供水，水源水质不稳定、水厂规模小、专业水平低，大部分实行定时供水，供水安全事故时有发生。通过十多年城乡统筹区域供水工程的持续推进，至 2015 年底，全省超过 90% 镇村供上了干净的自来水，其中，改善地区的群众约 4048 万人。乡镇和农村居民享用了与城市居民“同源、同网、同质”的饮用水，有效降低了如氟骨病、氟斑牙、肠胃病、胆（肾）结石等疾病高发地区的发病率，饮用水水质安全得到更高水平的保障；实现了农村地区 24 小时全天候不间断供水，彻底解决了农村居民用水问题，镇村的供水水质、水压得到了保证。

坚持规划引领

为有序推进城乡统筹区域供水，江苏先后组织编制了《苏锡常地区区域供水规划》、《宁镇扬泰通地区区域供水规划》和《苏北地区区域供水规划》。规划坚持城乡区域统筹，优化供水水源、水厂布局，推进集约化、规模化发展供水设施；打破城乡分隔，将城市供水管网向农村延伸，突破行政区划界限，实现不同区域供水互联互通，保障供水安全。

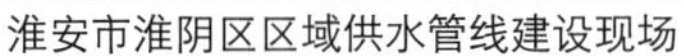
淮安市淮阴区区域供水管线建设现场

涟水县区域供水管线建设现场

泗阳县自来水厂

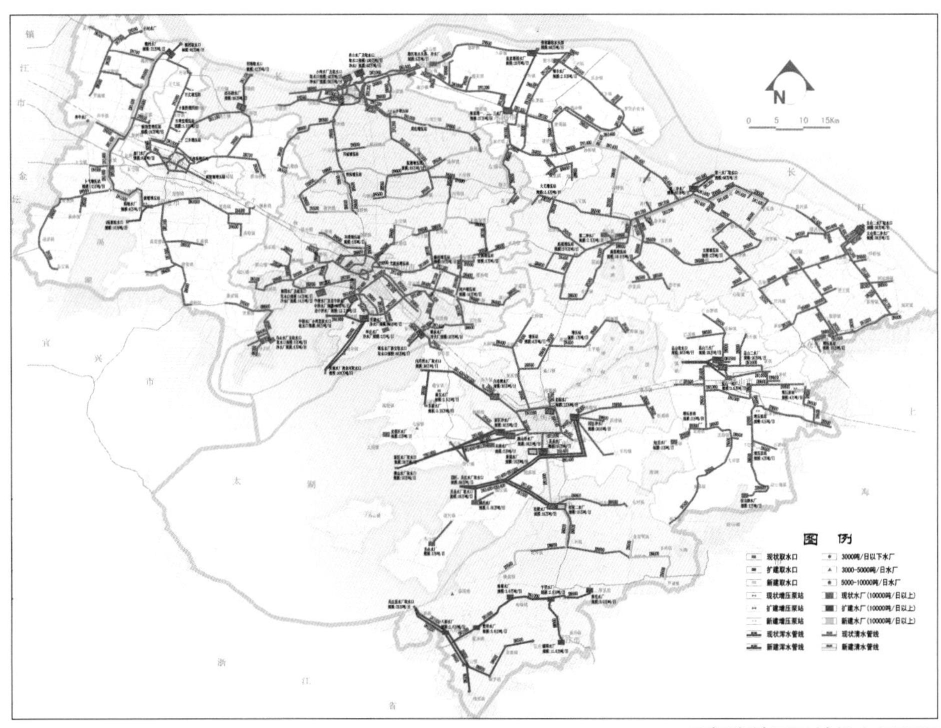

苏锡常地区区域供水规划图

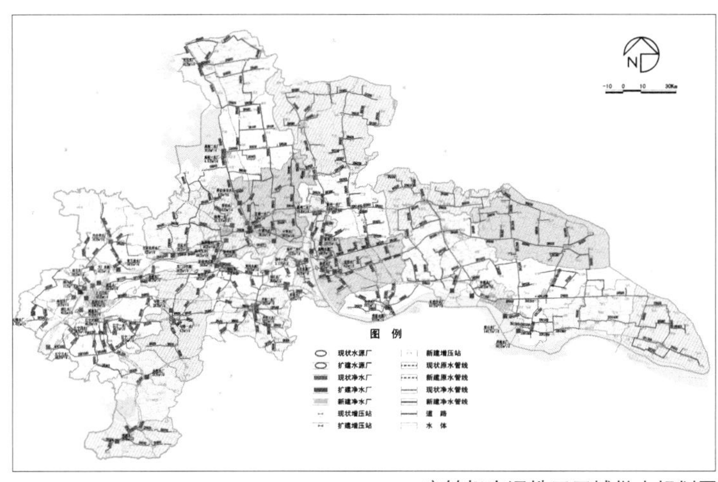

宁镇扬泰通地区区域供水规划图

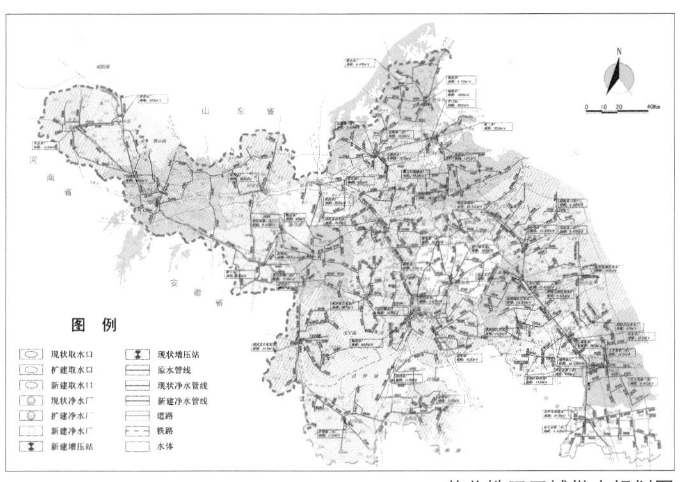

苏北地区区域供水规划图

健全法制保障

2000 年，江苏省人大常委会颁布了《关于在苏锡常地区限期禁止开采地下水的决定》，要求各地根据区域供水实施进度，按照“水到井封”的原则，积极做好地下水超采区、水质咸化区的深井封填和乡镇小水厂的关闭工作。2010 年，省人大常委会颁布了《江苏省城乡供水管理条例》，将城乡统筹区域供水从实践经验上升为法规制度。

江苏省城乡供水管理条例

江苏省住房和城乡建设厅编印

加大政策支持

省政府设立江苏省城镇基础设施建设引导资金，对区域供水工程建设项目实行补助，并逐年提高补助比例，尤其是苏北地区，从 2007 年的 9% 提高到 2015 年的 40%。自设立专项补助资金以来，全省共下达补助资金约 45 亿元，同时省政府将区域供水工程列为重点项目，在土地、税收等方面出台了系列支持政策，各地也积极探索资金筹措、政策扶持的有效举措，据不完全统计，全省累计完成投入约 500 亿元。

省市部分资金筹措政策扶持的举措：

· 2002 年，江苏省出台《苏锡常地区区域供水价格管理暂行办法》，对区域供水中新、扩建设施实行保本付息、略有盈余的价格政策；供水价格实行同网同价，对乡镇及以下用户暂不征缴污水处理费、水厂建设费、水资源费、水利工程水费等各种规费，既有利于乡镇供水的经营，也有利于解决乡镇和农村管网的改造和建设资金。

· 2006 年，江苏省政府在批准《苏北地区区域供水规划》时明确将区域供水项目列入省重点建设项目，享受供地、规费减免等方面优惠政策。

· 2012 年，江苏省政府办公厅转发《省住房城乡建设厅等部门关于加快推进城乡统筹区域供水规划实施工作意见的通知》，对城乡统筹区域供水工程按规定落实重点工程建设规费减免政策，其中区域供水管道施工占用公路用地、河道堤防工程和城市绿化用地的各类规费均予减免。

· 常熟市：由政府主导，将原分属各镇和水利、电力系统的 30 多个小水厂全部划归市自来水公司，改为营业所；原来供水管网无偿划拨给市自来水公司，必要的供水设施和经营场所实行有偿转让；市自来水公司同步实施“事改企”，人员身份转换到位，纳入公司统一管理，实现了全市供水一体化管理。

· 南通市：自来水公司负责净水厂的建设和生产，通州、如东两区、县负责输水管网和增压站的投资建设。南通市自来水公司以出水流量为产权分界点，负责水压、水质、水量和安全优质供水，并以趸售价向两县（市）供水，下属县（市）自主管理和收费。南通市在西北片（如皋、海安）区域供水时则采用 BOT 方式，引进了社会资本亚洲环保投资，由社会投资者负责净水厂、供水管线和增压站的投资建设，投资商以趸售价向两县（市）供水。

· 江阴市：按照“四个一点”的原则进行运作，即“财政补贴一点、集体投资一点、群众承担一点、社会筹措一点”，材料成本费由群众自行承担，但明确费用上限。同时，各级政府充分利用市场机制，吸引民间资本投入，鼓励社会和个人捐资，支持农村改水。

· 响水县：将 2015 年底实现城乡联网供水全覆盖作为“三大攻坚战之一”，以水务投资有限公司为平台，融资 3.8 亿元用于沿海水厂扩能、运河水厂新建、二三级管网改造铺设、增压泵站、深度处理等工程建设，有效地保障了城乡供水一体化的顺利推进。

全力构建供水安全保障体系

在加快推进城乡统筹区域供水的同时，江苏全力构建“水源达标、备用水源、深度处理、严密检测、预警应急”供水安全保障体系，积极推进城市自来水厂深度处理改造，第二水源或应急备用水源建设和水质检测实验室能力建设。目前，全省 55 个县以上城市中，有 53 个已建成第二水源、应急备用水源或实现水源互备；全省有 59 座城市公共供水厂实施深度处理工艺，深度处理总能力达 1105.5 万 m^3/ 日，占全省供水能力的 40%；全省共有 74 家公共供水企业水质检测实验室通过相应等级能力评定和认定，检测能力从原来的 10 多项至 35 项提高到现在的 42 项至 106 项，城乡一体化的饮用水安全保障能力大大提升。

水质检测中心化验

水厂炭滤池

创新运营管理模式

在规划实施过程中，江苏各地因地制宜，针对城乡统筹区域供水设施的建设、运行、管理，镇村小水厂兼并整合、人员安置等进行了创新实践，探索出了多种适合地方特点的建设、运行管理模式。

· 集中管理、统一收费。无锡、宜兴、常熟、太仓、靖江等市对市域范围内的全部供水资源（人、财、物、收费权）全部集中在一个产权主体内运行，从制水、输配、销售、运行、维护、管理、收费、融资、投资等实行一体化的管理。

· 分级供水、分级管理。昆山、江阴等市由城市水公司与一个乡镇或几个乡镇组建供水公司，或通过市场化运作成立独立的水务公司。区域供水建设工程采用分级分段负担，并充分利用市场机制，吸引社会民间资本投入。在水价方面，各镇根据资产投入情况还可以适当加价。

· 分散管理、统一收费。扬州市在供水资源整合过程中，由于实行资产一体化管理有难度，在全市实行统一的水价，由城市水公司负责统一收费管理，再根据物价局核定的价格给各乡镇一定的补贴。

金墅港水源地

各方声音：

实现全面建设小康社会的目标，首先要保证人民喝上安全卫生的饮用水，这是全面提高广大人民生活质量的基本条件。江苏省的这一实践表明，坚持城乡统筹，发展区域供水具有突破性和示范性的重要意义。

——原住房城乡建设部副部长 仇保兴

现在好了，水 24 小时都有，干干净净的，吃着也放心，太阳能热水器也能用了。

——盐城阜宁县村民 李军

这水管从县城埋过来的，城里人吃什么水我们吃什么水，价格都一样，每 t 两块七。

——洪泽县东双沟镇张庄村村民 丁春香

自 2000 年起江苏在全国率先提出城乡统筹区域供水思路以来，一个个关于水的“美誉”如今已被老百姓口口相传。

——《中国建设报》

撰写：何伶俊、吴 昊 / 编辑：阎 海 / 审核：陈浩东

南通城乡统筹区域供水实践

Practice of Regional Water Supply in Nantong Urban-Rural Coordinate Area

案例要点：

南通市按照全省城乡统筹区域供水的统一部署，结合自身实际，充分利用长江水资源的优势，加快引江区域供水工程建设，整体规划、城乡统筹、共建共管，取用优质长江水源，打破城乡、市县之间的界限，跨区域分片推进集中供水，有效解决了过去取用的内河水、深井水水源水质不佳以及各地小水厂供水保障水平低、供水设施分散、分布不合理等问题。该工程的实施，构建了全市范围内的区域供水体系，实现了全市城乡供水统一管理调度，使城乡供水在技术、装备等方面实现资源共享，缩小了城乡差距；也实现了城乡管网的统筹建设，避免了重复投资；全市人民普遍饮用上了优质长江水，饮用水水质得到大幅提升。目前，全市区域供水乡镇覆盖率达 100%，人口普及率达 99% 以上，实现了城乡同水源、同管网、同水质的一体化供水。

案例简介：

为了让 770 万南通人民都能喝上优质长江水，南通市从 21 世纪初开始实施区域供水工程。先后投资 110 多亿元，建成水厂 5 座，总供水能力达 210 万 m^3/日，建设主干输水管 7 条，总计 500 余 km，县（市、区）次干管 1200 余 km，镇村管网 26000km。

2008 年、2015 年如皋市自来水厂年平均水质检测数据对比

分类	氨氮（mg/L）	耗氧量（mg/L）	氯化物（mg/L）	浑浊度（NTU）
2008 年均出厂水	0.21	3.69	113	0.76
2015 年均出厂水	<0.02	1.38	18	0.24

如皋市在区域供水前从如海河取水，枯水期水质较差；区域供水后从长江取水，水质得到了保障。

区域供水现状图

区域供水水厂现状一览表

序号	水厂名称	现状规模（万 m^3/d）	水源 / 取水口	占地面积（hm^2）	供水范围	建厂时间（年）
1	狼山水厂	60	长江 / 黄泥山下	13.83	港闸区、崇川区、开发区、通州区、如东县、启东市、海门市（部分）500 余万人口	1987
2	洪港水厂	60	长江 / 老洪港风景区西侧	20		1995
3	崇海水厂（一期）	40	长江 / 黄泥山下	22		2013
4	海门长江水厂	10	长江 / 匡河	13.33	海门市	1998
5	长青沙水厂	40	长江 / 长青沙	11.4	如皋、海安 200 万人口	2009
6	合计	210	—	—	—	—

区域供水管线现状一览表

序号	区域供水管		供水水厂名称	水量分配		建设时间
	名称	规模（万 m^3/d）		区域	规模（万 m^3/d）	
1	通如线	20	洪港水厂	通州	12	2002.7
				如东	8	
2	通汇线	20	洪港水厂	海门	5	2006.9
				启东	15	
3	如海线	20	长青沙水厂	如皋	13.5	2009.4
				海安	6.5	
4	通吕线（含通州专线）	25	崇海水厂 洪港水厂	通州	10	2010.12
				海门	7.5	
				启东	7.5	
5	通洋线	20	崇海水厂	如东	12	2011.12
				通州	8	
6	如海复线	20	长青沙水厂	如皋	8.5	2013.8
				海安	11.5	
7	通久线	50	崇海水厂	通州	10	2013 启东段目前在建
				海门	25	
				启东	15	
8	合计	175	—	—	—	—

市域统筹，分片推进

南通区域供水工程打破市县边界，市域采用两种模式：“东片模式”（包括通州、如东、启东、海门等地）依据“制供分开、各自建网、分开计价、属地管理”的原则，由市区水厂统一供水；“西北片模式”（包括如皋、海安等地）采取 BOT 方式，两县（市）实行“统一建厂、统一建网、执行同网同价”。

强化组织，明晰职责

2004 年开始，市政府每年将该项目列入为民办实事项目，成立区域供水工程推进领导小组和农村饮水安全建设领导小组。各县（市、区）建立相应的组织协调机构，实行市、县、镇三级联动机制。

细化目标，严格考核

市政府先后印发了《市政府办公室关于加快推进全市区域供水工程建设的实施意见》《市人民政府关于进一步加快推进引江区域供水工程和农村饮水安全工程的意见》等文件，明确目标，分解任务，落实措施。2009 年市人大把区域供水列为一号议案，对落实情况展开专项评议。同时，制定出台《南通市区域供水工程建设考核办法》，加大考核力度，推进工作落实。

动态监测，安全保供

为保证广大老百姓可以喝上“放心水”，制定出台了《南通市城乡供水管理办法》《南通市城乡供水水质监测及公示方案》，指导全市城乡供水管理以及水质检测工作。同时，围绕“清水连通、原水互备、深井应急、深度处理、原厂保留”的要求，建成了“双水源”应急供水体系，为南通地区区域供水安全保障奠定了坚实的基础。

管线建设

狼山水厂

洪港水厂

应急水源

各方声音：

南通市在全市范围内推进以优质长江水为水源的区域供水工程，实现城乡同水源、同管网、同水质的一体化供水，保障了城乡居民饮用水质量和安全，值得推广和借鉴。　——中科院院士 曲久辉

自从喝上长江水，我家的桶装水就“下岗”了。现在我们农村也像城里一样 24 小时供应自来水，随时都能洗上热水澡了。　——通州区十总镇 李葛平

现在的自来水口感比以前的好很多，生活质量一下提升了！　——海门市正余镇河岸村 陈建平

实施区域供水工程是南通市政府为民办实事的一项民心工程。该工程的实施对加快全市城市化建设进程，改善饮用水水质，提高人民群众的生活质量，进一步改善全市的投资环境，促进全市经济社会可持续发展都具有十分重要的意义。

——《中国建设报》

撰写：何伶俊、吴　昊 / 编辑：阎　海 / 审核：陈浩东

无锡宜兴市市政公用城乡一体化实践

Practice of Urban and Rural Municipal Public Utility Integration in Yixing, Wuxi

2013 年 7 月，时任清华大学校长，现任国家环境部党组书记、部长陈吉宁等领导和专家来宜兴视察时，对该市市政公用事业改革为城乡居民提供的普惠均等服务充分肯定

案例要点：

推进城乡基础设施一体化建设，是促进城乡发展一体化的重要内容。2007 年以来，宜兴市致力推进市政公用事业城乡一体化建设发展，突出建设一体化、管理集约化、监管信息化、服务便民化。实现了市政公用事业从“城区配套”到“全市保障”的转变，并整合相关服务保障职能，率先建成省内第一个城乡市政公用一体化动态监管平台，以一键受理的形式，满足城乡居民对公用事业的便捷服务需求。

案例简介：

2007 年以来，宜兴市面向全市域统一编制供水、污水、环卫、燃气等方面的规划，集中投入近 60 亿元的公用基础设施建设资金，统筹城乡公用基础设施建设。以“城乡一体、区域统建”为核心，实现了供水的“同城、同网、同质、同价”，污水处理的“统一规划、统一建设、统一运行、统一管理”，生活垃圾的“收运一体化、设施现代化、作业机械化、保洁快速化、处置无害化”及燃气的“城乡广覆盖、用气广普及、减排大提升”。通过建立“宜兴市城乡公用事业一体化管理中心”，构筑高效、快速、便捷的监管运行体系，实时对上万公里的供水、污水、供气管线进行科学调度和应急处置，对公用事业各个板块、各个运行单位，实行 24 小时不间断监控。树立“便民、利民、亲民、惠民”的服务理念，依托建成的公用事业信息监管平台，为广大市民提供全天候、全方位的公用事业服务，实现“一个号码对外、一条热线全管”，赢得了百姓赞誉。2012 年住房城乡建设部在宜兴召开全国城建工作会议，推广宜兴经验。

打造城乡均等的市政公用服务

取用优质水源，通过铺设 300km 的区域环网和 2300 多 km 的镇级管网，实现城乡区域供水全覆盖，构建了安全优质的城乡一体供水体系；同时，整合污水、环卫、燃气等市政公用事业，按照“统一规划、统一建设、统一监管、统一运行、统一服务”的要求，形成了成熟稳定的污水收集处理体系，洁净环保的生活垃圾收集处置体系，安全可靠的燃气普惠共享体系，可控可调的城市防洪、城市排水及城市水环境体系及高效便捷的智慧公用体系。市域百万城乡居民可均等享受高效、便捷、均等的公用事业服务。

宜兴丁蜀镇尹家村生活污水处理工程

建立远程遥控的综合监管平台

组建“宜兴市城乡公用事业一体化管理中心”，率先建成省内第一个覆盖城乡全域的市政公用一体化综合监管平台，对公用基础设施全面实现“遥测、遥信、遥调、遥控”，通过“感知公用”信息系统，按照“统一指挥、全天跟踪、实时监控、集中调度”的技术标准，实时对上万公里的供水、污水、供气管线进行科学调度和应急处置，对公用事业各个板块、各个运行单位，实行 24 小时不间断监控，动态、精确掌握运行状况。

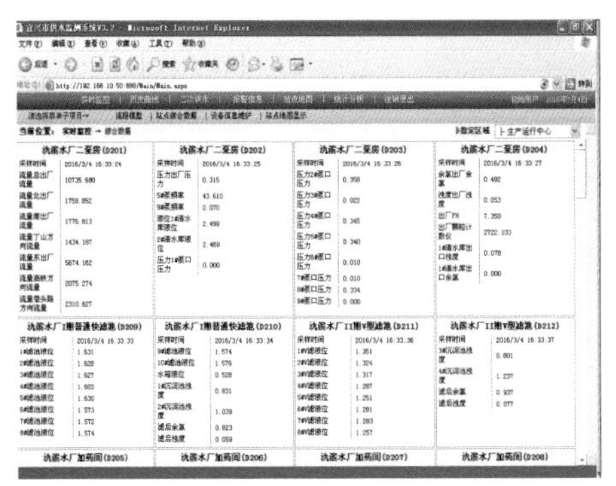

监测系统供水数据

整合城乡市政公用管理职能

以政府机构改革为契机，整合供水、污水、环卫、燃气、城市排水、城市防洪以及城市水环境等所有涉及市政公用事业民生基础保障的管理职能，成立了专门的公用事业管理局，统一负责全市城乡公用基础设施建设和行业管理职能。

开通“一条龙”服务的便民服务热线

在全市设置公用事业服务点 30 多个，配套供水服务、污水抢修、疏通排涝、燃气安装、快速保洁等多支专业队伍。居民通过“12345”政府公共服务热线，以一键受理的形式，便捷地获得民生方面的咨询、受理、报修、服务和投诉等服务。

宜兴市“12345”政府公共服务热线中心

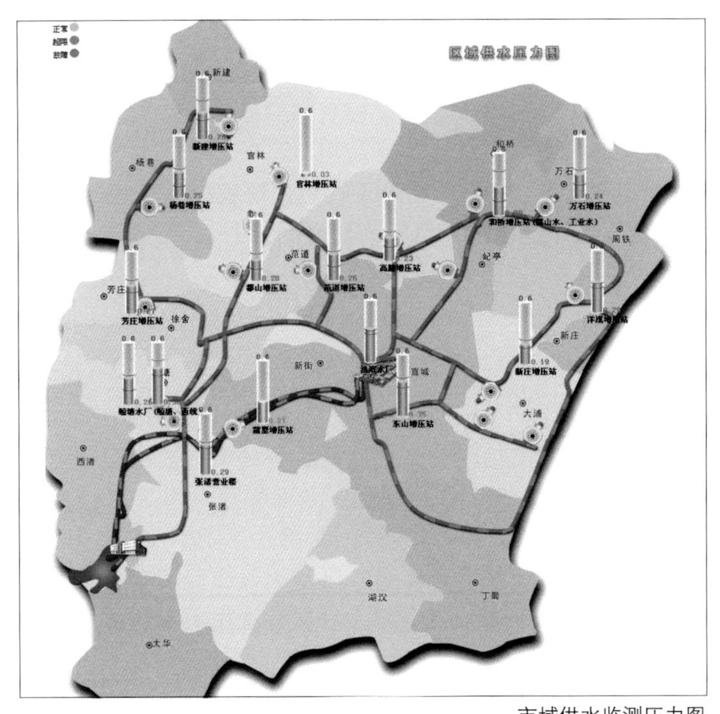

市域供水监测压力图

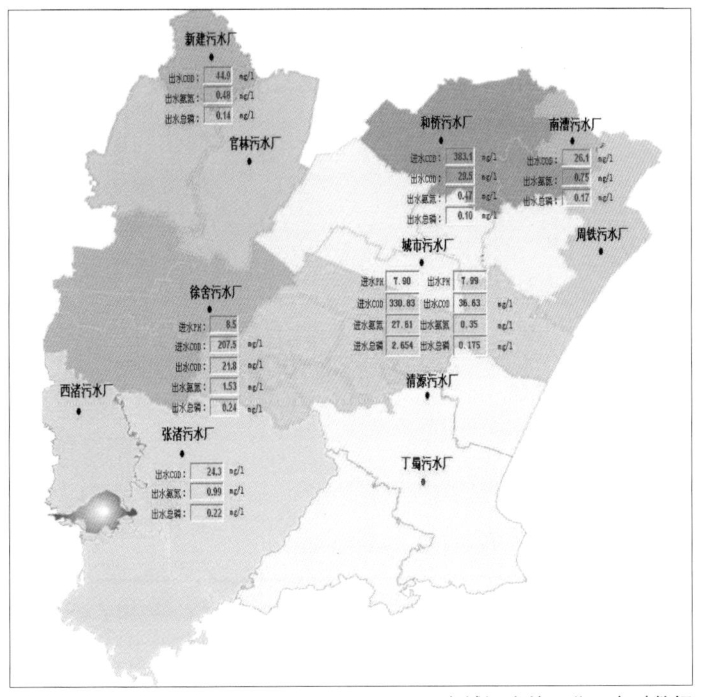

市域污水处理分区实时数据

各方声音：

吃的喝的用的都和城里一样，生态环境比城里好，进城也只要 20 分钟，我们哪里还用得着搬到城里住呢！

——善卷村党总支部书记 李为清

为提高农村公共服务，宜兴投入 200 多亿元，让农村交通、供水、供气、污水处理、垃圾处理实现“五个城乡一体化”。宜兴的农村污水管理了 1500 多 km，相当于从北京铺到上海的距离。在听取项目汇报时，国家发改委工作人员怎么也不相信，说没有哪个县会把这么多钱花在看不见的地下，还问是不是漏了小数点。

——《光明日报》

撰写：高 峰 / 编辑：阎 海 / 审核：陈浩东

城乡生活垃圾统筹治理
——盐城盐都区案例

Collaborative Governance on Urban and Rural Domestic Garbage
- Case of Yandu District, Yancheng

案例要点：

生活垃圾是影响农村环境、造成乡村环境脏乱差的最突出问题。盐城市盐都区以完善的硬件设施为基础，以科学合理、管控有效的软件系统为核心，以健全的配套制度为保障，积极探索推进城乡生活垃圾收运一体化，并作为村庄环境整治长效管护的重要抓手。2015 年，盐都区收集处理镇村生活垃圾 10.7 万 t，其中无害化处置率达到 95.7% 以上，惠及 60 万镇村居民，有效改善了农村人居环境。

案例简介：

建立保洁机制

盐都区按每 150 户或一个村民小组配一名保洁员，每一个行政村配一名垃圾清运人员，各镇按每 5 个村配备 1 名专职督查员，全面构建 “镇有环卫所、片有督查员、村有清运员、组有保洁员”的工作网络，并纳入“河道、道路、绿化、垃圾处理、设施维护” 五位一体的长效管理体系。区财政设立专项奖补资金，按 25 元 / 人 · 年标准奖补，年度安排近 1500 万元经费专项用于农村生活垃圾治理。

健全收运体系

盐都区以全面实施村庄环境整治为契机，投入资金 5000 万元，建立健全“组保洁、村收集、镇转运、区处理”统筹城乡生活垃圾收运处理体系，累计建成垃圾中转站 18 座、垃圾收集点 2966 座，购买垃圾运输车辆 276 辆，实现每个镇（街道）一座中转站，每个村一辆垃圾收运车，每 5 ～ 8 户设置一个垃圾箱（房）。农村生活垃圾由保洁员或农户投放至垃圾箱（房），垃圾清运员将各收集点的垃圾清运至各镇中转站，再由区调度中心统一调度转运车将中转站垃圾运至垃圾焚烧厂处置。

实施动态监管

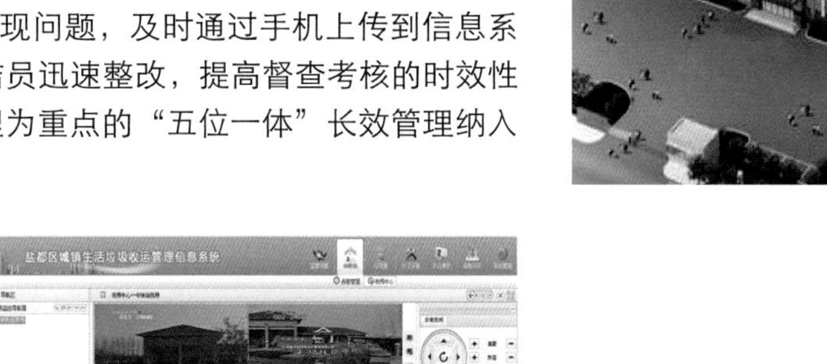

区政府投入 1200 万元新建了 $3600m^2$ 的农村生活垃圾集中处理调度中心，并建立垃圾治理综合信息管理系统。信息管理系统由调度中心监控平台、中转站视频信息传输、车辆运行监管 GPS 定位系统、垃圾量和污水告警系统、考核运行系统、驾驶员和督查员手机短信平台等组成，对全区重点路段、重点部位、重点区域、重要河道设置了专项视频监控，并与国土、环保部门的“千里眼”蓝天卫士监控系统互联互通，构建了覆盖镇村、实时监控、快速指挥的信息化管理平台。为 73 位乡镇督查员配备智能考核手机，发现问题，及时通过手机上传到信息系统平台，系统操作人员接收后立即通知保洁员迅速整改，提高督查考核的时效性和实效性。同时，区委、区政府将垃圾治理为重点的“五位一体”长效管理纳入乡镇年度绩效考核重要内容。

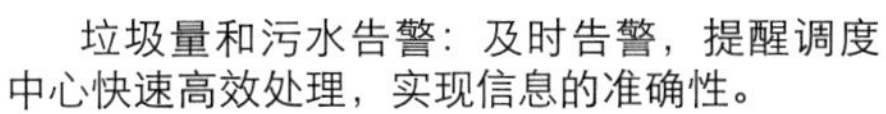

垃圾量和污水告警：及时告警，提醒调度中心快速高效处理，实现信息的准确性。

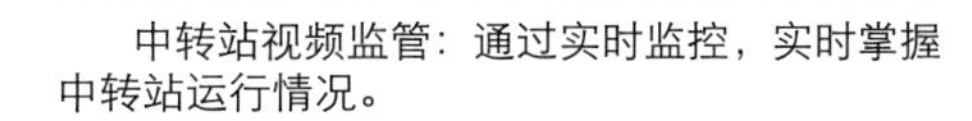

中转站视频监管：通过实时监控，实时掌握中转站运行情况。

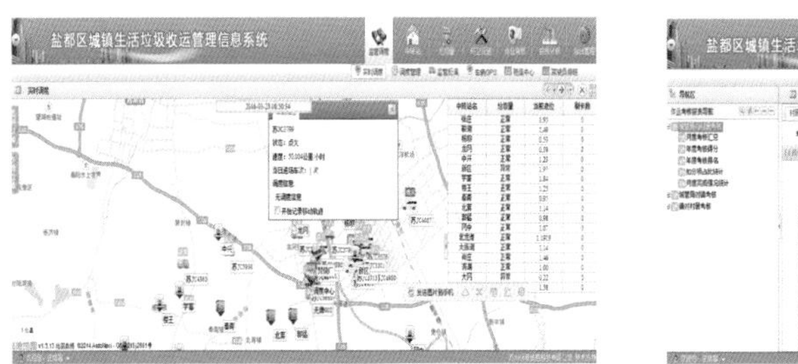

车辆监管调度：实时车辆监控，发挥车辆运行功能最大化、最优化，实现高效、低成本运行。

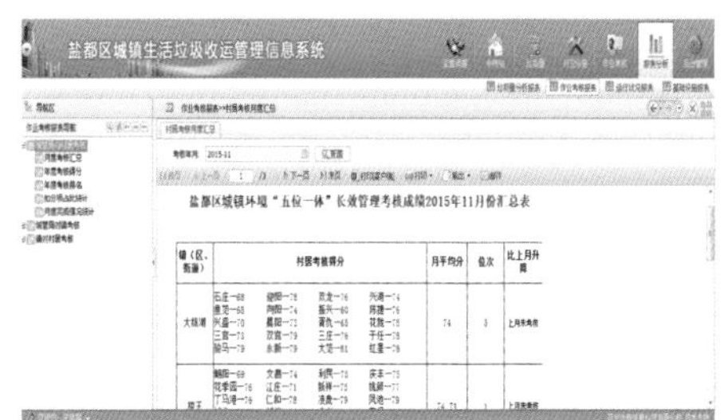

运行考核：以考核手段推进工作扎实开展，提高工作成效。

各方声音：

该系统对盐城市乃至江苏省提高村镇生活垃圾收运管理工作水平具有示范意义。

——东南大学教授 胡晨

以前每家每户的垃圾都是倾倒在家前屋后，环境十分脏乱差，现在垃圾运输车每天按时清运，村子每天都有人扫，环境好多了，大家也住得越来越舒心。 ——盐都区市民 徐继昌

农村生活垃圾治理面广量大、任重道远，盐都区构建的农村生活垃圾集中处理信息化管理系统，以完善的硬件设施为基础，以科学合理、管控有效的软件系统为核心，以健全的配套制度为保障，是农村生活垃圾治理和农村环境整治的有益尝试，可为其他地方参考借鉴。 ——新华社智库

撰写：韩秀金、俞　锋 / 编辑：闾　海 / 审核：刘大威

徐州邳州市城乡一体的环卫服务

Integrated Urban-rural Sanitation Services of Pizhou, Xuzhou

案例要点：

农村生活垃圾何处去，一直是困扰农村环境改善的难题。中央城市工作会议指出要“统筹城乡垃圾处理处置，大力解决垃圾围城问题”。江苏积极探索构建城乡统筹的生活垃圾收运处理模式，其中，邳州市着力构建“市、镇、村、组”四级联动、“保洁、收运、处置”城乡衔接、“政府、市场、百姓”共同参与的机制，通过“政府购买服务”方式，在较短时间内建立起城乡统筹的环卫服务体系，探索出一条城乡环卫服务一体化建设的新路子。

案例简介：

城乡一体的生活垃圾“收运处”模式

按照“组保洁、村收集、镇集中压缩、市运输处理”的模式，即由村民小组按常住人口比例配备专职或兼职保洁人员，由各行政村将垃圾集中至镇（区）的垃圾中转站，由镇（区）配套建设压缩式垃圾中转站、由市负责运输至邳州垃圾焚烧发电厂进行无害化处理。目前，全市农村生活垃圾的收集率达到85%以上，农村生活垃圾基本上实现了无害化处理，保证了辖区农村的长效保洁。

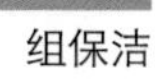

组保洁

村收集

镇集中压缩

市运输处理

建设运行经费保障的多元化筹措机制

建立了市财政、镇、村、市场共同筹措的资金保障机制。市财政全额承担城区体系建设运行经费，并将上级扶持资金全部用于镇村保洁和垃圾收运，其中，镇中转站垃圾渗滤液转运处理费用按 150 元 /t、乡镇垃圾进厂按 40 元 /t 标准进行奖补，镇财政和村民自筹资金用于本级体系运行和维护，以 BOT 方式投资建设苏北县级城市首座垃圾焚烧发电项目。

垃圾焚烧发电监控室

光大环保能源（邳州）有限公司

垃圾渗滤液处理

依托专业服务的市场运作体系

按照“政府购买服务”的思路，引进有资质和良好业绩的保洁企业开展城区环卫保洁作业，并积极推进清扫保洁、垃圾运输和终端处理全过程的市场化运作。市场化运行的润城环卫运输有限公司，装备了 16 辆密闭专用生活垃圾运输车，负责将生活垃圾由各镇中转站运输至市级垃圾焚烧发电厂。各镇（区）按照考核要求开展不同形式的环卫保洁市场化作业，目前农村环卫保洁市场化率已达 95% 以上。

专业化的环卫作业

监管全面覆盖的长效管理体系

建立城乡日常保洁和垃圾收运三级督查机制。各镇（区）和环卫处组织本级自查考核，市城管委成立督查组进行全区域日常巡查考核，市委督查室年终组织综合考核，考核结果与奖补资金挂钩、与镇域年度科学发展综合考核和单位年终绩效考核挂钩。同时，市城管局按照合同约定，对城区保洁企业保洁实效、设备使用及人员在岗情况进行督查考核，年终按照考核结果兑付承包费，并派驻专人对运输公司和垃圾焚烧厂进行监管，保证垃圾运输和焚烧规范有序。

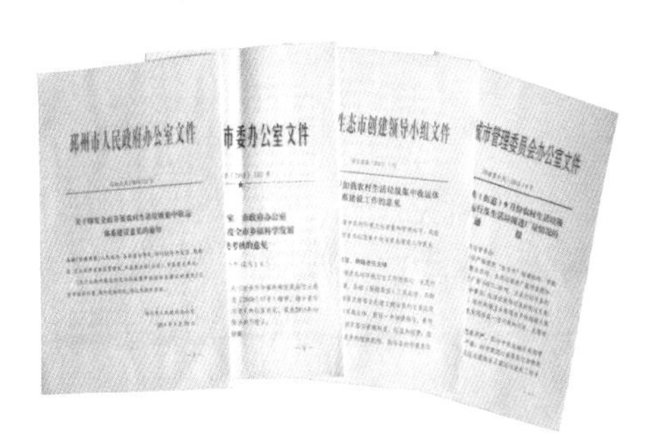

落实城乡一体环卫服务相关文件

各方声音：

邳州紧密结合地方实际，多方参与，多元投入，短时间建立健全了富有实效的城乡生活垃圾收运处理体系，具有一定的借鉴意义。

——全国农村生活垃圾治理第三方验收组

保洁员扫得很及时，垃圾运走得也比较及时，俺们农村能享受到这样的卫生，感觉很好。

——刘前村村民 魏贤化

邳州凝聚合力，创新举措，统筹开展城乡环卫保洁体系建设，城乡环境质量持续改善，得到了社会各界高度赞许，值得点赞。

——《徐州日报》

撰写：王守庆、夏　明 / 编辑：费宗欣 / 审核：宋如亚

引导小城镇特色化发展
——《江苏省小城镇空间特色塑造指引》

Guidance on Characteristic Development of Small Towns

-Guidance on Building Spatial Characteristics of Small Towns in Jiangsu Province

案例要点：

江苏作为工业化、城镇化的先发地区，伴随着城镇化进程快速推进，小城镇现代化水平有了较大提升，但也普遍面临着传统风貌逐渐消失、城镇特色趋同的问题。《江苏省小城镇空间特色塑造指引》是全国第一个小城镇空间特色塑造的技术指南，它立足于全省各地小城镇在自然环境、资源禀赋、经济产业、历史文化等方面的差异，从城镇空间格局、与周边自然环境关系、地域文化传承、特色风貌塑造、空间尺度、生态绿化景观、公共设施布局等方面入手进行分类指引，以图文并茂、通俗易懂的形式引导小城镇在规划建设管理中的特色发展和风貌塑造。

案例简介：

江苏省小城镇空间特色塑造指引

自然小镇
- 内涵与内容
- 城镇布局与自然山水关系
- 城镇边缘
- 人工天际线自然天际线
- 临山场地平整
- 临河景观多样性
- 自然山水的景观通透性
- 地标景物
- 自然山水景观周边土地利用
- 自然山水景观周边建筑协调

传承小镇
- 内涵与内容
- 传承原真性
- 传承完整性
- 总体风貌传承
- 新老镇区衔接
- 历史资源合理利用

特色小镇
- 内涵与内容
- 特色塑造方式
- 特色塑造重点区域
- 建筑特色塑造
- 绿化景观特色塑造
- 环境设施、细部特色塑造

生态小镇
- 内涵与内容
- 用地控制
- 生态系统控制
- 生态环境修复
- 海绵小镇
- 生态型绿化景观
- 低碳交通
- 可再生能源利用

宜人小镇
- 内涵与内容
- 整体空间形态宜人
- 主要道路宽度
- 一般街巷间距
- 街巷空间尺度
- 建筑尺度
- 新旧建筑协调
- 沿街建筑立面协调
- 慢行系统
- 公共活动空间尺度
- 休憩空间
- 历史遗存协调

活力小镇
- 内涵与内容
- 用地布局适度混合
- 公共设施布局体系
- 公共设施布局方式
- 多网复合布局
- 产业发展有活力

空间特色塑造导则大纲

自然小镇

小城镇空间布局应与自然要素“关系亲和、心理亲近、尺度宜人”，依托利用现有山水田园格局，更好地融入周边自然环境。

传承小镇

保护利用具有传统文化价值的物质与非物质要素，尤其是承载生活印记与公共记忆的传统街巷、场所、建筑等物质空间的再利用，体现小城镇生活空间的延续与传承。

宜人小镇

关注活动空间与人的行为心理关系，保持人性化的空间尺度，创造更加舒适宜居的生活空间。

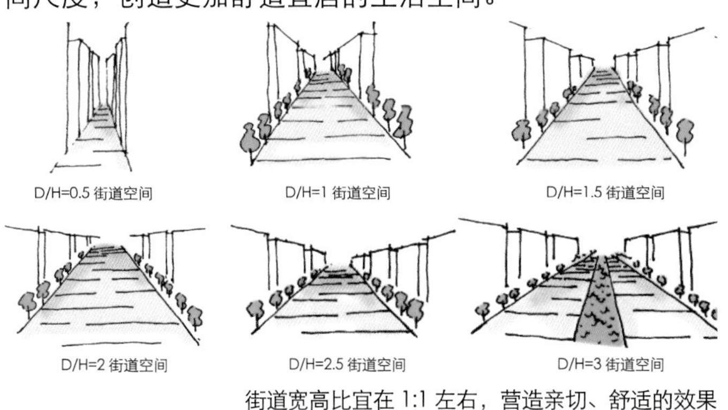

街道宽高比宜在 1:1 左右，营造亲切、舒适的效果

生态小镇

小城镇本身具有良好的生态本底，尽量采用低影响、低冲击、低干预的开发方式进行建设；对生态环境受到一定破坏的区域，则采取生态环境修复的方式进行改善。

活力小镇

小城镇的活力空间往往具有功能混合、系统叠加、空间宜人等特点。城镇的活力有赖于居民的生产、生活等行为互动的使用与聚集，并与小城镇居民的生活习惯息息相关。

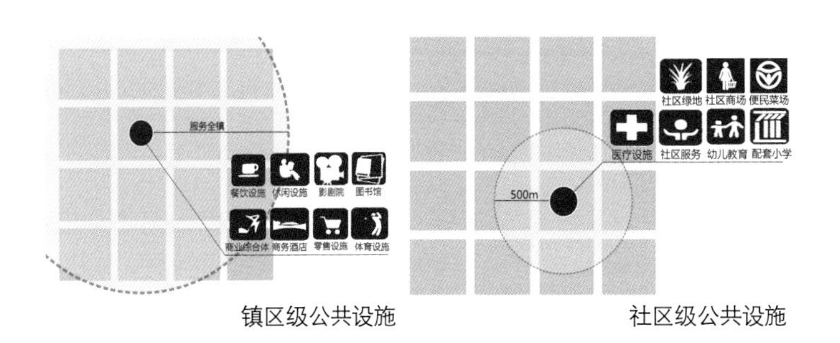

镇区级公共设施　　社区级公共设施

特色小镇

围绕小城镇在自然禀赋、历史人文、文化遗产、经济产业、空间形态等方面的地域特色，在建筑风格、环境设施、景观绿化等方面融入地域特色，打造具有时代特色的小城镇建筑及公共空间，体现地域特色和时代特征。

各方声音：

“小城故事多”，小城镇特色培育和环境改善行动将在未来 5 年成为重点。我省计划通过“十三五”的努力，补上小城镇环境面貌短板，加大特色镇培育力度，到 2020 年全省形成 100 个左右地域特色鲜明的特色镇。

——《南京日报》

撰写：韩秀金、曲秀丽 / 编辑：闫　海 / 审核：刘大威

城镇化进程中小城镇分类发展引导
——苏州吴江区案例

Guideline on the Classified Development of Small Towns in Urbanization Process
-Case of Wujiang District, Suzhou

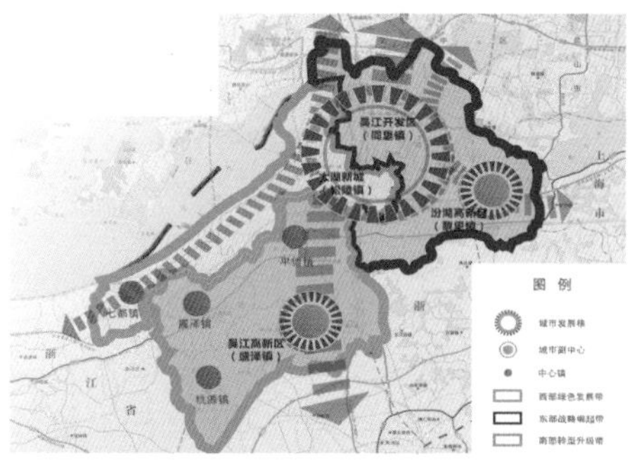

吴江区空间布局图

费孝通先生调研吴江县小城镇

案例要点：

小城镇在联系城乡中具有重要的桥梁和纽带作用。上世纪 80 年代，在费孝通先生深入吴江县调查研究、提出“小城镇、大问题”论述后，江苏小城镇发展迅速，成为了农村富余劳动力转移的“中转站”“蓄水池”。在新的发展形势下，小城镇如何转型、破解发展瓶颈，苏州吴江作了积极有效的探索。新世纪以来，吴江区适时转变发展理念，将小城镇作为统筹城乡发展、推进新型城镇化的重要节点，坚持“分类引导、差别发展、择优培育”，避免“不分主次、平均发展”的倾向，结合行政区划调整，选择区位优势明显、基础条件较好、发展潜力较大、辐射带动能力强的重点镇以及具有产业、文化、资源等特色的特色镇予以重点扶持，并积极改善一般镇和撤并乡镇（居住社区）的环境面貌、保障居民生产生活需求，推进小城镇多元特色发展。

案例简介：

转变发展理念，优化城镇空间布局

在改革开放以来的发展进程中，吴江小城镇得到了长足发展，但同时也存在小城镇规模偏小、建设管理粗放、发展动力不足、辐射带动能力不强等问题。为此，吴江将小城镇发展战略由“重点发展小城镇”向“发展重点小城镇”转变，先后经过多次行政区划调整，将 23 个建制镇整合为 8 个镇。通过行政区划调整和乡镇合并，降低管理成本、相对集中资源，推进集聚集约发展，目前平均每个建制镇的行政区划面积达到 167km^2。

在 1983 年 9 月召开的“江苏省小城镇研究讨论会”上，费孝通先生做了《小城镇 大问题》的长篇发言，深入分析了小城镇的类别、层次、兴衰、布局和发展等理论问题，发表后引起了巨大反响，极大地推进了小城镇建设发展进程。

坚持分类引导，推进小城镇差别化发展

统筹考虑小城镇经济水平、产业基础、区位条件和资源禀赋等因素，吴江区坚持“分类引导、差别发展、择优培育”，按照重点镇、特色镇、一般镇等类型进行发展引导。重点镇注重提升公共服务水平，促进产镇融合，完善城镇功能，着力提高人口、产业集聚能力；特色镇着力保护好历史街巷等传统空间，注重特色风貌塑造和特色产业培植，提升城镇空间品质；一般镇注重改善镇区环境面貌，满足服务三农和镇村居民生产生活的基本需求。

吴江区小城镇分类引导

分类	小城镇	引导措施
中心城区	松陵 盛泽	逐步撤并为街道，纳入中心城区规划建设用地，进行统一管理
重点镇	黎里 同里	以提高综合服务功能、提高人居环境质量为发展重点，吸纳周边农村人口就近就地城镇化，培育成为区域副中心
特色镇	震泽	保护传统空间格局和具有公共历史记忆的场所、建筑，塑造特色风貌，传承地域文化；培植新兴产业和历史经典产业，鼓励在保护区外发展旅游服务业，彰显城镇特色
一般镇	七都 桃源 平望	强化为农村地区生产生活服务功能，形成相对齐全的综合配套设施，满足居民需求

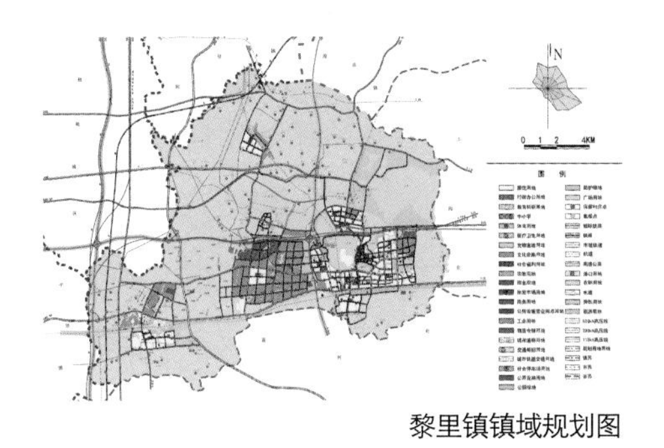

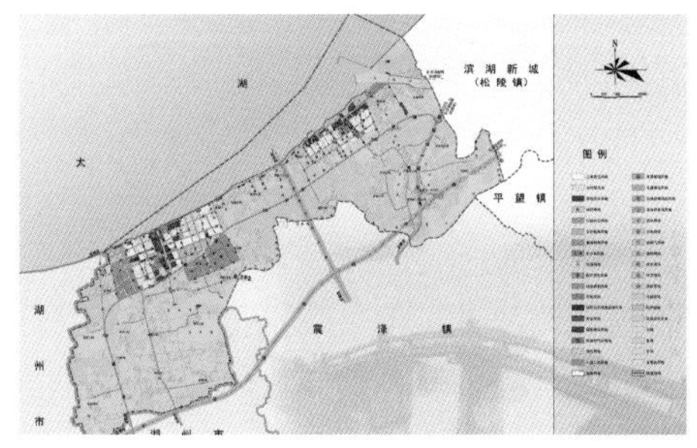

黎里镇镇域规划图

提升功能品质，促进小城镇特色发展

以“提升小城镇的内涵建设和发展质量”为主要目标，围绕城镇功能定位，引导工业基础较好的城镇进一步做大做强特色产业，推进优势产业品牌化，并向上下游产业链延伸，以产业发展创造更多的就业岗位；引导具有良好景观资源、生态资源、历史文化、现代农业以及传统手工业等资源的城镇，完善配套设施，着力打造旅游型、生态型或休闲度假型特色城镇。既注重物质空间环境改善又关注产业培育，着力突出各镇的地域特色和文化内涵。

震泽镇蚕丝加工

同里镇“江南水乡”

震泽镇文体中心

黎里镇开发区

各方声音：

搬到镇上居住以后，可以就近到工厂上班，不仅我们当地老百姓生活、就业问题解决了，还吸引了不少外地人，小镇生活越来越好。

——盛泽镇居民

江苏择优培育条件佳的重点中心镇发展，这非常符合省情，可以实现“城镇合理分布、农村劳动力转移、产业合理集聚”等良好态势。

——中国江苏网

撰写：韩秀金、曲秀丽 / 编辑：闫　海 / 审核：刘大威

从“淘宝村”到“淘宝镇”
——徐州睢宁县沙集镇案例

From “Taobao Village” to “Taobao Town”
- Case of Shaji Town, Suining County, Xuzhou in the Era of Internet

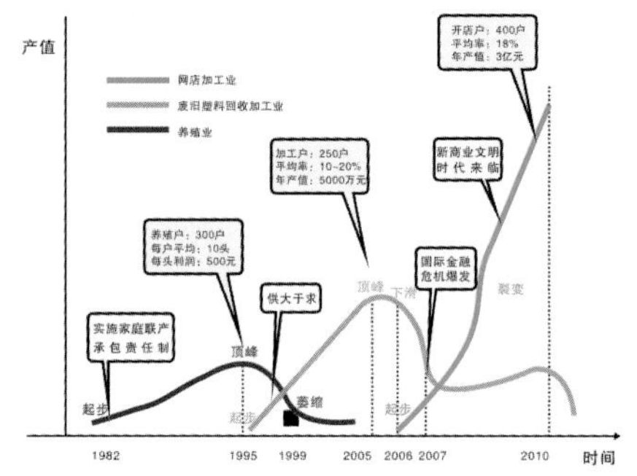

东风村2010年之前经济发展的“三段式”

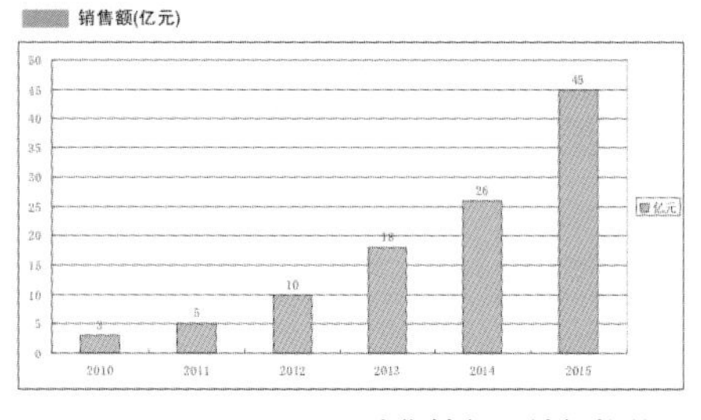

沙集镇年网销额柱状图

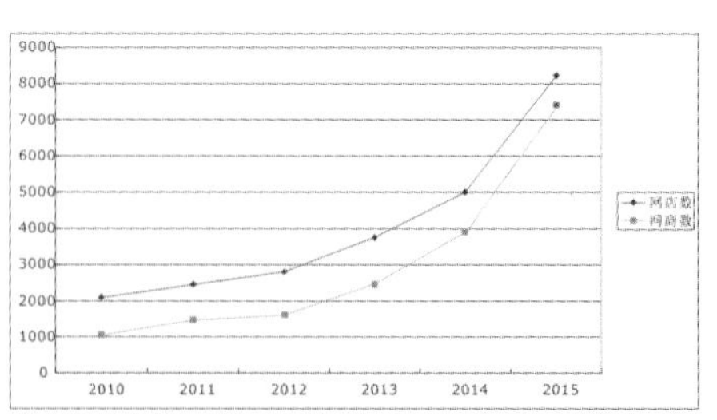

网商数量和网店数量发展趋势图

案例要点：

2006年，睢宁县沙集镇东风村一个叫孙寒的年轻人在淘宝网尝试销售简约时尚的木制家具并获得成功，村民们纷纷效仿，通过互联网实现了足不出户就能增收致富，东风村也成为了享誉全国的“淘宝村”。沙集镇抓住互联网带来的城镇发展新机遇，在东风村的基础上大力推动电子商务发展，以信息化带动产业化，谋划推动传统的家具制造业向产业链上下游延伸，引导电商由自发分散的经营模式向规模化、产业化、品牌化拓展；以产业化带动城镇化，建设省级现代服务业集聚区，为各类电商平台、物流企业提供空间载体和服务平台，改善城镇空间环境面貌，提升城镇功能品质，吸引了更多的产业和人口集聚，推动了小城镇的建设发展。目前镇区建成区面积达5km^2，常住人口城镇化率达到58%，电商产业规模达到45亿元，实现了从“淘宝村”到“淘宝镇”的跨越。

案例简介：

“互联网+”引导下的产业转型升级

通过大力发展电子商务，沙集镇的传统家具制造业正逐步向家具制销一体的现代服务业转变，初步形成了集设计、生产、包装、物流为一体的完整产业链。家具制售从简单仿制走向了自主设计、品牌创建，销售平台也从淘宝拓展到了天猫、京东、当当、亚马逊等10多家，初步实现了自发分散的家庭作坊式淘宝经营向规模化、品牌化推进，推动了产业的转型升级。目前，全镇有7000多户网商、8000多个网店，带动整个家具产业链网销额从2006年的1000万元增长到2015年的45亿元。

“互联网 +”引导下的空间布局优化

为给互联网产业发展提供优质的空间载体和发展平台，沙集镇着力优化城镇空间布局，规划建设电商创业园区、物流园区、商业服务区等功能区，完善各项基础设施和公共服务设施配套。目前已建成电商创业园区、物流园区和日处理量近 2000t 的污水处理厂。创业环境不断优化，企业纷纷被吸引集聚到电子商务创业园区、物流园区创业经营，规模效应显现，经营成本节约，生产销售效率提高。

德邦物流分拨中心

“互联网 +”引导下的城镇功能提升

近年来，沙集镇累计投入城镇建设资金 15 亿元，建成网商创业孵化基地、电子商务综合服务中心、新网商一条街、网商物流园一期、安置小区等 30 余个项目，努力提升镇区空间环境品质和服务功能，镇区综合承载能力显著增强，吸引了众多周边乡镇和农村的居民到沙集镇来工作生活。

建设中的沙集镇特色街区和公园

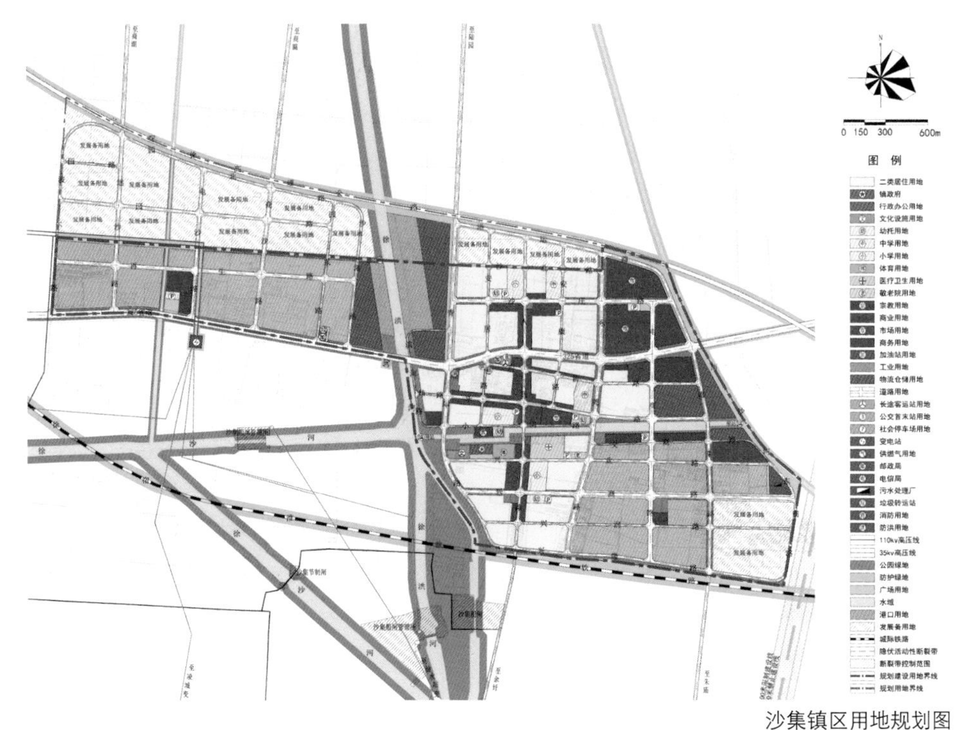

沙集镇区用地规划图

沙集镇电子商务创业园区规划图

各方声音：

该项目对于我们国家在战略层面去解决三农问题提供了具有全局价值的一种新的突破，从这个意义上，堪比 32 年前的小岗村。 ——中国社科院信息化研究中心原主任、教授 汪向东

园区公共基础设施齐全、功能完善，为我们工作、生活提供了便利；整个办公环境比以前好得多，舒适性也提高了，崭新的道路，交通便利，上下班也方便很多。 ——镇区网商

“沙集模式”开辟农村经营发展新天地。 ——《中国产经新闻报》

撰写：韩秀金、曾 洁 / 编辑：闾 海 / 审核：刘大威

桃源村前寺舍自然村

融合产业发展的美丽乡村建设
——无锡惠山区阳山镇案例

Beautiful Rural Construction by Integrating Industrial Development
- Case of Yangshan Town, Huishan District, Wuxi

桃源村前寺舍自然村

案例要点：

特色农产品和特色农业资源不仅是大自然的造化，更是一笔珍贵的农耕文化遗产，蕴藏着很大的经济、社会和文化价值。无锡惠山区阳山镇种植水蜜桃已有700多年的历史，素有“水蜜桃之乡”的美誉，有35000亩桃林面积。近年来，阳山镇以村庄环境整治和美丽乡村建设为触媒，在改善村庄人居环境、彰显乡村田园美景的同时，挖掘拓展“水蜜桃之乡”品牌内涵，强化乡村休闲旅游服务产业注入，吸引高端休闲服务产业品牌入驻，不断放大美丽乡村建设的综合效应，实现了将名特优农副产品生产、销售和乡村休闲旅游观光的有机结合，带动了农民增收致富，促进了乡村环境面貌的持续提升。阳山镇先后获得了“全国特色景观旅游名镇”、“全国休闲农业与乡村旅游示范镇”等称号。

案例简介：

空间再营造，凸显“桃源”美景

把握阳山桃文化博览园和美丽乡村建设发展契机，阳山镇将村庄整治与水蜜桃文化的彰显紧密结合，在村庄中着力塑造以水蜜桃文化为主题的各类生产、生活、游憩休闲等景观空间，实现田园景观与村落自然贯穿、有机融合。近年来阳山镇累计投资近5亿元，建成了桃源村、阳山村、火炬村、西山村等一批美丽宜居乡村，书院怀古、桃博揽胜等文化风韵与清水莲碧、阳湖晚霞等自然风貌交相辉映，百果采撷、花岛观景与缤纷民俗、佳绝桃品等休闲风情相得益彰。

产业再延伸，发展“甜蜜事业”

阳山镇通过引导创办水蜜桃专业合作社、家庭农场等，积极发展特色休闲观光农业，变单纯的“卖桃赚钱”为综合的“以桃兴业”，带动了当地民俗文化、民宿、农家乐等产业发展，撬动了水蜜桃、年糕、团子、粽子、草鸡蛋、桃木工艺品等特色产品生产销售，大大拉长了“水蜜桃”产业链条，促进了农民增收致富，把“甜蜜事业”越做越深、越做越强。自 2011 年底以来，阳山镇已成立水蜜桃合作社 77 家，其中龙头带动型 25 家、村集体带动型 36 家、专业大户型 16 家；与顺丰快递合作建立了电商平台，农民人均纯收入达到 27576 元，户均存款超过 18 万元。

品牌再提升，招徕高端服务产业

借助“水蜜桃之乡”品牌资源和美丽乡村旅游发展机遇期，阳山镇招徕东方园林产业集团这一国内品牌休闲产业开发运营商，建设以生态高效农业、农林乐园、园艺中心为主体，体现花园式农场运营理念的农林、旅游、度假、文化、居住综合性园区，进一步提升阳山镇休闲产业的品牌效应。目前，该项目一期工程已建成投入使用，成为周边城市居民周末及节假日休闲出游的主要目的地之一。

桃源村农家乐“桃源人家”

十五个乡村休闲主题庄园
A. 拾房市集
B. 文创工坊
C. 玫瑰里
D. 四方街
E. 汤泉酒店
F. 桃园民宿
G. 火山啤酒广场
H. 童话
I. 田园活动中心
J. 果林
K. 蟹岛
L. 食育
M. 花园中心GC
N. 路亚基地
O. 颐养中心

五大田园社区群落
I. 原乡小镇
II. 田园驿站
III. 颐养社区
IV. 原乡院子
V. 原乡大院

田园东方综合体项目总投资 50 亿元，总面积 6200 亩。

各方声音：

现在，村里变得像公园，就连前来买桃的城里人都眼红起我们的居住环境。——朱村村民 杨仁义

你看这健身广场、文化墙、爱莲亭，还有爱莲泉都是去年开始修建的。下午在这晒晒太阳，聊聊天，很舒服。

——前寺舍村村民 周阿婆

阳山镇针对性地“包装”富有特色的村庄。统筹考虑城镇化和农村特色保留问题，根据科学规划，优化提升村镇功能结构和布局。鼓励以乡村农庄或农户家庭为基本单位，兴办农家乐，形成“户户有就业、家家有产业”的发展模式。因此，美丽乡村建设不仅仅是涂脂抹粉，更应致富于民。

——《中国县域经济报》

撰写：韩秀金、俞 锋 / 编辑：闫 海 / 审核：刘大威

尊重农民意愿的全域村庄环境整治行动
——江苏实践

Village Environment Improvement Actions Based on Farmers' Willingness - Practice of Jiangsu

案例要点：

习近平总书记在农村工作会议上指出：当前，一个很重要的任务是因地制宜搞好农村人居环境综合整治，不管是发达地区还是欠发达地区都要搞，标准可以有高低，但最起码要给农民一个干净整洁的生活环境。2011 年起，江苏结合省情实际，启动实施以村庄环境整治行动为重点的“美好城乡建设行动”，以村庄人居环境改善为切入点，从乡村调查和农民意愿调查入手，重点整治农民反映强烈的乡村居住环境和基础设施条件等方面问题，通过物质空间环境的改善，带动社会要素资源向农村流动，促进乡村发展、村民增收致富。经过努力，五年累计整治 18.9 万个自然村，基本覆盖了城镇规划建成区外的所有自然村，并建成了 1300 多个“环境优美、生态宜居、设施配套、特色鲜明”的省级三星级康居乡村，有效改善了全省农村生产生活生态条件，得到农民普遍欢迎，取得了显著的环境、经济、社会、文化等综合效应。江苏村庄环境整治实践获得 2014 年度国家人居环境范例奖，并被亚行东亚可持续发展中心评为 2014 年度“最佳实践案例”。

整治前

整治后

南京市高淳区桠溪镇蓝溪村大山下环境整治前后对比

整治前

整治后

徐州市铜山区伊庄镇倪园村环境整治前后对比

案例简介：

工作从乡村调查做起

掌握乡村现状、了解农民愿望，是江苏村庄环境整治行动的立脚点和出发点。工作伊始，全省组织了“江苏乡村人居环境改善农民意愿调查”，聘请齐康院士等为顾问，江苏省设计大师和知名专家担任13个市调查项目的负责人，调查组成员600余人，涉及多所高校院所。调查覆盖13个省辖市、49个县市区、254个乡镇和街道的283个村庄，受访农民6411人。调查表明，江苏农民对人居环境的改善需求并非聚焦于农房，而是和村庄公共环境密切相关的垃圾清理、河塘清洁、公共活动场地、交通改善、公共服务设施提供等；且百姓有较强的参与意识，受访村民中选择“愿意出力”的占比多达37.98%，愿意“参与维护管理”多达35.80%，选择“愿意出钱”的也占一定比例。

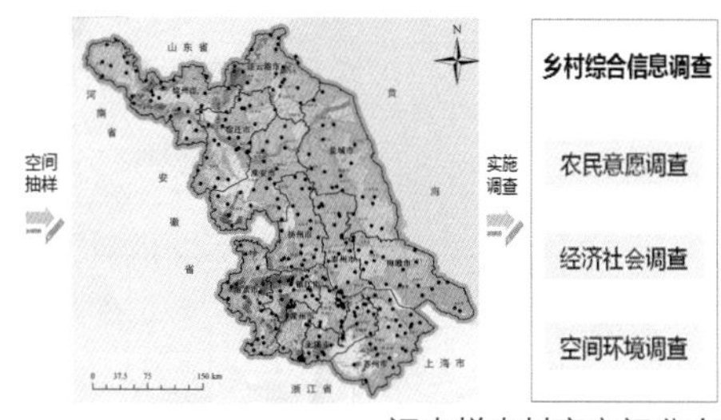

调查样本村庄空间分布

调查组走访村民

因村施策确定整治重点、分类要求

尊重农民调查意愿，着重在原有村庄形态上改善农民生活条件，从农民最需要解决、最有条件解决的项目入手：清理河塘、整治生活垃圾、清洁家园、提供干净的自来水、改善道路条件、提供活动场所等。以镇村布局规划为依据，分类确定村庄的整治标准，“规划发展村庄”实施“六整治六提升”，“一般村庄”实施“三整治一保障”。在普遍改善村庄环境的基础上，着力提升“规划发展村庄”的基础设施和公共服务设施配套水平，同时鼓励各地根据不同条件量力而行建设“一、二、三”星级康居乡村。

多级联动推动工作开展

为切实改善全省近19万个村庄环境面貌，全省构建了省、市、县、镇、村“五级联动”机制，成立了由住房城乡建设厅、省委农工办、财政厅、环保厅等18个部门和单位组成的省村庄环境整治推进工作领导小组，集中力量，将各类涉农项目资源向整治村庄聚焦，合力推进。同时，省委省政府还将村庄环境整治达标率作为全面建成小康社会的重要指标。

专业支撑助推乡村特色塑造

聘请14位江苏省首批设计大师作为技术顾问，发动全省规划、设计、研究单位同步开展“江苏乡村调查和村庄特色塑造策略”研究，在此基础上提出“古村保护型、人文特色型、自然生态型、现代社区型、整治改善型”等不同类型村庄的分类整治策略，着力保护传统村落，弘扬历史文化，彰显地域特色，使平原地区更具田园风光、丘陵山区更具山村风貌、水网地区更具水乡风韵，使江苏乡村呈现多姿多彩的“千村万貌”。

设计大师“乡村行”

传统村落和历史建筑得到保护

山村风貌

水乡风韵

平原风光

多方参与造福乡里

村庄环境整治从解决老百姓最关心、最急需且收益最直接的问题入手，尊重农民意愿把老百姓的幸福感和满意度作为工作的落脚点，得到社会各界尤其是农民群众的关心支持，以多种形式参与到村庄环境整治工作中。

社会参与

·富裕农民返乡支持家乡建设。东台市梁垛镇小樊村一名外出经商村民看到家乡村庄环境确实发生了巨大的变化，主动捐款80万元用于环境整治。

·地方企业捐资捐建。无锡市锡山区锡北镇通过“百企联百村、共建新农村”活动，筹集整治资金1000多万元。

·机关、干部开展对口帮扶。连云港市要求市机关副处级、各县（区）副科级以上干部，将实施整治的村庄作为“三解三促”驻点村庄，对驻点村庄实行“一对一”帮扶，派出单位给予资金支持，并负责指导整治村庄如期达标。

长效管护巩固家园环境

村庄环境整治取得成果不易，巩固成果更难。按照“即整即管”的要求，各地在通过集中整治解决环境突出问题的同时，致力于建立符合农村实际、得到农民支持、能够长效运行的管护机制，鼓励基层制定农民自主管理的村规民约，通过村级公益事业“一事一议”、村集体经济收入等途径，筹措长效管理经费，探索建立“城管下乡”、市场化运作等多种长效管理模式，做到“有人干事、有钱办事、有章管事”。

长效管护

效应延伸带动产业发展

经过整治，村庄干净整洁了、乡村特色彰显了、公共服务提升了，形成了一大批康居乡村、保护了一批传统村落，并与乡村旅游、特色产业发展有机融合，在乡村大地上串联成了“康居乡村特色游”线路，乡村价值得到彰显，休闲农业观光、“乐游农家”等产业的蓬勃发展，带动了农民创业就业和增收致富，同时也带动社会资本参与。据统计，截至 2015 年底，全省乡村旅游从业人员总数达 40.21 万人，同比增长 37.7%；其中，大专以上学历人数 8.5575 万人，同比增长 89.4%，占从业人数的 21.3%；本地就业人员为 26.7751 万人，同比增长 35.91%。未来村庄环境改善的延伸效应将随美丽乡村建设的进一步推进持续放大。

· 溧阳市戴埠镇李家园村实施村庄环境整治后，成立了旅游合作社推进农家乐规模化发展，农民人均年收入增加 1.5 万元，并结合白茶种植成立白茶合作社，2012 年创产值 5000 万元。

· 江宁区黄龙岘村由江宁区交通建设集团和江宁街道共同开发，区交建集团投资占比达 92.2%。集团积极主导全村环境整治、完善旅游服务设施、打响茶产业品牌、指导农户经营等。近两年，共接待游客 220 万人，村民收入从当初的 1 万元，发展到现在的 3 万多元。

乡村旅游

各方声音：

江苏近年来围绕乡村人居环境所行之乡村调查，村庄环境整治的实践，乡村建设的学术探讨，既丰富了人居环境科学的地方实践，亦是美丽中国的现实探索。

——国家最高科技奖获得者、两院院士 吴良镛

村里水泥路户户通，房屋、破损的围墙全都整治了，还清除了露天粪坑、新建了公厕、健身广场、路灯、环卫设施，保洁人员也全部配备到位，村庄现在很干净、整洁。

——溧水区白马镇尤陈边村民 曹金宝

以前，孩子向往城里生活，老两口跟着孩子住到市区，现在村庄整洁了、漂亮了，空气也好，我们老两口也回到村里住了，这儿的环境不比城里差，老亲社邻在一起，住着比城里舒坦。

——贾汪区大吴镇虎山村民 王振平

五年前，江苏省开展美好城乡建设行动，开展生活垃圾、生活污水、乱堆乱放、工业污染、工业废弃物、河道沟塘六整治。目前，江苏近 20 万个自然村，已基本全面完成环境整治任务。

爱美的江苏，正在规划清晰的蓝图，公共配套、绿化美化、饮用水、道路、建筑特色、村庄环境管理六提升，将按照古村保护型、自然生态型、现代社区型等不同类型分类推进，既保持村庄特色，又净化农村环境。

——《人民日报》

撰写：韩秀金、俞　锋 / 编辑：闫　海 / 审核：刘大威

美丽乡村建设的经营之道
——南京江宁区案例

A Way to Beautiful and Livable Rural Construction- Case of Jiangning District, Nanjing

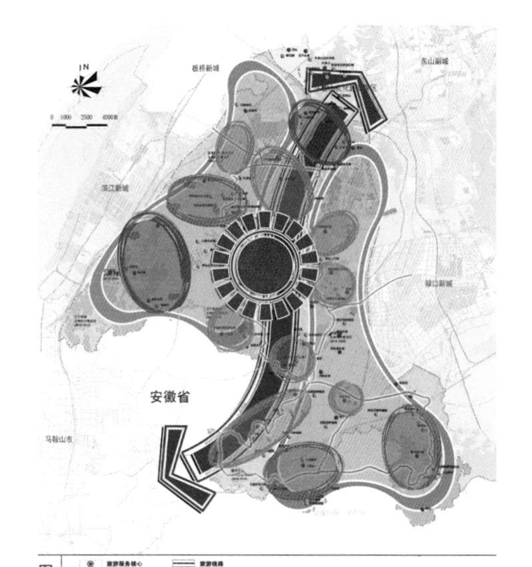

江宁区美丽乡村示范区规划

江宁区美丽乡村典型代表

村庄类型	典型代表
田园风光型	双塘社区大塘金、朱门社区斗凹、阜庄社区石地村
历史人文型	杨柳湖社区杨柳村、孟墓社区郄坊
依托景区型	周村社区世凹、石塘社区石塘、公塘社区公塘
特色产业型	牌坊社区黄龙岘、汤山社区汤家家、滨淮社区马场山

案例要点：

作为农耕文明的国度，乡村的复兴是中国新型城镇化和城乡发展一体化的内在含义。“十二五”期间，江苏通过村庄环境整治行动普遍改善了农村环境脏乱差的状况，带动了社会资源向乡村的流动。在此基础上如何实现乡村的经济发展、社会重建、文化复兴、生态持续，是未来长期努力的目标。在此进程中江宁区充分利用大都市近郊区的优势，积极探索乡村综合复兴之道，在全面完成省定村庄环境整治任务的同时，持续推进美丽乡村建设，提出“乡村让城市更美好，打造新时代梦里江南”的发展目标，以西部美丽乡村示范区为重点，分步实施，由点到面串线，推动形成康居乡村特色游发展，逐步形成了乡村旅游、现代农业、农产品加工业、服务业融合发展的新业态，带动了农民增收致富，促进了乡村的发展和复兴。

案例简介：

以更高的标准开展环境整治与建设

江宁区在全省村庄环境整治基础上，结合乡村旅游发展的需要提升建设标准要求，以全域景区的理念，以西部美丽乡村示范区为重点，依托旅游大道、晏湖风景区、骑友驿站等一批重点项目，建成了 300km^2 西部美丽乡村示范区。

以“金花村”为抓手分步实施

2011-2012 年，江宁启动“金花村”建设，打造了以世凹桃源、石塘人家、汤山七坊等为代表的乡村休闲旅游“五朵金花”。“金花村”突出环境整治和特色塑造，完善村庄道路、污水处理、农房整治等基础建设，有效处理好山水田林路村的关系；引导农户广泛开展“微田园”建设，打造“瓜果梨桃、鸟语花香”的农村原生态的自然风貌；突出产业转型融合发展，大力发展农旅结合的乡村旅游经济。2013 年以来，江宁又逐步建成了黄龙岘茶文化、大塘金薰衣草、汤家家温泉等新一批特色鲜明的“金花村”，形成了美丽乡村的集聚规模效应。

以特色塑造带动乡村发展

江宁根据各村不同资源禀赋，因村制宜、迭代创新推进美丽乡村建设，并与康居乡村旅游有机结合，串点连线成片，着力形成美丽乡村整体风貌，成功塑造了江宁康居乡村特色游品牌。自 2014 年起，近两年接待游客数量超过 2000 万人次，实现旅游收入 30 多亿元。创业的农家乐户数超过 500 户，带动就业近 4000 人，创业农户户年均收入达到 30 万元，为此前的 3 倍多。

· 田园风光型：大塘金村

大塘金村按照“芳香谷里、养生大塘”的定位，立足展现乡土风情和田园美景。2014 年累计实现旅游收入 5000 多万元，17 家农家乐餐饮经营户，平均每户每年营业额 32.3 万元，吸引回村就业人员 20 余人

· 历史人文型：杨柳村

杨柳村古建筑群是江南地区典型的传统民居建筑。其美丽乡村建设以杨柳古村落为核心，同时整合杨柳湖、丘陵田园等特色生态元素

· 景区依托型：周村社区世凹村

世凹村地处牛首山风景区西南麓，是全省村庄环境整治首批示范村之一。依托景区资源，打造“牛首文化第一村”。目前世凹桃源有茶社 2 家、旅社 4 家、餐饮 22 家、特色手工作坊 15 家，带动本地从业人数 360 人，2015 年年接待游客总量约 50 余万人，村民人均收入从 1 万余元增长至 4 万余元

· 特色产业型：黄龙岘村

黄龙岘村位于丘陵山地，四周茶山、竹林环绕，但原先交通不便配套差，少人问津。结合村庄环境改善，深度发掘茶文化内涵，打造融品茶休憩、茶道、茶艺、茶叶展销 - 研发 - 生产、特色茶制品等为一体的特色茶庄。同时社区公共服务中心提供了“一站式”便捷服务。两年来景区接待旅游量达 220 万人次，带动周边 200 多人创业致富，全村 39 户经营起了农家乐，村民收入从当初人均 1 万多元，发展到现在的 3 万多元

各方声音：

你看我们这，山山水水的很漂亮吧，可在过去，道路不畅通，村庄脏乱差，很少有人来，是乡村建设、农业旅游，让我们这里“变了天”。 ——黄龙岘农家乐业主

江宁以“金花村”为代表的东、中、西三大美丽乡村示范片区建设，从根本上改善了江宁的农村面貌和社会结构，使凋敝的乡村重现活力，取得了活化资源、美化环境、富民增收的综合效应。农民守着家门口的自然美景，获得了实实在在的收益，成为农村现代化建设的生动实践。 ——《南京日报》

撰写：韩秀金、俞 锋 / 编辑：阎 海 / 审核：刘大威

"互联网 +" 乡村发展与重塑
——宿迁沭阳县庙头镇聚贤村案例

Rural Development and Reconstruction of "Internet +" Practice
-Case of Juxian Village, Miaotou Town, Shuyang County, Suqian

案例要点：

聚贤村是远近闻名的"花木专业村"，被称为"一根线看不见"的互联网，拉近了农村与世界的距离。聚贤村借力"互联网 +"，促进传统花木产业焕发新优势，开辟村民增收致富新模式。在实现花木特色产业转型升级的同时，聚贤村在充分尊重村民意愿的基础上持续改善农村人居环境，着力提升康居乡村建设品位，将发展农村经济、促进农民就业创业、改善人居环境、强化农村社会管理有机结合，促进了产业发展、农民致富、社会文明程度提升的良性互动。聚贤村先后获评"江苏省康居示范村""江苏省社会主义新农村建设示范村""江苏最具魅力休闲乡村""全国文明村镇"等荣誉称号。

案例简介：

产业转型升级，带动农民富

由于近年来花木市场行情走低，销路不畅，聚贤村村民们利用互联网发展电子商务，开启"网络创业"。全村 4498 亩土地全部种植花木，近千种花木品种，是庙头镇第一个从传统农业转变为发展高效农业的村庄。村里现有花木公司 29 家，电商 500 多户，花木种植由过去的一家一户"松散型"向集约化经营转变，花木品种由原来低档次向中、高档次发展，全村花木产业亩均经济效益由原来的 3500 元上升到 8400 元，年总销售额突破亿元，2015 年村民人均收入达 18000 元。2015 年 12 月，聚贤村被认定为"中国淘宝村"、"省级电子商务示范村"。

村民在苗圃基地工作

社区综合服务中心

村民打包、寄快递

人居持续改善，实现农村美

聚贤村以村庄环境整治为契机，着力开展了村内道路、垃圾收集转运、污水处理设施以及绿化美化建设，着力提升村庄环境和公共服务水平，建成了省级示范标准的卫生室、综合服务中心、文化活动广场等设施，实现了村内宽带全覆盖，村庄道路在原有的基础上根据花木产业物流运输的要求进行了提档升级，极大地改善了村民生产生活条件，成为“江苏省三星级康居乡村”。众多外出打工的年轻人也因此“回流”家乡进行网络创业，为电子商务的发展注入新的活力。

文化彰显重塑，提升文明程度

在村庄环境整治和康居乡村建设过程中，聚贤村坚持村民自治、民主管理，广泛征求村民意见，发挥村民主体作用；着力提升村民文明素养，倡导积极健康的生活方式和生活习惯，对村内从事电子商务的村民，重点加强诚信教育，倡导契约精神。人居环境改善了，村庄变美了，乡风文明了，聚贤村的干群关系也更加密切了。2015 年聚贤村被中央精神文明建设指导委员会授予第四届“全国文明村镇”称号。

新村风貌

村内道路

各方声音：

现在的村里生活比以前好很多，自己在花木公司打工，从事选苗包装工作，月收入 2000 多元；丈夫搞电器修理，随着互联网销售增加，农村家电普及，修理量也变多了。 ——聚贤村村民 胡道霞

沭阳县聚贤村入围“江苏最美乡村” ——《中国网》

宿迁市沭阳县庙头镇聚贤村：文明村里处处新 ——江苏文明网

撰写：韩秀金、王 菁 / 编辑：闾 海 / 审核：刘大威

农村生活污水全域治理的探索
——苏州常熟市实践

Exploration on the Full-scope Governance of Rural Domestic Sewage- Practice of Changshu, Jiangsu

案例要点：

农村生活污水分散、量小、不稳定，污水收集繁、难，组织实施难度大。做好农村生活污水治理是农村水环境治理及人居环境改善的重点和难点所在，对于提升乡村基本公共服务水平、建设美丽宜居乡村、转变农村居民生活方式、推进城乡发展一体化具有重要意义。2008 年以来，常熟市率先探索农村生活污水全域统筹治理，推动农村生活污水治理从“各自为阵”向“整体推进”转变，治污设施从“量小散乱”向“全域覆盖”转变，体制机制从“多头管理”向“一体运作”转变，形成了系统化破解农村生活污水治理难题的方案。截至 2015 年底，共完成 655 个村庄点生活污水分散治理，建成分散式污水治理设施 2971 套，日处理能力 1.3 万 t，受益农户达 2.5 万户，农村生活污水处理率达到 65%，农村生活污水处理设施正常运转率达到 98%。被住房城乡建设部评为“县域村镇污水综合治理示范区”和“城市水体污染治理和水环境改善示范城市”。

案例简介：

全域治理

打破行政区域界限，合理布局农村生活污水处理设施。按照“能集中则集中、宜分散则分散”的原则，因村制宜采用接管处理与分散治理并行的治理方式。对城镇周边和邻近城镇污水管网的规划发展村庄，优先考虑接管处理的模式；其他规划发展村庄根据布局形态和规模分类选用相对集中、村组处理和分户处理等三种分散治理模式；一般村庄着力推进卫生生态户厕改造全覆盖。计划到 2017 年，常熟市实现规划发展村庄生活污水治理全覆盖，农村生活污水处理率达 80% 以上。

分户处理

相对集中处理

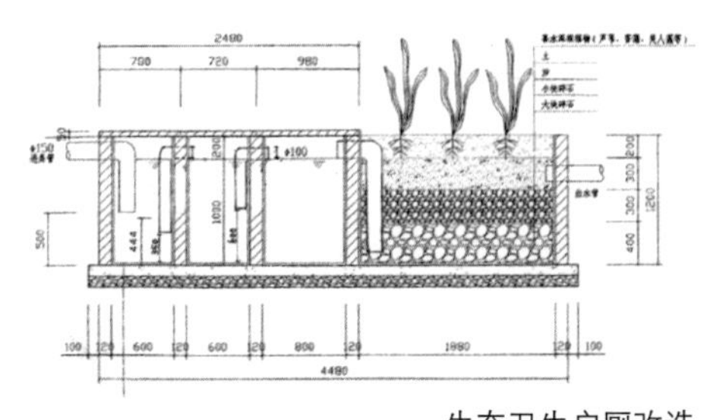

生态卫生户厕改造

统筹推进

污水治理工程建设突出“三个重点”和“四个结合”：以环境敏感区、沿河沿湖、整村整片为重点；与美丽乡村建设、农村河道整治、农村环境连片整治和农业面源污染治理相结合。

为保障建设资金，常熟市将自来水费中按 1.3 元 /t 附征的污水处理费作为农村污水治理的建设资金，并从 2015 年起，由市级财政承担所有农村生活污水治理建设费用。

生活污水处理设施布局图

专业化管理

组建市给水与排水管理处，专门负责农村生活污水运行、维护和监督考核；推行第三方监督模式，委托检测污水处理设施进出水水质，建立绩效考评机制，将考核结果作为污水处理服务费支付依据。

生活污水处理监控中心

一体化建设运营

运用市场化手段，选择资信好、投融资能力强且有从事城乡水环境治理专业背景的企业，实施村庄生活污水治理设计、建设、运营一体化推进。组建国资江南水务有限公司，作为实施主体统一建设农村生活污水处理设施。污水厂及主管网建设由江南水务公司负责，入户支管网委托各乡镇建设，集中式污水厂由江南水务统一运行维护；分散式设施委托两家专业公司运行管理；部分分散处理采用 PPP 模式，按照政府采购程序选定中车股份，由国资公司出资 35%、中车股份出资 65% 组建项目公司，以特许经营 25 年的方式，全过程、一体化负责项目融资、设计、建设以及设施运营维护。

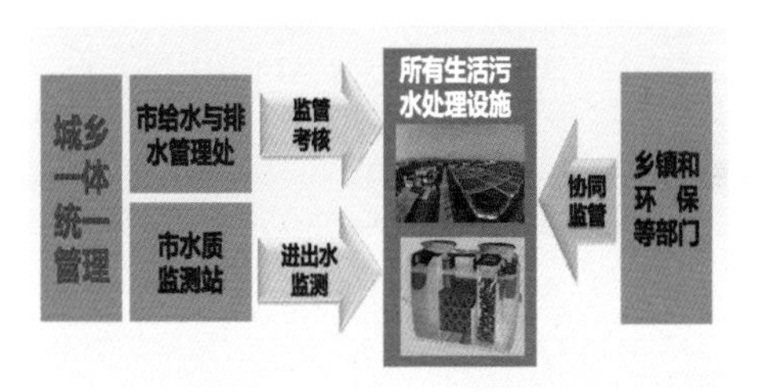

生活污水治理运行管理流程

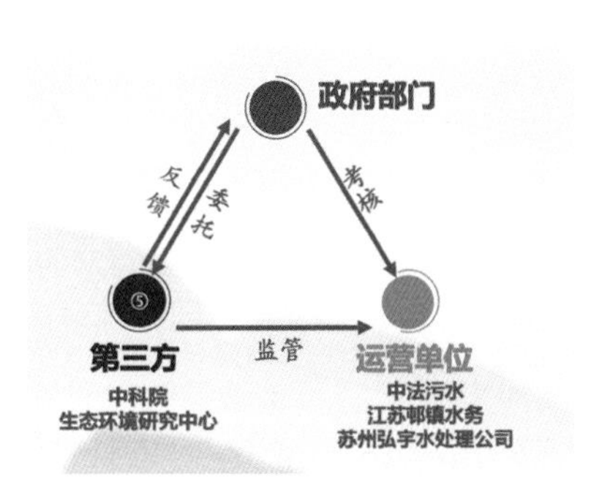

各方声音：

常熟这个经验应该讲是相当成熟的，也代表了我们国家未来农村污水处理的方向，它核心的思想是统一规划、统一建设、统一运行、统一管理，实现了农村分散各个村落家庭污水的长期稳定运行管理，我们一定要把这个经验向全国传达出去。

——住房城乡建设部总经济师　赵晖

以前有人私自在河两岸搭建车库，道路不通，很多人把生活污水就近倒进了河里，导致河水越来越臭，环境也很糟糕。到了夏天，大家都不愿意走出家门。现在河水这么清澈，在河边散步心旷神怡。

——古里镇苏家尖村村民　陆福兴

随着社会的发展和进步，民众对加强农村水环境治理的呼声越来越高。江苏省苏州市常熟市顺应了这一历史潮流，坚持试点先行、示范引路，通过管理创新、技术创新，逐渐走出一条“统一规划、统一建设、统一管理、统一运行”的农村污水综合治理模式。截至 2014 年底，全市农村污水治理设施覆盖率达到 85%，设施建设质量和运行水平接近发达国家水平，已建成设施正常运行率超过 90%，治理绩效位居全国前列，对于我国农村污水治理有很好的启发与借鉴意义。

——《中国建设报》

撰写：韩秀金、俞　锋 / 编辑：闫　海 / 审核：刘大威

小厕所 大民生
——镇江丹徒区世业镇农村生活污水治理

Small Toilet, Big Livelihood
- Treatment Projects of Rural Domestic Sewage in Shiye Town, Dantu District, Zhenjiang

案例要点：

“小厕所、大民生”。镇江丹徒区世业镇将农村旱厕改造与农村生活污水治理有机结合、统筹推进，采取改造一批、新建一批、生态化改厕消化一批的农村污水收集治理总体方案，综合考虑村庄区位条件、布局形态、人口规模等因素，多措并举破解改厕中下水道管网建设和污水治理的难题。

案例简介：

镇江市丹徒区世业镇共有5个行政村、44个自然村，农户4147户、14500人。2014年12月，习近平总书记在视察世业镇先锋村时指出：“厕所是改善农村卫生条件，提高群众生活质量的重要工作，解决好厕所问题在新农村建设中具有标志性意义，可以说是小厕所大民生。要因地制宜地做好厕所下水道管网建设和农村污水治理，不断提高农民生活质量”。镇江市丹徒区迅速落实总书记重要指示要求，坚持规划先行，组织编制世业镇农村生活污水治理规划，实施农村生态化卫生户厕改造、生活污水治理全覆盖工程，其中接管处理2402户、生态化改厕1745户，农村环境面貌焕然一新。

世业村永茂圩

“旱厕”改“水厕”

作为镇江市最早实施农村卫生户厕改造的地区之一，世业镇在原有工作基础上，加大卫生户厕改造推进力度，采取逐户调查、逐户指导、逐户把关、逐户验收的办法，针对村民原有厕所设施简陋、防渗不到位、封闭设施不齐、卫生状况较差等情况进行集中整治提升，确保全镇所有农户“旱厕”改造率达100%，使老百姓们可以像城里人一样用上抽水马桶。

三格式化粪池

“三格”变“四格”

对人口规模较小、居住较为分散或地形地貌复杂的自然村庄，推进生态化卫生户厕改造，在原三格式化粪池基础上增加一格，第四格池垫卵石、粗砂，覆盖泥土，种植香蒲、灯心草等根茎发达植物，利用植物、微生物和土壤等的共同作用，过滤和吸收污水中的污染物。同时适当调高化粪池接管高程的方式，可满足农户浇菜施肥的需求。

四格式生态卫生户厕改造

就近接管，集中处理

全镇沿内环路内侧中心区域共分18个收集片区，每个片区采用重力流将片区内居民生活污水收集到一体化泵站，然后通过压力管将污水分别压送到污水处理厂进行处理。目前，世业镇新建处理能力750t污水处理厂1座，小型一体化预制提升泵站18座，铺设污水主管网、支线管网约100余km，日处理生活污水600余t。

一体化预制提升泵站

管道及检查井施工

各方声音：

改厕让大家伙儿感受到了实实在在的好处，过去的厕所都是露天茅厕，一到夏天苍蝇蚊虫满天飞，污染环境，现在环境和过去比，真是好的没话说！

——世业村民 汪建强

一花引来万花开。在突出重点、兼顾一般、分类建设、全面推进的过程中，建设美丽宜居镇村这一理念的内涵正在不断丰富，农村生活污水处理工作正在大力推进之中。

——《镇江日报》

撰写：韩秀金、王 菁 / 编辑：阎 海 / 审核：刘大威

Inscriptive writing 跋

中国的城镇化是影响二十一世纪人类社会的大事件。作为世界上人口最多的传统农业国家，在向着现代化城市社会快速嬗变的进程中，不可避免地存在着诸多的矛盾与问题。与此同时，中国的城镇化发展还面临着全球化和信息化快速发展带来的深刻影响，面临着全球气候与环境、能源问题的挑战，面临着城乡二元结构带来的城乡统筹难题。如何应对问题，破解难题，既不能因循守旧，也无法照搬照抄，必须在实践中探索创新，在改革中发展完善。

江苏是我国东南沿海的经济强省，也是城镇化发展最快的省份之一。在快速城镇化进程中，江苏的城市同样存在着交通拥堵、水体污染、城市内涝、垃圾围城等“城市病”。值得欣喜的是，江苏省各级政府和各级规划建设管理部门没有无视这些矛盾和问题，而是在工作实践中认真地思考着解决问题的办法，探寻着务实的解决问题路径。这一本沉甸甸的“江苏省城市实践案例集”就是江苏各地探索实践的案例集萃，是“创新、协调、绿色、开放、共享”理念在江苏大地上的地方探索。

人类在自然山水中创造了城市，但城市的发展却侵蚀和损坏着自然。保护我们赖以生存的生态环境，构建人与自然和谐的城市是人类可持续发展的前提，更是当代城市规划建设和管理者的责任。江苏滨江海、拥河湖，平原广袤、水网密布，山水清丽，景致婀娜，拥有着优越的自然山水基底。统筹协调好城市发展与山水资源保护利用的关系，始终是江苏城乡规划建设的重中之重。江苏省域城镇体系规划提出“紧凑城市，开敞空间”的区域空间布局原则，引入都市圈概念，构建（都市）圈、（发展）轴城镇紧凑发展的区域空间结构，正是从人口、产业、城镇密集的省情实际出发，引导城镇集约建设，加强自然山水基底保护的重要实践，并因此成为国内规划界的重要范例。而本集所展示的风景区保护、绿色建筑、生态城市和海绵城市建设、城市管理和治理、城乡统筹规划建设等诸多实践，是江苏各地推进新型城镇化的探索。

城市是人类发展的历史见证，也是人类文明的空间容器。保护、挖掘和弘扬城市珍贵的历史文化资源，彰显地域文化特色，是提升文化自信，塑造城市个性的重要途径。江苏有着悠久而灿烂的城市发展史，丰厚的历史积淀给江苏留下了宝贵的文化遗产，也赋予了沉重的历史嘱托。近年来，江苏城市发展重视文化特色彰显，努力在继承中创新，在保护中发展，提出以“找出来、保下来、亮出来、串起来、活起来”的工作思路，构建城市特色空间体系，推动历史文化保护与当代创新，延续城市记忆，推动旧城更新，积极探索历史文化名城名镇名村的保护之策，努力丰富江苏文化的当代内涵。

人是世界上最宝贵的。关注人、关心人、满足人的需求是城镇化的宗旨，也是城市发展的根本方向。早在2008年第四届世界城市论坛上，江苏就提出建设可持续人居家园（Home）的目标，倡导集约型城乡建设，着力提升城市的宜居性，并在提升城市品质、塑造城市特色、创建宜居环境、保障住有所居、优化现代交通、推广绿色建造、提高城市安全、加强治理能力、鼓励社会参与等方面，努力落实中央“以人为本”城镇化的要求，致力推动以人为核心的城市发展。

厚厚的案例集留给人们的是深深的感动和细细的思考，记载了江苏在快速城镇化时期的努力和探索。也许各地的城市实践还不够完善，但其中还是闪烁着探究城市发展规律、推动城市发展转型的星星之火和智慧之光。我们有理由期待，在建设“强富美高新江苏”的新征程中，江苏城市的未来将更加美好，江苏城乡建设事业将更加花开满园，硕果累累！

中国城市规划学会“终身成就奖”获得者
南京大学教授

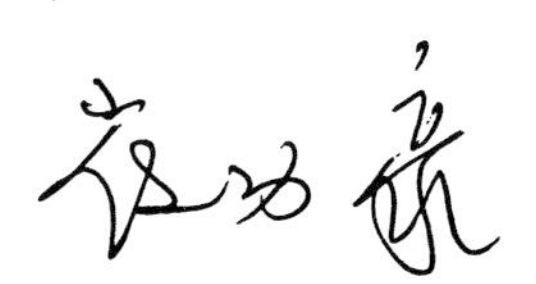

Postscript 后记

为深入贯彻中央城市工作会议精神，配合江苏城市工作会议召开，围绕中央城市工作会议的重要议题、尤其是习近平总书记提出的城市发展问题，江苏省住房和城乡建设厅组织编纂了这本《江苏城市实践案例集》，有针对性地选择和梳理了江苏的实践和应对。每个案例聚焦某一主题，从某个角度体现了实践中回应问题的策略和行动。就某一具体案例而言，也许尚不够完善和系统，但却真实地反映出在城镇化进程中遇到的热点难点问题以及在现实条件下的努力和应对。我们将其记录和汇总下来，旨在总结反思中国城镇化，并提供解决现实问题的多元思路和实践范例，帮助城市决策者和规划建设管理工作者开拓思路、相互启迪，在此基础上更好地推进新型城镇化，在新的历史时期推动城市更好地创新发展，不断完善城市实践。

本案例集系在江苏各地相关部门提供的初步材料基础上完成，限于时间和能力，材料的选择和观点的提炼可能会有偏颇，敬请读者批评指正。

感谢国务院参事、中国城市科学研究会理事长、住房和城乡建设部原副部长仇保兴博士，中国工程院院士、东南大学王建国教授，中国城市规划学会“终身成就奖”获得者、南京大学崔功豪教授对本案例集的肯定和支持，在百忙之中为案例集题序作跋。感谢江苏各地党政主要领导给予这项工作的关心和支持，感谢各地给我们提供的丰富案例和素材，感谢全省住房城乡建设系统各主管部门给予的帮助和配合。

联系邮箱：tongxin117@sina.cn

编 者

2016 年 7 月